我們的海

一部人類共有的太平洋大歷史

Pacific Worlds

Matt K. Matsuda

馬特·松田 ———— 著　馮奕達 ———— 譯

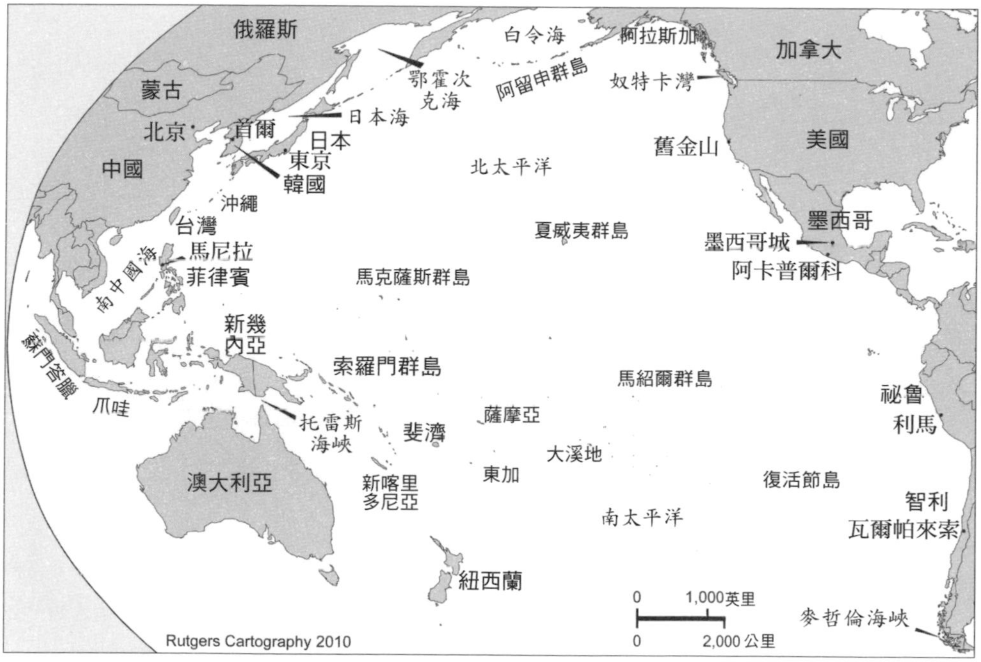

太平洋海盆概況（含重要港口與島群）

目次

導論 環抱海洋

Encircling the ocean

從亞洲、大洋洲到美洲，是哪些故事構成了太平洋的歷史？

學者從下加利福尼亞（Baja California）沿岸的考古遺址中不只找到了十六世紀的東亞瓷器，還有木料與貨物箱，顯示這裡是西班牙加雷翁大帆船（galleon）的中途停靠點。這些大帆船載著來自印度馬拉巴爾海岸（Malabar coastline）、葡萄牙人的澳門、日本南方與菲律賓群島的珍寶、絲綢、奴隸，從馬尼拉出發，經過馬里亞納群島（Mariana Islands）來到美洲。

馬來西亞與印尼海岸線外，立著架在木樁上、用藤綁緊的漁民住屋，稱為「奎籠」（*kelong*）。奎籠高過水面，架在陸海之間、漲潮時會被水淹沒的泥灘地上（有些奎籠架設在可以看到市場或清真寺的位置），是捕魚、養殖鳥蛤的地方。

來到東加（Tonga）的一座島上，一位名叫阿莉西（Alisi）的女子正在回顧自己這一輩子。少女時代的她，夢想在從小長大的村裡成為天主教修女。但她沒有走上這條路，而是遇到一名東加與薩摩亞的混血男子，男子的妻兒住在夏威夷。阿莉西和這名男子生了兩個孩子，與自己的父母同住，忍受村人的閒言閒語。最後她移居美國，嫁給一位擁有美國居留證的墨西哥老男人。

一九九七年六月三十日，曾經的不列顛帝國派首相東尼．布萊爾（Tony Blair）陪同威爾斯親王查爾斯（Charles, Prince of Wales），代表英格蘭女王伊莉莎白二世前往香港，和中華人民共和國國家主席江澤民與總理李鵬一起坐在台上。親王在莊嚴肅穆的氣氛下發表演說，看著不列顛國旗與香港旗降旗。七月一日子夜，中國國旗升起。

二〇〇六年，紐西蘭奧克蘭（Auckland）的博物館有一場新的展覽開展。頂尖的學者架構出了展場內的空間，是個令人想起蒼穹天幕的優雅圓頂。場內擺放了博物館知名的大洋洲藏品，特別是毛利人（Maori）的文化製品。他們在這個科技感十足的環境中投影出海浪，吹起人工的風，古風獨木舟的雕刻船艄上，還有導引程式。這場展覽本身就是模仿一趟旅程，前往日本、台灣、奧地利、尼德蘭、北美洲，再返回紐西蘭。[1]

要知道，去想像太平洋諸世界的歷史，並不等於去劃定太平洋的範圍，指認太平洋環抱的陸地、海濱與島嶼。太平洋的各個世界並不同質，不是只有一種明確無疑的「太平洋」，而是有多重的海域、文化與民族，其間有來有往，彼此重疊。

這個觀點雖然簡單，卻很重要。十六世紀，航海家斐迪南·麥哲倫（Ferdinand de Magellan）橫渡了一片浩瀚無邊的湛藍海洋，締造歐洲地理發現時代一場傳奇的探索。從此之後，「太平洋」才成為一個得到命名的地貌，網羅全世界三分之一面積。不過，假如我們不是從這種方式來看待太平洋，不把它想成一片需要橫渡的廣袤空間呢？說不定，我們可以把太平洋看成較小的元素在歷史上的聚合：環環相扣的航海、移民與拓墾，在區域之內進行，從菲律賓與南海、蘇拉威西（Sulawesi）與巽他群島（Sunda Islands），以及班達群島（Banda）和塔斯曼海（Tasman seas）一波又一波而來。命名為「太平洋」，等於是把「無邊無際的水域」這種歐洲觀點，強加在帛琉環礁、馬紹爾群島（Marshall Islands）的永沃淺海（*Eon Woerr*，英譯為 over the coral）、日本的南洋，或是毛利人與夏威夷人說的海（*moana*）等多樣的特殊性之上。

「太平洋」經過歷史學家多次的重新想像，從古代航海家的故事，變成麥哲倫的過渡空間，變成啟蒙時代想像的感官樂園，變成戰略性的勞動力輸送網與軍事「跳島戰術」實施的地點，更在千禧年到來之前變成資本主義的聚寶盆，成為財富泉湧與「全球化」的「太平洋世紀」（Pacific Century）之關鍵。[2]上一個世代的地理學家兼歷史學家奧斯卡・斯貝德（Oskar Spate），完成了一部卷帙浩繁的間距調查。他在其中主張：「本來並沒有，也不可能有什麼『太平洋』的概念，直到這片海洋的邊界與輪廓人為定下來為止：毫無疑問，這是歐洲人創造出來的。」實際上，人們長期以來都是用這種方式形容這面大洋上的各民族，並勾勒大洋的邊界。

一八三一年，法國探險家儒勒・迪蒙・迪維爾（Jules Dumont D'Urville）主張把太平洋島嶼分為三個區域。其中一個區域住著數百個特殊的部落社會與語言，從索羅門群島（Solomons）、萬那杜（Vanuatu）、新喀里多尼亞（New Caledonia）到巴布亞紐幾內亞（Papua New Guinea），當地人在叢林、山谷與海濱繁榮發展著。迪維爾認為這些地方的居民膚色黝黑，因此把當地稱為「美拉尼西亞」（Melanesia）。靠近台灣與菲律賓的馬里亞納群島，周邊的環礁與小島文化有著驚人的多樣性；迪維爾把這一區稱為「密克羅尼西亞」（Micronesia）。從東加、薩摩亞（Samoa）到夏威夷、紐西蘭的奧特亞羅瓦（Aotearoa），以及有面無表情的摩艾石像（moai）凝視著大海的拉帕努伊島（Rapa Nui，復活節島〔Easter Island〕），則是傳統上所說的「玻里尼西亞」（Polynesia），有著相關的語言與貴族政體。

這幾個名字留了下來，成為誤用在多元民族身上的集體刻板印象，卻也同樣被這些民族加以挪用，成為他們歷史認同的一環。

「美拉尼西亞」是個顯而易見的種族化建構物，但這並不妨礙新喀里多尼亞卡納克人（Kanak）領袖尚—馬里・棲包屋（Jean-Marie Tjibaou）籌辦「美拉尼西亞兩千年文化節」（Melanesia 2000），堅定表現當地各島嶼的文化自豪之情。「密克羅尼西亞」這個名字有「小」的意思，但密克羅尼西亞聯邦

（Federated States of Micronesia）卻有無數座島嶼。玻里尼西亞航海協會（Polynesian Voyaging Society）發起用獨木舟從夏威夷航向大溪地（Tahiti）、馬克薩斯群島（Marquesas）與紐西蘭，同樣博得許多人的掌聲。

斯貝德緊跟著讚揚起亞洲與美洲的成就，以及從阿茲提克（Aztec）與印加（Inca）到馬來、漢人與日本人等文明對於太平洋歷史的形塑。但他仍然堅持，這個由島嶼與「環」太平洋所構成的浩瀚地緣政治空間，「根本上是歐美的創造，只是蓋在土生土長的基礎上」。[3]此話確實不假。從歷史的角度來看，「太平洋」作為一個有名字、包羅萬象的實體，其實是很歐式的。

即便如此，還是有其他談論「太平洋」的方式。只要我們不是從十六世紀的地緣政治「概念」出發，而是從地方上環環相扣的歷史多樣性作為起點，那麼畫面就不一樣了。人類學家、作家兼學者的艾裴立．浩歐法（Epeli Hau'ofa）把這種嶄新圖像勾勒得最是清晰，他把太平洋觀想成一面「群島之洋」（Sea of Islands）——不是想成無

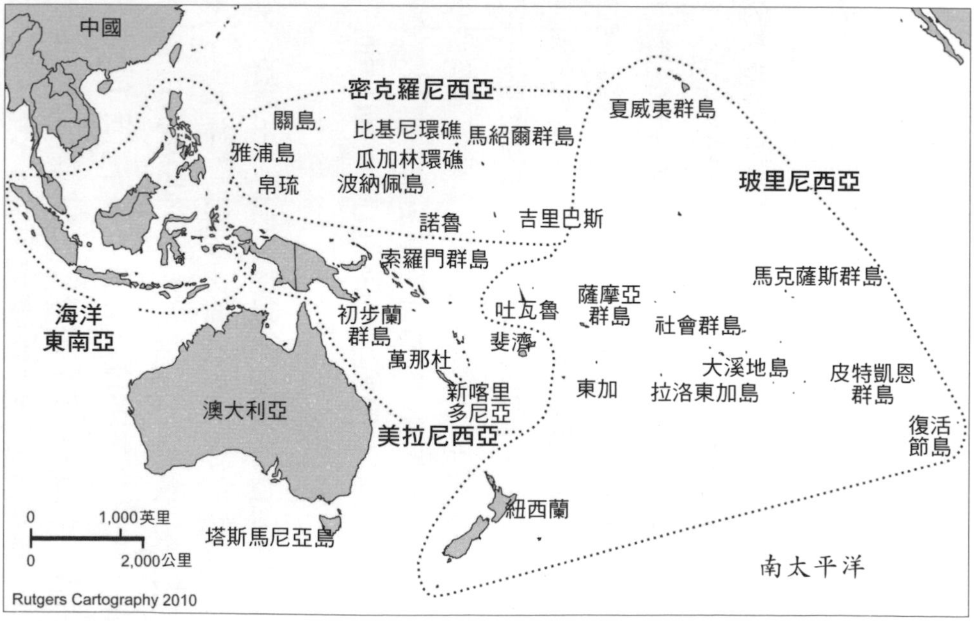

太平洋國家與海洋東南亞、密克羅尼西亞、美拉尼西亞、玻里尼西亞四大區

垠的浩瀚，也不是一系列被拋入遙遠大洋的孤立世界，而是熙來攘往、相互交織、彼此轉化的繁忙文化世界。

他談的大致是大洋洲的範圍——也就是玻里尼西亞、美拉尼西亞與密克羅尼西亞。此外，學界對「東南亞」這樣的實體到底存不存在，也一直爭論不休。一旦我們把這面由航路與實際航行交織而成的大洋之網，在時間與空間上加以擴大，就能重新連接各個古代世界的歷史，如伊朗—阿拉伯人、印度教徒、佛教徒、馬來人、印尼人、漢人與望加錫的世界，也隨之加入了人情世故、貿易商品、思想宗教的流動性。[4]

這是個「亞洲的」太平洋，構成它的不是命名的瞬間，而是數千年來透過地方聚落、近岸水域、島嶼行政區與躊躇試探的遷徙，以及人們在開闊洋面上取得的種種成就所聚合起來的一切。亞洲的太平洋始於馬六甲海峽（Straits of Malacca），「歐洲的」太平洋則始於麥哲倫海峽（Straits of Magellan）；最終，這兩種太平洋將會重疊。

如此的太平洋最好是從「個別」出發來理解，讓腦海裡浮現古代東加交易網絡中錯綜複雜的航路、人聲鼎沸的廣州港，或者從日本南部港口出航、在索羅門群島周邊尋找魚場的加工漁船。概念上，在研究這種主題時，我們可以將其視為全球跨國界結構中的活動來研究——這些個複數的海上世界，是透過島嶼與大洲之間貨流、人流的移動來界定的。

不過，以本書的宗旨出發的話，還是把「太平洋」形容成跨地域結構（trans-localism）中的多重現場會更好——這些明確聯繫在一起的地方，正是直接的嚙合發生的所在，其歷史發展更是有賴於海洋。因此，書裡不會是文明、國家與民族那種按部就班的順序敘事。本書的題材不會是「中國」和它數千年的歷朝歷代、征服者和恢弘，而是廣州港和那些設法安排世界貿易的海關官員。我也沒有要假裝講「澳大利亞」或「萬那杜」的歷史，而是要用敘事還原流放犯人在植物學灣（Botany Bay）登陸時，或是美拉尼西亞酋長在埃羅芒阿島（Erromanga）海邊精明協商時，他們有血有肉的話語。看待太平洋戰爭（Pacific War）時，我會從瓜達康納爾島（Guadalcanal）散兵坑中的士兵與逃離村落的島民的雙眼來看，而不會是讀東京或華盛頓拍來的那些講述大戰略的電報。

這樣的歷史充滿事件，是一整套的人物與經驗，加總起來就能勾勒「太平洋」。然而，這樣的歷史仍然是跨地域的：唯有把故事與其他的故事、地點相連結，完整的意義才會浮現。「太平洋」研究通常分屬於東南亞、東亞、大洋洲與太平洋島嶼、北美洲與南美洲的專家學者。不過，只要他們強調不同世界之間的相互關聯，這些區域研究就不再只是區域研究。[5]

十六世紀的海盜林阿鳳（Lim Ah Hong）是個多采多姿的人物，但他的事蹟之所以能迴盪全球，是因為他麾下的海盜船隊，同時對中國口岸與菲律賓北部群島聚落造成影響，並引發西班牙王室的恐懼。夏威夷卡拉卡瓦王（King Kalakaua）走遍世界，與歐洲各國領袖磋商，拜會日本明治天皇，和南太平洋的酋長建立關係，以推動玻里尼西亞聯邦。磷肥小島諾魯（Nauru）在十九世紀成為歐洲帝國的被保護國，接著是太平洋戰爭的戰場，然後在二〇〇一年成為亞洲、中東難民尋求澳洲庇護前的安置所。太平洋擠滿了這一類的篇章，地方的行動者被拉進相互重疊的圈子，在其中奮鬥，追求目標。

如此的連結性貫穿了太平洋諸歷史。海洋學家所說的匯流圈——也就是構成周邊渦流的環流——不斷將溫暖或冰冷的海水從深海帶往水面。二〇〇七年，澳洲海洋科學家證實，證據顯示他們稱為「塔斯曼流」（Tasman Flow）的海洋現象確實存在。這道深層的大洋環流，以橫跨南半球南部的規模，將太平洋、印度洋與大西洋結合起來。[6]

把這種海洋學的思考方式應用在歷史上，能帶來許多助益。「風」與「水」不再只是歷史動態的比喻：它們也是探索、貿易、婚姻、結盟，以及戰爭等行動中的因素，而這些因素成了太平洋各民族與各文明的特色，從季風到電動船，從魚場到戰略港口，不一而足。在接下來的章節中，我們將會追本溯源，了解其中一些人的故事——他們渡過海峽，建立芋頭、番薯與稻米文化，打造石板平台遮風避雨；他們乘船而來，用宗教、貿易商品與機械化的軍隊來征服。

本書前幾章將從古代太平洋講起，透過碎片、傳說與痕跡加以重現——像是用植物學家、語言學家與海洋考古學家的研究，追溯喇匹塔（Lapita）文化的陶器與農作物。古代南島語族乘著綁製的竹筏，移居到未來世人稱為東亞、東南亞與大洋洲的島嶼與環礁上。知識與商業也橫渡印度洋而來，帶來伊斯蘭、印度教與佛教的傳統，在貿易帝國與海岸蘇丹國之間創造了勢力範圍。

信仰與語言往外傳播，來到菲律賓，並東渡來到新幾內亞（New Guinea）。至於中大洋洲，東加的塔帕樹皮布（tapa）朝貢體系延伸到斐濟和周邊島嶼。往北走，類似的貿易與朝貢航行，把島嶼社群曳進雅浦島（Yap）火成岩高地統治者的勢力範圍內。南方海域和亞洲沿岸地區，則有體積龐大的中國寶船，以及來自葡萄牙與西班牙的闖入者。

接下來的章節中，伊比利半島人憑藉在亞洲的根據地提出索求，用馬尼拉大帆船載著來自廣州與香料群島的船貨，在藍色的洋面上乘風破浪，途經關島，一路航向阿卡普爾科（Acapulco），把新西班牙與塞維亞（Seville）連在一起，也把墨西哥跟亞洲銜接起來。荷蘭東印度公司的商船則是在武吉士人與柔佛人的支持下，與漢人海盜王或戰或合作，主宰了巴達維亞（Batavia）到出島的貨倉——長崎外海的出島，是歐洲人來到日本武士世界後建立的迷你前哨站。

本書中段的章節，會有詹姆斯．庫克（James Cook）這種知名的航海家，跟像是圖帕伊亞（Tupaia）一樣的玻里尼西亞萬事通一起航海，還有薩摩亞傳教士跟新喀里多尼亞的卡納克長老為了信仰而爭辯。毛利領袖從十九世紀的紐西蘭出航前往倫敦與雪梨，帶著新的宗教觀、農業與一批批的軍火返家。英格蘭與愛爾蘭罪犯登陸澳洲傑克遜港（Port Jackson），望加錫海員在北領地（Northern Territories）與原住民氏族進行交易。殖民體系透過契約、強迫的方式，有時甚至以綁架為手段，從印度、中國、新赫布里底群島（New Hebrides）與復活節島找來勞工，送去從祕魯到斐濟之間的礦場與種植園揮汗工作。

末幾章，會談到加利福尼亞海岸的印第安人跟西班牙傳教士的對抗，也會談到美國開墾者與其砲艦開往夏威夷與東亞，實現美國的「昭昭天命」。朝鮮的王朝與菲律賓的麥士蒂索（mestizo）群體凝望著水漲船高的民族主義，奔走各方的君主們則建構玻里尼西亞同盟。

進入二十世紀後，軍國主義的大日本帝國把勢力伸入索羅門群島、新幾內亞、密克羅尼西亞與馬紹爾群島。印尼民族主義者高舉古代爪哇的領土主張，在冷戰中爭取領土，而人類學家和反殖民運動則爭奪「傳統」的意義。到了二十一世紀，人們對於核能、漁業資源、旅遊經濟與政治影響力所採取的政治與外交姿態，將會影響在斐濟濱海城鎮工作的婦女、新加坡富裕人家中的家務移工、主權運動者，以及所有島嶼世界未來的生活。

亞洲的、大洋洲的、歐洲的、美洲的、古代的與現代的「太平洋」就這麼從這種敘事的匯聚中，透過各種歷史經驗的觀點出發，一塊塊拼湊成型。這些互有關連的敘事，是以東南亞、馬來半島與印尼、中國、日本的歷史為框架，以澳洲、紐西蘭、玻里尼西亞、密克羅尼西亞、美拉尼西亞的歷史為船錨，再由南北美洲之間的人流與物流相連接。它們從浪花起落的環帶流向深海海流，跨越了變幻莫測、複數的太平洋世界歷史伏流。

第1章 無中心的文明
Civilization without a center

首先，他們是海洋民族，源於傳說的時代，將自己的工具、島嶼相關知識、語言與神話一代代傳下來。守護這樣的歷史，則是他們後代的任務。有些內容深深烙印在薩摩亞詩人阿爾貝特・溫特（Albert Wendt）的作品中，像是他那擅長航海的祖父母輩用過的骨笛、鰻魚皮，以及看到的刺穿天空之物（sky-piercers）。*其他的痕跡則於考古遺址中浮現——發掘者在索羅門群島或新幾內亞挖出古代聚落的獨木舟與貝塚。[1]

還有更多的歷史，是在研究實驗室拼湊出來的。這些機構的研究人員在顯微鏡下尋找種子芽孢，從骨髓中分離出氨基酸的密碼。許多歷史仍然在日常生活中持續存在。孩子們在帛琉的棕櫚葉屋頂下學習尋路的知識；東亞沿岸與印尼爪哇周邊島嶼，廟宇星星點點，祈請大海女神的禱詞隨著香煙嬝嬝喃喃而出。這麼多的大洋洲世界，究竟源自何處？某些文化中的故事與傳統，以離開傳說中故鄉的那次遷徙作為起點；某些文化則認為族人自古以來就生長於斯，認為大地就是自己的來處。驚人的是，從太平洋豐富的歷史來看，這兩種說法對同一群人都說得通。

---

* 【譯注】典出溫特於一九〇二年的詩作〈刺穿天空之物〉（Sky-Piercers），意指歐洲帆船船桅高聳入雲，彷彿刺穿天際。

透過系譜學，我們可以分辨出從斐濟到新喀里多尼亞的西太平洋地區，有哪些島民是「本地人」，是他們最早來到這塊此前不為人知的陸地。斐濟人自認為土地成形於泥沼中，接著被一個巨大的魚鉤拉出。東加則住著從天上墜落的男人，以及從地底世界冒出頭的女人。諸神先後把托克勞島（Tokelau）與東加島釣起來，男人就在這裡把女人從地裡帶出來。[2]

歐洲人在十六世紀來到這片海域，航行於大大小小、形形色色的島嶼間，為每一處的民族而驚奇不已，不明瞭這個水世界的各個文明怎麼能如此多樣，卻顯然有著關聯。會不會，這些人現在所住的島嶼，其實原本是山峰，只是現在波濤淹沒了陸地而已？

把島嶼「釣出水面再丟下來」的故事，不見得只是誇張的傳說。有些故事很可能是地震抬升與太平洋板塊聚合帶位移的歷史紀錄。地質學與海洋學研究足以證明這些地理變化。文明沉沒的故事代代相傳。由此來看，某些島嶼上不穩定的火山活動，確實對人口移動、新聚落、祖傳口說傳統造成影響。

西元前第二千年期的某一刻，俾斯麥群島（Bismarck Archipelago）的維托里火山（Mount Witori）猛烈爆發，灼燙的火山灰覆蓋一大片地區，鄰近島嶼因此留下獨特的地質層。考古學家以黑曜石工具與重大天災後的拓墾為證據，記錄不同的土地使用方式，從而得知大自然的力量如何影響居民。地質災變專家相信，在萬那杜這樣的島群，特定島嶼可能在過去五百年間消失過三、四次；其中一座這樣的島嶼叫瑪瑪塔島（Mamata），很可能遲至十九世紀晚期才消失於海面，迫使來自太平洋不同地區的海洋民族淪為難民，把文化、特徵、語言帶往各地。祖先的故事與物質的證據漸漸能相互印證。[3]

陸地與海洋不僅掌握著線索，它們也都是形塑歷史、留下傳說的推手。風暴與火山活動足以帶來致災性的威脅。譬如，二〇〇四年十二月，印尼大亞齊（Banda Aceh）外海發生地震，引發海嘯，造成周邊島嶼與沿海低窪地帶二、三十萬人喪生。二〇〇七年四月，索羅門群島外海發生一場規模較小的海嘯，沖走了吉佐島（Ghizo）南部吉卓（Gizo）的幾個村落。二〇一〇年至二〇一一年間，智利、紐西蘭與日本等臨太平洋國家，都遭受強烈地震侵襲。日本的那場地震引發的海嘯席捲整個太平洋，光是震央所在的日本東北沿海，就有數以萬計的傷亡。又譬如，十九世紀，印尼群島的喀拉喀托火山爆發，不僅摧毀了整座島，引發的海嘯造成大範圍的破壞，也催生出傳說，在殖民者的紀錄與濱海村落的稗談留下一則又一則的故事。火山噴發的濃煙與火山灰繞行整個地球好幾圈，改變了北歐日落時天空的顏色，導致溫度降低，影響地球氣候多年。

另一方面，火山島與沉陷引發了另一位太平洋航海者的好奇心——年輕的英格蘭博物學家查爾斯·達爾文（Charles Darwin）建構了一套理論，說明珊瑚環礁與火山錐的沉陷。他造訪厄瓜多外海加拉巴戈斯群島（Galapagos Islands），崎嶇的地形喚起他的靈感，觀察當地多元而分化的動物群，最後讓自然歷史相關理論大洗牌。十九世紀的歐洲人為地質學神魂顛倒，達爾文的研究屬於其中的一環。一八六〇年代前後，不列顛地質學家研究沉積地層與化石紀錄，宣稱在從印度、非洲到南美洲與澳洲發掘出的樣本中找到相似處。外型有如哺乳動物

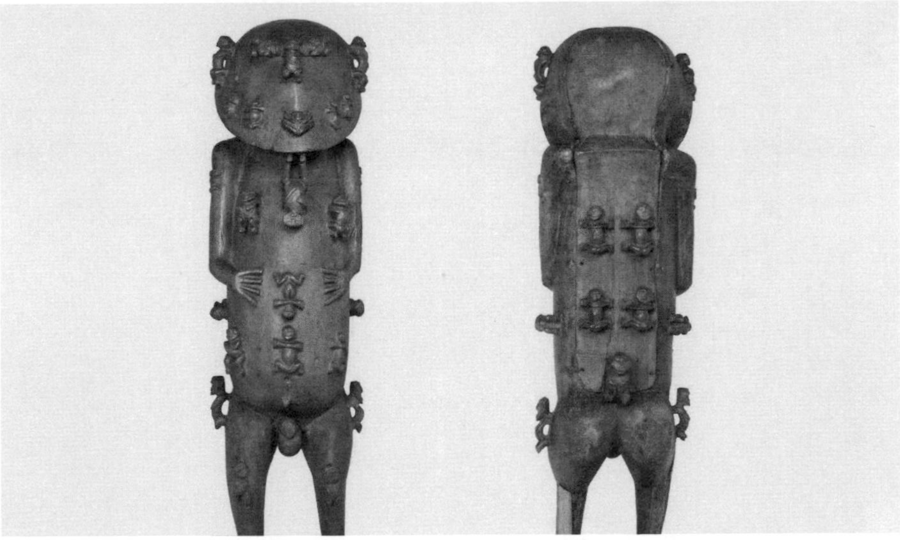

眾神與神話的時代：阿亞（A'a）神像，南方群島（Austral Islands）的魯魯圖島（Rurutu）。（Credit: Carved wooden figure known as A'a. The Trustees of the British Museum.）

的獸孔目爬蟲類與古代種子植物在大範圍中一再出現，使得提倡演化論的恩斯特・海因里希・海克爾（Ernest Heinrich Haeckel）等一時俊傑提出主張，設想出一個已然消失的世界，而當時各個大陸曾經有陸橋連接彼此。海克爾讓「雷姆利亞大陸」（Lemuria）的構想風靡一時，而那失落的大陸就在印度洋海盆與馬來半島。[4]

後世對板塊構造的認識，讓雷姆利亞這一概念成了笑柄，但陸橋確實構成太平洋諸歷史中的關鍵篇章。達爾文的同時代人阿爾弗雷德・羅素・華萊士（Alfred Russel Wallace），注意到印尼群島的老虎、猿猴等大型哺乳類，跟澳洲、新幾內亞的有袋動物與陸鳥類相去不可以道里計。他推測，這些動物的分布受到地質與環境的歷史變遷影響，今人所說的異他陸棚包圍了東南亞與印尼諸島，催生出「亞洲的」生命型態，而環繞澳洲、新幾內亞與塔斯馬尼亞的則是莎湖陸棚（Sahul shelf）。

華萊士廣為人所接受的理論，並不是以沉沒的傳說大陸為基礎。他的理論可以呼應百萬年來氣候的「更新世序列」（Pleistocene sequence）循環。在這個循環中，地球數度達到「最大冰河期」（glacial maximum），全世界的海水泰半冰封在極地冰帽中。結果，海平面劇烈下降，更多的陸地露了出來。

海平面的漲落不僅影響動物的物種，也影響人類的遷徙。六萬年到四萬年前，人類開始從異他大陸往南，跨過今日早已隱沒的部分陸橋，推進莎湖。不過，儘管海平面較低，但這一程仍然有大半得走水路渡過海峽，越過島嶼才能完成。從可能的浮木或筏，以及來自島嶼的考古證據未見於異他大陸這點，就可以推測出人類是有意往未知的領域漂流而去。從岩棚內的工具、魚骨、貝塚可以看出，建立新聚落的是對海洋相當熟悉的智人。熱發光定年技術追溯出這些徙民來到澳洲北領地，成為今日澳洲原住民的祖先，然後進入新幾內亞——沿岸地區、雨林與山谷中數以百計的地方性文化與語言，構成巴布亞語世界的基礎。

隨著極地冰帽融化，露出頭來的乾燥陸地或濱海終將再度消失在海浪之下。海水將莎湖古陸分成新幾內亞、澳洲與塔斯馬尼亞，它們的周圍都是深海。澳洲原住民在與亞洲分隔的情況下，發展出獨特的漁獵採集社會，巴布亞人則形成氏族文化。巴布亞人耕種芋頭與可以適應其島嶼世界的根莖類作物，並且以學界稱為「大人物」（Big Men）的魅力型個人領導型態而聞名。[5]

整個太平洋地區的海平面都升高了。在吐瓦魯納努曼加島（Nanumaga），當地人傳說水面下有大房子；潛水夫找到海面下的珊瑚礁洞穴，發現其中有在洞穴中生火所留下的可能炭痕跡，這些洞穴如今可是位於海面下數百英尺。考古學家調查新幾內亞塞皮克河（Sepik）流域的貝殼破片與黑曜岩樣本，解讀浮現、沉沒於沿岸水體的泥灘地、河谷與穴居低地位置。澳洲北部原住民故事提到，諸神降災的方式是走過敵人的土地，鹽水會從每一個足跡中冒出來，讓土地寸草不生。

整個太平洋的海面上升不只帶來了挑戰，也見證人們發展出各種調適方法。農耕聚落被海水一代又一代往回推，家家戶戶愈來愈靠海吃海，發展出生存的基本能力——例如捕魚，或是在日益縮小但豐富多元的鹽沼與紅樹林地區尋寶。美拉尼西亞島嶼的濱海洞穴中有石器等多種考古證據出土，以及各式各樣的魚類、海龜、雙殼綱與腹足綱動物遺骸。然而，被海水推往內陸，也讓流離失所的氏族跟久居高地的族群起了衝突。

這些花了好幾代人、好幾輩子時間的改變，始於八千年前。不過，這種規模的氣候變化並非古老紀元的專利，對於人類聚落的衝擊也絕非今人所不能想像。二〇〇六年，萬那杜特瓜島（Tegua）的拉陶聚落（Lateu settlement）就在聯合國援助下遷村——全球氣候暖化與海平面上升，讓他們的傳統領域岌岌可危，深受颱風與洪水所苦。塔拉瓦環礁（Tarawa）的居民逐漸受到太平洋與中央潟湖水面上升的夾攻，程度嚴重到要靠國際援助計畫從澳洲運沙填補，以防海灘侵蝕消失。

數以萬計受到環境威脅的島民開始請求到紐西蘭等太平洋大國居住。對於萬那杜、馬紹爾群島、吐瓦魯、吉里巴斯等國家，以及巴布亞紐幾內亞濱海島嶼的島民來說，大洋洲的低地將在今人有生之年，烙印上家園被水淹沒的記憶。

開枝散葉的南島語族

數千年前的古代人同樣懂得順應氣候的循環，理解人口壓力，出於選擇或被迫而尋找新家園。正當澳洲原住民與巴布亞人的祖先往南前往莎湖古陸時，其他從東亞大陸出發的群體則繼續在河谷與沖積平原採集維生。營地在黃河流域這樣的地方發展為村落。無論起因是丟棄的種子發了芽，還是古人試圖保護可食用植物，早期農耕無疑已經開始形成。隨著人口成長，聚落發展，野豬等動物受到馴化，小米與稻米也漸次成為主要糧食作物。

大約在西元前四百年，漢人的祖先在黃河流域人數不斷增加，達到約一百萬人。遷徙的群體也在朝鮮半島安家落戶，部分人甚至渡海來到日本本州。到了西元前第二千年期，黃河周邊人口成長了五倍；商朝統治者在統稱為「甲骨」的牛肩胛骨與龜甲上，記錄儀式與占卜的結果。甲骨文的出現意味著漢字已經開始發展。研究顯示，歷代商王建立若干都城，糾集大軍，往周邊擴大自己的領土。

考古發現與密集的語言學重建成果告訴我們，有另一波人類遷移浪潮在西元前三千年前後展開，背後的因素也許是人口因素，也許是政局變化。渡筏帶著一波波的徙民從今天的中國與台灣，把採集、農耕與漁獵文化帶入東南亞和大洋洲。有人往東移居到密克羅尼西亞的珊瑚環礁與高地世界，例如帛琉、馬里亞納群島與加羅林群島（Caroline Islands）。在菲律賓群島，考古學家從多個洞穴中發掘出許多類似的石錛、貝殼飾與破陶片，這些都證明了聚落的存在。此外，也有一些人冒險南渡，分散到鄰近島嶼。他們在泥灘地、沼澤與熱帶雨林中，在濱海地區與珊瑚礁建立聚落，捕魚，開始挖空樹幹打造獨木舟。

我們可以根據語言與文化，將這群人統稱為「南島語族」，而他們的全球性分布可是相當驚人。

從東南亞往西橫越印度洋直到馬達加斯加，往東橫越大洋洲，一路到南美洲外海的復活節島，這片範圍的人都有共同的祖先。馬來世界居於這場東西向開枝散葉的重要十字路口，尤其是今天的馬來西亞與印尼。一個個的村落從一個只能透過口述傳統，透過語言學、植物學溯源，以及考古重建才能說明的時代，建立起成熟的森林、雨林與海洋文化。

語彙學研究指出，古代南島語族已經發展出對周圍印太世界的描繪，有指稱椰子與麵包果的字，也有詞彙能稱呼家豬與高腳屋。印尼諸島上的小型群體打鳥射魚，以陷阱捕捉海龜，剝取樹皮，並搾取樹脂。樹液是多功能的黏合劑，可以組合工具、修補籃子，供獨木舟與船筏補縫與水密之用，還能入藥與消毒。[6]

南島語族顯然是航海老手，他們有各種細緻的語彙能指稱舷外浮杆獨木舟的板材、雕刻、桅杆與船帆，也有各種描述魚鉤、魚斷、漁網、船舵、駕船與溺水的方式。字彙跟文化、傳統交織在一起。歷史學家注意到，在「和雨水密不可分」的東南亞，「船」跟「棺材」這兩個字彙常常可以互換。菲律賓的酋長會在「描籠涯」（*barangay*）中下葬——這個字既能指稱船，也能指稱他加祿（Tagalog）社會中最小的政治單位。在印尼群島的望加錫語詩文中，大海界定了男人與女人，而和睦的丈夫與妻子「彷彿兩艘漁船／一同捕獲鱗光閃閃的大魚」。[7]

古代南島語族使用的綁製竹筏或枝筏，重要性逐漸被獨木舟取代。獨木舟是海洋文化的核心，既是航行工具，也是遮風避雨的地方與共有的空間，承載著精神與航海的旅途。用來挖空製作獨木舟的樹，必須在神聖的宗教儀式下砍伐，而許多文化向樹木或獨木舟致敬的儀式，其實沒有分別。樹木與獨木舟，象徵了個體與群體的關係。[8]

南島語族往南、往東遷徙，來到新幾內亞的大小島嶼，與此時已經本土化的巴布亞文化相遇、融合，其中有些繼續發展成獨一無二的航海文化。他們的後裔住在巴布亞紐幾內亞的最東端——米爾恩灣

（Milne Bay），以及初步蘭群島（Trobriands）、多布島（Dobu）和索羅門群島，其文化聞名於今。這幾個地方連成的圈子，就是著名的「庫拉環」（Kula ring）所在地——庫拉環是一種交流的循環，人們用獨木舟航行於數百英里的海面上，在互相依賴的島嶼之間交換貝殼手鐲與項鍊。

庫拉環有貿易的成分在內，當獨木舟群載著豬隻、露兜樹、鍋碗瓢盆與蘆葦籃子繞航島群時，也就點明了地區的商業網絡所在。但庫拉航程之所以在大洋洲的交易史上看來總是如此特別，就是因為我們不能用以物易物或利潤等經濟動機來加以解釋。交易的物品本身沒有多少價值，參與其中的人卻得付出極大的心力，將其易手於不同人之間，從一座島到另一座島，最終強化了政治、親族與友誼的紐帶。

成就這個循環的紅貝圓片項鍊與白貝手環，有如男性與女性，兩者以相反的方向，周遊這些島嶼。人們把交換行為的完成，看成有如婚姻一樣的紐帶。來到指定的島嶼，島上的酋長與跨越島群而來的庫拉交易者，會一起把他們的獨木舟拉上海灘，聚在一起交換故事，提升其貴重物品的地位，並進行具有魔力的儀式，祝福彼此能夠成功。社群保持盟約，個別領袖增加威望，交易者則召喚超自然的力量，劃定搭乘舷外浮杆獨木舟回程的旅途範圍，接引古代英雄與航海家的法力。[9]

訴說交流的喇匹塔陶器

古代南島語族群體沿著新幾內亞的北緣落腳，同時也來到俾斯麥群島。南島語族與巴布亞語族的村落在此入境隨俗，從事交易，分享航海、植樹、料理與身體裝飾（bodily ornamentation）的習俗。在這個後人稱為「島嶼美拉尼西亞」（island Melanesia）的地方，人們的生物特徵隨著通婚融為一爐，而未來因梳點壓印紋陶器風格聞名於世的「喇匹塔文化叢」（Lapita Cultural Complex），也在過程中形成。

大洋洲的歷史多少是建立在喇匹塔之上——喇匹塔是一種陶器風格，但也是一套理論、實證與推理，數十年來廣為人所熱議，隨著一次次啟發性的發掘成果而修正。喇匹塔的故事可以回溯到一九〇九年：奧托・邁爾（Otto Meyer）神父在當時受德國殖民的巴布亞紐幾內亞俾斯麥群島的瓦托姆島（Watom Island），設立了一處傳教所。他在島上為教堂打地基時，挖出了一些陶片，於是用文字加以描述。

數十年來，太平洋各地的考古隊伍漸漸注意到，各種類型的遺址出現的大量陶片之間有著相似之處，尤其是索羅門群島、萬那杜、新喀里多尼亞、斐濟、東加與薩摩亞——從「近大洋洲」（near Oceania）到「遠大洋洲」（remote Oceania）的島嶼，構成壯闊的序列。這種陶器風格根據新喀里多尼亞的一次重大發現，被命名為「喇匹塔」，但這個名詞並未停留在設計風格名稱的層面上，而是漸漸被人們用來描述一個美拉尼西亞的民族——他們航海，他們發明技術，有一部分的祖先來自南島語族移民。

喇匹塔人似乎世居海岸邊，住在沿海岸階地而建或搭在潟湖中的高腳屋，形成大型村落。他們整地耕作，帶來家禽家畜、魚鉤與石錛，運用從婆羅洲到斐濟都很常見的原物料。他們的知名陶器，暗示他們與其他島嶼之間有廣泛的交換行為，也許是為了獲得商品，也許是出於儀式性目的。[10]

有些喇匹塔文物上面印了人臉或人型。對於現代的島民來說，喇匹塔意味著透過認可與傳遞，與歷史產生具體的連結。庫克群島作家兼藝術家約翰・圖努伊（John Tunui）表示自己深受吸引，無法自拔地創造出陶壺，風格顯示了「我先祖的容貌……我對這些容器的記憶，還有創作時表現的母題，可以回溯到三千年前」。[11]

考古學家不斷研究這些器物，追溯這些「喇匹塔祖先」的發源地。一九五〇年，化學家威拉德・利比（Willard Libby）憑藉放射性的測量，定出了炭遺留的年份。消息震撼了太平洋研究者。放射性碳定年技術讓考古定年學徹底革新，從而證實了喇匹塔文化跨越諸島的傳播順序。

後輩學者也學會如何詮釋取自老鼠與長牙豬的ＤＮＡ序列線索，藉此研究喇匹塔文化的過往與起源。豬的DNA尤有價值，因為人們把豬帶到太平洋各地，作為食物或是社會、個人財富的威望象徵，有時甚至把豬視為擁有靈魂的靈性動物，在儀式性交換與維持世界平衡時扮演重要角色。

萬那杜的分子生物學家與村落領袖、考古學家與人類學家合作，在南島語族喇匹塔歷史的核心，追溯人類與動物的世系。他們從豬隻的血液與毛髮樣本中萃取DNA，例如從夏威夷到萬那杜各地的各種家豬，以及從中國到越南各地的野豬。研究團隊在萬那杜馬洛島（Malo）與地方領袖與文化中心合作，建構出一條基因廊道，找出豬隻的移動模式，並與太平洋各地的喇匹塔考古證據比對。簡言之，了解豬隻馴化發生的歷史地點，重新連結東南亞半島海岸與太平洋島嶼的畜牧系譜，有助於發掘喇匹塔人深厚的歷史。[12]

玻里尼西亞人的遷徙

喇匹塔的故事證實了古代太平洋的一對傳統：各民族從遙遠的家園遷徙而來，同時卻也確實源自

大洋歷史的碎片：喇匹塔陶器破片。（Credit: Anthropology Photographic Archive, the Department of Anthropology, The University of Auckland.）

於他們今日的所在。喇匹塔人是航海民族，但直到南島移民與西太平洋的美拉尼西亞原住民建構出新的文化，喇匹塔人才出現。對於分布在中太平洋與東太平洋，讓當年歐洲探險家驚奇不已的島嶼社會來說，這種動態也是事實。他們就是後世所謂的玻里尼西亞人。

一代代的學者為了玻里尼西亞人的起源而爭辯，推測他們的故鄉在亞洲、美洲或美拉尼西亞。學界根據玻里尼西亞人的祖先在亞洲與大洋洲開枝散葉的可能軌跡，將各種離散、交流的理論貼上「快車」（fast train）、「慢船」（slow boat）或「糾纏的河岸」（entangled bank）等標籤。這些理論因為權威性的證據而日益完善，顯示玻里尼西亞人沒有單一的起源。雖然玻里尼西亞人以善於航海著稱，但他們的特色不見得是從別的地方帶來的，而是在中太平洋本地的島嶼社會中演變出來的。喇匹塔文化遺址遠及東加與薩摩亞，但傳播到這些地方時，傳遞的力道已經減弱；數千年來已經完全適應大洋洲世界的新社會取而代之，朝著未知的島嶼發進。更有甚者，一系列的遷徙甚至可能改變了原本的聚落，並持續改變今日學界透過DNA樣本研究的遺傳標記。

我們很清楚，玻里尼西亞人在中太平洋站穩腳跟之後，旋即創造出獨特的文化，並透過航海將之傳播到紐西蘭、復活節島與夏威夷——這個遼闊的大三角涵蓋了從赤道到南極洲，再到南美洲西岸的南北太平洋海域。這些新的族群帶來美拉尼西亞與東南亞漁獵、根莖類種植與植樹所煉成的喇匹塔傳統，但他們的陶器逐漸簡化，而其他藝術則發展出獨特的裝飾風格。許多工具與武器刻著複雜的紋路，以賦予精神力。連人的身體也不例外——他們用尖針梳刺破皮膚，再用石栗黑灰在傷口上染色。古老的刺青習俗，演變成玻里尼西亞諸島共有的特色。[13]

大溪地語、毛利語和夏威夷諸語言用「*ta'ata*」、「*tangata*」和「*kanaka*」等字彙稱呼「人」（man），顯示他們是語言相近的文化。所謂的「記憶人」（*ariki*）訓練也是共有的特色，這些記憶人代代守護著口傳家譜，發展成精神生活與政治生活不可或缺的元素。玻里尼西亞社會也興起聖職導師階層，協助統治者跟稱為「嗎那」（*mana*）的宇宙生命力進行協商，而神聖的禁令則稱為「taboo」。[14]

玻里尼西亞的傳說中充滿了古代英雄與神靈，住在已知世界的各種地形中。美拉尼西亞式的個人式領導逐漸式微，血脈決定的世襲貴族取而代之；主要的聚落安排在共同墓地周邊，有木頭、石頭建構而成的防禦工事保護。大多數社群住在海岸的邊緣，可以看到海的地方。大洋不止是一片浩瀚的藍，人們根據位於礁石內與外，以及珊瑚礁地形內（例如斐濟人所說的「空礁」〔Thakau Lala〕）來區分水體。不同的靈體或神祉住在深海，附在海洋生物身上。這個完全靠海吃海的民族，在航海與遠距離貿易上有高度的發展。[15]

玻里尼西亞人在太平洋的歷史，建立在古代航海家的時代，長久以來不為大洋洲世界以外的人所知。歐洲航海家在十六世紀探索太平洋的時候疑竇叢生，懷疑這些人連文藝復興時代的航海科技都沒有，怎麼可能渡過遼闊的洋面，在各大島群與濱海地區安家落戶？說不定，他們是非自願的落難者，是被暴風雨颳上岸的吧。畢竟，這些航海者怎麼可能是出於自願，

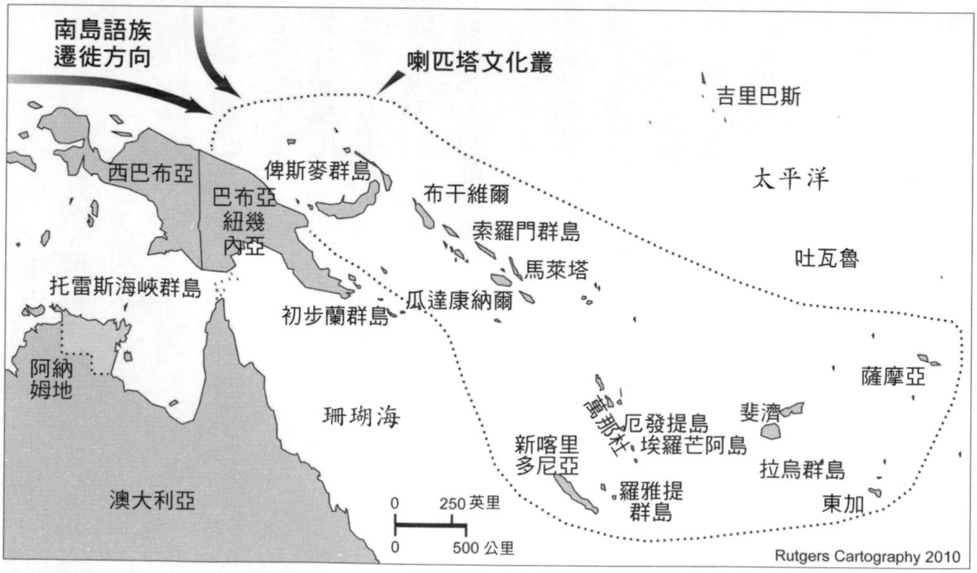

南島語族的遷徙方向與喇叭塔文化叢的區域位置

憑藉大自然的徵象，創造出各個文明，涵蓋大洋世界？顯然不可能。

不過，紐西蘭奧特亞羅瓦的毛利人知道，天父神「蘭吉努伊」（Ranginui）與地母神「帕帕圖阿努庫」（Papatuanuku）分開了光明的世界與黑暗的世界，於是祖先的獨木舟大船隊離開了故鄉，來到他們如今稱為家園的島嶼定居。造物神之子坦加羅雅（Tangaroa）住在毛利人海洋的最深處，而坦加羅雅的孩子一呼吸，就造成了潮水的起落——要是有人沒有用供品安撫諸海神，波浪就會擊碎他的船。深不見底的水體裡有著鯊魚神與風靈，航海者為了橫越，必須盡力參悟精神界與自然界的航海指引，「我會聆聽——聽那緩緩往陸地捲去的曳長的聲響……我們往外漂去，漂回北邊；我們看見杪欏樹的黑灰」。[16]

無論是一代又一代的推測，還是二十世紀對於洋流模式、風向模式、航行路徑的研究與電腦模擬，都無法解答現實問題，也無法證明古代航海家的存在。藝術家、學者與文化人士了解，只有一種方法能證實古代人的航海：他們打造一艘數代人未見的舷外浮杆獨木舟，用古代的技術與航海知識駕駛這艘船。於是，一艘獨木舟就這麼在一九七六年時，飄盪在深藍色的波濤起伏上。領航人毛．皮艾魯格（Mau Piailug）靠著星辰，在充滿各種肉眼可見跡象與預兆的大海上，用顏色、漂流的大型褐藻、波浪的形狀來指示船隻的航行。他運用稱為「*etak*」的知識，朝著目的地的島嶼前進，如履平波。

這艘名叫「歡樂之星」號（*Hokule'a*）的傳統獨木舟，堂堂皇皇從夏威夷航向大溪地，完成了人們以為沒有儀器就無法完成的壯舉，恢復了曾經凝聚遙遠諸島的航海傳承。歡樂之星號後來繼續冒險的航程，南至奧特亞羅瓦，東至拉帕努伊（復活節島），北至加拿大與美國海岸，西至密克羅尼西亞與亞洲，更在二〇〇七年蜻蜓點水來到薩塔瓦爾環礁（Satawal）與日本，重新刻劃出一個四通八達的太平洋。這些文化用數千年的時間遷徙、航海，但他們也始終是這些大洋洲登陸點的最早住民。[17]

第2章　貿易環帶與潮汐帝國

Trading rings and tidal empires

從玻里尼西亞出發的那艘複製品獨木舟，其實應該要在二十一世紀時航向密克羅尼西亞，勾勒整個太平洋才對。這麼做也很貼近史實，畢竟由小島與環礁構成的密克羅尼西亞水世界，向來在大洋洲歷史中扮演關鍵的角色。考古學家斷定，當年出航前往馬里亞納群島的人，很有可能起源於台灣，而台灣原住民語也是南島語族往東發展的第一階段語言分支。此外，來自西元前第三千年期的台灣陶器，似乎跟馬里亞納的赤陶與貝製品有共通的特色。[1]

一波接著一波透過航行到來的移民，是最早的人類殖民者。密克羅尼西亞人的老祖宗在島嶼與環礁上，發展出成熟的貿易與朝貢體系，並且以代代相傳的尋路本領聞名於世。歡樂之星號的領航人毛・皮艾魯格正是出身薩塔瓦爾環礁，繼承了史詩般的傳統傳承。

大洋上的帝國——雅浦與波納佩

雅浦島在古代的權威地位，也屬於密克羅尼西亞的傳承之一。雅浦島地勢高聳，圍繞在一圈沙灘與珊瑚礁社群之中。由於地勢低窪的環礁容易受到颱風、饑荒與乾旱的打擊，雅浦統治者得以利用高地的政治優勢，運用巫術召喚諸神的神力，稱霸大洋貿易與朝貢網絡，甚至有人稱雅浦為海洋帝國。

來自加羅林群島的獨木舟根據季節移動。許多島嶼深受洪水或是數月無雨之苦，整個氏族定期為了尋找食物與避難所而遷徙，砍伐露兜樹，撿鳥蛋與海龜蛋，占據魚群聚集的礁岩。貿易環帶從這種採集循環中發展出來，島上的群體交易椰子與織品，並對彼此示警，以求能從致災的暴風雨或乾旱中生存下來。有些商人提供美麗、珍貴的海菊蛤屬紅貝殼，供人製作精美的飾品。

人們從東部諸島航向烏利西環礁，並完成此行的最終目的——前往雅浦島加吉爾區（Gagil district）會見領袖，航程構成某種循環。遠行者從一座島前往另一座島，輕舟與商品隨之匯集成一支由露兜樹蓆、椰子甜點與貝殼組成的船隊。到了加吉爾，首領們會檢查密克羅尼西亞環礁的貢物，並回贈禮物：雅浦的獨木舟、引火的燧石，以及薑黃等香料。

這種貿易活動和庫拉環相彷，一方面符合物質需求，另一方面則是呈現了一套強化政治與靈性盟約的複雜手法，人們從中發展地位與互信關係。珊瑚礁島民帶來自己的物品，加吉爾的領袖則嘉獎他們，訴諸召喚厄運、災難之力來懲罰忘了納貢的島嶼，從而維繫彼此的連結。雅浦島上的首領運用這種力量，創造了一個儀式中心，建造驚人的石梯平臺，供住居、果園與芋頭田之用。學界至今仍在調查這些遺跡。[2]

密克羅尼西亞島鏈以珊瑚環礁與平坦的棕櫚沙洲聞名於世，但鮮有大型建築物的遺跡。不過，沿著波納佩島（Pohnpei）的海岸，卻可以看到用巨石興建的儀式與宗教中心、墳場暨行政城市——南馬都爾（Nan Madol）——圍繞著潟湖而建。南馬都爾立於玄武岩柱地基之上，不僅有高牆，有開採後用水運至此的巨石，還有長數百碼的海堤，以及人工小島與通道，縱橫在潟湖之間。根據蒙上傳說色彩的歷史所言，紹德雷爾王朝（Saudeleur Dynasty）的上千名貴族就是在這座城市進行統治。

他們的影響力從「昨日的另一面」（可能是十世紀）往外擴展，傳說兩位強大的聖人奧洛希帕

（Ohlosihpa）與奧洛索帕（Ohlosohpa）從西方帶來聖器。他們和同伴得到波納佩島諸神的幫助，在離岸的礁岩上打造出九十多座人工珊瑚礁島，面積達兩百英畝。他們在玄武岩稜柱上為城市打下基礎，往外開拓出一片宗教與行政中心、市場，以及一座占地廣大、圍牆環抱的陵墓與墓葬建築群。

海堤橫跨潟湖，水道縱橫於建築群間，更有水面與水下通道。後世的歐洲旅人看到這片遺跡，認為它和金字塔一樣雄偉，壯闊有如大洋洲的威尼斯。直到今天，南馬都爾遺跡仍遍布海岸線與雨林，雖然傾頹於礁石間，部分甚至被潮水淹沒，但這些彼此連接的行政區從衛星地圖上依舊清晰可見。

紹德雷爾王朝累積實力，主宰了整座波納佩島，索求漁獲與麵包果，徵用勞力興建他們的聖所。故事中記錄了領主的殘忍與他們造成的苦難。雷神「南夏普威」（Nahn Sapwe）等島上諸神遭到外族統治者的折磨與放逐。逃往另一座的南夏普威娶了人類女子，生了半人半神的「伊索克雷克爾」（Isohkelekel）。伊索克雷克爾誓言帶著艦隊重返波納佩島，奪回自己本有的權利。

石質的歷史：波納佩島南馬都爾遺跡。（Credit: Courtesy of C. T. Snow.）

他說到做到——但事實證明，紹德雷爾王朝的軍隊訓練有素，是個強大的敵人。伊索克雷克爾在灘頭陷入絕境時，戰士中的戰士「納南森」（Nahnesen）拱衛著他——納南森把自己的一隻腳深深踏進地裡，拒絕移動，也不讓自己的部隊撤退到身後，繼而將部隊重新集結起來，迎向勝利。紹德雷爾王朝瓦解時，伊索克雷克爾的其中一位祭司砍下了一棵聖樹，這棵樹有如一艘浮空的獨木舟，回到了天空——許多太平洋島與文化的傳說原鄉。諸神與世人在這艘獨木舟上同心協力，形塑了波納佩島的新秩序。[3]

波納佩島的傳說歷史吸納了眾多起源神話元素，例如異鄉人、諸神、來自海平面之外的英雄，以及新大洋洲社會的誕生。有些元素還能呼應「南島語族移民來自西方」的各種理論，遍及亞洲與太平洋水域的多重航海循環，以及考古證據。

對於波納佩島的拓墾史，學界泰半是從名叫「伊德赫墩」（Idhet Mound）的遺址得知的。這裡發現的殘跡，能夠支持傳統民俗中描述的海龜祭獻。不過，最重要的故事還是來自波納佩島人略倫·貝爾納特（Luelen Bernart）講述、記錄的口述歷史。這些口述史吸收了故事與神話傳統的變形，編織出來的不只是對過去的敘述，本身也是歷史建構的過程。故事的意涵至今仍連結著生者與死者。略倫講述的故事捕捉到傳說中的先祖踏上最初的航程，進而成為太平洋島民的歷程。[4]

在略倫講述的故事中，名叫賈普基尼（Japkini）的男子為自己與許多同伴打造了一艘輕舟。船上不只有帆，還有擺放土壤種植糧食的空間，讓他們得以渡過漫長的航程。他們抵達一座島嶼，開創新生活，但也懂得要交易與返程，於是派部分人乘坐原本的輕舟返回故鄉。賈普基尼與其他人留在新世界。兩名女子「莉奧拉曼普埃爾」（Lioramanpuel）與「莉法拉曼普埃爾」（Liframanpuel）收集石材，找了一塊建地，這座島因而得名「波納佩」——意為「石祭壇上」。

古文明的標誌性巨石也出現在其他太平洋島嶼上。往南深入玻里尼西亞世界，東加塔布島（Tongatapu）上的三石坊（trilithon）壯觀無比——三塊重達四十噸的珊瑚礁巨石構成門型，堪稱是對雄偉本身的恆久禮讚。難免有人把立於十三世紀之前的三石坊，拿來與英國的巨石陣（Stonehenge）相比，不過這個結構的真實意涵仍不為人知。也許它是王室墓園的入口，是拱衛諸王陵墓的棕櫚樹、木槿與露兜樹的威嚴延伸。巨石上刻有記號，而歷來的東加王室宣稱這些記號是上古天文學指標，指出重要的節慶、儀式，甚至是這個海洋政體的實際施政方針。

古代東加的勢力

東加群島就像雅浦島，素有「帝國」中心之名——就算不是帝國，至少也是橫跨眾多島群的強大貿易與朝貢網絡。古代東加人以複雜的家系與成熟的政治規矩而聞名。國家元首稱為「圖依東加」（Tu'i Tonga），領導龐大的朝廷，有數以百計的妻妾、兄弟、姊妹、兒女，以及擔任守門人與廚師的親戚。朝廷也會指派任務給「*falefa*」——包括儀式中的侍從、戰俘、較低階的親屬，以及漁夫、雕刻師與領航人等專業工匠。[5]

朝廷最主要的活動包括糧食與禮物的徵集與分配，許多太平洋社會都有類似的繁複義務與責任。領袖們支配著卡因嘎社群（kainga communities）——社群成員要遵從他們的指示，在高度發展的園地內種植種植、照料作物，將收成獻給圖依東加。領袖則有照顧百姓、聽取他人建議的義務。也許有些村民對統治者有所不滿、甚至並不尊重，但維持統治者的地位仍然很重要，畢竟村民的生活都是以此為核心來組織的。

領袖的地位愈崇高，地位的維持自然也愈重要。古代的圖依東加傳說中，有一則故事提到聖王出海捕魚。他登上一座小島，一對老夫婦認出他的身分，趕忙為他準備餐點。誰知道，他剛好在一株芋頭的葉子下坐了下來，食用這株芋頭也就成了禁忌，偏偏這株芋頭是島上唯一的食物。老夫婦沒有東西能呈給聖王，於是犧牲了自己的女兒，用土窯烹煮。得知此事的聖王，在悲傷中決定離開這座島。老夫婦埋葬女兒的地點，冒出了兩株植物——一是卡瓦根（kava root），二是甘蔗，於是他們把這兩株植物獻給聖王。藉由共同的榮譽、犧牲與同情，苦澀又甘美的紐帶將統治者與子民聯繫在一起。[6]

無論是生是死，這樣的紐帶始終保持神聖，這一點從領導人的葬儀中可以明顯看出。人們會用椰子油洗滌他的遺體，在儀式中陪伴他，來到用巨大珊瑚塊砌成的墓塚。所有參與儀式的人在接下來十個朔望月期間，都不能使用自己的雙手。二〇〇六年九月，東加國王杜包四世（Tupou IV）駕崩，葬禮仍貫徹這項習俗，只有稍做調整。

古代東加的影響範圍，遠遠超過圖依東加朝廷直轄的地方。從十二世紀起，一支無堅不摧的大洋戰舟艦隊便在一片浩瀚的海域中，將東加與其他島群相連結。對東加來說，和斐濟與薩摩亞之間的貿易非常重要。對薩摩亞貿易中，主要的商品是精織蓆墊；地位崇高的領袖們，渴望以此展現自己的威望。

東加海軍憑藉能夠載運上百名戰士的巨舟，將各島嶼連接起來。打造巨舟所需的木材，則砍伐自斐濟群島維提島（Viti Levu）的森林。位於繁忙潟湖邊，前有白色珊瑚階地的東加朝廷監控著港口，沿海的裝卸碼頭與運河一目瞭然。來自他方的船員拉著漂浮的相思木與構木飄洋過海，前來與圖依東加的親族交易精細的塔帕樹皮布製品。商人在王室代理人的監視下，呈上斐濟刻紋陶器與棍棒。檀木先浸水再磨粉，用於製作香氣四溢的椰子油與椰纖繩索。還有所費不貲的魟魚尾、鯨魚牙和紅色的鳥羽，用於裝飾儀式用長矛與王族的飾品。

無論東加算不算是個帝國，它的貿易、朝貢與交換體系的運作方式都跟其他大洋洲網絡相仿，貿易、政治結盟、親族紐帶彼此交織。譬如，圖依東加會派地位較低的貴族前往其他島嶼，跟當地的王朝通婚。有些地位尊貴的東加婦女與斐濟男子成親，地位次要的統治者則迎娶其他島嶼的貴族女子，不少傳奇的女性統治者因此崛起。其中最強大的一位，名叫「薩拉瑪希娜」（Salamasina）——十四世紀下半葉，她統一了治下所有的薩摩亞島嶼，維持四十年和平，廣為人所尊敬。透過聯姻，不少東加與薩摩亞貴族身上流著她的血。就像許多太平洋地區的統治者，她的傳奇家譜也可以回溯到某位女神。[7]

斐濟、東加與薩摩亞所在的中太平洋海域，構成了所謂東加海洋帝國大致的疆界。喇匹塔陶器出土的考古遺址中，最東方的幾個遺址也在這個帝國的範圍內。東加塔布島的努庫勒卡村（Nukuleka）是其中一個遺址的所在地，學界認為喇匹塔文化的先祖就住在這裡，在接下來一千多年的時間中發展出玻里尼西亞社會文化，包括宰制了南太平洋貿易與朝貢的幾個王朝。

島嶼東南亞的形塑

儘管玻里尼西亞人在大洋洲島嶼上發展出獨特的文化，但他們的古代血緣仍然可以回溯到在島嶼東南亞（island Southeast Asia）安家落戶、開枝散葉的人。正是這些彼此重疊的歷史，形塑了太平洋。人們透過反向的航程，從玻里尼西亞世界出發，將喇匹塔文化回溯到包括索羅門群島在內的島嶼美拉尼西亞，甚至進一步回推到南島語族與巴布亞語族在新幾內亞語島嶼東南亞沿岸的互動。後來幾個世紀中，阿貝爾．塔斯曼（Abel Tasman）等歐洲探險家正是沿著上述的路線，將船從玻里尼西亞的東加，駛向印尼的爪哇島。

大洋洲文化逐漸形成，此時在航海廊道彼端的南島語族政體也在發展。南島語族的祖先從中國、台灣出發，經菲律賓群島往南遷徙，發展出能在深水區航行的船隻，南渡至婆羅洲與蘇拉威西島（Sulawesi）。一部分人東渡至新幾內亞，在美拉尼西亞與巴布亞原住民一同發展出芋頭文化、番薯文化與喇匹塔文化。一部分甚至繼續往東，移居後人所說的玻里尼西亞。其他人則繼續往正南方去，來到蘇門答臘、爪哇與峇里等島嶼。他們定居在採集部落群體之間（甚至有將後者滅絕的例子），帶來他們更大的村落、航海技術與稻米農業。他們的文化、習俗與語言開始重疊，畫出了島嶼「東南亞」的輪廓。這些人在印尼諸島漸漸演變成所謂的馬來人。[8]

馬來世界與當時亞洲其他的偉大文明有著互動，雖然彼此距離遙遠，馬來世界卻深受影響。商王朝在十一世紀滅亡後，繼承天命的周朝在接下來數個世紀控制了中國各地，南征北討。鐵器與青銅器技術不僅在這段時期發展起來，中國經典哲學也在西元前六世紀時百家齊放，其中就包括孔子的倫理與仁愛教誨。到了西元前五世紀，所謂的「經典」已經用「南洋」來稱呼從中國海域往外延伸的太平洋沿海，也大量談到海上貿易（顯然是對波斯與對印度貿易），有些文獻則提到與南方的印尼諸島進行交易。

強大的統治者輩出。秦王在西元前二二一年自稱始皇，而他的後繼者（包括西元前一四一年至八十七年治世的漢武帝）則舉兵征服或控制從高麗、中亞，以及遠至越南的邊境地帶。漢帝國統治時期，是未來漢人文化認同的歷史核心。武帝開闢了絲路的中國端，因而在歷史上留名。車隊載著奇珍異寶，跨越中亞與中東的草原與沙漠，經過一個個貿易據點，一路前往地中海與羅馬帝國。

來到印度次大陸，西元前第三千年期的古代印度河世界也正在發展。受到來自阿富汗地區的半游牧雅利安戰士所轉化，當地形成哈拉帕（Harappa）等城市構成的都市文明。複雜的種姓制度在西元前七世紀前後成形，印度教也發展成一套多神、多重儀式與多元的傳統。頌歌、讚辭、哲學與靈性智慧成果集結起來，成為《吠陀書》（*Vedas*）與《奧義書》（*Upanishads*）。

西元前五六三年前後，北印度貴族悉達多・喬達摩（Siddhartha Guatama）誕生。年輕時，他就開始探究存在與受苦的意義。他開悟為「覺者」佛陀，許多人追隨他禪修，聽他說法。佛法迅速吸引許多人改信，新的佛教徒四處旅行，傳播佛學，建立寺院與學校。商人與僧人將佛教帶入中國西部，佛教也順著絲路，在西元一世紀時傳到漢帝國的中心。

接下來幾個世紀，高麗與日本發展出若干王國，其宮廷深受中國影響，透過朝貢使節與貿易團和中

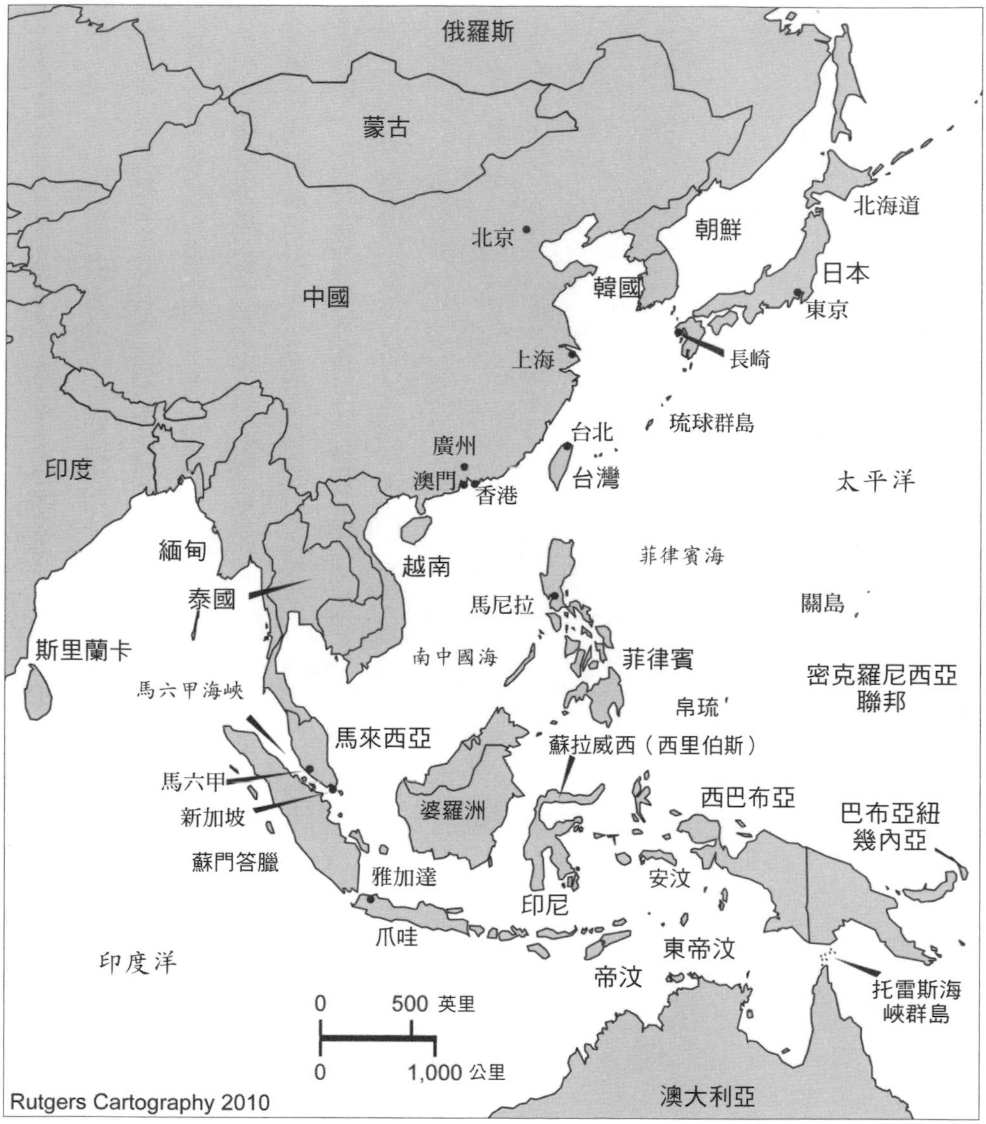

亞太地區（介於太平洋與印度洋之間的東亞與東南亞）

國聯繫。同一時期，商業活動也順著另一條往南的貿易廊道而擴大。沿岸社會發展航海活動，阿拉伯半島也透過海上貿易，與印度有了聯繫，甚至跨過東南亞與印尼島群發展關係。

海上貿易蓬勃發展，這都多虧了獨一無二的森林財富——全世界只有印尼島嶼出產的罕見香料。有些商品往北銷往帝制中國，但整個傳奇的香料航路循環，則是印度商人安排組織出來的。其中一個影響是，蘇門答臘、爪哇與峇里等馬來王國在文化上深受對印度貿易的影響，來自中國的使節不見得有什麼重要性。

從政治與宗教組織上，尤其能感受到與印度交流的影響。南島語族移居後數千年，馬來村落發展成密集聚落，村屋以乾草為頂，圍著竹籬笆，不遠處就是種植稻米的梯田。在草蓆地板、器皿、磨石的圍繞下打獵、捕魚，用扁平的米籃曬米，這就是村人的日常生活。

沿海居民通常住在海灣周邊與紅樹林灘地，方便獵捕海龜嶼海鳥，也比較不怕颱風。男性捕魚或打獵，意味著村裡仰賴女性採集。由於種植與收穫需要勞力，每一雙手都很重要。人們的精神宇宙中充滿動物靈、性象徵與豐收的儀式。地方村落領袖沒有建立王朝的意思，他們是些魅力獨具、功夫了得的人，能夠凝聚追隨者，並召喚超自然的力量，掌控了雨水、收成與自然災害。個人的地位最是重要。

有一些領袖擔任酋長的角色，開始支配他們的鄰人。一旦對多數人的掌控鞏固在政治幹才的手中，這些象徵性的統治者（統治著重疊的效忠圈子）也就開始關注那些來自西方，帶著印度織品、寶石、珍珠而來，尋找香料的商人們。更有甚者，隨商人一同前來的印度學者與傳道者，還帶來了書面語——梵語，以及印度教與佛教的宇宙觀，把統治者描述成掌握神聖的儀式權威，性靈充滿的人物。

來自印度的事物很能吸引當地領導人，他們把一些印度的文化習俗加以改造，推行於馬來世界。新的統治者供養佛教與印度教導師，採取這些宗教的祈禱詞與儀式，找來工匠用青銅或黃金製作神像。從這些雕像可以看出，有些統治者把自己刻劃成菩薩，或是把自己與佛陀的權威融為一爐。[9]

七世紀下半葉，漢人僧侶義淨立志從漢帝國前往印度朝聖，到佛陀的出生地就近精進。這種朝聖之行稱不上罕見。人盡皆知，漢地僧人會花費數十年時間前往印度，挺過危險與災難，抄寫並翻譯佛經。從歷史角度而論，義淨之行的獨特之處，在於他不是走一般人走的絲路，穿過中國北方。事實上，他的路線和香料貿易一樣，是一段海上的追尋。他搭乘波斯船隻，從廣州出發，往南航向蘇門答臘，接著穿過東南亞的水道，前往印度。義淨抵達蘇門答臘的小國巨港（Palembang）之後所描述的世界，僅見於他的《南海寄歸內法傳》，以及史料中的斷簡殘編。

義淨對巨港的描繪堪稱鉅細靡遺，是個活絡的佛教學術中心，也是傳說中的室利佛逝帝國（Srivijaya Empire）在擴張期的一部分。佛教與政治匯流之後，在巨港深深扎根。義淨提到一座城池——佛逝（Bhoga），有上千名僧人在此日以繼夜，學習佛教儀軌與經典。他在日記中提到：「南海諸洲，咸多敬信。人王國主，崇福為懷。」這些國王得益於對外交流，富裕的程度想必不亞於虔誠的程度——國勢蒸蒸日上的室利佛逝，並非傳統的稻米村落文化，而是海洋貿易中心。[10]

室利佛逝吸收了來自印度的貿易與宗教，吸引了義淨這樣的僧人渡海而來，其國力端賴是否能控制島嶼東南亞各地的海岸與島間網絡。室利佛逝大約在六八三年立國，從東蘇門答臘的穆西河（Musi）流域開始發展，掌握了上游的貿易，讓地方酋長「達圖」（*datus*）對其首長「摩訶羅闍」（majarajah）臣服，國力維持到十三世紀。

關鍵是，室利佛逝的統治者——尤其是出身中爪哇的夏連特拉（Sailendra）家族——利用海軍勢力控制蘇門答臘周邊的海路，包括馬六甲海峽，實質控制了印度與中國之間的遠洋貿易。他們藉此獲得象牙、黃金、丁香、樟腦、檀木與肉豆蔻等珍貴的貢品。到了十二世紀，夏連特拉支配下的各朝貢國團結起來，勢力從印尼群島擴張到馬來半島，並一路向北，遠至菲律賓。

貿易活動的發展意味的不只是物質上的驚喜，還有知識的轉移。佛法興盛，漢地與天竺的法師也把各自的語言與史詩故事帶給廣大的群眾。其他的宗教傳統也吸收到新知。道教丹師與哲學家葛洪便提到印尼的松脂，其如《神農本草經》所說，「主治癰疽惡瘡……排膿抽風」，有益於健康與道教長生不老的追求。[11]

不過，室利佛逝最著名的還是財富。這個位於巨港的政體錢淹腳目，阿拉伯地理學家伊本．胡爾達茲比赫（Ibn Khurdadhbih）提到其統治者甚至每天往海中扔一條金條。也許，這是向室利佛逝豐富的海洋資源致敬之舉；其他故事則說，這些財寶會在統治者死後撈回來，分配給王族、軍隊與平民。有些史書提到珍奇異寶，例如獵人在新幾內亞捕獲傳說中的天堂鳥，便逕直將鳥羽送到室利佛逝。這些美麗的羽毛是要呈給中國皇帝的，而鳥身則包裹起來，將爪子去除，據說歐洲人後來甚至因此以為天堂鳥一輩子都在飛翔，沒有落過地。

雖然室利佛逝支配著各個貿易區，但夏連特拉王室遠遠稱不上至高無上。想維持對這個海權國家的權力，就必須跟實際上控制水域的團體不停協商。摩訶羅闍最有名的盟友，或許就是生活在島群沿岸與船上的海洋民族，羅越人（Orang Laut）。羅越人以小船奇襲聞名，透過巡邏水道，向船隻索拿貢品（也可以說是保護費）的方式，在地方上累積實力，同時扮演官兵跟海盜的角色。區內還有許多酋長控制河口或珊瑚礁區的戰略要地，跟他們建立直接的盟約也很重要。根據史書所說，地方的實力可以從當地擁有的三桅巡航艦數量來衡量；有個地方甚至有四百艘這種船隻。[12]

西元八〇〇年前後，夏連特拉的商業與政治力量，開始化為宗教形式。王室興建起大型建築，只是失落在叢林中，後來才被殖民探險家發現。最有名的建築物出現在中爪哇的平原——他們用石頭鋪展開一片壯闊的佛教宇宙。

婆羅浮屠（Borobudur）有三層壯觀的圓臺蓋在六層龐大的方形基座上，由重重廊道相連，更有大約一千五百片浮雕石板。這是個朝聖地，整座建物是設計成讓信徒一層層繞行的。或方或圓的走道總長有五公里，每一步都是走進佛陀與菩薩本生故事的途徑。浮雕走廊指點且吸引朝聖者經歷喜樂、悲苦，以及象徵性的歷史故事。直到走到最上層，他們才能解脫，遍覽由孔洞舍利塔構成的全貌，徹底領會空寂。不過，夏連特拉沒有忘記是此世成就了自己——婆羅浮屠有許多浮雕刻劃著佛陀乘船前往目的地，飄洋過海，以及開悟之旅必不可少的旅程。[13]

夏連特拉留下了自己的永恆豐碑，但來自爪哇的競爭勢力卻為了控制印度、印尼與中國貿易，與室利佛逝競爭了幾個世紀。信訶沙里（Singhasari）王國出兵擊敗了室利佛逝，更在一二九三年吸引到蒙元皇帝忽必烈汗的注意力。這位蒙古統治者征服了中國漢地，以照顧威尼斯旅行家馬可．波羅（Marco Polo）聞名，而波羅則為他提供西方國家的知識。

大汗派出一支龐大艦隊入侵爪哇，但英雄王拉田．韋查耶（Raden Wijaya）阻止他的入侵，更建立了自己的王朝——滿者伯夷（Majapahit）。不過數十年前，大汗也曾經在一二七四年與一二八一年試圖入侵另一個麻煩的群島——日本。他的計畫遭到

肉體與靈魂的航程：爪哇婆羅浮屠淺浮雕。（Credit: Borobudur temple, author's photo.）

意志堅定的武士與難以預料的颱風所挫敗，日本人後來因此將颱風稱為「神風」。中國的海軍力量還沒有做好稱霸西太平洋的準備。

室利佛逝元素猶存，但統治已然消失。此時，滿者伯夷則發展成橫跨整個東南亞的海權帝國，勢力範圍包括印尼、馬來西亞、婆羅洲、部分泰國、菲律賓與東帝汶等群島與海岸線。屬國分布在不同的島嶼，滿者伯夷史書甚至根據朝貢傳統，宣稱其統治及於西巴布亞紐幾內亞。

滿者伯夷的統治力，在十四世紀下半葉哈奄武祿（Hayam Wuruk）治世時達到巔峰，不僅掌握了圍繞本國而建立的強大貿易與軍事同盟，史詩創作、雄偉建築、金工與陶藝等文化成就也百花齊放。數世紀後，印尼民族主義者便高舉這個時代，以此勾勒自己的光榮歷史與固有疆域。[14]

十五世紀的歷史則是一連串的競爭與衝突，導致政治不穩與大權旁落。與此同時，新的勢力也在這個區域浮現。早在七世紀時，來自阿拉伯半島的傳統貿易商、教師與航海家便進入印度洋，以強而有力的新信仰撐腰，挑戰印度教與佛教傳統。聖訓、先進的科學與數學知識驅使著伊斯蘭的信徒。他們逐漸掌控了絲綢與香料的海上貿易路線，在亞洲各地的轉口港與貿易口岸建立據點。

到了十世紀，阿語文獻已經談到印尼島嶼。十五世紀初，馬來統治者開始聆聽新的教師講學，獲得新的貿易機會，統治者的印地語（Hindi）頭銜也變成穆斯林口中的蘇丹。至於在北方，明朝的皇帝也終於準備展現自己統治大海的能力。

第3章 海峽、蘇丹與寶船艦隊

Straits, sultans, and treasure fleets

今天，人們用一座重建的王宮，氣派擺上鑄造的人像、廷臣，來紀念馬六甲蘇丹伊斯坎達沙（Iskandar Shah）。蘇丹座像擺在木製平台上，周圍是他的衛士。從雕花木窗框與屏風望外看，是一片下坡地，霧氣濛濛的海面在前方鋪展開來。海面不寬，是今日馬來西亞半島與蘇門答臘島之間的海峽。蘇丹的權威奠定在他對這座重要貿易口岸的掌控，這裡是印度洋（由印度與阿拉伯商人掌控）與南海、太平洋的中途點。馬六甲周邊海域滿是商船與貢船，船員在海洋民族羅越人的巡邏下，搖櫓前往岸邊進行必要的買賣。

馬六甲在當地歷史上向來是一座強大、富有的城市，橫跨在河道兩岸，由一座橋梁銜接。王宮依山而建，河的對岸總是傳來轉運行、倉庫與貿易公司繁忙的噪音。一年到頭，你都可以聽到人們講馬來語、漢語、阿語與印地語。最繁忙的年代，在街上和交易所中可以聽見八十多種不同的語言與方言，從阿拉伯世界到印度，從亞洲到大洋洲，不一而足。

蘇丹知道，敵人在自己的北邊：暹羅帝國一直與他爭奪鄰近海域的貿易與控制權。西邊的印度洋有卡利克特（Calicut）的港口，是重要的紡織品與木材來源。繞過馬來半島從東邊而來的，是他的宗主明朝皇帝，為他提供絲綢與瓷器。他從明朝得到印信，確立了他對南京朝貢的義務，而這樣的義務能將暹羅人拒於門外，畢竟暹羅承擔不起與帝制中國的附庸國開戰的風險。

來到蘇丹位於馬六甲的宮廷，使節們穿著緋紅色的華美繡花罩衣，跪坐在編織的蓆子與毯子上。蘇丹則是身穿一襲白衣。幾年前，這位名叫拜里迷蘇剌（Parameswara）的年輕室利佛逝印度教王子來到馬六甲，力抗滿者伯夷帝國的統治者，並試圖建立自己的權力基礎。拜里迷蘇剌與追隨者攻擊、推翻了暹羅附庸國淡馬錫（Temasik，今新加坡）的統治者，接著當了五年的海盜王。暹羅軍隊把他們趕了出去，拜里迷蘇剌逃到以巨蜥聞名的柔佛（Johor）——漢語史料中提到，他在柔佛遇到恐怖、披鱗帶甲的龍，背部隆起，長著突出的長牙，嗜食人。

拜里迷蘇剌的士兵與家臣為了逃離敵人和龍，被迫來到一座濱海漁村，其實就是聚在一處的舢舨與房子，背靠著長滿棕櫚樹的山丘。傳說，一頭小小的鼷鹿挑釁、驅散了拜里迷蘇剌的獵犬。這隻小動物無比的勇氣讓拜里迷蘇剌印象深刻，受到啟發的他於是建立了一座新城市——他將這座城市命名為馬六甲，靈感來自他當時乘涼的庵摩勒樹。自此，他的命運與海洋分不開來。此處的沖積地形對他有利——印度洋與南海之間的海上貿易，幾乎都會通過馬六甲海峽，而他的根據地可以把情勢看的一清二楚。掌控這條水道，將為他帶來足以匹敵，而後擊敗滿者伯夷的力量。[1]

馬六甲蒸蒸日上，羅越人也押著貿易船隻與船貨，帶來令人垂涎三尺、產自印尼摩鹿加群島（Moluccas）的肉豆蔻、荳蔻乾皮與丁香。蘇門答臘開採的金礦鑄造成貨幣後，不僅能用於購買胡椒，還有帝汶的檀木、中國知名的絲綢與瓷器，以及印度古吉拉特（Gujarat）與科羅曼德（Coromandel）名聞遐邇的紡織品。

沿海漁村在紅樹林間與沙岸上如雨後春筍般出現，有棕櫚搭的陋棚、乾衣間，以及印花棉布商人的聚落。許多高腳屋有著華麗的屋頂，以劈開的椰子樹木材做地板，用藤綁製。阿拉伯與中國商人就在拼板舟之間等待，攤開毯子和床鋪，升火煮東西，看季風風向何時轉變，讓他們把異國船貨運來或是運走。

男男女女提供服務、陪伴或交易商品，但讓他們獲利的不只是商品，還有他們的人際關係與盟約。

馬六甲街頭市集往四面八方毫無章法地開展，珍珠、高雅的織品、奇木、批發的香料，以及天堂鳥羽等商品令人目不暇給。印度商人受到這裡的財富所吸引，而他們帶來印度教神學導師，爪哇藝術家則忙著將史詩故事製作成皮影戲。中國商人帶來佛教、儒家與道教的真理與公案，說書人則用傳說聖王與近乎神話的征服者（例如亞歷山大大帝）的故事來娛樂聽眾。宮廷八卦與王室陰謀，令貴族與馬來平民的生活氛圍變得多采多姿。[2]

不過，馬六甲受到最廣泛、最深遠的影響，卻不是來自這些地方，而是源於七世紀的遠方——當時，先知穆罕默德和他的大軍控制了阿拉伯半島。

伊斯蘭信仰的擴張

穆斯林透過阿拉伯商隊與軍隊，掌控了古羅馬與中亞貿易路線。他們的勢力憑藉貿易與征服往東發展，在中亞生根，並且在一五二六年以印度蒙兀

為信仰，為生意：十三世紀《哈里里手稿》（Hariri Manuscript）中的阿拉伯航海家。（Credit: maqâmât, ARABE 6094, Folio 68, Bibliothèque Nationale de France.）

兒帝國的型態主宰南亞。當然，阿拉伯人的貿易世界可謂海陸齊發。伊斯蘭出現的一千多年前（大約西元前五百年），古代的阿拉伯討海人已經發展出吃水較淺的三角帆單桅帆船，往返於阿拉伯灣與印度洋之間的水域。他們從荷莫茲海峽（Gulf of Hormuz）出發，航行範圍擴及非洲東岸至馬達加斯加，以及從印度洋到印尼群島的水域；十世紀地理學家阿布・札伊德・哈珊（Abu Zayd al-Hasan）的著作中，已經提到印尼。交易活動創造出極為古老的知識廊道，從坦尚尼亞延伸到香料群島，過程中少不了樹皮衣、香料、語言模式，以及優雅的三角風帆。[3]

具有戰略意義的自然知識，讓遠洋航海家得以航向島嶼，帶著阿拉伯與印度穆斯林商人通過馬六甲海峽，前往東亞。冬季吹東風，夏季吹西風，季風循環的時機可謂商業力量的關鍵。托勒密時代的港口居民對季風已經有所了解，但大大利用季風乘坐單桅帆船前往東非海岸線，沿著香料貿易路線經過印度洋前往東南亞的，還是穆斯林商人。穆斯林之所以對香料感興趣，其實不全是因為肉桂與丁香能帶來財富，更因為薑與蘇門答臘沉香木等芳香劑能影響感官，會用於正式場合與宗教儀式，因此彌足珍貴。

香料與其他或聖或俗的珍寶，聚集在馬六甲等轉口港。在海員的眼中，這些地方充滿機會，有時候更是令人大開眼界。阿拉伯水手經過數個世紀與上千海浬打造了輝煌的航海傳統。航海家辛巴達（Sindbad the Sailor）的大名，最是能掌握這種傳統的神髓。辛巴達的冒險傳說吸收了英雄史詩，以及八世紀至十世紀間的希臘、波斯與印度可歌可泣的故事。大膽無畏、常常遭遇船難的辛巴達從穆斯林城市巴格達七度出海，遇到了有如浮島的巨鯨、鑽石谷、龍涎香河，以及食人族。

從故事的文學與歷史重建中，可以看到形形色色的地理風貌，像是色倫迪（Serendib）的珍珠海床、米日拉者王國（Kingdom of Mijraj，可能是婆羅洲），以及盛產檀木、胡椒與椰子的食人族島嶼（可能是帝汶、安達曼群島〔Andamans〕或蘇門答臘），登島的辛巴達還被一名老者奴役，騎在自己的肩膀上（他遇到的可能是人猿）。辛巴達的故事有眾多版本，他在某些版本裡放棄了旅行，在某些版本中被巴格達的哈里發——伊斯蘭世界的政教領袖——派去進行最後的幾次出海。最後，辛巴達回到故鄉安養天年。他雖然因多次旅行而身心俱疲，卻得到關於這個美妙世界的許多故事，同時因為旅途中獲得的寶藏而致富。[4]

伊斯蘭習俗就像辛巴達一次又一次的出航，隨著貿易、信仰與對新世界的追尋而傳播開來。古蘭經講師得到代代掌握香料貿易路線的水手指引，擴大教義的影響範圍。穆斯林的財富與信仰得到各個海域的接納。蘇門答臘北部沿岸國家跟南印度古吉拉特的穆斯林商人交流密切。不過，貿易中的信任關係多半是透過權貴與使節的聯姻加以強化。一艘艘小船載著船貨與新娘，兩個區域之間也建立起更緊密的連結。

蘇門答臘政體須文達那國（Samudra）的統治者，在十三世紀末改宗伊斯蘭。他以身作則，取了阿語名字，並贊助受人尊敬的阿拉伯藝術與學術。他還採用了「蘇丹」頭銜。不過，他之所以改宗，與其說是向著阿拉伯，不如說是向著伊斯蘭，擁抱的是一種遍及各個下錨地、口岸與沿海聚落，受到生意人、貿易商與教師所信奉的宗教。

拜里迷蘇剌和其他蘇丹一樣，娶了印尼穆斯林公主，改宗伊斯蘭信仰，並改名「伊斯坎達沙」。他如今的頭銜也是蘇丹，後來更是成為所謂「臨海蘇丹國」（coastal Sultanates）這個伊斯蘭口岸與國家集團中最有名的領導人。他的兒子也是穆斯林，名叫穆罕默德沙（Muhammad Shah）。海岸地區的商業國家君主也有樣學樣。伊斯蘭信仰從馬六甲開始，傳遍了整個馬來西亞島嶼的村落與城鎮。

信仰沿著貿易路線而來，也就是說人們交流的不只是商品，還有觀念。伊瑪目與講解古蘭經的人，把經中的教誨嫁接在佛教儀式上，或是沿岸村落的動植物圖騰崇拜上。新的詞彙與習慣逐漸形成。中國商人與工匠聚落開始為穆斯林海洋網絡提供服務與補給。除了印度教島國峇里之外，印尼群島的主要島嶼也漸漸透過穆斯林村落、城鎮與區域而連結，成為全球最大的穆斯林政體。

如同辛巴達的冒險故事，伊斯蘭的教誨主要並非透過艱深的課程來傳播，而是靠魅力獨具的導師以壯闊的故事來傳教。勇敢的穆斯林聖人為了尋求神聖的知識而踏上旅途，或是遭遇奇蹟而改信。史書上說，先知穆罕默德本人出現在入須文達那統治者（也就是第一個改用蘇丹頭銜的人）的夢境中，後者醒來之後發現自己已經行了割禮，還能說、讀阿拉伯語，詮釋古蘭經。蘇丹的子民為之震驚，也接受了這個信仰，過程中當然也是有哈里發派來的教師從旁協助。聖人與學者翻譯經典，蓋學校，與商人結盟，打造出商品與經典閱讀的流通圈。[5]

跨洋世界文學中最知名的發言人，把這個信仰、交換、冒險與貴族構成的世界紀錄了下來。伊本・巴杜達（Ibn Battuta）生於摩洛哥法學家家族，成為知名的旅人與遊記作家。他的足跡跨越了十四世紀大部分已知的非洲與亞洲世界，在前往中國的過程中甚至曾在蘇門答臘短居過。他搭船旅行，不時上岸，曾提到沿海部落住在茅草屋，婦女穿著「樹葉圍裙」，整個地區滿山遍野都是香蕉與檳榔樹，卻沒有宗教。

他特別著墨那些能夠將商業財富與伊斯蘭信仰合而為一，化為自己威儀的當地蘇丹。登陸蘇門答臘之後，他寫到一名統治者：「我們送他胡椒、薑、肉桂、來自馬爾地夫群島的（燻）魚，以及一點孟加拉布料……這位蘇丹從每一艘落入他手中的船隻索要一名女奴、一名白人奴隸、足夠覆蓋一頭大象的布料，以及金飾，讓他的妻子掛在腰際與腳趾上。」此外，這位蘇丹的都城相當富庶，有木牆與高塔保護。

伊本・巴杜達還見到另一位蘇丹，他深愛神學，堅定遵守穆斯林習俗，還時常襲擊不信教的敵人。但最終的目的地向伊本・巴杜達招手。他跳上一艘戎克船，經過幾個星期的航程後抵達了福建泉州。來到中國的他一方面印象深刻，一方面卻感到氣餒。名滿天下的中國藝術與商品令他眼花撩亂，尤其是絲綢（感覺在中國相當常見）與瓷器。風景如畫，城市引人入勝，但他提到這是個陌生的世界，他寧可有其他穆斯林商人與旅人相伴。他特別談到中國人是異教徒，他們的廟宇和偶像令他大感不悅。他尤其不能接受中國人「吃豬肉與狗肉，還在市場裡販賣」。[6]

從伊本・巴杜達的遊記可以看出，伊斯蘭緊密結合了從阿拉伯到亞洲之間的地方，但這並非建立在信仰、靈魂或社會地位的平等上。事實上，就島嶼東南亞各地接受伊斯蘭信仰的情況來看，穆斯林往往擁有更好的生活與更高的地位，這才是莫大的吸引力。從事經常性貿易的港口居民有更多的機會接觸教育、學習讀寫，也能第一個接觸到進口商品。

伊斯蘭一方面是一種信仰，另一方面卻也漸漸與「出人頭地」和「都市生活」劃上等號，與農村、稻田和採集大不相同。貿易不斷擴大，代理人、掮客與簿記人員逐漸形成新的階級。學術與性靈知識的威望，開始跟商業成長與朝貢形成強韌的紐帶。

這些紐帶延伸到亞洲、大洋洲交流的最前沿，也就是巨大的新幾內亞島。島的西半部面向印尼群島，穆斯林蘇丹——尤其是蒂多雷（Tidore）蘇丹，也主張巴布亞世界屬於自己。新幾內亞島沿岸的一些巴布亞人接受蘇丹為宗主，得到蘇丹授予的榮銜。換取貢品的儀式中，也包括交換來自蒂多雷的信件，人們認為信上的文字有著巨大的物質力量，甚至是神力。巴布亞統治者接受了許多的穆斯林飲食與禮拜方式，但這種接受只是折衷。他們在當地興建清真寺，卻經常保有眾多原本的風俗，以及島上內陸的文化習慣。[7]

鄭和下西洋的足跡

雖然這些朝貢與交易世界彼此重疊，發展遍布西南太平洋，但就連馬六甲蘇丹伊斯坎達沙等權傾一時的統治者，也得向更強大的力量納貢。我們對於馬六甲所知的一切，大部分其實來自漢語史料，以及一位後來成為歷史名人的訪客：穆斯林大將軍鄭和。鄭和在一四〇九年造訪馬六甲，設法讓當地蘇丹納貢，並進行一系列的航海行，讓世人止不住讚嘆。

鄭和（一三七一年至一四三五年）的墓園位於南京牛首山南，只要爬上分成四段、每段七階，共二十八階的石階，就能抵達。每一階都代表鄭和的一次出航，浩大的海上貿易與宣威從中國一路延伸到東南亞，跨越印度洋到阿拉伯與非洲海岸。鄭和並非以獨立探險家身分在海上冒險，而是指揮巨大的寶船與各色船隻構成的艦隊，是名符其實的無敵艦隊，能夠把力量投射到數千海浬外的已知海域。從非洲的麻林地（Malindi）到阿拉伯、爪哇與泉州，鄭和可說是完美表現了多重世界的交錯。他的墓碑上刻了阿語的「安拉至大」，彰顯自己的穆斯林信仰與出身背景。

鄭和生於信奉伊斯蘭的中國藩屬國，父親與祖父皆曾前往麥加朝覲。年輕的鄭和在突襲中被捕、遭到去勢，成了朝廷內的宦官。進宮之後，鄭和不斷累積在內廷的影響力。此時，統治中國的是明朝皇帝朱棣，他並不以確保陸上疆域、與蒙古人作戰，以及向農民收稅為滿足。朱棣志在全球海洋。

來自中國口岸的商人開始嶄露頭角。數個世代

西洋主宰：鄭和的中國寶船艦隊。（Credit: Melaka Museum, author’s photo.）

以來，中國的政策首重陸上邊疆與抵禦入侵，習慣讓朝貢國運作長距離的海上貿易網絡，例如印尼群島與通往印度的香料貿易路線。不過，中國戎克船現在也開始自己載運船貨。海洋考古學家從不同世紀的沉船中，發現遠洋貿易有多豐富。他們從礁岩與沙洲找到玻璃瓶、墨水罐，以及淡綠色青瓷釉碗。許多物品可以追溯到特定產區，甚至是特定窯場。難能可貴的水下發現還包括好幾公斤的手鐲、來自越南各王國的裝飾瓶、青銅秤與鑼，以及鱷魚牙齒與錫錠。朱棣從貢使處得知透過海外貿易與索貢，可以得到更多的財富，於是運用自己的力量打造一支威風的海軍。為此，他任命最優秀的手下——鄭和，把艦隊交給鄭和指揮。

鄭和負責建造與指揮的寶船，足以讓當時所有的船隻相形見絀。一四〇五年至一四三三年間，他多次出航，鞏固中國的貿易與盟約。從舵桿等考古證據可以得知，最大的寶船可能有上百英尺長，有五、七或更多面的船帆，多達四層甲板，成排的個人倉室、水密倉，整艘船能載運上百名乘客。主艦伴隨著戰艦、運兵船、補給小舟與專門運馬、飲用水，以及做為菜園的特殊船隻構成的艦艇群。艦隊的成員還有數以千計的領航人、醫生、廚師與學者。簡言之，這支艦隊堪稱一座水上城市。8

單單靠著軍力，鄭和就能捕獲或摧毀海盜船隊，取得豐富的貢品，例如罕見的琉璃、金屬器、硫磺、香料、香水，以及來自莫三比克與波斯灣的珍奇硬木。他還得到一頭來自東非的長頸鹿，帶回朝廷之後，人們把牠當成傳說中在孔子降生時出現過的祥獸麒麟來崇拜。西太平洋、南海與印度洋各地都見識到了中國的海上力量。

鄭和造訪上貢與交易的主要口岸，例如印度洋的錫蘭、印尼群島，以及戰略要道馬六甲海峽，這些港口的發展也因此獲益。寶船艦隊每到一處，就會帶來無數的海員、大量的給養需求，以及密切的交流，意味著出現新的聚落，需要開鑿水井、興建防禦工事，而且船員也很可能在此成婚、建立新家庭。有一部分的部隊在不同口岸不見蹤影，而新的供應商與盟友則會成為艦隊的一分子。這些地方成為全球海洋史與跨文化史的本地節點。

在馬六甲，人們在水井、廟埕與博物館等地設置告示牌與雕像，紀念寶船艦隊。今天的馬六甲是個讓人熱到冒汗的城市，運河邊的橋梁與濱水聚落搖搖欲墜，清真寺、廟宇和教堂在商業區比鄰而居。捕魚的小艇圍繞著鏽跡斑斑的駁船與雜亂的港口，不遠處就是光鮮亮麗的大賣場和茶館。街邊的餐館與路邊攤讓空氣中飄著中國、馬來與峇峇娘惹料理的味道，有魚、烤肉和燉菜。移工與本地居民代代生活的城區，至今仍充滿晚禱的聲音、宗教建築和語言學校。[9]

篳路藍縷之後，一個非凡的世界在馬六甲建立起來。伊斯坎達沙以儀式向宗主明朝皇帝臣服，與鄭和交換禮物。大將軍的記室提到伊斯坎達沙的宮廷恪守伊斯蘭禮節，蘇丹本人則穿著整潔亮麗的白色與綠色棉布衣，也許出自當地織工之手，也許來自印度。他乘坐轎子，穿梭在這座美麗的城市。哨兵在城門與鼓樓上監視來自海上的生意與威脅。伊斯坎達沙後來親自拜訪中國，參與盛大的儀式與交流活動，而鄭和的艦隊則反覆穿越海峽，促成遠近貿易，留下殖民聚落，讓世界史改頭換面。

中國人與當地人所建立的社群，堪稱是寶船艦隊的遺產。鄭和下西洋的主要目標，在於與盟國貿易，遏止海盜，並且讓各國承認中國的宗主權，向中國進獻。就此而論，皇帝與鄭和大獲成功，只是他們的勝利卻極為短暫。

政局有了轉變。相較於忽必烈汗組織入侵艦隊進攻爪哇與日本，明朝皇帝對全面征服不感興趣，但特別要求外國成為附庸。他對越南的藩屬國不滿，於是派兵南征，卻陷入困境，遭到後黎朝驅逐。蒙古勢力也在中國北疆沿邊蠢動，襲擊與遭遇戰分散了朝廷的注意力。

海上也發生了變化。從上海以南一路往北延伸到北京，長達上千英里的內陸水道「大運河」，在這個時候經過修建，有了新的水道、儲水池與船閘，中國對於海運交通的依賴因此降低。重點是，鄭和雖然帶回許多地方的華美貢品，但並未創造出以中國為中心的貿易經濟，因此無法支應寶船的開銷。

前述因素更導致宮中宦官與儒家士大夫之間的角力。前者認同穆斯林鄭和，後者認為出航純屬浪費，讓政府無法專心照顧農民、保家衛國，忽略士大夫的德治。朝廷官員認為不該把稅收花在對外探險，來自外邦蠻夷的獻禮對他們來說也不值一文。寶船艦隊在一四三〇年至一四三三年間最後一次出航。早在出航前，朱棣便已於一四二四年駕崩，鄭和本人也在最後一次出航不久後便過世。此後，寶船便擱置在港中，再也沒有出海。有些船遭到解體，有些則在停泊中腐爛。相關文獻殘缺不全，大部分更被希望抹去中國海洋時代歷史的儒家官員焚毀了。

五百多年後，學者、商業人士，以及政府官員才重建了這個片刻，試著將二十世紀下半葉與進入千禧年的中國，融入那一段全球貿易、地理發現與跨文化交流的光榮歷史。

這是鄭和的其中一項遺產——這位中國穆斯林將領用一輩子的時間，渡過大洋世界，帶來珍寶與貢品，留下傳說與廟宇。鄭和下西洋過程中建立的聚落，成為一代代人日常生活的依靠，也成為阿拉伯、印度與馬來商人設法前往中國、開拓太平洋途中的一站。

第4章 殖民地的征服與伊比利亞的野心

Conquered colonies and Iberian ambitions

阿拉伯航海家艾哈邁德．伊本．馬吉德（Ahmad ibn Majid）是經驗老道的嚮導，專門指引船隻從非洲到亞洲，穿過印度洋的水道與口岸。他生於阿曼，是詩人也是學者，寫過四十多部著作，吟作優雅的詩韻，更編纂了一部無所不包的百科全書，談航海原則、星辰位置，也說明季節風向、算術制度，以及水手和其他航海家的傳統故事——包括他備受尊敬的家人。他精通不同的舵與船帆設計，鑽研羅盤的使用方法。

海洋東南亞是個他知之甚詳的世界。數世紀來，穆斯林已經主宰了貿易，將信仰、教誨連同玻璃、香水等船貨一同傳播，跟中國商人（有些人來自鄭和留下的聚落與轉口港）較勁、喊價。

身為阿拉伯大航海家，伊本．馬吉德的聲望無庸置疑，不過世人之所以知道他，卻是因為他原本可以（或者未能）成就的事。某一次航海，伊本．馬吉德站在甲板上、欄杆旁。這艘船的設計一看就不是阿拉伯帆船，也不是中國戎克船，不僅帆面寬闊，還有圓弧形的船殼。根據某些文獻，此時的他正為不久前認識的一名船長——瓦斯科．達伽馬（Vasco da Gama），擔任領航員。這幾艘葡萄牙克拉克帆船（carracks）斷斷續續應對著從大西洋洋面吹來的風，繞航非洲大陸海岸線，一路前往亞洲，卻在印度洋上遇到季風。伊本．馬吉德真正扮演什麼角色，我們並不曉得，但他似乎是在東非海岸的麻林地，由當地統治者引介，認識了達伽馬。[1]

西班牙人長期活動於西非海岸，在航海家恩里克王子（Prince Henry the Navigator）等要人的推波助瀾下，慢慢循著海路開拓前往亞洲的途徑。葡萄牙人在一四九八年駛入的印度洋世界，是他們未知的世界。但對當地一代代的領航人，以及熟知航路的貿易國家來說，印度洋卻很古老。這些新來的陌生人看起來窮酸又不入流；他們只帶了一點布料、珊瑚、帽子和黃銅器，就想交換亞洲的上好織品、香料與貴重飾品。

葡萄牙人首次經由海路悄悄摸進亞洲，無疑揭開了全球史的新章節。不只是因為這是歐洲對外擴張之濫觴，也是因為葡萄牙人到來之時，正好碰上大洋洲與亞洲發展的退潮期。中國沿岸情勢發生轉變，明朝皇帝把注意力轉往內陸，因應邊境上的大陸挑戰者，焚毀寶船出海的紀錄，把亞洲海洋的霸權讓給地方貿易商與海盜。十五世紀前後，曾經形成東加海上「帝國」的玻里尼西亞依賴網絡不再擴大，逐漸演變成自給自足的島群，以文化與語言的差異來自我定位。東加人與斐濟人的大型越洋雙體船也撤了回來。

經過一代又一代的航海，氏族在自己島嶼領土上落地生根，人口數量與密度都逐漸增長，開始建立島內的王朝。馬克薩斯群島開始有不同於大溪地與夏威夷的發展。美拉尼西亞地方酋長文化，漸漸轉變成當地獨有的「大人物」恩庇習俗與單一權威。局勢在一個世紀內出現重大轉折——原本世代主宰亞洲與大洋洲擴張與航海的族群，將注意力轉到地方，而歐洲的船隻與艦隊正好在此時前來貿易與征服。

亞洲大陸與島嶼早已在大規模的遷徙與人口流動後住滿了人，新來的異邦人腳步慢了數世紀。從歐洲人的觀點來看，浩瀚的太平洋仍屬未知，他們還在試圖回溯，或是設法迴避中國、印度與阿拉伯商人數千年來制定的古老航海模式。丁香、胡椒、新鮮或乾皮肉豆蔻在中世紀歐洲的價值堪比白銀，但穆斯林勢力掌控了穿越中亞的陸上絲綢與香料貿易路線，正是這樣的困境驅使伊比利亞人走海路朝亞洲發進，希望能確保香料的取得。

達伽馬的小部隊抵達印度，以「基督與香料」為名，盡其所能以物易物或勒索，討價還價，儘管對當地造成的衝擊不大，卻引來印度教王公的輕蔑與敵意。話雖如此，達伽馬帶著故事與證據回到里斯本，證明東方難以置信的富庶。葡萄牙人於是派出更大的部隊。一五〇二年，達伽馬二度出航抵達印度；這一回，他帶著上百人馬與數十艘船，途中占領船隻，焚燒當地聚落，殺害穆斯林朝聖者與商人。他綁架當地漁民，甚至屠殺、支解俘虜。這一回，他帶著大批絲綢與黃金返回里斯本。

不過，印度只是一個目標。葡萄牙人追求的是戰略港口，讓他們能扼住所有亞洲與印度洋所有貿易的咽喉。迪奧戈．洛佩茲．西奎拉（Diogo Lopes de Sequeira）緊跟著達伽馬一開始的幾次突襲，也從里斯本出航前往馬六甲，並於一五〇九年抵達，為葡萄牙王室追求特許權。馬六甲港滿是穆斯林商人（許多來自爪哇的根據地），以及來自東南亞鄰近沿海地區的中國戎克船。當時的馬六甲蘇丹是伊斯坎達沙的後代馬末沙（Mahmud Shah），他非常重

傳奇東方：一張弗雷芒掛毯，勾勒瓦斯科．達伽馬在加爾各答的場景。（Credit: ***The Arrival of Vasco da Gama*** (c. 1469–1524) in Calcutta, May 20, 1498. Sixteenth-century tapestry by Flemish School. Banco Nacional Ultramarino, Portugal/Giraudon/The Bridgeman Art Library.）

視葡萄牙人帶來的威脅與機運。

嚴格來說，富庶非常的貿易中心馬六甲本身並非貿易國家。蘇丹擁有小規模的海巡船與貨船，但沒有戰艦這種吃水深的大型艦艇。以前是中國海師主宰這片區域，蘇丹就向中國納貢。總之，跟葡萄牙人打交道的話，無論風險或收益都很高。配合新來的葡萄牙人和他們的戰艦做生意，雖然很有吸引力，但也會引發衝突，跟強大的穆斯林商人與貿易行對立。

然而，爆發衝突的可能性也在葡萄牙人計畫之中。蘇丹們已經用實績證明，馬六甲的位置非常理想，可以控制印度洋與中國海之間的貿易；全世界的商業活動都得通過馬六甲前方的狹窄海峽，而這個地理位置正好是季風從西轉東的地方。對海軍指揮官兼葡屬印度總督阿方索・阿爾布克爾克（Alfonso de Albuquerque）來說，這種港口的戰略價值無庸置疑。他認為，假如可以用武力占領整個聚落並控制水道，那何必就特許權進行磋商呢？

對一個重兵駐守的王國開戰，風險實在太大，於是葡萄牙人決定等待機會到來。印度商人尼納・沙圖（Nina Chatu）把寶押在葡萄牙人身上時，機會也跟著成熟。尼納・沙圖與先前一次遭遇戰留下的水手合作，將信件偷渡給阿爾布克爾克，詳細描述蘇丹馬末沙因為懷疑首相敦墨太修（Tun Mutahir）密謀推翻自己，於是將深受歡迎的首相處死的事件。儘管事後發現陰謀純屬誣陷，但殺害墨太修一家（只有他的女兒，美麗的敦法蒂瑪〔Tun Fatimah〕幸免於難）實在太不明智，結果導致王室分裂。

在朝廷忠臣分化的局勢下，阿爾布克爾克於是率領重型戰船航向馬六甲，向蘇丹下達最後通牒，發動進攻。雙方參戰人數眾多，對彼此大規模轟炸。葡萄牙人把高桅平底帆船當成水上攻城具，對付這座以戰略橋梁銜接各區的城市。在今日的馬六甲博物館（Melaka Museum）館內，有幾幅油畫描繪了這史詩般的戰鬥場景——蘇丹的部隊帶著戰象，在王宮朝著葡萄牙人衝鋒。而葡萄牙方的油畫，則是阿爾布克爾克穿著鎧甲，威風凜凜，帶兵越過屍體與搖搖欲墜的防禦工事。

河岸兩旁的城鎮陷入熊熊烈焰之中。當時，蘇丹家族內的分裂也讓非穆斯林商人大膽起來，認為葡萄牙人的成功就是自己的契機。阿爾布克爾克從慘烈的圍城戰中勝出。他的軍隊破壞擺放沙金、絲綢、檀木、芳香樹脂、香料、瓷器與青銅塑像的倉庫，奪得大批財寶。

為了彰顯勝利，鞏固陣地，阿爾布克爾克在形勢險要的山坡上修建了法摩沙堡（A Famosa）。接下來一百五十年，葡萄牙人設法保有馬六甲的控制權。他們從這裡編織出一面貿易、交流與影響力之網，船隻與轉口港遍及非洲與印度洋，一路向西延伸到西歐，向東延伸到中國與日本。

區域貿易商開始產生興趣。葡萄牙人如今控制大量的黃金與珍貴的船貨，葡萄牙船長也因為銷售燧發火槍等軍火而聞名，而亞洲各地的軍事將領都渴望得到歐洲人先進的大砲與火器。工匠與地方權貴對精密鐘錶、鏡子與其他器械興趣濃厚。學者回應著來自自己通常不熟悉的政論、建築與科學專論的挑戰。書籍與文獻的流通，意味著他們得以接觸一種堪比伊斯蘭或漢語文言文，甚至更受青睞的書寫文化，接觸到以文本為基礎的聖經。[2]

即便馬六甲根據地始終不穩固，但葡萄牙的物質技術、統治思想與天主教影響力仍不斷擴大。信奉伊斯蘭的亞齊（Aceh）反覆攻擊、包圍馬六甲，甚至曾在一六二八年短暫奪回這座城市。對抗的態勢延續下去，海岸地區的蘇丹、柔佛軍隊，以及爪哇戰士帕提・於努（Patih Unus）的艦隊或協同、或交替而來。葡萄牙人一面和他們作戰、摩擦，一面站穩腳跟，同時放眼遠東。他們並不滿足於留在海峽邊的要塞城市，畢竟他們的目標在更遠的地方：占領傳說中的香料群島。

航向香料群島

香料透過中國商人之手，從班達群島運往亞洲。早在羅馬帝國時期，就有人把這些香料運往歐洲。

伊斯蘭崛起之後，穆斯林商人主宰了香料貿易，而城市國家威尼斯則控制地中海海運，獨占貿易路線。葡萄牙人志在繞過威尼斯的壟斷，建立另一條路線，繞過非洲抵達亞洲，直接航向那幾座吸引全世界注意力的蕞爾小島。

那些小島就在海峽之外，經過蘇門答臘與爪哇貿易口岸後的某個地方。在葡萄牙人的夢想中，整個群島長滿了樹，冒出來的芽都是財富。一五一二年，船長弗朗西斯科・塞拉（Francisco Serrão）按照破碎的情報，雇用馬來領航員，從馬六甲駕船駛入印尼群島，讓葡萄牙人距離實現夢想又近了一步。塞拉在爪哇娶了當地女子，接著北轉抵達班達群島，是歷史上已知發現這條眾所矚目的航路的第一位歐洲人。

他從船難中倖存，駕駛中國戎克船，雇用東印度群島的船員，成為該地區知名、甚至飽受尊敬的人物，在當地做貿易，跟島嶼勇士決鬥。塞拉最後成為傭兵，為特爾納特島（Ternate）的蘇丹效力。他成為蘇丹的親信，再也沒有回到馬六甲，是一位放棄原本的生活，在亞洲、伊斯蘭與歐洲世界匯聚之地度過餘生的奇特人物。

葡萄牙王室念茲在茲，希望能掌控亞洲香料與絲綢的海上貿易。掌握馬六甲與通往班達群島的航線之後，葡萄牙也確保了通路。更有甚者，這些途徑得到一四九四年《托德西利亞斯條約》（Treaty of Tordesillas）名義上的保證——教宗根據是項條約，以一條穿過大西洋的子午線，把新發現的地方分成兩半，一邊屬於葡萄牙，一邊屬於西班牙。從戰略角度來看，《托德西利亞斯條約》讓葡萄牙人有權主張達伽馬以降往東航行所發現的土地為己所有，西班牙人則能擁有哥倫布出航以降往西航行的地理發現。

壯志凌雲的葡萄牙航海家，希望繪製一條西向通往香料群島的航路，強化里斯本對亞洲的主張。其中一位大無畏的船長，名叫斐迪南・麥哲倫（Ferdinand de Magellan）。在歐洲人全球擴張的敘事中，麥哲倫是個劃時代的英雄，與瓦斯科・達伽馬、克里斯多福・哥倫布形成鐵三角，以志向遠大、能力非凡

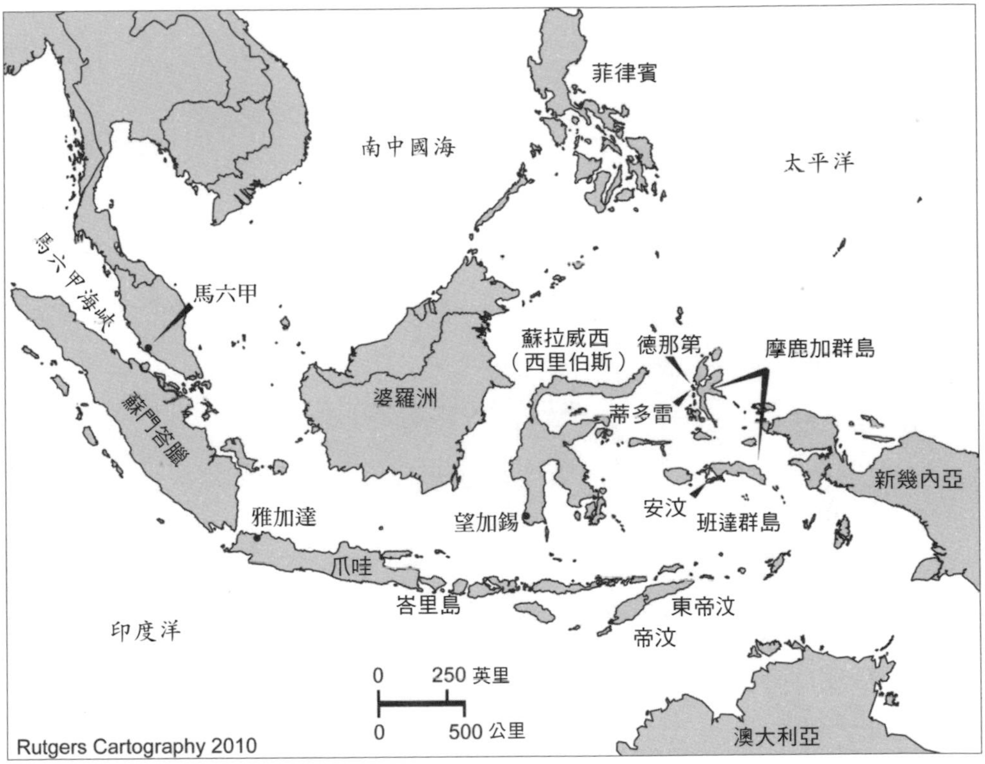

東南亞島嶼（特別是包括知名的香料群島在內的印尼島群）

的航海家與「發現者」身分聞名於世。麥哲倫提出「太平洋」之名，又是第一個環航地球的人，數世紀以來廣為人崇拜。

他的探險人盡皆知。一五二一年四月，他偶然發現了今天的菲律賓群島，成為第一個從南美洲指向南極洲的尖端，橫渡整座太平洋，來到東南亞島嶼的歐洲人。他受到當地酋長歡迎，卻與其中一人發生衝突，遭到殺害。船員死傷慘重。幾個月後，倖存者帶著來自東印度群島的丁香返回歐洲。一行原本有兩百七十人，最後只剩十六人。

這些非凡的成就，其實是亞太世界數世紀以來的貿易、奴役、文化交流與政治衝突所造成的。麥哲倫不是唯一想大膽探索的歐洲人。他是殖民軍隊的軍官，曾經在攻占馬六甲時為阿爾布克爾克效力。他曾經跟自己的表親弗朗西斯科・塞拉並肩作戰，在東南亞、印度與各蘇丹國之間的海上世界行船七年。麥哲倫深知，如果能找到一條前人所未知、從西邊通往東印度群島的航路，那可是潛力無窮。

麥哲倫在里斯本與其他人競相提出自己的計畫，但此行風險甚鉅，不僅沒有人嘗試過，而且可能激怒西班牙，使得葡萄牙國王曼紐一世（Manuel I）興趣缺缺。於是，麥哲倫帶著自己的計畫前往塞維亞。西班牙王室渴望打進東印度群島，而麥哲倫的航海知識和他展示的蘇門答臘女子與一名馬來奴隸——馬六甲的恩里克（Enrique de Malacca）——也讓樞密院印象深刻。

麥哲倫在東印度群島服役時買下恩里克（也許是馬六甲征服戰爭中的戰俘），給他起了基督教名，從而讓他在歷史上留名。麥哲倫在印度與非洲海岸各地服務超過十年，而在此期間，恩里克都是他的僕人。一五一九年，麥哲倫在遺囑中講明在自己死後，「我的戰俘奴隸，年約二十六歲的馬六甲城穆拉托裔（mulatto）人士恩里克，將解放為自由身，豁免、解除所有奴僕之義務。」[3]

麥哲倫與恩里克打著西班牙王室的旗號，在這趟遠洋航行中結伴而行。麥哲倫指揮下的船艦，總受到嘩變、船難、疾病與缺糧的威脅。殘存的船隻穿越今人所說的麥哲倫海峽，繞過了飽受風暴襲擊的南美洲最南端，進入了一片湛藍寧靜的大洋，讓艦長忍不住稱之為「太平洋」。但這片大洋不只太平，還很遼闊，艦隊在沒有補給的情況下航行了三個多月——這趟航行的紀錄者安東尼奧・皮加費塔（Antonio Pigafetta）也留下知名的字句：「我們只能吃口糧，等到口糧也見底，就吃已經爬滿了蛆、聞起來有濃重鼠尿味的碎屑。」[4]

一五二一年三月，探險船隊看到了小偷島（Ladrones，今天的關島）與後來改名為菲律賓的聖拉匝祿群島（archipelago of Saint Lazarus），也看到了一線生機。來到每一個島群，西班牙人都找恩里克來翻譯，但大洋洲當地人使用的語言實在太過陌生。然而，等到他們抵達菲律賓的薩馬（Samar）與宿霧時，所有人都驚呆了——恩里克跟島民居然語言共通。

一代代的歷史學家與說書人都推測恩里克說不定就出身宿霧。盜賊騷擾蘇拉威西海沿岸村落，抓到了恩里克，在馬六甲把他賣為奴隸——這也不無可能。人盡皆知，搭乘八櫓船（prahu）的海盜，會把人質賣往東南亞王國當奴僕和工人，而香料與奴隸貿易商的網絡早已歷史悠久。

但是，同樣的證據也可以有不一樣的解釋。密集的貿易與政治朝貢網絡，輻散到整個海洋東南亞地區，因此可以推論馬來語言和風俗想必廣泛流通於西太平洋的統治者之間。麥哲倫的船艦穿越亞洲水域時，外圍島嶼居民無法理解恩里克打招呼用的馬來語，但當一行人接近宿霧時，他的語言邏輯就通了，畢竟宿霧是菲律賓的主要貿易王國之一。西班牙人登陸的宿霧，是個繁忙的濱海貿易大城，中國、安南、柬埔寨與阿拉伯商人為了黃金與精紡的隆坡棉布（Lumpot cotton）講價，再拿去交換絲綢、香料與可能的奴隸。

宿霧統治者是拉者胡馬邦（Rajah Humabon），他還有個維薩亞斯頭銜，顯示他跟南方的印度教和穆斯林帝國有血緣關係。胡馬邦身著紫袍、手戴金手鐲，端坐在木造涼亭中，由身上滿滿刺青的哨兵「平塔多斯」（Pintados）護衛。他與恩里克交談，透過恩里克翻譯，用來自中國的瓷器餐具招待客人，馬來舞者與鼓鑼表演充作娛樂。

胡馬邦與妻子聽麥哲倫講解基督信仰，和另外八百人一同改宗天主教。在此，麥哲倫還樹立了巨大的十字架。這件事是基督教降臨太平洋的開端，影響菲律賓社會至今。不過，改宗的瞬間，其實涉及複雜的動機。胡馬邦慷慨招待賓客的過程中還包括建立血盟，而胡馬邦也旋即要求麥哲倫幫忙對付敵對的酋長，也就是附近麥克坦島（Mactan）的拉普拉普（Lapu Lapu）。西班牙人一行無法拒絕。

胡馬邦鼓勵麥哲倫發動他那過於自信的計畫：小部隊乘坐小舟登陸，與拉普拉普作戰。潮水和西班牙人的甲冑讓進擊的速度大減，西班牙人在麥克坦島灘頭被一千五百名戰士屠殺。麥哲倫本人則身中標槍，戰死沙場。十九世紀時，拉普拉普在菲律賓被人當成民族英雄來崇拜，是島群第一位抵抗歐洲帝國主義者的勇士。在南方各島，人們當他是摩爾（Moro，指穆斯林）英雄，是抵抗西班牙天主教徒的伊斯蘭人物。

恩里克的命運成謎。大屠殺之後，他邀請倖存的軍官參加胡馬邦舉辦的餞別宴，結果軍官盡數被殺。生還的水手們落荒而逃，並記錄自己看到麥哲倫立的十字架被人推倒。恩里克從此消失於歷史——經過多年的奴僕生活，走遍世界各地的宮廷與殖民前哨，說不定他和自己出身的馬來世界，有了共同的追求。

接下來五十年，西班牙人都沒有重返菲律賓，但等到他們在米格爾・洛佩茲・黎牙實比（Miguel Lopez de Legazpi）指揮下再度到來後，一待就待了三百五十年。黎牙實比奉西班牙國王腓力二世（Philip II）的命令，鞏固西班牙在太平洋的勢力，並尋找通往香料群島的新航線。他順著麥哲倫的航路，在宿霧登陸，慢慢往北朝呂宋島推進，尋找已有規模的穆斯林港口來征服。

馬尼拉的誕生

拉者蘇萊曼（Rajah Soliman）在半島與潟湖環抱的沖積海岸上，蓋了一座用椰子樹幹加固泥牆所建的堡壘，將充作自己王宮的水椰（*nipa*）草屋與框架建築環繞起來。他和許多島嶼拉者一樣，徵收來的瓷器與紡織品讓他過著優渥的生活，此外他還擁有一座黃銅與鐵的鍛造場。這一帶過去是古老的印度化王國，亦即明代中國歷史悠久的屬國「湯都」（Tondo）的中心。拉者支配著周圍的百姓，包括四千多名漁民、小生意人、貿易商，以及清整沼澤、種植稻米與熱帶水果的農民，多半都講他加祿語（Tagalog）。據說，這一帶之所以叫「梅尼拉」（Maynilad），正是來自他加祿語對當地一種常見植物的稱呼。

一五七〇年，拉者蘇萊曼聽說有一批素有征服者之名的陌生人，正從宿霧往北而來。陸軍指揮官馬爾定・哥蒂（Martin de Goiti）奉黎牙實比之命來到梅尼拉，命令蘇萊曼與梅尼拉臣服西班牙當局。拉者拒絕了，於是哥蒂糾集麾下部隊，並得到蘇萊曼在該地區的對手助拳。

哥蒂進攻城市，黎牙實比則親自來到當地，宣布在這個以腓力二世命名的群島上，建立西班牙城市「馬尼拉」。為了壯大軍容，黎牙實比與當地其他統治者聯手，例如馬丹達（Matanda）與拉坎杜拉（Lakandula）——前者後來以基督徒身分安葬於馬尼拉座堂（Manila Cathedral），後者則協助武裝黎牙實比的部隊，從而獲得行政區首長的權位，能徵收貢品與稅賦。蘇萊曼戰敗了。[5]

撇開有關戰鬥與陰謀的敘述，菲律賓其實可說是個「描籠涯」的世界。描籠涯是種聚落，沿著河流、海，甚至是海岸線而設；高腳屋坐岸朝海，覆上棕櫚葉或香蕉葉。許多描籠涯的地名源於指稱「流水之地」的詞彙。來到描籠涯，農耕與捕魚就是生活的全部，不過也有個別人等擔任陶匠，或是應要求做靈媒與接生。當地人的主食來自種植水稻、用藤籃捕魚與採收香蕉。椰樹汁發酵而成的飲料「圖巴」（*tuba*）相當有名，日後傳入墨西哥更是聲名大噪。[6]

來自阿拉伯、中國與馬來世界的船隻，穿梭在描籠涯水世界，尋求香料與黃金，但珍珠、黃蠟和硬木才是大宗。商人從蘇門答臘與爪哇出發，帶來印度教、佛教與伊斯蘭，讓菲律賓群島充滿不同的信仰與傳統，充滿廟宇和清真寺，拉者與達圖。

在此之上，西班牙人以廣場與大教堂為中心規劃聚落，又增添了另一種文化。大多數的聚落用石牆保護，並根據不同的社會地位、族裔與宗教信仰來分區。西班牙人的設計，體現了總督遙治，搭配民政與神職體系的平行官僚組織結構。各個描籠涯一方面整合在西班牙修會的權威下，一方面也成為「村莊」（pueblos）與「區」（barrios）等根據殖民者物質與服務需求而組織的行政區。天主教修會紛紛來到菲律賓建立布道團，奧斯定會（Augustinians）最早，接著是方濟會（Francisans）、耶穌會（Jesuits）與道明會（Dominicans）。

並非所有馬尼拉居民都準備接受招安。組織緊密的傳統華人貿易聚落對於西班牙人的貿易限制相當不滿，於是反抗新的宗主。第一次起事發生在一五七四年，他們與海盜林阿鳳和一支艦隊合作，

環航全球：奧特柳斯（Ortelius）的太平洋地圖，上有麥哲倫的旗艦。（Credit: Abraham Ortelius (1527–98), Maris Pacifici (Quod Vulgo Mar Del Zur) cum regionibus circumiacentibus, insulisque in eodem passim sparsis, novissima description (cartographic material), Map Collection, National Library of Australia.）

但遭到鎮壓，最終使得華人社區被迫從馬尼拉城遷到八聯市場（Parian de Alcaceria）區集中管理，而此區還設有防禦工事鎮守。一六〇〇年之後，大概每二十年就會爆發一起帶有陰謀論色彩的暴動，接續發生的就是殘酷的報復與驅除。

但在一片祥和的中間期，馬尼拉倒是掙得「東方明珠」（Pearl of the Orient）的聲譽。西班牙的支配透過教區與軍區擴及整個群島，但亞洲元素持續經由馬來、穆斯林與中國文化的交互作用而延續，保存在習俗之中，並因為商業利益而進一步發展。至於漢人（多半以福建、廣東為原鄉）則群居成立市場，在灰泥牆攤位上懸掛水果、魚乾、布疋，以及裝米、油的瓶子。有些人可以弄到歐洲人心心念念的絲綢與香料。腳伕與商人綁著你我都熟知的辮子，揹著布包，在書桌前算帳。互助團體慢慢蓋起學舍和簡陋的醫館，捐錢為廟宇和教堂添磚加瓦。

移居當地的漢人娶了馬來或他加祿女子，有些接受了基督信仰，養育麥士蒂索（mestizo）子嗣，與西班牙人展開商業與政治合作。本土出生的西班牙人憑藉法律與歷史的優遇，將殖民地行政官職與教會高位牢牢掌握在手中。亞裔與麥士蒂索社群就在這個演進中的社會裡打造商業經濟，改變了菲律賓的文化面貌。[7]

不過，西班牙人的政治與宗教支配稱不上穩固。華人的挑戰讓他們站不穩腳跟，加上得竭力適應混和的文化與信仰，還得面臨菲律賓南方對其帝國的持續抵抗。一六三九年，奧斯定會修士在拉瑙湖（Lake Lanano）地區設立傳教所時，還認為在「異教思想據點」想要成功，聚落就必須設防。他們料想未來將會與穆斯林人口發生衝突，畢竟經過阿拉伯與馬來水手、商人和教師的世代經營，伊斯蘭信仰在當地已經很穩固了。

十七世紀最知名的領袖，領土、文化與信仰的衛士，是令人敬畏的蘇丹庫達拉（Kudarat）。一個世紀前，宗教導師謝里夫穆罕默德．卡本蘇旺（Sharif Muhammad Kabungsuwan）來到菲律賓，娶了本地王族，確立伊斯蘭的地位，而庫達拉就是他的直系子孫。

歐洲聚落擴張到穆斯林領土，西班牙人的力量勢如破竹——庫達拉把這一切看在眼底。在庫達拉自己統治的地區，就有五十個村落淪為附庸，被迫興建教堂。他堅決反對向西班牙人臣服，耶穌會士把他的不屑形諸文字：「看看他加祿人、維薩亞斯人……你們沒看到西班牙人把多少人踩在腳下嗎？……你們能夠忍受哪個留著一點西班牙血液的人，把你們當廢物，搶奪你們揮汗工作的果實呢？」庫達拉登高一呼，數以千計的穆斯林戰士集結在他麾下，包圍了拉瑙湖的傳道所。西班牙人派兵想解圍，但實在不敵，只能撤出拉瑙湖區，直到十九世紀才重返當地。

然而，戰鬥才剛開始。一六四〇年代，霍洛島（Jolo）不遠處的大堡半島（Davao Peninsula）火山爆發，又有強烈颱風襲擊呂宋。順著這些預兆，穆斯林艦隊突襲西班牙人的據點，還得到荷蘭攪局者的一些幫助。庫達拉在一六五五年全面開戰，打到一六六八年，猛烈的攻擊「毫不保留，殘破的景象幾乎從馬尼拉每一座城門都能看到。」紀念像把庫達拉刻劃成一位堅定、陽剛的勇士，身穿飄揚的馬來戰服，手中穩穩握著他那把雙尖的「坎皮蘭劍」（*kampilan*）。軍隊從西班牙碉堡中撤出，城區遭到占領，教堂則化為瓦礫。

有些穆斯林王宮鞏固著自己的領土與政治霸權。直到再次擴張之前，西班牙對南方的控制始終細若游絲。庫達拉的敵人可有得等了——直到一六七一年，他才以九十高齡過世。甚至連痛恨他的修士們，也情不自禁稱讚他是位豪傑，為了遠大的目的而戰。修士們寫道：「他是個大無畏的摩爾人，睿智而精明，偏偏對他那可憎的宗派極為狂熱……。」[8]

為了信仰、群體與影響力而不斷升級的鬥爭，從早期的描籠涯到亞洲網絡、穆斯林屬地、華人社群，再到受西班牙帝權重塑的混和人口，貫穿了菲律賓的歷史。王室用減稅與授田優待教士與貴族官員，換取他們出力維持行政機構，並帶來宗教灌輸。舊有的村莊被行政區包圍，地主則出租土地換取小農種植的經濟作物。

不過，是什麼把菲律賓群島與西班牙明確綁在一起呢？是以長途貿易為基礎，對商業財富的永恆追求。是什麼把馬尼拉帶回太平洋的整體歷史呢？不是領著麥哲倫與黎牙實比先後踏上亞洲海岸的航行，而是安德烈斯・烏達內塔（Andrés de Urdaneta）的回航——太平洋環流巨弧造成一股「回風」（volta），帶著他在一五六五年從菲律賓出發，渡過洋面抵達墨西哥。此時，西班牙征服者已經宣布北美洲與南美洲的大半領土為其所有。他們就是沿著這兩個大陸的西岸，把太平洋據為己有。

第5章 島嶼相遇與西班牙內海

Island encounters and the Spanish lake

從祕魯到厄瓜多，從屋頂鋪著棕櫚葉的聚落到沙洲，沿海漁民都順著、尊敬著海風與海流。印加人的大洋是媽媽科洽（Mama Cocha）的家，祂是討海人的保護者，也是蘆葦船之所以能拖著編織的魚網，捕獲沙丁魚、鯖魚與鯷魚回家的原因。鯨魚受人崇拜。風雨之神「孔」（Kon）可以和善也可以暴烈，可以在海上捲起波浪，或是用暴風雨淹沒土地。

大海與天空充滿可見與不可見，能不能領悟見與不見，影響人是生是死。十六世紀起，漁民便提到冬季氣候反常，此時魚群會消失，強烈的風暴會襲擊南美洲海岸。同時，太平洋彼端卻一滴雨也不下，遙遠如印尼與印度等地則在嚴重乾旱之下乾裂、灼燒。二十世紀，研究人員描述一種反常的風向與洋流循環，會把溫暖的熱帶海水引到東太平洋，導致富含浮游生物與藻類的冰冷深層海水減少，魚群便不會受到吸引來到這裡。魚一游走，大型海生動物與人類就得挨餓。更有甚者，海水溫度升高導致冬天的風暴更加劇烈，釋放出毀滅性的洪流。學者根據甫誕生的聖子基督之名，將這個現象稱為「聖嬰」（El Niño）。

在這種天氣型態上打上基督信仰的烙印，背後的思路其實很十六世紀，畢竟當時西班牙人正在打造太平洋帝國，而這得仰賴渡海越洋。假如對自然與環境的徵兆，對風與洋流的廊道和途徑沒有踏實的認識，這段歷史就不可能成真。所謂的認識，包括勾勒出赤道無風帶的範圍——船隻無法在這個恐怖的空無地帶前進，若駛入，則船員將在豔陽下喪命——以及精通風向的循環，熱高壓地區會把愈來愈潮溼的空氣推向赤道輻合帶，再回到高緯度。[1]

正是推估這些現象的能力，讓西班牙航海家安德烈斯．烏達內塔得以從菲律賓航向美洲海岸——方法是從馬尼拉出發後往北航行，捕捉盛行風。不過，他的豐功偉業不在於越洋，而在於證明定期往返於大洋兩岸是可行的，讓西班牙王室得以霸道無比，索求後人所謂的「西班牙內海」（Spanish Lake）。

烏達內塔這次航行，可說是神話般的馬尼拉大帆船貿易之濫觴：每年都能派出滿載財寶的船隻從亞洲前往美洲，再順著烏達內塔的「回轉風」返回亞洲。葡萄牙人與西班牙人都將目標鎖定在香料貿易的財富與中國的豐饒上。然而，根據《托德西利亞斯條約》，瓦斯科．達伽馬先前標出的便利航路——亦即印度洋路線——葡萄牙人已經先搶先贏了。找出另一條通往亞洲的途徑，一直是麥哲倫的遠大目標，而西班牙人也遵循著這種願景：他們的太平洋帝國，將由從拉丁美洲殖民地派出去的船隻所建立。[2]

其間的關鍵是南美洲的西班牙帝國領土，尤其是祕魯當地由印第安奴工開採的豐沛銀礦脈。一五三二年，征服者弗朗西斯科．皮薩羅（Francisco Pizarro）宣布以王城（Los Reyes，後來的利馬〔Lima〕）為首都的時候，他其實很清楚下游有個絕佳的天然良港，可以做為白銀貿易的中心。港口受到寬闊的半島所保護，上面住的是人稱「皮提皮提」（Pitipiti）的原住民漁業社群。西班牙人在當地以一座堡壘為中心，興建聚落，將此地改名為「卡瑤」（Callao），這裡從此成為生意人、貿易商與海盜最愛的下錨地。

卡瑤跟太平洋歷史之間的關係，還有更古老的淵源。一九四七年，挪威學者與冒險家索爾．海爾達（Thor Heyerdahl）從卡瑤港乘筏出航，而這隻船筏是根據早期的近岸船筏來設計，以竹子綁製輕木材而成。海爾達與團隊成員順著洋流，靠著魷魚、鰹魚和其他南美洲水產為食，最後在法屬玻里尼西亞的拉羅亞環礁（Rairoa reef）登陸。

海爾達研究大洋洲聚落的分布模式，希望能證明玻里尼西亞人的祖先來自南美洲。他強調，島民文化與印加文化之間在語言、考古與植物方面有類似之處，例如兩者都以番薯為主食，也有類似的神話傳統。海爾達這隻筏子名叫「孔—提基」（*Kon-Tiki*），命名由來其實是前印加時代的太陽神與創世神——祂走過太平洋，消失於此世，再也沒有回來。海爾達的研究指出，儘管比較多文化與科學證據證實最早的移民是隨著南島語族的擴張從亞洲而來，但玻里尼西亞人跟印加等文明之間很可能在航海與文化上有所交流。[3]

對「南方大陸」的追尋

從十六世紀的卡瑤殖民地來看，太平洋對歐洲人來說仍屬陌生。儘管麥哲倫已經橫渡太平洋，大帆船沿馬尼拉至阿卡普爾科返回南美，但大多數歐洲海員只會按照慣常的航海模式，行駛可以預測的廊道。歐洲人已經知道如何跟香料群島、中國與菲律賓貿易，但大洋的南方與西方彼端還有什麼呢？

根據聖經傳統與傳說，撒羅滿王（King Solomon）的財富藏起來了，說不定就在尚未發現的島嶼上。也許，人們在太平洋看到的那些陸地，其實是無人知曉的國家，有著無邊的財富與傳說般的統治者，只不過這些島嶼位於外圍。在這些美好的想像中最關鍵者，就屬對南方大陸（Great Southern Continent）的追尋——那是個位於世界底部的巨大陸地，有財寶等著人搶，有靈魂等著人救。歐洲探險家為了尋找這片大陸，魂牽夢縈了幾個世紀。

埃爾南·科爾特斯（Hernán Cortés）與弗朗西斯科·皮薩羅等征服者留下的遺產，點燃了這些野心。西班牙人終究是推翻了美洲的阿茲提克與印加統治者，占領了他們的金銀城市。如此一來，他們也激起了對財富與榮耀的嚮往，還控制了墨西哥與祕魯的土地，讓兩地成為後來西班牙往太平洋擴張時重要的跳板。

一五六七年，兩艘船隻在總督加西亞・卡斯楚（Garcia de Castro）贊助下從卡瑤揚帆啟航，旨在為西班牙王室尋找、占領富庶的島嶼。獲選負責帶領此次任務的人，是總督的侄兒——內拉的阿爾瓦羅・門達尼亞（Álvaro de Mendaña y Nera），一位對天主教堅定而狂熱，卻沒有多少指揮經驗的年輕人。這兩艘船一開始順著麥哲倫知名的路線前進，但後來轉舵西進，而不是繼續往北。門達尼亞的船隻和過往的航海家一樣，錯過了許多登陸地點，直到看到可能是今日吐瓦魯的地方，在經歷三個月的航行之後，從一處他稱為「聖伊莎貝拉」（Santa Ysabel）的地方上岸。

西班牙人謠傳印加帝國的君主印加圖帕克・尤潘基（Inca Tupac Yupanki）早已知道這些島嶼世界的存在，島上住著黑皮膚的人，放眼望去滿是黃金。聖伊莎貝拉居民膚色黝黑，但村中生活卻是以種植根莖類、在潟湖捕魚，以及養豬為中心。島民很親切，但資源有限，而又餓又渴的門達尼亞一行人索求大量補給，造成關係緊繃。他們的使命是從南美洲海岸出發，渡越廣袤的水面，如今他們已經深入美拉尼西亞島群。[4]

一方面被實現榮耀的幻想所驅使，一方面因為從瑪塔尼可河（Mataniko River）找到一些黃金的痕跡，門達尼亞於是打造了一艘小船，花費數月探索周邊島嶼，以撒羅滿王之名來命名。但因為沒有發現任何寶藏，所以就沒有在此建立殖民地。留下來的只有地名。他跟船員之間起了爭執，加上跟當地人也有摩擦，後來只好往北航行，順風回到加利福尼亞海岸，在出航的兩年後回到卡瑤港。

跟索羅門群島的意外相遇，其所引發的興奮之情卻微不足道。將近三十年後，門達尼亞才說服西班牙當局讓他回航。一五九五年，他終於率領四艘船組成的小艦隊出航，首席領航員為佩德羅・費爾南德斯・基羅斯（Pedro Fernandes de Quirós）。不出一個月，他的船就遇到三座激動人心的島嶼矗立於海中。

他根據西屬祕魯總督之名，命名為門多薩伯爵群島（Las Islas de Marquesas de Mendoza）。一位歷史學家曾如此描述：「海岸是巨大的峭壁直直落入海中，而峭壁又破開一條河谷……人站在那兒，背襯著天空，總是教人屏息。」[5]

峭壁周圍的海面，小舟大船一下子出現，一下子消失。男子在海灣裡捕魚，女子從礁岩與潮池中撿拾貝類。門達尼亞先前抵達索羅門群島，後來則偶然來到馬克薩斯群島，有意思的是，他這幾趟航行的紀錄居然是古代南島語族離散遷徙以來，歷史上有關大洋洲民族——美拉尼西亞與玻里尼西亞皆然——最早的文字紀錄之一。

基羅斯在日記中表現對戰士的欽佩，稱讚他們優雅的體態，而島民同樣對這些陌生人感到吃驚不已。數以百計的人懷著好奇心，湧向他們的船，接著把一切盡可能拿走，西班牙人只能拔出武器並鳴槍。島民投擲長槍與石塊反擊，估計島上恐怕有兩百人喪生。

雙方都試著理解對方的存在。西班牙人推想，馬克薩斯人可能是《聖經》中提到的失蹤支派，或者是古代沉沒大陸的原始生還者。島民認為自己是「艾納塔」（*Enata*），也就是島上的「人」；至於那些陌生人，則可能是來自其他島嶼的敵人，或是帶著禮物歸來的祖先。當然，雙方的世界還沒有交集。西班牙人懷著對天主教組織的熱誠，以及帝國狂熱建造者的貪婪而來。艾納塔人則生活在一個由神聖的力量構成的宇宙。動植物有數十種名字與用途，而世界本身則是以石頭、土壤、貝殼、木頭、植物纖維、珊瑚、骨頭與鳥羽組建而成的。

對艾納塔人來說，複雜的「*tapus*」（禁忌）主宰著作為食物的鰹魚、魷魚或海龜；人們不該觸碰為人遮蔭的葉子，不可違背身為「*haka'iki*」（領袖）的人。權力來自於祖先的世系，來自於能否背誦出所有往生者的名字，直至諸神。對西班牙人來說，這是個野蠻、無知的世界，眼下正是改信基督教的時機。基羅斯認為，這些「動物」以後「只能等著永罰」——他直白地表達自己的惋惜之意。

奇人與神力：馬克薩斯群島的紋身男子。（Credit: ***Tattooed Man of the Marquesas Islands,*** 1843 (color litho) by English School (nineteenth century). Private Collection/The Bridgeman Art Library.）

除去前述的文字紀錄，我們也可以從物質歷史了解艾納塔人。考古遺址的研究記錄了這個政治與精神層面相當成熟的活力社會。他們沿著水線，或是麵包樹與構樹林線蓋房子，把房子蓋在石頭地基上。從是否擁有睡覺的屋子，烹煮的棚子，以及建築材料的顏色與紋理，可以看出階級與財富。權力共同掌握在酋長、祭司手中，還有以耳塞與髮捲做裝飾的戰士們。

來自鄰近島群的玄武岩手斧，暗示存在著越洋的工具與武器交易，不過這類交易在十五世紀時逐步衰落。骨頭堆則從側面證實鳥類與海洋哺乳類獵物代代減少，作物與野豬逐漸受到馴化。而當基羅斯與門達尼亞越洋而來時，東玻里尼西亞正發展出穩固的階級與中央集權社會。

聖靈島的真實面貌

基羅斯眼中所見，也許是個需要拯救的野蠻世界。但對艾納塔人來說，當時卻是個大型建築並出、人口成長，世襲貴族、祭司與戰士為了出人頭地而競爭的時代。往山區看去，可以看到山頂有防禦工事，有跳舞與宴會場地，以及梯田狀的儀式中心。這一切固然意味著地方上的鬥爭與領土侵略，但也是石造建築物與工藝專業化的經典時代，擬人化的雕像尤其動人。[6]

門達尼亞與基羅斯對此所知有限。他們繼續往西，通過馬克薩斯群島，直到再度駛向美拉尼西亞，看見聖克魯斯群島（Santa Cruz islands）才登陸。流行病此時軋了一角——不到一個月，門達尼亞手下將近五十名船員死於熱帶疾病（或許是瘧疾），他本人不久後也不敵病魔。

基羅斯於是接下遠航船隊的指揮權，對島民與他們的舟船、儀式用的石階平台做了紀錄，接著再度啟航，持續紀錄並命名登陸的地點，最後在一六〇六年五月於一處他稱為「聖靈島」（Espiritu Santo）的地方靠岸。他所在的位置，就是後人說的新赫布里底群島，屬於今天的萬那杜。

從灘頭望外看，可以看到基羅斯的船隻從一個一神教熱忱世界嘎嘎作響而來，王室的贊助為他們助威，聖靈讓他們充盈。征服土地，征服靈魂，就是基羅斯的天命。一五六五年，基羅斯生於葡萄牙的埃武拉（Evora），在里斯本受教育。他們家的土地位於皮耶德羅（Piedro），是個深處內陸的窮鄉僻壤，以埃斯特雷馬杜拉（Extremadura）的農民與粗魯的異教蠻人聞名。激進的方濟會修士滿心是千禧信仰的狂熱，而基羅斯則懷抱騎士守則與虔誠堅定渡過太平洋，宣布萬那杜為「新耶路撒冷」（New Jerusalem），屬於聖十字會（Order of the Holy Cross）所有。

基羅斯夢想中的新耶路撒冷是一座壯麗的城市，以大理石雕刻為城門，廣場則勾勒出十字架的形狀。他讀過湯瑪斯．摩爾爵士（Sir Thomas More）的《烏托邦》（*Utopia*），願景恢弘，只不過批評他的人認為他更像是大洋洲的唐吉訶德，癡心妄想。

基羅斯的新耶路撒冷其實有幾分人間樂園的成分在內。考古證據指出，早期乘小舟抵達的移民帶來了豬隻，在岩床露頭與洞穴遮風避雨。一族人靠著根莖作物與淡水、鹹水貝類生存。他們可能是受到氏族擴張才來到此地，可能是需要魚場，或是受到貿易所牽引，畢竟喇匹塔陶器是他們文化的一環。口述傳統中提到，在歐洲人來臨之前的數個世紀，曾經發生數次火山爆發，將島嶼化為虀粉，更多的獨木舟航行隨之而來。第二波的移民潮，是這個社會不斷演變的起點，勾勒出從萬那杜到斐濟的美拉尼西亞文化特色。

不同的群體在萬那杜島鏈各地發展出成熟的儀式與習俗，男子靠殺豬獲得地位，某些島嶼的女性則負責打製樹皮布，染製蓆毯，或是畫臉。基羅斯描述的聖靈島，是一個充斥著敵對情緒，部落之間彼此猜疑的土地，而他想把這塊他認為屬於南方大陸一環的地方據為己有，因此也對讓他無法這麼做的一切感到不耐。一行人與萬那杜勇士之間爆發的惡戰，不僅死了許多人，也破滅了他的傳教美夢。不過，後來一系列彼此競爭的教會紛至沓來，他們的傳教士也讓萬那杜成為太平洋最虔誠的基督教社會之一。

即便如此，基羅斯依舊宣布該島為西班牙所有，並任命官員治理他那座還沒蓋出來的新耶路撒冷。他還成立了花俏的聖靈勳章（Order of the Holy Ghost），將十字架與裝飾頒發給軍人、教室，連侍從也不例外。一位名叫馬爾定（Martin）的老神父提到，有「各式各樣的騎士……黑人騎士、印第安騎士，以及這種、那種騎士」。由於在建立殖民地一事上沒有多少進展，基羅斯索性放棄了新赫布里底群島，而歐洲人直到一百六十八年後才再度來到。這裡沒有一行人想尋找的東西，而萬那杜也不是南方大陸。[7]

基羅斯順著風，返回墨西哥阿卡普爾科港，向西班牙當局回報。他的副手路易斯・巴埃茲・托雷斯（Luis Váez de Torres）則指揮第二艘船，與基羅斯分道揚鑣，而後行駛過澳洲與新幾內亞之間的海峽，也就是今人所說的托雷斯海峽。托雷斯最後抵達馬尼拉——他與基羅斯兩人此時可說是分處西班牙跨洋帆船貿易的兩個端點。基羅斯再也沒有出過任務。

基羅斯的故事，說明了西班牙探險家跟玻里尼西亞與美拉尼西亞接觸時，抱著什麼樣的心態與動機。至於考古研究與口述傳統，則能讓我們了解島民社會的概況。想了解當時的萬那杜世界，可以從羅伊瑪塔（Roy Mata）的墓地遺址一窺。羅伊瑪塔是雷托卡島（Retoka Island，位於萬那杜主要島嶼厄發提島〔Efate〕附近）的傳奇統治者。根據習俗，在雷托卡島工作的人，不會在天黑之後留宿當地；傳統故事更說，羅伊瑪塔下葬時，有許多親人與氏族成員作為人牲遭到活埋。

歷史上的羅伊瑪塔是一位厄發提酋長，他用一己之力，在大約是四百年前結束了人稱「塔庫盧阿戰爭」（Takarua War）的血腥衝突。他透過一系列的宗教儀式，迫使打仗的人放下武器和平會面、交換信物，允許持有信物的人即便身處敵境，也能安全通行、受到保護。羅伊瑪塔因此獲得神話般的美名。然而，他的兄弟出於嫉妒，用毒鏢射中了他。據說，龐大的哀悼隊伍在他死後抬著他，穿過珊瑚礁蟲隧道前往地底世界，並根據傳說中的習俗活埋男男女女。

一九六七年，法國考古學家若澤．加昂熱（José Garanger）徵得地方酋長允許，尋找羅伊瑪塔埋葬的地方，試圖證明口述傳統為真。他的團隊把故事與線索拼湊起來，鎖定某個地點展開發掘工作。他們挖出來的骨骸有男有女，上頭還掛著豬獠手鐲、貝殼飾帶、珠子等裝飾。此外，他們找到一具重要人物的遺骨，身上戴有高位者才能使用的卵梭螺與海菊蛤手鐲。

這具要人的遺骨周圍還有其他人的遺骨，所有人都躺在一大片硬地上，連同跳舞時穿戴的飾品一同入土。整個場面彷彿宴會或慶祝活動，與會者在活動進行中自己倒下或被人擊倒。有些是單獨一人，有些則是兩兩成雙。出土的遺骸將近五十具，許多遺骸的姿勢顯示死者是遭到活埋。到處都是成堆的骨骸。[8]

這是羅伊瑪塔的遺骸嗎？這一點未有定論，但透過口述傳統與考古證據，可以勾勒出一六〇〇年代一段傳說的統治、神聖的權利與下葬儀式構成的歷史。這些可說是對西語文獻中提到基羅斯造訪聖靈島時，萬那杜島嶼社會樣貌的一種重建。大洋洲各地的政治組織正日益複雜化與在地化。島群各地的群體仍有交流與朝貢，但大規模遷徙已經式微；與此同時，則有愈來愈多歐洲船隻在海上長距離航行。

歐洲人漸漸了解太平洋的大致輪廓，就像曾經的中國、阿拉伯與馬來航海家一樣，從富庶的貿易港口與沿岸鹹水紅樹林往四面八方前進，熟知亞洲的島嶼與群島。掛著許多船旗的海船，定期在海岸蘇丹的領土、葡萄牙人與西班牙人的轉口港，以及中國貢市之間循環航行；船隻也不斷從香料群島來到馬尼拉，加入前往美洲的大帆船貿易。西班牙的夢想家們偶然、迂迴的航行，最終是門達尼亞與基羅斯抵達了索羅門、萬那杜與馬克薩斯等群島。

不過，這些新來的航海家還不知道夏威夷的存在，而奧特亞羅瓦（紐西蘭）的毛利人也還沒碰到歐洲來的陌生人。從斐濟、東加到薩摩亞和大溪地，中大洋洲大部分的地方仍未記載於地圖與海圖。澳洲南岸與西岸對歐洲依然成謎，說不定南方大陸的可能性依然存在。

經過好幾代的時間，這種情況依舊沒有改變。決定性的新力量不是在亞洲發展出來，反而產生於歐洲內部的鬥爭當中。一五八〇年，葡萄牙國王駕崩，西班牙王室宣布一統伊比利半島。里斯本的東印度貿易被荷蘭商人攔腰斬斷，荷蘭人對西班牙舉起叛旗。一五八八年，荷蘭人與英格蘭人跟西班牙開戰；西班牙無敵艦隊在英格蘭海岸一敗塗地，導致西班牙的影響力與西班牙內海就此消逝。

一五九五年，荷蘭船長科內利斯．豪特曼（Cornelis de Houtman）準備出航，要繞過非洲之角，橫渡印度洋，前往東印度群島。他想的不是一較高下或智取葡萄牙人與西班牙人，而是要直接取而代之。新教國家荷蘭，從阿姆斯特丹、鹿特丹，以及尼德蘭的河流與港口城市，創建了一個海上帝國，徹底改變了伊比利人對絲路與香料航路的控制。荷蘭登上舞台，帶來協商、重裝戰艦的武力展示，以及對抗天主教國家等新的態勢。葡萄牙人此時已經過度延伸，又因為政治衝突而耗弱。最終，馬六甲遭到荷蘭人砲轟，於一六四一年投降。

伊比利勢力垮台的原因來自內部，但也來自一次歷史轉折，畢竟荷蘭人擁有一件讓他們比打家劫舍、砲艦征服更強大的事物。他們根據貿易特許狀，以荷蘭龐大的貿易利潤，打造出武器精良、補給充分的艦隊。一六〇二年，這些獲得特許的承攬商聯合起來，成立了堪稱是全世界最早的跨國公司，甚至公司本身就是個政府：荷蘭東印度公司。

第6章 海洋變局與香料群島

Sea changes and Spice Islands

印尼摩鹿加群島最知名的一棵樹，就立在瓜馬拉馬火山（Gamalama Volcano）山麓的一條小路旁，挺立於炎熱、潮濕的空氣中，在丁香與肉豆蔻樹林間拔高。特爾納特島鋪滿了大片的綠意，而這棵長滿節瘤的巨大丁香樹之所以有名，是因為有數百公斤的芬芳樹葉與果實從它身上長出來，而且將近四百年如一日。

這棵樹有個很在地、很個人的名字，叫「巨人」（Afo）。它的名氣不只來自其巨大與多產，也因為它是生存與抵抗的鮮活象徵：曾經有一段時間，只要有人找到這種樹，就會把它砍倒、焚燒。巨人挺過了那段讓許多島民和樹木喪命的歷史，獨活了幾個世紀。[1]

葡萄牙人在一五一二年駛入班達海域，心心念念都是那幾座不世出的傳奇島嶼——全世界只知道有這麼一個地方，丁香、肉豆蔻乾皮與肉桂等香料會從樹上神奇地長出來，此外也是除去印度馬拉巴爾海岸的大供應商之外，能夠培育出胡椒的地方。

葡萄牙人漫漫航行，最終進入了特爾納特蘇丹的勢力範圍。蘇丹控制著丁香島嶼中最大的一座，而這些初來乍到的人卻開始打造轉口港與堡壘，保障自己能夠通行無阻。緊繃的氣氛瀰漫了整個海域。特爾納特蘇丹與鄰近的蒂多雷是不共戴天的仇敵。雙方為了主宰香料貿易而打了好幾代人的仗，常常有小群的外國商人與幕僚助拳，包括西班牙冒險家在內。兩者的王宮都能用外人獻上的中國瓷器與威尼斯玻璃作裝飾。

丁香芳香、辛辣，帶些許甜味。幾個世紀以來，漢藥與印度阿育吠陀療法（Ayurvedic medicine）以丁香入藥，治療消化問題與感染。經過磨粉、過篩之後的丁香，可以和其他香料搭配，用於製作咖哩與醃漬。常見的那種手指狀的花蕾，其實是乾燥的熱帶花朵，用來為肉品與野禽調味。肉豆蔻則來自一種雜色的果實，外皮明亮，裡面就是種子。搗成粉後，肉豆蔻不僅可以用於許多道菜，歐洲人甚至認為有魔力，裝進護身符隨身攜帶或是用來下咒，可以百病不侵，壞運不上門。

香料不只是歐洲的奢侈貿易品。各種香料在印尼群島各地其實無異於歐洲的口岸，都是醫藥與宗教的重要元素。更有甚者，它們是日常生活的一部分，也是班達海與周邊島群使用的交易媒介。一家人只要用簡單的工具，就能乾燥種子、加以去皮，而且香料還能作為貨幣用於繳稅給村長。香料帶來的收益，可以用來換取男人用的鐵製工具，而製作傳統樹皮布的婦女則可以進口棉布。對上層社會來說，香料帶來的利潤意味著可以取得印度絲綢與中國貨幣。當地經濟仰賴馬來語爪哇水手將託售的香料運往中國；到了十四世紀時，班達海員已經從特爾納特島出發，前往從西新幾內亞到馬六甲之間的地方做生意了。[2]

十六世紀時，這個大洋洲與亞洲香料世界已經相當穩定，但歐洲人急切於重塑這種多價貿易，因為他們的目標在於獨占。一五三六年之後，葡萄牙總督安東尼奧・加爾瓦（António Galvão）用自己的軍力壓迫蘇丹和他們的繼承人，目標是讓自己可以壟斷香料。

葡萄牙人在一五七〇年代為了主宰貿易而採用的戰術，造成特爾納特蘇丹蘇丹海潤（Hairun）與其子蘇丹巴布（Baab）的衝突。一位反伊斯蘭的船長美斯基達（Mesquita）誘使蘇丹海潤與他會面，佯裝是來進行友好拜會，隨後卻抓了蘇丹並砍了他的頭。這種卑劣的行徑讓許多本來彼此對抗的氏族與蘇

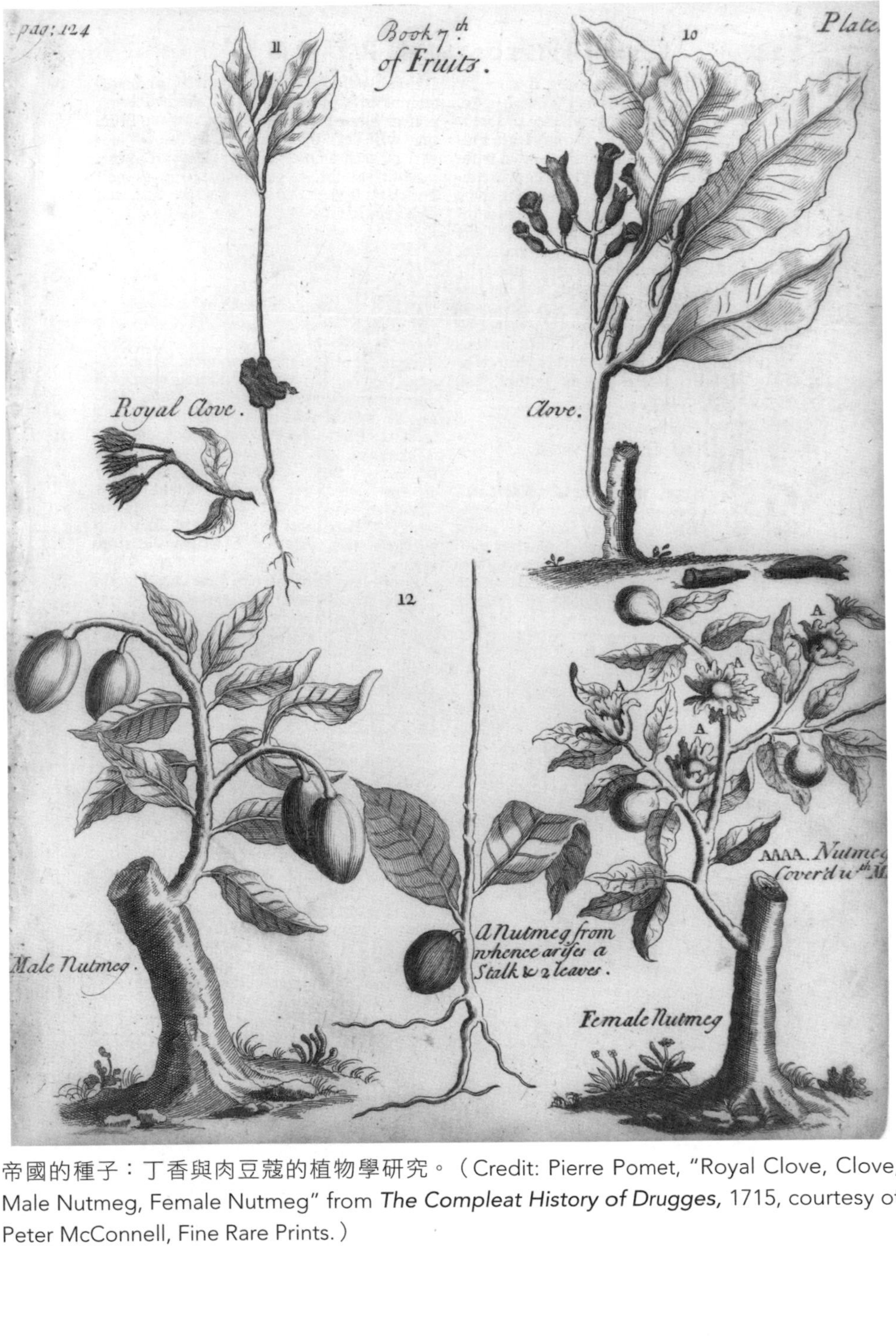

帝國的種子：丁香與肉豆蔻的植物學研究。（Credit: Pierre Pomet, "Royal Clove, Clove, Male Nutmeg, Female Nutmeg" from ***The Compleat History of Drugges,*** 1715, courtesy of Peter McConnell, Fine Rare Prints.）

丹，都和巴布蘇丹站在同一陣線；不久後，巴布就得到從望加錫與西里伯斯海（Celebes Sea）到新幾內亞之間，共七十多個島嶼的效忠與戰力。巴布甚至訴請並獲得特爾納特的老對手——蒂多雷蘇丹——的支持。

他們聯手包圍葡萄牙人的防禦陣地；到了一五七五年，饑餓的葡萄牙生還者不得不投降。巴布沒有浪費機會。他指揮一支戰艦艦隊，震懾人心，以國家元首般的姿態航向遙遠的同盟島嶼，展現軍力，要求入貢，打造出貿易與忠誠的海上網絡。葡萄牙人潰敗之後，蘇丹們又重新掌握了局面。[3]

不過，歐洲人仍持續發展貿易據點。西班牙人在此建立根據地，英格蘭商人亨利．米德頓（Henry Middleton）也在一六〇四至〇六年抵達當地。不過，陣仗最大的還是從西邊的基地發展勢力的荷蘭人。一五九六年，荷蘭船隻首度航抵今印尼爪哇，用木材、咖啡與靛青裝滿貨艙，計劃把自己的影響力延伸到附近的香料群島。

荷屬東印度公司的挑戰

一開始接觸時，荷蘭人不過是又一個有志於貿易的航海民族，在島嶼間繞航，講價，銷售托售的貨物。爪哇島萬丹當地的穆斯林婦女原本大多在市集做生意，用傳統的簍空籃子裝著瓜果、豆類，以及她們自己織的布來賣。圍著頭巾的男子在地上攤開一包包的魚和屠宰切塊的肉，或者販賣罐裝糖與蜂蜜。來自古吉拉特與孟加拉的印度商人帶著織品前來，中國人則有自己的小型商場。荷蘭人不只邊緣，而且無人保護。弗里德里克．豪特曼（Frederik de Houtman）船長因為與穆斯林當局起了爭執，又拒絕改信伊斯蘭，結果被關超過一年。最後蘇丹利用他本身對歐洲的認識，來處理貿易商品與政治事務。[4]

荷蘭原本有幾間公司與商業同盟，為了合約與船貨彼此競爭。但阿姆斯特丹的強大股東們組成合股組織，在人稱「十七紳士」（Seventeen Gentlemen）組成的董事會主導下，鞏固了荷蘭的力量。他們在一六〇二年與荷蘭王室政府達成協議，成立貿易獨占公司——荷蘭東印度公司。

根據荷語縮寫，東印度公司簡稱為VOC（Vereenigde Oost-Indische Compagnie）。VOC不只是商業公司，而是擁有在亞洲海域從事貿易，組成商船隊並補給，以及招募、給養保護貿易所必須之戰艦與傭兵的專有權。到了日後，VOC本身成為一股商業、政治與軍事力，從香料群島經馬六甲海峽一路到南非好望角，都有他們的基地、吞吐港與堡壘。

荷蘭東印度公司的權威，在嚴厲無情的前會計師——總督揚．彼得松．科恩（Jan Pieterszoon Coen）手中鞏固。他最重要的目標，是在東印度群島為荷蘭勢力建立永久據點，成立總部，將貿易隊伍與軍隊派往亞洲各地。他的野心跟爪哇馬打蘭（Matram）王國甚得民心的阿貢蘇丹（Sultan Agung）彼此衝突，而戰爭就是荷蘭人蠶食之濫觴。一六一九年，科恩的部隊從巽他格拉巴（Sunda Kelapa）登陸西爪哇。巽他格拉巴位於河口，許多貿易社群已經在此建立村落，周圍是一圈圈的稻田與甘蔗田。科恩引起印度與中國商人的興趣，並宣布建立一個由荷蘭主宰的貿易中心——巴達維亞（Batavia），也就是今天的雅加達所在地。

巴達維亞日後會成為全球貿易網絡的財富中心，但在十七世紀初，立即可見的財富仍位於東方的香料群島。揚．彼得斯佐恩．科恩追尋VOC的獨占帝國願景，想控制香料貿易。科恩採取行動，但他的行動基本上既是貿易行動，也是軍事行動——他組織傭兵艦隊，無差別攻擊蘇丹與歐洲競爭者的前哨站，威逼他人簽訂條約，掌控公司不斷擴大的領土周邊的水道。

公司試圖控制倫島（Ran Island，摩鹿加群島的一部分，緊挨著香料路線）島上的不列顛砲台，此舉在全球造成綿長的殘響。不列顛人不願意拱手讓出自己的據點，雙方無法敲定協議。荷蘭人為了得到這個寶貴的地點，於是拿地球彼端的領土來交換——北美洲東岸的曼哈頓島。

一六一一年，荷蘭商人與殖民者興建貝爾吉卡堡（Fort Belgica），阻止其他香料商人出現在這個地區。貿易考量勝過一切——在香料群島裝船的貨物在荷蘭售出，能賣到高於成本三百倍以上的價格，驚人的利潤不僅引來傷人的興趣，也引來殺戮。一六二一年，科恩的軍隊登陸整個班達島群，強迫當地農民離開祖傳的土地。荷蘭接收部隊以暴力對付抵抗，將近一萬五千名島民遭到屠殺。

倖存者遭受荷蘭當局的懲罰，被迫砍倒自己的主食西谷米，只為了種植更多香料樹種。西谷米是一種用棕櫚樹髓製成的澱粉。樹髓經過壓、揉與拉伸之後萃取出的澱粉，可以製成麵粉與餅乾。儘管營養價值有限，但蒸成布丁、麵條、麵包，或是與魚肉和其他蛋白質混和之後，仍然是重要的食物來源。但棕櫚樹對荷蘭的出口收益毫無貢獻。當香料種植園不斷擴大，當地村民也隨之餓死。

一段時間之後，在特爾納特與蒂多雷，再也無人採摘丁香。這是因為，為了達成長久追求的壟斷，荷蘭人將丁香種植限於安汶島（Ambon）。一六五〇年，他們按部就班將區域內其他其餘樹木連根拔起、砍倒並焚毀；但凡有人敢是個種植、培育或販售丁香，就得面臨死刑。肉豆蔻樹若非被毀，就是集中於VOC嚴格控制的種植園。荷蘭的代表試圖主宰一個地點，達到對全球市場的生態與植物控制，於是將所有肉豆蔻船貨以石灰脫水，讓種子到了其他地方也無法發芽。[5]

他們的戰略取得部分成功。但是，香料貿易的利潤實在太高，競爭者甘冒殺頭風險，也要偷取、走私種子，例如日後成為印度洋模里西斯島（Mauritius）總督的法國人皮耶·波維（Pierre Poivre）就是個例子。此外，海鳥和颱風會把一些種子帶到空中，零星的香料樹種也在境內的火山山坡上發了芽——也許有意，也許偶然。

到了一八〇〇年代，荷蘭的壟斷結束了。儘管採取嚴厲的措施與監控，犧牲了眾多生命，丁香還是憑藉走私或自然播種的方式，在爪哇、蘇門答臘、西印度群島與東非冒出了芽。有一棵丁香樹——「巨人」——奇蹟似地在特爾納特倖存下來，到今天已經四百歲了。幾個世紀以來，它以見證者與生還者的身分生長著，逃過了VOC為試圖獨占而滅絕人與樹的作為——這正是全球香料戰爭帶來的悲劇性遺產。

雖然VOC不再獨占香料貿易，但它仍然是印尼島群的強大力量。巴達維亞從一個聚落發展成亞洲、東南亞、太平洋與印度洋的十字路口。VOC阻撓阿貢蘇丹，與其他比較好說話的蘇丹結盟；大片土地與種植園得到耕作；荷蘭貨船獨家獲得貿易合約。

中國戎克船與發展中的華商、華工人口，擴大了區域的交易活動，有助於開鑿運河，發展成區，為聚落興建防禦工事。竹子與棕櫚葉屋頂構成的村落，慢慢變成木造房屋，用開採出的石頭鑿成石磚、石瓦與石鋪面，加以充實。為VOC工作的人，住在巴達維亞城牆之內，有家人和僕人的陪伴。馬爾迪吉克人（*mardijkers*）——由一般的荷裔鎮民、混血的麥士蒂索人，以及亞裔基督教社群組成——則在附近建立聚落。巴達維亞的華人原本住在城內，後來因為族群暴力而被迫遷往城外，在附近的「裏踱刻」（Glodok）區興建唐人街；今日的裏踱刻相當繁華，是餐廳、市場與購物中心形成的輻輳之地。

巴達維亞就和西班牙人統治的馬尼拉一樣，在人口組成方面反映出社群與文化的迅速融合：荷蘭與華人的都市區與爪哇的景致與村莊交織在一起。五官面孔、風俗與語言相互交融，荷蘭人與爪哇人的婚姻創造出歐亞家庭，而改宗基督教、多語能力，以及飲食與時尚的在地化都顯而易見。

巴達維亞後來以荷裔與亞裔混血女子聞名，她們活潑優雅的殖民地儀態與作風，和陰鬱嚴肅的歐洲女子大相逕庭。這種女子身邊伴隨著來自其他地區或島嶼的奴隸，她們精明管理繼承與貿易得來的財富，設法讓兒子登上管理職，把女兒嫁進權貴圈，藉此維持自己的社會地位。經過一番艱苦的歷史重建之後，我們多少可以了解幾位這種跨文化的婦女。

舉例來說，科內莉亞．范尼言羅德（Cornelia van Nijenroode）是一位荷蘭VOC商人與日本小妾在日本生下的女兒。她在巴達維亞長大，嫁給荷蘭裔的公司官員，而後守寡又再嫁——令她後悔莫及的是，她嫁的是一位名叫約翰．彼特（Johan Bitter）的貪婪律師，利用法律程序攫取她的財富。她的巴達維亞生活不僅影響她與日本的關係，也和她在尼格蘭提出的請願與訴訟有關——說她屬於交疊的世界，並不為過。[6]

巴達維亞成為發展成熟的歐亞中心，但它的運勢終究與海上發生的事情密不可分。貿易是這座城市的生命，控制商業就是VOC的無上律令。只要東南亞平底船、歐洲商船，以及長短程小型船隻可以隨意在島群各地靠岸，荷蘭人的地位就難以穩固。因此，VOC要求沿岸的蘇丹同意將所有海上交通轉往巴達維亞，並成立巡檢隊伍與海關哨站。

港務長會詳細記錄商人裝載的貨物，只要看跑地方的小船載了哪些東西，就能知道哪些是日常必需品。一位來自馬都拉島（Madura）的商人巴帕答岸（Bappa Dagang），運了椰子、羅望子、菸草、幾包魚，以及輕型火砲、火藥等武器。名叫陳必高（Tan Biko）的華商登記了鹽、米、鴉片、檳榔果的重量，以及一批爪哇布料。[7]

這一類的船貨都要課稅，但實際上只有VOC

運河與商業：東印度群島巴達維亞的荷蘭與亞洲世界。（Credit: Johan Nieuhoff, Spinhuys, 1682, Koninklijke Bibliotheek.）

認為對全球貿易與政治力量至關重要的農產才會受限，尤其是香料、蔗糖與咖啡等種植園作物（這些咖啡的原產地爪哇，更是成為咖啡的代名詞）。VOC針對這些物產實施嚴格的規範，組建受控制的勞動力，並保有以武力對付競爭者的意願。

VOC的優勢固然明顯，但絕非沒有受到挑戰。時不時就會出現像蒂多雷王子努庫（Nuku）這樣具有魅力的領導人橫加阻攔，反抗荷蘭的獨占，與其他不滿的島嶼領袖組成同盟，而這不禁令人想起當年蘇丹巴布對抗葡萄牙人的聯盟。一七八〇年，公司強迫當地蘇丹接受一紙條約，削弱他們的政治權力時，努庫登高一呼，宣稱自己的主權及於鄰近島群。

努庫展現自己的天賦，理解各種群體的苦痛，把他們對荷蘭人的不滿凝聚起來。譬如，巴布亞海盜曾經靠著販奴與贖金茁壯了好幾個世代，在荷蘭人為了殖民利益而控制奴隸市場的情況下，他們加入努庫的行列，一同反抗荷蘭人。又譬如，斯蘭島（Seram）的軍事領袖要求VOC補償對傳統香料產業與貿易網絡的焦土式破壞。這些與努庫聯手的人同樣服膺於更遠大的目標，要重新將地方勢力團結成一個聯邦，將各島從外國闖入者手中解放。從東印度群島榨出來的收益如此龐大，各方都要分一杯羹。

重回「南方大陸」

VOC的競爭者不盡然都是精明的蘇丹或亞洲君主。實際上，荷蘭內部也帶來挑戰：荷蘭商人希望打破東印度公司的壟斷。方法不多，其中一種是找出一條沒有人發現過的替代路線前往東印度群島，從而繞過公司特許掌握的東方航線。一六一六年，威廉．史考騰（Willem Schouten）與雅各．勒梅爾（Jacob LeMaire）從荷蘭出發，繞過南美洲最南端，甚至繞過而沒有進入麥哲倫海峽。他們進入南太平洋，宣稱繞過了VOC擁有獨占權的海路。

他們此行之所以著名，除了在於反壟斷之外，也在於他們復興了南美路線——也就是西班牙人基羅斯的軌跡——並且延續了數世紀以來的那份嚮往：尋找南方大陸。更重要的是，史考騰與勒梅爾帶來與南太平洋的點狀交流，而這樣的南太平洋是歐洲人此前多半不知的。每一次相遇留下的紀錄，都顯示了數千年前的南島喇匹塔民族在哪裡建立村落，而後遷徙、發展成獨立的島嶼社會。

到了土阿莫土島（Tuamotus），當地氏族領袖身上穿戴飾帶，攜帶用海中的材料與劍魚尖製作的長槍，從森林裡警戒地觀察這些陌生人。他們對荷蘭船隻船體上的鐵釘很有興趣。荷蘭人的紀錄提到，這裡的草藥與植物似乎對壞血病等疾病有療效，而蟹、貝與「非常美味的螺肉」就是當地人平常從海裡取地的食物。來到東加海域，荷蘭船隻遭遇了巡邏的獨木舟。幾艘被艦砲擊碎，雙方在謹慎的物物交換後，展開了誠懇的交流。男女島民留著黑髮，用織毯與椰子交換珠子和小刀。[8]

這一刻起，荷蘭人踏進了知名的東加海洋帝國貿易、親屬關係與對外擴張的圈子。強大的貴族政體主宰了這些島嶼，史考騰與勒梅爾接受塔法希島（Tafahi）與紐阿托普塔普島（Niuatoputapu）的登船拜會。這些統治者乘坐令人印象深刻的拼板舟，其他隨行船隻上則滿載戰士與隨從。

這些拼板舟說明了東加在鄰近島嶼之間握有的海上實力，也是神話、傳說、口述傳統講述優秀海員與海上征服故事的核心。有一部東加史詩講的是卡烏烏魯法烏那（Kau'ulufouna）的海上漂流記。他的父親遭到政治競爭對手暗殺，誓言復仇的他乘坐拼板舟，航遍了東加所有主要島嶼，甚至到了薩摩亞、斐濟、富圖納島（Futuna）與於維亞島（Uvea），最後終於找到並手刃仇人。卡烏烏魯法烏那成為至高無上的圖依東加。實際上，東加政權本身帶有的階層特性，也鼓勵人們不斷向外擴張。由於榮登大寶的可能性有限，年輕酋長只能轉向征服新領土，與不斷擴大的島嶼勢力圈結為同盟。

勒梅爾與史考騰也登陸了範圍內的富圖納島。他們提到島上有令人印象深刻的圓錐屋頂草屋，留下了關於當地語言的筆記，並送給島民小刀、鐵釘與藍珠子；類似的物品也在十九世紀的薩摩亞出土，據信是貿易商帶過去的。島民以凝聚社群的習俗——飲用卡瓦，向他們致敬。當地的國王咀嚼卡瓦，然後用水浸泡。無論是因為覺得噁心，還是害怕遭人下毒，荷蘭人對此敬謝不敏。

然而，這麼做卻讓他們錯過了一次絕佳的體驗機會。太平洋各島嶼長久以來都很看重醉椒（*Piper methysticum*）溫和的麻醉作用，以及卡瓦的飲用在群體情誼中扮演的重要角色。咀嚼卡瓦的根部，吐出來，用木頭做的公碗飲用之，味道又苦又香。對卡瓦的由來，大洋洲各島嶼有不同的傳說，但最多人相信的故事來自薩摩亞——卡瓦一開始是作為精神力與自然力的大禮，獻給大酋長塔加盧阿威（Tagaloa Ui），他是太陽神與年輕貞女傅圖伊塔（Fituita）的孩子。[9]

史考騰與勒梅爾繼續沿著新幾內亞北岸航行，接著進入太平洋與印尼水域交疊處的航線。他們停靠在盛產香料的特爾納特島，最後進入巴達維亞港。總督科恩大感不悅，認為史考騰與勒梅爾此行侵犯了VOC的獨占權，於是將兩人關進大牢，並扣押船隻與船貨。儘管兩人主張他們走的是新航線，科恩卻不採信。雙方打了幾年的法律戰，但VOC不願意容忍競爭，甚至散播流言，說史考騰與勒梅爾在航行過程中根本沒有在太平洋發現什麼了不得的東西。那些跟島民交換來的小飾品，或是島上的風俗，跟總督對香料與絲綢的執著來說根本無法相提並論。這種「無足輕重」的論調，對於將大洋洲與亞洲另眼相待有很大的影響。

儘管如此，對於大洋洲的探索並未就此在十七世紀結束。另一位總督——安東尼・范迪門（Anthony Van Diemen）意識到南方大陸的謎團始終沒有解決。也許，還是因為利潤在招手。這個遠大的志向，促成了一六四二年至一六四四年間的一次航海。航海家暨探險家阿貝爾・揚松・塔斯曼負責此次任務，測繪此前未經探索的新荷蘭（New Holland，即澳大利亞）海岸線，以及索羅門群島。

塔斯曼的航線帶著他來到澳洲大陸的東南方，他在此看到一條悠長的海岸線，於是根據出資者之名，將之命名為「范迪門地」（Van Diemen's Land）；日後，塔斯曼的崇拜者，改用他的名字來為此地命名。一開始，塔斯曼不確定范迪門地是否是一座島嶼。他按照原訂規畫往東航行，並且在大約一星期後看到一片龐大、高聳的陸地。他的艦隊在台塔布灣（Taitapu Bay）外海下錨，準備找地方上岸尋找補給與飲用水。入夜後，船員看見沿岸有人生火。

「恩加提圖瑪塔」（Ngati Tumata）在岸邊圍著火，觀察著船隻的動靜。他們是一個「*iwi*」（社群），移居當地生活了幾個世代，與其他氏族互相融合。所有的「*iwi*」都有共同遵奉的偉大先祖，例如玻里尼西亞神話中的航海家庫佩（Kupe），後世學者推斷他在十世紀初抵達當地。根據尚有爭議、但傳統上用以計算世代的方法，一三五〇年前後，有一支遠洋拼板舟大艦隊來到了這片陸地。船上的人來自東玻里尼西亞某個地方的古代家園，來到這幾座他們稱之為「奧特亞羅瓦」（也就是後來的紐西蘭）的新島嶼，演變為今日人們熟知的毛利人。

這些早期移民一開始群聚在海岸線與河谷地，帶來農業與狗等新動物。他們也會獵捕在此遇見的驚人物種——例如恐鳥，那是一種沒有飛行能力的巨鳥，高九英尺，重達數百磅。考古發掘找到土窯與營地的遺跡，大量的獵物在此遭到屠宰、火烤。證據也顯示原住民氏族根據季節性的狩獵與糧食循環安排生活，並以鯨魚、恐鳥等動物的骨頭製作工具。[10]

其他的食物來源，還有紅薯（kumara，一種熱帶番薯），以及數個世紀間引入島上的多個物種。食物非常珍貴，餘糧要成堆儲存在「帕塔卡屋」（pataka houses）——設於村落的公共區域，由能工巧匠刻上象徵神聖豐饒的設計圖案。毛利氏族階級高度分化，領袖有強大的政治與宗教影響力。諸神、英雄與祖先在日常生活中無所不在。碰到群體擴大，或是鄰人競爭資源與權力的時候，許多人以尖木樁與防禦土堤為聚落設防。其他人則往外發展，在樹海間建立村落，或是移居於群山環抱的港灣。

恩加提圖瑪塔的領域就是後者。附近作為貿易路線的平原，以及他們如今觀察陌生人與陌生船隻的河口，都是他們的土地。這片泥灘地盛產蠔、貽貝、海螺與魚。他們利用當地植物的纖維編織成圈套與

傳統景象：奧特亞羅瓦／紐西蘭早期毛利文化器物與習俗。（Credit: George French (1822–86): Implements and domestic economy. Plate 55, 1844, Alexander Turnbull Library, Wellington, New Zealand.）

陷阱，用來捕捉海鳥河鰻魚。傳說中，這裡大半的地貌都是先祖創造的，他們推坪土地，挖出許多座湖泊。[11]

荷蘭東印度公司的代表們遇到的是個成熟的社會，不僅無懼，對外人也很謹慎。荷蘭人觀察的時候，兩艘載著精壯男子的拼板舟從岸邊駛來，船上的人一邊大喊，一邊吹響巨大的海螺角。假如這個陣仗是打算嚇走陌生人——也許是不請自來的惡靈或祖先——那顯然沒有用。荷蘭人回應這些叫喊的方式，反而是請恩加提圖瑪塔人上船來，但此舉恐怕令戰士們深信來人顯然是威脅。此時，荷蘭人把他們的小船降到水面，在VOC船隻之間傳遞訊息。其中一艘拼板舟把小船撞翻，四名水手被殺，其中一人的屍體還被拖走。荷蘭人以滑膛槍與艦砲回擊，但救回生還者後，塔斯曼就起錨了。接下來一百二十七年，沒有其他歐洲人來到這裡。等到他們再次回來，他們便永遠待了下來。

從航海角度來看，塔斯曼此行成就非凡。他沿著澳洲海岸進入太平洋，畫出塔斯馬尼亞南岸的輪廓，更是最早與紐西蘭毛利人相遇的歐洲人。證據指出，他在回航時甚至通過了東加群島中部的航路。

不過，VOC依舊感到失望。太平洋有環礁、島嶼，有各種新奇事物，但沒有亞洲那種富裕的轉口港，何況南方大陸的存在與否還是沒有得到證實。正當塔斯曼橫渡南太平洋執行任務時，VOC總督也決定往北推進，派艦隊蒐集情報，尋找另一個讓歐洲人魂牽夢縈數世紀的傳說之地：哥倫布口中的「Cipangu」——日本。

第7章 武士、教士與大名

Samurai, priests, and potentates

日本南方的九州島以海洋祭典聞名。長崎的宮日祭年年吸引大量遊客，前來觀賞造型奔放的船型花車遊街，遙想當年唐人、葡萄牙人與荷蘭人的貿易船隻。遊行隊伍沿著人聲鼎沸的脇道前進，穿過人聲鼎沸的脇道與市町，前往諏訪神社。此時，整座長崎市隨著令人眼花撩亂的漆船、金箔船活了過來，人們的肩膀與叫喊聲構成的波濤起伏帶著它們前進，渡過大街小巷。

典禮與儀式讓街道擠滿了人，各踊町每七年輪流籌辦；裝扮華麗、架式十足的舞團，連同煙火、祈禱、頌歌、燈籠和大鼓，構成五彩繽紛的壯觀場面。儀式用的船成為背景，襯出金光閃閃的龍踊；身著高領衣服、歐洲人扮相的表演者，在打著荷蘭東印度公司標誌的船帆間決鬥，威風凜凜。

史考騰、勒梅爾與塔斯曼的海上探險，雖然遭遇了從東加到奧特亞羅瓦的航海社會，卻沒有明顯的商業潛力，VOC對大洋洲的興趣因此減退。荷蘭人的興趣停留在東印度群島的水世界，接著跟隨競爭對手葡萄牙人的腳步前往亞洲沿海、帝制中國的千年夢華，以及不為人所知的日本群島。

宮日祭始於一六三四年，其現場在視覺上很好地展現了這座國際海洋都市的市民榮耀。從十六與十七世紀開始，長崎就是日本、東亞、東南亞與歐洲攪局者之間進行貿易與交流的十字路口，時間長達數百年。不過，這個祭典不只展現了跨文化貿易與社群多采多姿的場面。宮日祭標誌著關鍵的歷史轉捩點，捕捉到了在一個與外國人接觸的新時代裡，同時受到亞洲鄰國與歐洲競爭者挑戰時，天皇與武家政權如何堅持「日本本土」的利益。

大約從一五四〇年至一六四〇年這個關鍵世紀中，各路人馬在日本周邊海域締造（或未能締造）歷史——澳門的葡萄牙商人、果阿的耶穌會士、巴達維亞的荷蘭商人、中國與越南的船貨、琉球王國的貢品、朝鮮的衝突，以及西班牙人在菲律賓展開的突襲行動，全部齊聚一堂，彼此碰撞。這一切都是挑戰與交換的歷史，也是文化的注入與融合。[1]

宮日祭的活動講述了一系列的故事。有些故事浪漫得可以，有些則強調緊密盟約與商業之間的關係。其中一艘船型山車上載著個小孩，代表的是一位日本商人與越南公主結褵生下的孩子。故事主角是熊本武士荒木宗太郎。一五八八年，荒木從熊本搬到長崎。荒木的航海行令他頗負盛名：為了做生意，他去過越南、泰國與柬埔寨，更在一六一九年帶著妻子王加久（越南王的繼女）回國，長崎當地人敬稱王加久為「アニオーさん」。[*]兩人合力在長崎打造了大商行，象徵著日本在這個泛亞商業利益與文化互動時代中的樣貌。

這艘船也象徵著越南歷史中的一頁。幾個世紀以來，越南跟強大的中國關係不斷改變，有時朝貢，有時衝突，但在一四〇七年遭到大明軍事占領。後來才有傳奇的後黎朝迫使中國撤退，開始併吞南方的土地，引發一段長時間政治不穩定期與各地之間的封建戰爭，最後才形成了「越南」。[2]

各個地區彼此競爭，政局漸漸分由兩個政權掌控——北方的鄭朝與南方的阮朝。直到十七世紀，耶穌會站穩腳跟，帶來拉丁語和越南語的教義問答集，也帶來歐洲天主教徒的影響力。宮日祭中有許多船隻突顯了類似的紛亂時代——當時的長崎也是早期葡萄牙商人的入口，耶穌會士甚至在當地大名的支持下，建立了一個由會士經營的基督教小國。

火槍與耶穌會教士的到來

葡萄牙人的來到，其實跟中日之間的緊綳關係密不可分。八世紀的唐朝以來，中國商船向外發展，摸索出一面從日本到占婆與爪哇的貿易網絡。四個世紀後，日本船隻開始向中國進發，展開定期貿易。然而在明代治下的十六世紀，日本海盜對中國、朝鮮沿海商船與港口的攻擊愈來愈嚴重。一五四七年，明朝政府中斷所有與日本的直接貿易作為反制。兩國的貿易轉由受到信任的海上代理人進行，由他們擔任中介。

於是，東亞人口中的「南蠻」把握了這個契機。一五一一年，阿方索・阿爾布克爾克以葡萄牙王室之名征服馬六甲之後，控制了亞洲與印度洋之間的關鍵水道之一。他跟葡萄牙國王派遣使臣到廣州，得到中國皇帝斷斷續續的照顧，但雙方關係仍舊脆弱。直到一五四〇年代為止，局面才有所改觀——此時葡萄牙人能夠提供天朝上國真正看重的東西：成為打擊海盜的助力。

葡萄牙人能用戰艦驅趕賊寇，保護交通要道，因此在一五五〇年代獲邀從珠江三角洲附近的上川島進行朝貢貿易，建設倉儲設施，保護走海路而來的船貨，並加以乾燥。葡萄牙總督慢慢建起聚落與一座設有防禦工事的村子。從木板印刷品與繪畫中，可以看到不規則聚在一起的居住區與倉庫，其間有幾座教堂，由防禦工事與土堤守護。鎮上有伊比利風格的拱形結構與色彩，看得出道路與泥濘的登陸地。

一五五七年，明朝廷正式同意葡萄牙人設立永久聚落。亞洲各地來此停靠、追求貿易利潤的商人，如今得到中國與葡萄牙聯手保護。不久後，平底船飛快把船貨運往馬六甲，接著渡過印度洋，前往歐洲。

---

*【譯注】此稱呼典故有二說。其一認為源於越南語「阿娘」（A Nương），其一則相傳來自王加久用廣南方言的「哥哥」（anh）稱呼荒木宗太郎，長崎百姓便以此稱呼王加久。

若採取另一個航線，則是往南到菲律賓，在馬尼拉下貨，再裝上西班牙大帆船，渡過太平洋前往墨西哥的阿卡普爾科。這個早期的根據地，從簡單的亞歐貿易前哨站，演變為二十一世紀璀璨的澳門港。今天，賭場、花園、世界遺產點綴著這座蓋著許多天主教教堂、廣場的小島，人群在夜市和中式廟宇裡摩肩擦踵。[3]

雖然可以從澳門走向全球，但距離十六世紀時最吸引人、最容易賺得的利潤，還是有一點點差距。由於中國商人不得直接與日本貿易，葡萄牙人因此獲得難以想像的獨占權：他們有權一年一度用一艘上千噸的大船——克拉克式帆船（carrack），往來於澳門與長崎之間，載運商品。葡萄牙人帶去的商品，將為日本史增添一個全新的章節。

一五四三年，葡萄牙商人首度抵達日本。這一小群人搭乘中國戎克船，但在海上遇到風暴，偏離航線。他們在日本南岸的種子島登陸，由一位教士與一位琉球女子協助他們翻譯漢語與葡萄牙語。種子島氏當主是年僅十五歲的種子島時堯。時堯對歐洲蠻人很有興趣，尤其對他們的火槍（arquebus，日文寫作「鉄砲」）留下深刻印象。

種子島時堯把一把火槍交給手下的鐵匠，鐵匠幾個月便複製出另一把。傳說中，這名鐵匠八板金兵衛清定把自己十六歲的女兒若狹，嫁給其中一名葡萄牙人，藉此獲得製作武器的技術。若狹成為孝女故事的主角，為了日本的未來離開自己的家。今日，有一座公園便以若狹為名，園內有她的雕像，而她的懷中還抱著一把火槍。[4]

從若狹的傳說形象中，我們可以深入看見日本中世晚期的歷史——人稱「戰國時代」，是個內戰頻仍的時期。從十三世紀起，武家政權足利幕府開始失去強大的武士領袖——大名——的效忠。日中貿易與農業發展促成了商業經濟的擴大，日本傳統封建體制因此受到挑戰。到了十五世紀，連家奴與農民都發動叛亂反對稅捐，饑荒與天災也讓時局更為嚴峻。

位於首都京都的幕府遭到襲擊，導致社會秩序完全瓦解，內戰在日本各地爆發，敵對大名紛紛走上戰場——從日本畫屏中（例如以川中島之戰為主題的畫屏），可以看到大批足輕與騎兵，身著札甲、飛揚跋扈的武士則揮舞著刀、槍和家族旗幟。大名對葡萄牙槍枝很有興趣。中國火藥與大砲已經在日本流傳數個世紀，但火槍更輕便，準確率相對高，而且訓練後容易上手。驕傲的武士不屑用火槍，但指揮官深知火槍能創造軍事優勢。日本的大名們於是有效運用這種武器攻城掠地，增加影響力。

火槍之所以造成衝擊，不只是因為作為武器。火槍的決定性力量，是跟另一項葡萄牙人引進的事物一前一後來到的——那就是與基督教和耶穌會組織的政治結盟。這種發展同樣可以回溯到一段太平洋航海與文化交流的故事。日本人彌次郎在港口城市鹿兒島工作。彌次郎性格投機，經歷過不少挫折。有一天，他在鹿兒島殺了人。他一開始躲到佛寺裡，後來設法上了葡萄牙人的船，逃到澳門。船長建議他去找耶穌會神父方濟・沙勿略（Francis Xavier），尋求救贖。

沙勿略並非等閒之輩。他牧養、拯救迷失的靈魂，可是連里斯本人都為之稱道的。信徒將他的名聲從印度果阿的傳教所傳遍了亞洲。沙勿略神父行神蹟，常有非凡之舉。他大部分時間都在海上，在港口與島嶼間摸索出一面宗教之網。據為他立傳的人所說，一次他乘坐的船隻在摩鹿加群島遇到暴風雨，遺失了一尊十字架，後來居然有隻螃蟹把十字架帶回來給他。前往中國途中，船隻因為無風而無法動彈。他於是祝聖海水，把鹹水變成淡水，讓船上的人不至於渴死。他的祈禱能平息暴風，能讓海盜回心轉意，傳記作者甚至提到他讓一名溺死的印度小孩復活。據說他讓盲者得見，還能治癒著魔的人。抵達馬六甲之後，彌次郎找到沙勿略，聽從他的教誨，改名「天使郎」（Anjiro），成為第一個改信天主教的日本人。後來，在天使郎的促請下，沙勿略決定到日本傳教。[5]

沙勿略和後繼者取得初步的成功。武士們發現，耶穌會尚武的教誨，其實與自己的武士道信條有其類似之處。然而，大名受到的影響才是最深的。地方領主允許耶穌會士自由傳教，成立小型教會，藉此取得武器與葡萄牙貿易船隻帶來的可觀收益。無怪乎大名之間的競爭因為這種優勢而更形激烈。武士接受了天主教信仰，當局甚至逼迫窮苦農漁民改信天主教，好吸引更多葡萄牙人來訪。

耶穌會士講道時告訴眾人：「基督徒跟拜佛或諸神的人不一樣，有絕對的必要拋棄自己的性命。」總之，地方農民對救贖的福音大多表示歡迎；對許多平民來說，佛教寺院庇護的都是有錢有權的人，令人不齒。改信基督教的武士軍隊也欣然從命，破壞、劫掠佛寺。[6]

大村純忠對此再了解不過了。他是九州的二流大名，畫中的他額頭高廣，表情肅穆。大村家的邊境受到其他強大大名的攻擊。他注意到耶穌會士在日本南部各地遷移他們的根據地，於是他熱情提出一項互利的安排，將小漁村長崎提供給耶穌會。大村純忠的領地因為多山而交通不便，不算建立聚落的好地點。但對於跟來自海上的外國人結盟而論，這處群山環抱的港灣確實立下了奇功。

由於身受敵對大名威脅，又面臨繼承鬥爭，大村純忠於是找上他認為唯一能為自己提供支援的一

利益聯盟：葡萄牙人來到日本。（Credit: *The Arrival of the Portuguese in Japan*, detail of the left-hand section of a folding screen, Kano School (lacquer) by Japanese School (sixteenth century), Musée Guimet, Paris, France/Giraudon/The Bridgeman Art Library.）

群人。一五六二年，他邀請耶穌會傳教士與葡萄牙商人來到自己的領地，並且在隔年成為首位信仰基督教的大名。敵對的大名結盟對付他，但大村純忠得到葡萄牙戰艦與武器的奧援，讓敵人將近二十年無法跨越雷池一步。他的戰略成功了。

然而，在一五八〇年，大名龍造寺隆信帶來的威脅實在難以招架。大村純忠擔心龍造寺隆信會把外國人趕走，於是下了一步險棋：他正式把長崎「讓渡」給耶穌會，只保留收取關稅的權利。大村純忠估計，龍造寺隆信不敢直接攻擊直屬於耶穌會、由葡萄牙人保護的地方。他賭對了，而耶穌會士則發現自己處於絕佳的位置，能夠在日本成為基督教的統治者。此外，他們還得到其他大名的支持，例如有馬晴信就跟葡萄牙人建立防禦同盟，聘用耶穌會顧問，出資興建天主教學校。[7]

不過，從一五四〇年到一六四〇年間，這一段非凡的「基督教世紀」（Christian Century）交流與適應，也受到挑戰。戰國時代的不穩定局面即將落幕：戰國三傑中的第一位——織田信長（一五三四至八二年），準備消滅當時已經成為政治權力中心的各個獨立宗教機構。只是，織田信長當時的頭號目標並非天主教徒，而是強大的佛教寺院與據點。在日本中部，淨土真宗的僧兵穿著僧袍，拿著知名的薙刀作戰，率領平民組成的軍隊，挑戰著武士的軍隊。

織田信長從未到達九州那麼南邊的地方，但他的後繼者豐臣秀吉跟他一樣，對於任何可能挑戰自己權威的「教會領地」都沒有一絲寬容。他目光警戒，看著耶穌會在長崎爭取到數以萬計的信徒。一五八七年，豐臣秀吉突然頒布命令，禁止天主教信仰與傳教；耶穌會士固然措手不及，但這種看似突如其來的做法，其實有其歷史理路。來自澳門的商人承載了中國對日貿易，而耶穌會士在過程中，憑藉著信仰與軍火，化身為日本戰國大名之間的權力掮客。

隨著權力再度集中於中央，中央自然無法接受大名與外來的葡萄牙人結盟。對於重新統一日本的幕府政權來說，日本南部的天主教世界就是個威脅，而南蠻可以用來自澳門或馬尼拉的重裝戰艦派部隊登陸，也很危險。國內數十萬信奉「邪法」的逆民更是要命。豐臣秀吉有意讓世人知道自己容忍的限度。[8]

壬辰戰爭的遺物

日本全國統一，這件事本身也意味著葡萄牙貿易不再那麼重要。中央集權的日本武家政權會自行跟中國和全亞洲打交道。這個「打交道」不只是商業，還有海軍征服——此時的豐臣秀吉把目光轉向朝鮮。西元九一八年起，高麗王朝主宰了西方人稱之為「朝鮮」的東亞半島。十三世紀以來，朝鮮跟中國一樣在因應蒙古人的入侵，但同時也發展出高雅的佛教文化，以木活字印刷的大量佛教經典聞名於世。

高麗採用中國的科舉制度，儒學也成為官方的價值觀。阿拉伯商人將天文學、數學與農業技術引入高麗。一三九二年，朝鮮王朝掌權，在漢城建立新都，興建雄偉的城牆保護城內的行政機構。朝鮮人進一步發展儒家教育，社會階級更行縝密。他們成立學校，提倡孝道，並確立官秩。

一四四六年，朝鮮世宗召集一批學者，創造了獨特的韓語字母——諺文，只是朝中主政的派系反對全面推廣諺文。此時的朝鮮不只有壯觀的高塔與樓閣，生產的青瓷也演變為白瓷，而這兩者不僅評價甚高，受歡迎的程度也不下於中國瓷器。氣象學與實用科學蓬勃發展。高度發展的農業，為擁有封地的特權階級創造了巨大的財富。[9]

豐臣秀吉對這一切知之甚詳。一五九二年至一五九八年間，他的軍隊乘船對亞洲大陸發動第一波進攻，入侵朝鮮半島。日軍兵力超過十萬，志在取代明中國對朝鮮地區的影響力，將戰利品分給武家。

朝鮮與中國聯軍節節敗退，但決定性的戰役卻發生在海上。豐臣秀吉的部隊在陸戰成就斐然，卻不斷被天才海軍提督李舜臣擊敗。李舜臣用兵優雅，誘敵深入，切斷日軍補給線。朝鮮海軍還投入了知名的「龜船」——這種裝甲運兵船運用長釘與火砲，摧毀了仰賴近身肉搏的日軍船隻。於是，日軍撤退了。

這場入侵朝鮮的戰事，史稱壬辰戰爭，中間曾有一段短暫的「和平」或停火期。壬辰戰爭期間的日本，是個軍國主義的擴張型國家，與僅僅上一代的「孤立型」日本大相逕庭。對於大太平洋地區來說，壬辰戰爭之所以重要，有一部分就跟這種態度的轉變有關：豐臣秀吉未能稱霸東亞及其海洋，反而在日本於鄰國之間留下仇恨的記憶。豐臣秀吉的死，讓原本箭在弦上的入侵計畫就此打住，而日本幕府則退回海岸線之後，鞏固自己在日本群島的力量。

值得一提的是，也有些人把壬辰戰爭稱為陶瓷戰爭（Pottery Wars）。這場戰爭留下了各種深遠的影響，其中之一正是有一整批工匠被迫在日本發展出新的陶瓷藝術，後來不僅在歐洲催出需求、得到研究，甚至是模仿。戰爭期間，日軍為朝鮮各地帶來破壞、饑荒與暴行，而在入侵部隊從朝鮮城鎮南原撤退時，帶走了十幾二十個工匠家族的陶匠與瓷工。

這些朝鮮人被迫飄洋過海，在日本九州以外國戰俘的身分落腳。他們試著在九州重建瓷窯與技藝。最後，朝鮮人獲准建立「朝鮮城」，在城內興建朝鮮式的房屋與祠堂，遙祭遠在大海另一端的祖先。男子穿著朝鮮笠與長衣，身為陶瓷匠的他們製作茶碗，以內斂而聞名，深受日本茶道宗師的喜愛。

李參平是其中名聲最響亮的朝鮮陶匠，他找到富含高嶺土的黏土，燒製出品質絕佳絕美的瓷器。他的窯場生產深受日本人喜愛的鈷藍搪瓷，連VOC海上帝國也對這種瓷器讚譽有加。荷蘭船隻將瓷器從伊萬里港裝船，把瓷器送往全球各地，透過杯盤將朝鮮人的戰爭、流亡與藝術史和世界聯繫起來。歐洲各地的貴族公館，漸漸把昂貴的亞洲瓷器（大部分來自朝鮮或日本）稱為精瓷。[10]

幕府的野心

在近代早期亞太地區，挑戰與交流的舞台並非只在朝鮮。豐臣秀吉的幕府對西屬葡萄牙也有所警惕。日本的政局再度和基督教的發展規畫彼此糾纏。一位名叫原田喜右衛門的商人接受葡萄牙耶穌會士施洗，成為天主教徒。葡萄牙人跟西班牙人是死敵，如今改名「法蘭田」（Faranda）的原田運用自己在幕府內的關係，盡力引起豐臣秀吉的興趣，前去掌握富庶的馬尼拉亞洲—美洲貿易。

法蘭田以外派大使身分，帶著豐臣秀吉的國書給菲律賓總督戈梅斯．佩雷斯．馬里尼亞斯（Gómez Pérez das Mariñas），以入侵威脅要挾，要求入貢與發言權。總督於是派船載道明會與方濟會西班牙修士來到日本。他們就和約進行磋商，一方面作為緩兵之計，一方面盡可能傳教、散播西班牙人的影響力。總督也趁機思索，面對勢不可擋的日軍打擊，要如何防守脆弱的馬尼拉。一年之前，就有一封致西班牙印度議會（Spanish Council of the Indies）的信提到：「相較於其他鄰國，菲律賓島群這裡的人更害怕勇猛非常的日本人。」[11]

日本與菲律賓就移民政策與貿易磋商時，傳教士也試圖在海的彼端爭取好感。但在一五九六年，一艘從馬尼拉出航、載有方濟會傳教士的西班牙大帆船在日本觸礁，情勢因此變得嚴峻。豐臣秀吉的手下打劫了船貨，而西班牙人當中一位不明智的成員為了對幕府施壓，居然誇口說等到教士讓大半個日本改信之後，偉大的西班牙國王將隨之入侵。

幕府於是下令在長崎將二十六名基督徒（包括幾名葡萄牙籍耶穌會士）折磨至死，行刑的地點在今日已經成了紀念館。馬尼拉總督後來派出另一個使團，設法透過自己的貿易夥伴，弄來一頭暹羅大象做禮物，希望能與日本重修舊好。日本之所以沒有入侵菲律賓，有西班牙人積極外交操作的因素在內，但多半還是因為日本在豐臣秀吉朝鮮外海戰事不利的緣故。不過，自信的日本島還是在太平洋的另一個地方實現了計畫。一六〇九年，琉球王國落入日本支配，而後併入日本，成為「沖繩」。

六世紀與七世紀的漢語史料中，已經提到在數天航程之外的海上，會有煙霧之氣從某地冒出。這幾座島稱為琉球，島上有許多洞穴，人們用柵欄作為防禦，而宮室則用獸紋裝飾。琉球與中國朝廷之間的朝貢貿易已有千年歷史，其中的物品包括硫磺、馬匹、中國瓷器與絲綢。到了十六世紀，琉球商人更是載運蔗糖、番薯與熱帶水果，往來於中國、朝鮮、日本、爪哇、越南海岸與馬六甲之間。中國風的城樓隨著歷代王朝的統治興建起來，瓦頂大殿居中，城牆圍繞。[12]

琉球商人在日本戰國時代特別活躍，為日本南方島嶼的大名提供所需，在日本與朝鮮之間的海域載運船貨。簡言之，琉球人對日語、日本宮廷禮儀已經很熟悉了。

但是，貿易、利潤與文化共享的同盟關係，即將轉變為政治上的支配。德川家康是繼織田信長與豐臣秀吉之後的戰國第三傑。琉球人就像葡萄牙商人與耶穌會士，恐怕沒有意識到日本政治權力一旦鞏固，自己的地位與價值就會急轉直下。德川家康新建立的中央政府要求大小附庸入貢，而他也和先前對外征服的豐臣秀吉一樣，願意動用武力。琉球王國並未受到日本群島的戰亂波及，反而未能理解正在發生的轉變。

一六〇九年，一支三千人的部隊從日本鹿兒島啟航。數世紀以來，琉球一直是個重要轉口港，得到東亞與東南亞商人的共同利益作為屏障。他們沒有什麼能力抵抗大規模的入侵。琉球尚寧王不願流血，選擇投降，人也被帶走。接下來將近三個世紀，琉球都在日本薩摩藩手中。某些形式獲准保留下來（例如做為中國朝貢國的地位），讓日本得以利用琉球群島，作為與整個東亞貿易的中介。

一八七九年，琉球王國遭到併吞，政府實質滅亡，成為日本的沖繩縣。日本的教育與制度，將國族認同套在琉球居民身上。不過，至今仍有部分沖繩人力抗日本認同，根據琉球古老的文化遺產，提倡琉球文化與獨立。

荷蘭人在長崎出島

海事挑戰、征服與合作的循環，在十七世紀初尤其複雜，當時的貿易與政治甚至把新一批「南蠻」帶到了日本。面對老對手——荷蘭人的侵門踏戶，天主教的葡萄牙人與西班牙人確實有理由抱持敵意。一六〇〇年，英格蘭航海家威廉・亞當斯（William Adams）和第一艘荷蘭船隻「慈愛」號（*Liefde*）漂流到日本。荷蘭人為耶穌會與方濟會之間的競爭增添了新教的維度，不過將軍發現荷蘭人對傳教與信仰並無興趣之後，反而對他們起了好奇心。VOC的興趣幾乎只有貿易，等於為幕府提供反制天主教徒的有效手段，可以發展獲益甚豐的商業交易，卻沒有危險的改宗、信徒，自然也沒有效忠新宗教引發的問題。位於長崎平戶島的荷蘭商館迅速形成與葡萄牙人、西班牙人相抗衡的勢力。

與此同時，豐臣秀吉治下掀起的反基督教浪潮，也在他的後繼者德川家康統治時達到最高峰。一六一四年，幕府開始正式禁止基督教，驅逐眾多傳教士，迫使基督教崇拜轉入地下。暗中聚會、隱藏祈禱書、加密訊息，以及櫥櫃中用聖體餅的符號、元素做標誌的密室，都是當時的特色。不出幾年，刑求與處死基督徒便成為常態。一些歐洲人與大約兩千名日本基督徒殉難，為了逼迫信徒放棄信仰，遭遇毆打、火刑、頭上腳下倒掛的人更是數百倍於此。[13]

一六三三年至一六三九年間，日本頒布了數道詔書，進入未來幾個世紀人盡皆知的鎖國狀態。當局不只下令外國人離開日本，假如有日本人試圖從海外返國，或是試圖離開日本，等著他的就是死刑。長崎有好幾代的時間都是耶穌會士的領地，也是日本南部的天主教重鎮，以聖週遊行（Easter procession）等基督教儀禮聞名。如今，長崎由將軍控制，幕府下令舉辦公開的神道教活動，與城內的諏訪神社結合，這就是宮日祭的由來——一六三四年首度舉辦，是當地商人、農民、貿易商根據德川家的「日本」規矩，慶祝豐收的節慶。

如今在幕府的關注之下，中國人與荷蘭人等仍屬必要的貿易夥伴，但角色是「客人」，是「旁觀者」。其實，鎖國的重點不再於禁絕對外貿易，而是重新安排貿易活動。荷蘭人被推往外海，集中於幕府在長崎港堆出來的人工小島——出島。此事發生在日本基督教勢力對幕府最後一次的大規模抵抗，也就是島原之亂後。

年僅十五歲的少年基督徒天草四郎，成為數萬熱血戰士的首領，對抗將軍的權威。天草四郎本是武家後人，據說他小時候就熟讀儒家經典，而基督教傳統中又有預言救世主將以孩童之身降世。天草四郎的故事充滿各式奇蹟，而他也四處宣揚人人平等、人性尊嚴的哲學。村民口耳相傳曾經有鴿子在他的手掌中下蛋，孵出來是一小幅耶穌基督像，以及一小卷的《聖經》。在今天的島原，有他的雕像設立於此，俯瞰著追隨者曾經聚集的山丘與田野。

來自島原與鄰近天草群島的農民和浪人，迫切需要一名領袖。他們在一六三七年十二月起事，反抗封建重稅、饑荒，以及許多日本基督徒所受的迫害。兩萬名叛軍集結趕赴戰場，擊敗地方大名的武家軍隊，並且在城鎮中放火。德川幕府按照先前對付佛教徒的無情政策，召集十萬人的部隊攻打叛軍的根據地——原城。

幕府尋求反天主教的盟友，要求荷蘭人協助。平戶貿易站長尼可拉斯·科克巴克（Nicolas Koekebakker）欣然從命，用自己船上的二十門艦砲砲打原城。砲擊造成的效果其實不大，但將軍注意到荷蘭人願意攻擊其他基督徒，而幕府的武士部隊則包圍、屠殺叛軍。天草四郎和叛軍同死。此時歐洲人已經見逐於日本土地，信奉新教的荷蘭人成了唯一的例外，獲准繼續與日本貿易。[14]

不過，貿易的內容受到嚴格控制。外國人必須住在小小的出島上，出島的形狀就像將軍的扇子，顯然象徵日本當局對於稱霸太平洋其他地方的南蠻有著絕對的權力。日本對外面的世界關上大門之後，荷蘭人在這個小小的聚落——九州島中之長崎港，長崎港中之出島——又待了兩百五十年。

荷蘭人是日本人下筆作畫時偏好的題材之一，他們的衣服、舉止、公司雇員、大鼻子和紅頭髮往往引來人們的好奇心。畫中，我們總能看到荷蘭人飲酒、狂歡與參加舞會的樣貌。一名VOC代表曾在日記上提到：「長崎行政長官和其他官員底下的學者與職員想滿足好奇心，都會跑來看我長什麼模樣。」此外，畫作裡還可以發現到高瘦的外國人，身處在令人強烈感受到世界彼此交疊的空間——鋪著疊蓆、以襖障子為門的松木房間，卻擺了椅子、木頭長沙發與撞球檯。

荷蘭人人數雖少，卻至關重要，因為出島成了日本鎖國時期最重要的「門戶」，不只吸引貿易商和鄉民看客，還有想交流思想、獲得新知的學者。「蘭學」透過出島傳播開來，尤其是歐洲的地理學、航海科學與製圖學，不過數學、天文學、植物學、醫學與水文學也有所發展。荷蘭商業代表寫道：「行政長官跟我要一支伸縮望遠鏡自用，還有一部海圖……他還問我潛水鐘的原理，以及能否從巴達維亞弄來。」植物、動物、語言、血液循環理論與天體運行等新研究，都吸引日本學者的注意。

財產登記、人員清冊與圖畫，勾勒出了幾世紀的日常生活，充分顯示在這個小小的全球交流世界中所蘊含的文化魅力，以及柴米油鹽的無趣。有些消息緊跟著宗教鬥爭而來：「不分男女老幼，城裡的日本人都得參與儀式，踐踏羅馬天主教與葡萄牙人信仰的聖像。」還有一些是透過贈禮展現的文化交流，「我們代表公司……致贈八朔橘給長崎當局……秤重過的樟腦與打包好的絲袍要運回祖國，而我個人則得到酒與魚乾作為禮物。」[15]

迷你的出島世界體現出十七世紀的世局變化。日本天主教帝國的年代就此消逝。葡萄牙人撤回澳門基地，西班牙人退回馬尼拉。日本對中國的貿易依然要經過長崎，而琉球已成殖民地。即便有朝鮮社群在日本生根，但中國的朝貢國朝鮮依舊看不起日本。強大的荷蘭人從日本白銀中獲益甚多，但在整個東亞世界仍然微不足道。

南日本的海洋祭典就是在紀念這些歷史。來到長崎，舞團和他們上漆的船型山車沿著色彩繽紛的行進路線，穿過整座城市。這裡有天主教教堂，有基督教殉道者的紀念碑，有哥拉巴園（Glover mansion），不遠處甚至還有重建後的荷蘭村兼主題樂園——豪斯登堡（Huis Ten Bosch）。九州海邊正對著海峽的平戶，如今是個祥和的城下町。這裡曾經和長崎一樣是個口岸城市，在十六與十七世紀時因對葡萄牙、荷蘭與不列顛貿易而繁榮興盛。

不過，這裡也是惡名昭彰、令人避之唯恐不及的日本海盜——「倭寇」的大本營。鄰近島嶼的祭典，會出現「唐人船」與「倭船」形狀的水燈。這些船隻代表在亞洲海域其他的串謀與鬥爭歷史，傳說中正是因為有海盜，才讓葡萄牙人與荷蘭人在亞洲海域成為調停者，獲得一席之地。也就是說，他們之所以能在亞洲站穩腳跟，其實是海盜參與打造太平洋世界帶來的直接影響。

第8章　打家劫舍的東亞海盜
Pirates and raiders of the Eastern seas

從十六世紀的卷軸與繪畫中，可以看到他們要來了。搶匪、殺人犯、綁匪、勒索者組成海上幫派，在中國沿海威嚇村民，偷小兒、搶婦女。透過文獻，我們得知數以百計的犯罪團體乘坐一大批小舟前來襲擊，襲擊沿岸聚落，燒殺擄掠。倉庫遭劫，農民被殺，墳墓被掘。受害者遭到刑求、水燙、殘割，甚至為人取樂。地方政府的部隊力不能及，紛紛逃竄；官署遭到賊人洗劫、焚毀，而大小艦艇則淪入賊人手中。

這些打家劫舍的人，人稱「海賊」或「倭寇」。他們本身自成社會，以鬆散的封建規矩與領導方式維繫，占領中央與地方政府勢力所不能及的沿岸聚落。有些海賊在小島上建立難攻不落的哨站，像個地方領主那樣統治；不過，大部分海賊則是在海灣周邊活動，或是在沙洲構成的迷魂陣裡，不受任何政治勢力掌控。他們原本出身日本沿岸地區，名義上從屬於某些魯莽的大名，以朝鮮和中國商人為獵物。但從歷史角度而言，他們其實並不屬於單一的國家。中國海盜逐漸統合原先占據主導地位的日本氏族，以來自東亞與東南亞各地的人作為船員，這也是可能的情況。

經過幾代人時間，到了十九世紀初，一名英格蘭船長在婆羅洲造訪一位拉者，此時海盜乘坐突擊用的拼板舟逆流而上，「一艘接著一艘，懸掛旗幟與橫幅，發射砲彈和滑膛槍……這些伊拉倫人（Iranuns）

體格很好，倨傲而寡言，似乎只要合於自己的目標，他們完全可以準備好與人為有或是為敵」。船長注意到，他們是惡名昭彰的奴隸商人，往來於船隻之間：「他們從每一艘船上拉走預定的人數，只要滿額，他們就會離開這處海岸，前往下一處，將俘虜以最高的利潤出清。」[1]

這位船長描述的海盜是婆羅洲海盜，但蘇祿海、馬六甲海峽，甚至中國與日本沿海的情況也相去不遠。從數世紀的史料可以看出，海盜行徑是海洋王國與民族的特色，甚至形塑了這些群體的習俗與行動方針。無論是曾經導致中國皇帝實施海禁、切斷對日貿易的「倭寇」，還是伊拉倫人、摩鹿加人（Malukus）等活動於局部水域者，海盜總是伴隨著數個世代的傳說而來，為村落與家族帶來恐懼，他們殘忍且無法無天。

法外之徒的挑戰

鄭和辭世之後，寶船艦隊告終，中國也撤回海巡船隻，從而為走私販、犯罪集團、陷入赤貧的漁業聚落，開闢出以強索與暴力維生的空間。由於難以重振聲威，大明皇帝轉而進一步緊縮，禁止臣民出海貿易，一五四七年後尤其不可前往日本。

大名鼎鼎的倭寇，其實只是亞洲海岸線能見度最高、人們最不想遇到的掠奪者之一。正是因為這些海盜，中國才會跟「歐夷」海權國家結盟，由他們去與海盜打交道。十六與十七世紀時，迫切想鞏固對中貿易的荷蘭人與葡萄牙人，努力想制服這些國際「惡棍」——他們有時候是準備打家劫舍的海上軍隊，有時候又是海洋經濟體邊緣黑市的小團體。

海陸形勢會影響海盜的處境，他們可能在海岸線與近岸島嶼上發展，或是淺海水道，以及有隱密洞穴為掩護的海灣。根據過往經驗，中國已經意識到幾個相鄰而重疊的水世界：近海、南中國海，以及南洋。歷史上的南洋，包括構成越南、柬埔寨、泰國（暹羅）、蘇門答臘、西爪哇與部分婆羅洲海岸界線的外海島嶼和珊瑚礁。越南的東京（Tonkin）與安南就有許多淡水與鹹水的河口三角洲，當地村民們和中國的夥伴或競爭對手貿易、較勁。在近岸貿易的平底船載運木材、木炭，以及屋瓦、食用油、稻米、雞、豬、鴨，還有從棉到絲綢的各色布料，停靠當地的港口。有時候，這類船隻也會載著在海岸線南北各地開創新生活的乘客。

貿易口岸常常也是海盜基地。生活困境是最主要的因素。無論是因為饑荒、瘟疫或戰爭，凡是發生嚴重災難，難民和亡命之徒就會在水濱產生密切交流。只要哪個地方作物歉收，或是暴力頻仍，難民就會被迫離開山區或河谷，到海邊討生活，群集於海岸線上貨真價實的水上村。地方居民與遊走四方的水手團體相遇。一旦連大海都無法養活人，一些從事採集、漁獵的人就會轉行做海盜。海盜通常都是小幫派，有人負責做工、划槳，甚至連失去財產的商人也在其列。其中許多人早已跟賭博、嫖妓或走私沾上邊，希望能靠著自己對海岸線與藏身處的知識創造收入。

最有野心的人成了海盜頭子，他們通常也有關係緊密的親族網絡與志同道合的友人。一七九五年的史料裡有一位名叫「阿陽」的人，親戚把襲擊海船、強占船貨的事情當成趣談跟他說，使他從而對海盜行徑有所了解。後來，阿陽加入海盜團，還從城裡呼朋引伴加入，開始專門襲擊糧船。[2]

在日本，許多海盜是以「海賊」——近海劫掠者的型態起家，形成有組織的海上集團，與稱霸日本戰國時代的海盜相去不遠。失去領主或財產之後，許多人轉而從事非法活動。其中最有名的海賊甚至根本不是日本人。譬如，汪直是十六世紀的中國海盜兼商人，也是令人聞風喪膽的倭寇領袖。一五四〇年代與五〇年代，他組織武裝艦隊，保護自己利潤甚豐的貿易船網絡。他跟當時許多海盜一樣，本身就是一股政治與軍事力量，但只要符合商業利益，他也會跟官軍合作。一五五一年之後，中國的海禁禁止他的活動，於是他轉而攻打地方的防禦工事與財庫，襲擊、掠奪糧倉與偏遠哨站，迫使百姓逃離家園。

接下來幾年，汪直的海盜船隊愈來愈大膽，設立兵營，興建防禦工事與基地，從根據地對南京在內的長江三角洲城市發動攻擊。根據估計，這類基地中的海盜多達數千人。中國當局於是改由生長在沿海地區、了解沿海的將領來對付海盜，例如俞大猷。俞大猷從農民中徵兵，配合職業軍人，攻擊近海島嶼的倭寇，將沿海地區化為戰區，焚毀船隻，不停追捕海盜。

另一方面，有些海盜領袖迫於官府壓力，加上想尋求風險比較低的目標，於是襲擊亞太地區的其他地方。根據菲律賓林加延（Lingayen）艾斯坦薩區（Barrio Estanza）的當地傳說，二十世紀時，有一名佃農在鑿井時挖到了一個瓷瓶，裡頭裝滿「金子和中國古錢」。人人都說，這寶藏來自傳說中的林阿鳳在數個世紀前建立的聚落。[3]

林阿鳳是海盜中的傳奇，這位海上軍閥是帝制中國知名的法外之徒，後來甚至成為殖民者，政治實力足以與地方王侯抗衡。今人用他的名字，為馬尼拉灣附近的一條運河命名，據說這水道是十六世紀時，由他的華人、馬來海盜艦隊開鑿的。他的部隊（部分由一名日本前武士指揮）試圖在菲律賓群島推翻西班牙人，建立殖民地。根據鄉里野談，林阿鳳的父親是明朝的忠臣，但他卻跟明朝決裂，選擇流亡海外，試圖建立自己的國家（有點像馬六甲的拜里迷蘇剌的故事）。

林阿鳳帶著超過三千人與數百艘船隻的部隊，於一五七三年離開中國，航向南方，又偷又搶，甚至在某座島上建立基地，以掌控西班牙人的海運財富。眾所周知，香料群島財富與中國的漆器和絲綢，透過馬尼拉和阿卡普爾科之間的貿易交流橫越太平洋，送達墨西哥的新西班牙副王手中。因此，林阿鳳把目標對準了菲律賓。

西班牙人取代了馬尼拉一帶的拉者蘇萊曼之後，試圖把長期把持經濟的華人生意人與貿易商逼走。一方面有新的商業限制，一方面法律強迫他們效忠西班牙，華人自然憤怒難耐，大小衝突接連爆發。

一五七四年，林阿鳳用六十多艘中式戰艦包圍馬尼拉，西班牙當局則宣稱他跟當地貿易社群串謀。

然而，西班牙守軍擊退了來犯的海盜，林阿鳳一行被迫撤退。他們仍留在菲律賓，或者打劫，或者引發小規模衝突，並且在艾斯坦薩區建立防禦工事和基地，甚至挖了那條今天以他之名命名的運河，作為通往大海的逃生通道。西班牙人跟華人在馬尼拉關係保持緊張。有人說林阿鳳被捕，也有人說他渡海離開，不知所終。

鄭氏家族的傳奇

海盜不盡然會跟亞洲或歐洲國家拔刀相向，也有跟帝國合作的例子——王室或貿易公司手下就有海盜，用來打擊競爭對手。隨著海上貿易擴大，海盜行為的能見度與衝擊隨之倍增，連統治者自己都會在島群、海峽與航路上雇用海盜。

幾個兵家必爭之地，包括其實「不屬於」中國的中國沿岸海域與島嶼。台灣島——西班牙與葡萄牙占領者稱之為福爾摩沙——位居最中心，來自中國、日本和歐洲的走私者、海盜與貿易商紛紛經過這個惡名昭彰的地方，足跡彼此重疊。

由於古代南島語族就是從台灣東部與南部向外移動，使得這座島向來居於太平洋歷史的關鍵位置。台灣原住民是亞洲和大洋洲世界之間的橋梁，傳遞了語言與文化。我們對於台灣南島語族原住民的認識，來自後來的漢語、荷語史料。一六二三年，明儒陳第提到一個「性好勇喜鬥」的勇猛民族；婦女為主要的耕種者，刀耕火種，而男子則住在特別的房舍中，以長矛與陷阱潛近獵鹿，不斷訓練打獵與作戰技巧。荷蘭史料也提到島上的戰士文化、戰技練習，還有男子居所掛著「許多敵人的頭顱」的景象。[4]

一六二四年，荷蘭人開始在島上建立防禦工事與貿易據點，引來原住民部落的攻擊，擔心外來闖入者改變權力平衡，進而造成政治上的改變。整個一六三〇年代，荷蘭東印度公司不斷與村落領袖磋商貿易協定與和約，以物易物，同時以木材和竹子興建熱蘭遮城（Fort Zeelandia）。與此同時，中國烏魚漁民則在沿岸設置季節性的營地，設置漁網，並交易鹿肉和鹿皮。

明朝中斷對日貿易，加速了各方出現在台灣的步伐。由於不得直接通商，位置良好的台灣因此成為從原住民處取得高價商品的地方，同時是日本商人跟中國小販的離岸轉口港。不難想見，台灣周邊海域與中國沿海吸引的不只是海上商業利益，還有走私販與海盜。

鄭芝龍就是這樣的例子——在台灣周邊水域，無論是中國人還是荷蘭人，都會受到他的騷擾。漢語史料用一種幾近於英雄演義的口吻，講述鄭芝龍如何在原本由顏思齊與李旦領導的傳奇海盜勢力中，爬上領袖的位置。據說顏思齊本來是個小裁縫，後來和「深山猴」李福、「鐵骨」張弘等色彩鮮明的人物結義，共同領導一群法外之徒。顏思齊的福建同鄉李旦則是一位不留情的商人，在菲律賓與日本都名聲響亮，坐擁財富，後來更是成為偷渡鹿皮、鹿肉的走私大盤商。這幾位傑出的策謀家要求荷蘭人出船出力，幫忙他們襲擊中國商人的戎克船。荷蘭東印度公司樂於幫忙。實際上，無論是中國還是荷蘭商人，為了捍衛自己的利益不受對方侵犯，雙方都會向這幾位結拜兄弟贈禮，提供保護，他們也因此得利。[5]

其他海盜也採取這種提供保護、收取保護費的做法。中國漁民習慣把自己一部分的漁獲交出去，作為在鄰近水域的安全保障。為了確立自己的權威，荷蘭官員開始積極在台灣海峽巡邏，並為合法貿易提供許可證。但至此時，那群義結金蘭的海盜兼貿易商們已經太過強大。等到鄭芝龍掌權後，雙方的競爭也逐漸白熱化。

鄭芝龍年輕有為，據說相貌相當英俊。他到澳門打天下，學到了歐洲人的做事方法，也受了洗，後來成為荷蘭東印度公司的通譯。但他同時也祕密加入了顏思齊的海盜集團。一六二五年後，他成為集團首領，利用自己跟荷蘭人的關係，獲得對方委託襲擊中國船隻，從中為自己的行動提供資金。鄭芝龍攻擊商人與官軍，避免搶奪村子，打造「劫富濟貧」的俠盜形象；他在許多地方很得人心，數以千計的人投入他的麾下。中國官員這時找上荷蘭競爭者，希望聯手對付鄭芝龍，但想不到有效的策略來對付這個狡猾海盜。

由於無法擊敗鄭芝龍，明朝轉而在一六二八年招安他，命他為「游擊將軍」，掃蕩中國沿海海盜。這可稱了他的意——於是他按部就班，毀滅其他海盜競爭者。荷蘭人則是選擇與鄭芝龍簽訂合約，以固定的白銀價格，由他包辦絲綢等貿易商品，從中獲利。鄭芝龍的勢力因此不斷發展，尤其是在台灣的根據地附近。截至一六三七年，他的商船與戰船艦隊已經粉碎了所有競爭者；從中國沿岸往北到日本，往南到馬六甲海峽，都有他的生意。東亞與東南亞海域的貿易商會尋求他的支援，給付他保護費。此時的鄭芝龍已經不是區區的亡命之徒，他掌控著一面無遠弗屆的海洋網絡，興建奢華的堡壘，並對台灣的荷蘭人發起挑戰，為漢人殖民地提供資金，與荷蘭人競爭。[6]

鄭芝龍死後，其子鄭成功（西方人稱他為「國姓爺」）繼承了這面網絡。國姓爺是亞洲海洋的又一號人物，他出生於貿易口岸平戶，母親是日本人。有其父必有其子，他一方面挑戰荷蘭東印度公司的權威，一方面攻擊中國的統治者。一六四四年，明朝末代皇帝在北方被關外滿洲的敵對勢力推翻。滿洲統治者征服中國，宣布建立新朝代——大清。

有些忠於明朝的漢人絕不接受滿清統治。一六六二年，國姓爺進攻台灣的荷蘭殖民地，迫使總督讓出熱蘭遮城。但與此同時，他也透過占領台灣之舉，挑戰大陸的清帝國，揭櫫反清復明旗號，並且在接下來數年不斷騷擾、襲擊清朝當局。

國姓爺和出身於多重世界中的眾多太平洋人物一樣，留下了一筆複雜的帳。在中國，人們因為他把荷蘭人從台灣趕走，讓台灣島成為「中國」領土，而尊他為民族偉人。在日本，他則因為一半的日裔血緣為人所知，而台灣的支持者則強調他的軍事行動，作為古代台灣獨立與自治的證明。如此看來，「海盜」可是形塑世界、形塑歷史的人。

時代下的產物

有些海盜確實是了不起的人物，其中最知名的一位就數鄭一嫂。鄭一嫂堪稱是首屈一指的女性海盜領袖。她有許多稱呼，像是「鄭氏」。鄭一嫂來自廣東沿海村落與平底船構成的世界，位居社會邊緣的蜑民靠海吃海，以海上貿易與走私維生。本是妓女、與海盜成婚後的她，跟丈夫在十九世紀組織一批海盜，攻擊船隻，擄船員勒贖，並強迫地方聚落支付保護費。

鄭一嫂的丈夫在一八〇七年過世之後，她就成了這個海盜聯盟的頭子。她改嫁丈夫的義子，兩人共同指揮一支所向披靡的海盜艦隊。她最出名的成就，或許是制定嚴格的規矩，確保每一個參與劫掠的海盜能獲得一定的戰利品，並嚴加懲罰叛逃與偷竊的成員。此外，她還下令虐待俘虜者死，將違抗自己規矩的男男女女處以砍頭或溺死。[7]

她以一絲不苟的組織與源源不絕的幹勁為人所知，興建倉庫存放物資、給養與出海襲擊所需的武器，並殘酷刑求、殺害反對者。中國水師火力不及

惡棍與受害者：海盜對亞洲與歐洲造成挑戰。（Credit: Julian Oliver Davidson, *Chinese Pirates Attacking a Trader*, 1876, Corbis/Bettman.）

她，據說官兵寧可自殺，也不願被她俘虜，甚至連一位水師提督也是。鄭一嫂跟當年的鄭芝龍不同，她並不打算攏絡民心。哪個村子抵抗就將之夷平，男人殺頭，女人與小孩則淪為奴隸，或是用來勒索贖金。

鄭一嫂總能制敵機先，不會坐等官府集結武力來鎮壓自己。等到中國跟歐洲海軍結盟，帶來嚴重的威脅時，她也當機立斷，在一八一〇年接受招安，協商自己的無罪赦免。上千名海盜眼見生計就此告終，也只能放下武器。有人因為罪刑而受審，但許多人保有搶來的財物，甚至加入水師，指揮海防巡邏艦艇。

鄭一嫂接受招安之後，依舊手握財富與權勢，只是不再是官府的敵人。文獻提到，她改行從事走私跟開設賭場，於一八四四年安詳離世。人生的最後，她返回離海咫尺之遙的廣東故鄉。蜑民的邊緣生活與海盜的殘酷野心塑造了她的人生，讓她成為當時最激動人心、為人恐懼、受人謾罵的海盜。

不過，大名鼎鼎的太平洋海盜們，不見得都是帝制中國的眼中釘。海盜生活在紅樹林水域和有港灣拱衛的小島上，除了經常攻擊地方聚落，也會襲擊往返於巴達維亞、馬尼拉與馬六甲之間的西班牙與葡萄牙商船。譬如有份文獻就提到，「一七九二年，一支由十三艘八櫓船與三艘小船組成的海盜艦隊，出現在普提（Puti）地區的拉圖查雅（Ratu Jaya），搶走百姓剛收成的稻米，放火燒了整個區域，還綁架三名女子與一名男子」。[8]

居民生活在驚懼之中。亞哥人（Jagos）在印尼群島各地受人崇拜，也為人所畏懼。他們是一群法外之徒，以打劫、恐嚇與突襲聞名，但他們的靈性或神祕權威卻又有著強大的吸引力，據說讓不少追隨者加入。馬都拉島（Madura）的傳說強人圖魯納查雅（Trunajaya）也是這種傳統的一環，甚至可以回溯到馬來的羅越人，以及蘇拉威西群島的海洋民族。他們為了利益而劫掠，也會為當地蘇丹效力。

這些海盜出了名的組織嚴密，給養充分，不僅會維護、保養倉庫和軍火，甚至會興建哨站。道明會神父方濟各·甘扎（Francisco Gainza）在一八四〇年代的民答那峨南部寫道，伊拉倫社群是個由兇猛、武器精良的罪犯組成的鬆散同盟，他們興建木柵，「透過不斷地搶和偷」，維持他們「好戰的精神」，

「以海盜行徑擄人為奴，既能增添權勢，又能有人為自己幹活」。[9]

這種行動不盡然都是海盜行徑，有時反而是經過區域統治者批准的武裝私掠。荷蘭東印度公司與柔佛蘇丹馬穆（Mahmud）之間的武裝對立，就是這種情況。蘇丹馬穆從自己的領土廖內（Riau）發展貿易。巴達維亞與馬六甲的荷蘭人身為壟斷主義者，一旦其他口岸發展出能與之競爭的貿易網絡，自然會讓他們備感威脅。更有甚者，荷蘭人指責蘇丹允許這些口岸窩藏武吉士人，襲擊荷蘭船隻。

一七八四年，荷蘭人發動海軍征服這個地區，但三年之後蘇丹便與伊拉倫人結盟，以戰艦驅逐歐洲人。萬丹商人朱拉安烏里（Juragan Urip）甚至目擊另外三百多名馬來、華人與武吉士人海盜來到當地，掠奪沿岸聚落，集結起來干擾荷蘭的船運。

無論是否出於有意，創造出這些衝突情境的，其實就是新帝國的重商思維。歐洲人跟海盜之間的戰鬥，一方面是對於新的殖民財富進行戰略爭奪，另一方面則是為了失去的生計而拚搏。建立新加坡的湯瑪斯・史丹福・萊佛士（Thomas Stamford Raffles）說得好：「重商的海洋民族一下子被人奪去所有正當的就業機會，或是體面的營生方式，結果不是淪落到懶散無為，就是把自己與生俱來的精力消耗在海盜行徑之上，靠武力，靠搶奪，奪回曾經因為政策與欺騙而喪失的一切。」[10]

海盜的歷史——充滿色彩鮮明的人物——是十八世紀全球政治經濟現象。對於投機的村民和不起眼的罪犯來說，「海盜」意味著被迫排除在傳統的生活方式之外，以及身為「法外之徒」的新身分；制定法律的，則是帝國勢力。西班牙當局用「鼠輩」來稱呼那些違抗西班牙貿易獨占的襲擊者。對巴達維亞的荷蘭人來說，海盜的存在意味著來往船隻要支付額外的關稅，作為反海盜部隊與巡邏艦艇的經費。海巡船隊說不定有注意到，海盜與販奴網絡會隨著全球貿易而擴大。當茶葉日益受到歡迎，對糖的需求自然與日俱增，因此就需要更多奴隸在種植園中工作，而奴隸的供應則有賴於愈來愈活躍於蘇祿海與民答那峨地區的伊拉倫海盜。

土匪與海盜散播暴力與恐懼，這一點罪證確鑿。島群與沿岸地區代代相傳的悲劇故事與口述傳統，也記錄著人們看見不明船隻與船帆時引發的恐懼。但是，光是指責這些野蠻行徑，其實只算理解了部分的故事而已。海盜行為是一種有彈性的惡，會隨著海巡與軍事挑戰而改變，會追求有利可圖的生意，也會挑戰闖入局部海域的帝國。海盜會結盟，與政府談條件，一旦不法行徑因為對手太過強大或利潤衰退而無利可圖，他們也會改行。

太平洋的海盜也不盡然來自亞洲水域，不盡然來自沿海村落與紅樹林三角洲。事實上，來到太平洋的彼端瓜分美洲海灘與海岸線、開始挑戰荷蘭人與西班牙人的，其實還是歐洲人自己，尤其是英格蘭等日益強大的海權國家的私掠海盜。

第9章　亞洲、美洲與加雷翁大帆船時代

Asia, America, and the age of the galleons

一五七九年十一月三日，一艘船隻在西里伯斯海域北部錫奧島（Siau）外海的拼板舟漁民領航下，來到香料群島中的特爾納特島下錨。這艘船的船長，是同輩中名氣最響亮的海盜，不久前才從南美洲海岸出發，橫渡了太平洋。中國海盜林阿鳳幾年前才從史料中銷聲匿跡。不過，現在這位海盜可是從世界的另一邊來的，是一位盎格魯—薩克遜海盜：法蘭西斯．德雷克（Francis Drake）。德雷克在特爾納特會見了蘇丹巴布（蘇丹本人不久前才成功驅逐葡萄牙人），兩人彼此分享故事，並買賣香料。

德雷克繞開了附近的蒂多雷島，畢竟島上的西班牙駐軍一下子就能認出自己。德雷克的到來代表一股出現在太平洋的新勢力，他並非橫渡印度洋而來，而是取道麥哲倫海峽，渡過太平洋。荷蘭人與不列顛人都是這股新勢力的成員，他們不只是為了探索而來，更是肩負特定的目的：劫掠強大的西班牙王室，捕獲傳說中滿載財寶的西班牙加雷翁大帆船。

一五七七年，德雷克從英格蘭普利茅斯（Plymouth）啟航，率領包含旗艦「鵜鶘」號（*Pelican*）在內的小艦隊出發。艦隊用了兩個多星期通過麥哲倫海峽；進入太平洋之後，德雷克開始攻擊沿岸的西班牙聚落，奪取船貨，甚至威脅智利的瓦爾帕來索（Valparaiso）等人口中心。由於搶走的財寶與得到的贖金之豐富，他甚至把旗艦改名為「黃金雌鹿」號（*Golden Hird*），同時也因此引來西班牙戰艦的怒火。

西班牙人等著他沿南美洲海岸返回大西洋，但他反而把船往西方的開闊洋面駛去，橫渡太平洋，在東印度群島補給。

德雷克的職業生涯和他的昭彰惡名，始終跟最初驅使他進入太平洋的目標密不可分——掠奪伊比利人的船貨。德雷克與後來掠奪加雷翁船「聖安納」號（*Santa Ana*）的湯瑪斯・卡文迪許（Thomas Cavendish）一樣，他們是少數幾名被西班牙人視為海盜、恨之入骨的船長，但他們其實是在歐洲王室的首肯下，以私掠者的身分，攻擊並占有競爭對手的財富。到了十八世紀晚期，這一類的攻擊則改由王家海軍指揮官全權代表王室直接進行。

加雷翁船的財富

西班牙加雷翁船是種令人垂涎三尺的獵物，船上的財寶和謠言所說的一樣多。針對聖安納號，卡文迪許記錄自己驚人的征服成果：「總計有一百二十二萬披索的金幣，其餘財寶還包括絲綢、緞子、大馬士革布，以及滑膛槍等各種商品。」加雷翁船出航之後，過程中必須一帆風順，順利賣掉船貨，各個殖民聚落才有發展可言。整個全球經濟就建立在亞洲商品與西班牙銀圓的東西流通之上。更有甚者，加雷翁船本身就是一個個跨洋文化、交易、遷徙與奴役的移動世界。沒有加雷翁船，人們就無從在南北美洲、關島等島嶼，或是「東方明珠」菲律賓等地建立新聚落。[1]

從一五六五年到一八一五年，加雷翁船以每年兩次到三次的頻率，在武裝護衛艦的護航下周航於太平洋，長達好幾個世代。它們是近代早期海洋世界的巨獸，船上有三或四根船桅，載運數千噸的船貨，規模是鄭和寶船艦隊以來所僅見。

米格爾・洛佩茲・黎牙實比正式殖民菲律賓之後，加雷翁船貿易幾乎是立即展開。一五六五年，安德烈斯・烏達內塔從菲律賓群島返航時，將艦隊分為幾股，尋找返回美洲最適合的風，而後在北方遇見了他知名的「回轉風」。整個十八世紀，加雷翁船與其他從馬尼拉啟航的船隻，仍然乘著這些風橫渡整個太平洋，航向北美洲，只不過跟輪廓不明且以濃霧、暗流和船難著名的加利福尼亞海岸保持距離。

日子久了，人們便在前往墨西哥阿卡普爾科的中途，例如蒙特雷（Monterey）等地點設立補給站。關於當時的船隻，我們有許多知識來自於海洋考古發掘成果——田野隊伍除了在下加利福尼亞海灘發掘出中國瓷器，也追蹤菲律賓蜂蠟蠟燭在南北美洲為人使用的地點。歷史學家試圖將遺址、文物和船貨遺失的紀錄相互對照。目前已知有四十多艘加雷翁船失蹤或遇難，世世代代的尋寶家為此魂牽夢縈。

人盡皆知，加雷翁船不只載運瓷器與蜂蠟，還有來自亞洲的象牙、漆器與絲綢。作為交換，西班牙人支付墨西哥與祕魯出產的貴金屬；負責開採礦脈的人，則是受到奴役的印第安人。有些船貨穿越陸地，從太平洋運往墨西哥灣，再從當地裝船，橫渡加勒比海返回西班牙。馬尼拉和阿卡普爾科之間開展的貿易路線勾勒出加雷翁船的活動範圍，但這種貿易在國際間之所以重要，則是因為歐洲與美洲透過貿易，跟財寶的真正源頭——中國——聯繫在一起。加雷翁貿易絕不只是拉丁美洲史上色彩繽紛的海洋篇章，而是十六世紀起全球經濟的核心——以太平洋為重心，以中國商品和西班牙白銀的循環為後盾。[2]

然而，加雷翁貿易帶來的衝擊絕不僅止於帶來財寶，更乘載了航海家與文化，牽涉到造船匠、貿易商、行政長官、生意人與供應商，以及自由身的勞工和非自願的奴隸。整個經濟體以加雷翁船為中心打造而成。兩個半世紀以來，西班牙人使用菲律賓的邦阿西楠（Pangasinan）、奧拜（Albay）、民都洛（Mindoro）、馬林杜克（Marinduque）與怡朗（Iloilo）出產的船殼、板材與桅杆。西班牙人將數以千計的男子（他們稱為卡加煙人〔cagayan〕）組織起來，從事辛苦而危險的伐木工作，將沉重的木材拖往造船廠。菲律賓人面對勞役與嚴酷的生活條件，但據說他們對自己打造的精良船隻，從從防水硬木到砲彈皆自豪不已。

有些菲律賓人則渡過太平洋，來到貿易航路的另一端，在墨西哥成為頗富聲譽的造船名匠。譬如，加斯帕・莫里納（Gaspar Molina）遷居錫納羅亞（Sinaloa）沿岸，娶了當地婦女，並獲得墨西哥城的新西班牙副王委任，替耶穌會在下加利福尼亞打造船隻。這艘名叫「洛雷托聖母」號（*Nuestra Señora de Loreto*）的船在一七六〇年下水。當局對莫里納的成果非常滿意，在四年後又委託他打造第二艘船。

幾世紀的時間裡，菲律賓地區的大船都要送交馬尼拉的集團。一七五〇年的馬尼拉是個人口稠密的都市中心，透過各行各業的勞動者——自己開店的裁縫、理髮師、皮革匠與木工——與周邊行政區相連。造船工人、引水人與金屬匠在此一展長才，印刷工人則印製文件與插圖。呂宋島地方行政區的村民群聚到馬尼拉近郊，維薩亞斯群島的商人帶來島上的物產。許多人其實是從村子裡逃出來，逃避上繳與強制的教會服事、聽講與告解，前往殖民地公部門、造船廠打零工，或是擔任粗工。

他們在貧民窟周邊打轉，與附有馬廄與馬車的西班牙風石造建築擦身而過，隱身在大宅院與主教座堂的陰影下。馬尼拉城牆有稜堡與城門守護，砲口對準內陸與大海。做工的人是菲律賓外地人、華人與麥士蒂索人。西班牙人在官僚機構中為了頭銜與薪水而工作，其中有許多人把目光投向加雷翁貿易，視為致富之道。[3]

進入貿易旺季後，除了中式平底船、馬來商船之外，還有加雷翁船也都帶著船貨來到馬尼拉，等著大發利市。代理商會出售船上空間與貨物的股份，像是印度與錫蘭的寶石、蘇門達臘的胡椒、摩鹿甲的丁香、中亞與地中海的地毯與大馬士革布，以及一定會有的中國絲綢和瓷器。罪犯、西班牙婦女、修士、官員、職員、民伕，甚至連土匪與海盜抓來的奴隸，都願意甘冒風險，往返於太平洋的兩端。

儘管加雷翁船帶著財富與威望的光環，但實際乘坐的感受絕對比不上豪華郵輪。「聖三一」號（*Santisima Trinidad*）一七五五年航程的傷亡紀錄，堪稱典型。船期需時數月，而這一回不分平民或是貴族都得受苦。聖三一號在七月離開馬尼拉，到了隔年的頭幾個月居然還沒靠岸。一名西班牙前行政長官在船上過世，兩名女子生了孩子，幾個人自殺，還有兩百多人生了病，沒有食物，還「全身發癢難耐」。

這些加雷翁船緩緩穿過菲律賓各島之間，穿過美洲的大浪與海港。它們也會經過太平洋的密克羅尼西亞世界。一代又一代，船隻的航線就這麼徹底改變了大洋、島嶼與大洲各地的文化。過程中的交流，尤其是與馬里亞納群島和關島的互動，讓我們得以深入了解十六、十七與十八世紀的島嶼生活。

關島是麥哲倫在太平洋第一個登陸的地方。今天的關島有著多重的歷史面貌，從當地的古代遺跡、美國軍事基地與美式購物中心、日本與西班牙古物、高爾夫球道、海灘、潛水用品店，以及釣具賣場，就可以看出這點。考古證據顯示，早期的關島居民查莫羅人（Chamorros）為母系社會，群聚於面海的村落中。[4] 查莫羅人的傳統權威，跟「先民」（Taotaomo'na）祖靈信仰，以及對其他植物、岩石、水體等自然神靈的崇拜密不可分。一六六八年，這種祖靈崇拜在耶穌會傳教士迪耶戈·路易斯·聖比托雷斯（Diego Luis de San Vitores）神父來到關島、建立殖民聚落時受到挑戰。聖比托雷斯的傳教活動一開始發展得不錯。酋長科普哈（Kepuha）不僅表示歡迎、為傳教站提供土地，甚至接受洗禮。西班牙人就此在馬里亞納群島為設立靠泊港打下基礎。

但是，當地人對於拋棄查莫羅文化傳統的做法，以及西班牙人強加的措施益發不滿。衝突節節上升。有一回，一名為製作十字架而撿拾木材的男孩被殺，西班牙士兵於是展開報復。查莫羅領袖馬加拉希·呼拉歐（Magalahi Hurao）在一名人稱「華人丘哥」（Choco Sangley）的漢傳佛教僧人幫助下，率領上千名支持者對抗西班牙人。小規模衝突持續一年以上，島上各酋長彼此征戰殺伐、重新組隊、折衝樽俎。[5]

一六七二年四月，聖比托雷斯神父與一名來自菲律賓的助手被酋長馬塔帕岸（Mata'pang）殺害——這全是因為馬塔帕岸的孩子在未經自己允許下受了洗。聖比托雷斯的死引來激烈報復，一整個世代的戰爭毀了馬里亞納的傳教事業。西班牙軍隊強行把查莫羅人分為孤立的五個村落，實施強制日禱制度，並且在士兵協助下由教士加以監控。北馬里亞納群島的大多數查莫羅人被迫遷居關島。

當地人為了信仰與傳統，抵抗了好幾個世代。由於馬里亞納與加羅林群島之間的舷外浮架拼板舟航行愈來愈少，加上島民因為戰禍、人口減少與文化侵蝕而離散，大洋航行的文化技藝隨之消亡。島民將古老的查莫羅文化與天文知識繪製在稱為「星空洞穴」（Star Caves）的自然或人工洞穴中，留待遙遠的未來能有人發現。[6]

流動的人群

傳統、知識與大洋航行的故事，這些全被西班牙人和加雷翁船給吞沒了。不過，載著貨物往返美洲的船員與乘客留下來的，卻不只是單純的西班牙遺緒，而是一系列遍布太平洋各地、獨特的移民與跨文化社群。船員當中也許每五人就有一人是菲律賓人，不少船隻甚至有半數船員都來自菲律賓。除了西班牙水手以外，墨西哥與葡萄牙水手也很常見；有些船隻甚至雇用華人或日本人等東亞水手。

最早橫渡太平洋，前往新大陸的亞洲人顯然是菲律賓人。經常被概括歸類為「華人」（Chinos）的他們，從十六世紀起便隨著加雷翁船航海。一五六五年，「聖保祿」號（*San Pablo*）上有宿霧船員；葡萄牙領航員佩德羅．烏納姆諾（Pedro de Unamuno），則是提到一五八七年在加利福尼亞莫羅貝（Morro Bay）一次登陸偵查時，菲律賓船員「持盾牌與長槍」與來襲的印第安人作戰，西裔與菲裔船員都有傷亡。不過，也有遇難船員得到當地印第安人援助的例子。印第安人幫忙打造木筏，提供補給，還跟這些陌生人做生意。[7]

我們對於加州印第安文化的認識，是從考古遺跡與對於歐隆尼（Ohlone）、柯斯塔儂（Costanoan）、埃瑟倫（Esselen）與薩利南（Salinan）等現存社群的民族學研究重建出來的。他們的祖先很可能西伯利亞的獵人，在一萬多年前跨越了半冰封的白令海峽，有如上一次最大冰河期時，東南亞居民由巽他遷徙至莎湖的過程。他們採集、逐獵，一路往南，開枝散葉，發展出數以百計的地方文化和語言。

生活在沿岸地區的群體，在加州北部與中部發現豐饒的土地，建立自己的社區。許多群體以打獵用的黑曜岩箭鏃著稱，他們以雲杉木與松木構造打造住居，內部掛著用柳枝與繩編的儲物籃。他們將橡實磨粉後過篩去除酸苦味，以橡實糊與糕點為主食。漁業是沖積平原與濱海地帶日常生活的關鍵。幾個社會在沿海與港灣周邊札根，以造型優雅的拼板舟聞名。

西班牙航海家試探性地接觸當地人，之後繼續航行；他們將在十八世紀帶著軍隊回到這裡，建立海軍基地以保護貿易，提供補給，展開殖民。教會的傳教體系隨之而來，從北到南，先後在加利福尼亞海岸建起木造、土坯磚造，以及石砌的教堂。

傳教站在方濟會領袖胡尼佩羅．瑟勒拉（Junipero Serra）等人主持下，成為天主教體系的前哨，透過禮拜堂、洗禮等常見聖事向當地居民傳教，並發展農牧業，由印第安勞工照顧。在此時的加利福尼亞，西班牙勢力發光發熱，傳道士四處奔走，奉聖父之名勸聚落改信，在頂上安著十字架的華麗祭壇前時時祈禱。但對於眾多印第安聚落來說，此時也是個不安定的時代——有些印第安人與入侵者刀兵相向，有些因為疾病與剝削而倒下，有些則順應時勢，適應這個新的殖民世界。8

自從雙方在美洲西岸南北初次接觸以來，混合性的殖民社會便開始發展，而在太平洋航線周航的西班牙船隻與船員則在其間穿針引線。往南走，史家經常在墨西哥的文化借取中，辨識出馬尼拉的痕跡。一般人把發酵椰子飲料「清爽圖巴」（*tuba fresca*）的由來追溯到加雷翁船「聖靈」號（*Espiritu Santo*）的船員身上；他們在一六一八年棄船，把自己的知識傳遞給當地人。此外，檸檬汁醃生魚與炙烤貝類等料理手法，據說也是隨著芒果、扇椰子樹（*palmera*）與紅毛丹〔由植物學家胡安．古埃利亞（Juan de Cuéllar）引進〕，從菲律賓傳入墨西哥的。

想從個人的生命歷程追溯菲律賓的歷史，可是個艱鉅任務，畢竟「菲律賓人」這樣的稱呼，直到十九世紀末才變得普及。大多數的文字與口說傳統，使用的多是「華人」或是「馬尼拉人」等不盡精確的用詞。家族史學者雖然經常在墨西哥沿岸社群與村落（例如位於熱帶的科猶卡艾斯皮納利利歐〔Coyuca, Espinalillo〕）追尋文化遺產，卻也不得不承認「經過不同族群之間的通婚，族群身分早已消彌無形。墨西哥的種族融合堪稱大雜燴——只要看看今天的墨西哥人，結論就出來了」。[9]

不過，研究人員在回溯的過程中，卻也不時找到共同的姓氏，以及祖父母的祖父母從菲律賓渡海來到墨西哥的故事。據估計，數世紀間有上萬名菲律賓人乘坐加雷翁船渡海，大多數是菲律賓本地工人，少部分則是以西班牙—菲律賓混血的商人與官員。

跨太平洋的流動是雙向的流動。馬尼拉的語言學家發現，在菲律賓他加祿語中，有許多詞彙源於墨西哥的納瓦特人（Nahuatl），例如「酪梨」、「輕木」、「巧克力」與「人心果」（zapote）。有些歷

西班牙與印第安世界：胡尼佩羅．瑟勒拉在加州蒙特雷主持彌撒。（Credit: Leon Trousett (1838–1917), *Father Serra Celebrates Mass at Monterey*, 1876, California Historical Society Collections at the Autry/The Bridgeman Art Library.）

史學家主張，西班牙帝國位於墨西哥的領土其實沒那麼西班牙，反而比較墨西哥。馬尼拉征服者黎牙實比本身來自北西班牙，但他從美洲啟航前往菲律賓的時候，早已在墨西哥生活數十年。他的孫子胡安・薩謝多（Juan de Salcedo，曾經跟海盜林阿鳳交手過）則是在墨西哥城出生、長大的西班牙人。十七世紀下半葉，菲律賓宿霧與班乃（Panay）一帶的殖民者、徵召兵與僕役，有一部分是歐裔西班牙人，但大部分則是克里奧爾人（creoles）、麥士蒂索人，以及某些史料提到的阿茲提克印第安人。

加雷翁貿易發展過程中，人稱「駐外津貼」（situado）的菲律賓財政援助體系也隨之成形。馬尼拉必須支應軍隊薪餉，為文職與官員提供津貼，挹注醫院、寡婦撫卹與其他行政支出。他們在菲律賓群島徵收愈來愈多的實物與稅金，但永遠都不夠用。

菲律賓終究得仰賴墨西哥的財政，才能持續運作，而這也讓一些歷史學家主張菲律賓在法律上屬於西班牙，但實際上則是墨西哥總督的殖民地。一五六六年，一封來自塞維亞的信就提到，殖民地人把加雷翁航線視為揚名立萬的途徑：「墨西哥人對自己的發現極為自豪，甚至讓他們以為自己是世界的中心。」[10]

然而，來自墨西哥城的稅收、歲入與款項畢竟撐不起整個馬尼拉。馬尼拉的獲利仍有賴加雷翁貿易的成功。阿卡普爾科是加雷翁船從亞洲出發後的最終目的地，是一座受到內灣保護、擁有深水錨地的大港口。許多航海家認為，阿卡普爾科有半島與群山拱衛，堪稱是北美洲沿岸首屈一指的良港。在加雷翁船時代，阿卡普爾科與聖布拉斯（San Blas）這類的港口，可是船隻維修的主角。來自菲律賓的男女技術工人在此製帆，造船，做木工。

不過，阿卡普爾科這類型的港口雖然有利於海上貿易，卻絕非以宜居著稱的殖民聚落：西班牙官員口中的阿卡普爾科，是個「炎熱、枯槁的地方」，舉目所見都是烈日灼燒下的荒蕪。當地始終只有數千名印第安人、麥士蒂索人、華人與菲律賓人，在酷熱下勉強溫飽。十六世紀初造訪這裡的人，想必會看到一片由泥巴、稻草和木頭搭成的密集建築，加上一間女修道院和一間教區教堂。僅只如此。阿卡普爾科與一座貧困的漁村相去無幾，僅有的重要性就是作為西班牙世界與中國的中繼站。

只不過，這樣的關係實在太重要了。以墨西哥為例，西班牙帝國總督轄區的首都不能沒有加雷翁船供應的商品；帆船貿易的銷售所得與稅收，為總督帶來歲入。亞洲棉布與絲綢不僅是日常衣物的主要材質，也同時主宰了富裕人家的品味與文化地位。貨物在阿卡普爾科卸下之後，改以陸路運送至墨西哥灣沿岸。來到十八世紀的韋拉克魯斯（Veracruz），只要看看阿拉梅達（Alameda）在午後的車水馬龍，數以千計的馬車沿著路喀喀答答，就能見識到奢侈品貿易的全盛時期——據說，街上「擠滿了時髦紳士、淑女與一般市民，是看人，也是給人看；是恭維人，也是等著人恭維」。專賣店展示著人人夢寐以求的中國瓷器與布疋。加雷翁貿易商品雖然受到市政當局嚴加管制，但公權力卻受到走私販子的大力挑戰——他們靠賄賂打通關係，威脅到當局的控制力。[11]

有錢有文化的商人：往返馬尼拉與阿卡普爾科的加雷翁船，將商品帶來墨西哥的市場。（Credit: Robert McGinnis, *Spanish Traders in Acapulco, Mexico*, 1990, National Geographic Image Collection/The Bridgeman Art Library.）

奴隸也是船貨的一部分。加雷翁船載來民答那峨、印尼與印度洋地區數以千計的奴隸。一部分的奴隸補充了因為傳染病與虐待而大減的墨西哥印第安工人。許多奴隸則是在新西班牙官員要求下，運來當地擔任家務幫傭。其中一位搭乘加雷翁船而來的女子，將在連結馬尼拉與阿卡普爾科的環航世界中聲名大噪。普埃布拉（Puebla）的耶穌會教堂（Church of Compania）牆壁上，嵌了一塊墓碑：聖胡安的加大利納（Catarina de San Juan）在此長眠。

加大利納是天主教聖人，她的故事有真有假，既特殊又尋常。史家說，她的本名為米莉妮雅（Mirnha），是印度西部的公主，有蒙古血統，祖上為了躲避突厥人入侵而逃往印度。她的家族在印度沿海落腳，正好是葡萄牙奴隸販子猖獗之地。根據民間故事所說，米莉妮雅外表出眾，有著烏黑的頭髮與眼眸。她和兄弟在海灘上散步時遭到襲擊，賣為奴隸，輾轉從柯枝（Cochin）流落到馬尼拉。於是，她成了又一個跨洋之人，餘生被捲入連結全球的太平洋航路。

一六二〇年，米莉妮雅搭上加雷翁船，以奴隸的身分前往墨西哥，抵達阿卡普爾科，而後在普埃布拉成為米格爾．索薩（Miguel de Sosa）船長和妻子瑪格麗塔．查維茲（Margarita de Chavez）的財產。人在墨西哥的米莉妮雅非常顯眼，大家都認得她的長辮子與五顏六色的刺繡衣服。一開始，城裡人都把她當成華人，稱她是普埃布拉的華人女子（*China Poblana*）；但在這個深受加雷翁貿易衝擊的世界中，她的外表也不再異國，而是和其他女子一樣穿著連身裙、披肩，把頭髮往後梳攏。人們印象中，年輕的墨西哥女子以時尚、藝術、文化薰陶而聞名；經由橫渡太平洋的航程，印度奴隸成了她們的先聲。

但是，米莉妮雅的影響力並不限於她的外表。她在墨西哥受洗，以加大利納為教名，隨後接受天主教教育。儘管身為家內僕人，主人待她仍如家中成員，並把她嫁給名叫多明我．蘇亞雷斯（Domingo Suarez）的華人奴隸。然而，她拒絕與丈夫同居。加大利納進了女修院，逐漸成了眾人眼中的虔誠聖人，吸引歷代史家的注意力。許多學者強調她與生俱來的高貴氣質，讚賞她擁抱天主教，展現何謂謙遜，舉手投足都是美德。[12]

崇拜者更是提到她所行的神蹟、她在夜裡打擊邪靈，以及她對於全球政局的強大靈視力。無論是否有意為之，她受人崇拜的原因不只關乎信仰，也是因為她為帝國所做的奮鬥。一六七八年，據說她和聖母瑪利亞一同拯救深陷暴風雨中的西班牙艦隊，並且為對抗法軍的部隊注入精神力。不出所料，她的禱告幫助了西班牙指揮官打擊英格蘭與法國海盜。此外，還有人說她曾在滿是彗星的夜空中旅行，前往中國、日本與菲律賓。太平洋世界形塑了她的人生，也入了她的夢。

對於西班牙統治者來說，加大利納的靈視不只帶來寬慰，也帶來鼓勵。但太平洋地區的帝國爭霸對於當年領著她、從亞洲來到美洲的加雷翁貿易而言，其實是終結的前兆。

加雷翁時代的謝幕

全球海權在十八世紀發生幾次重大的轉變，不列顛更在七年戰爭（Seven Years' War）期間（一七五六至六三年）占領馬尼拉兩年之久。此舉旨在確保不列顛人主宰戰略貿易路線，同時保護在印度的殖民地。此外，占領馬尼拉也是聯合行動的一環，既是為了智取法國，也是為了打破長久以來其他國家對於太平洋區域貿易和土地的獨占。對不列顛來說，想要興旺，就必須終結西班牙內海。十七世紀法學家雨果·格勞秀斯（Hugo Grotius）提出知名的「海洋自由論」（*liberum mare*），說明海洋是自由的、開放的——這樣的理論意味著全球貿易，意味著人人都可以順著以往對印度洋與南中國海的界定方式，競相前往太平洋。[13]

一七六二年，不列顛從馬德拉斯派兵占領馬尼拉，馬尼拉城陷落，加雷翁貿易中斷，商品遭到劫掠。西班牙行政長官此時才開始意識到，把經濟建築在加雷翁貿易的成功上，是一件多麼脆弱的事。加雷翁商船的獨占走到盡頭。一七八五年，皇家菲律賓公司（Royal Philippine Company）獲得特許，直接投資菸草、咖啡、糖與胡椒，試圖跟其他歐洲國家在全球市場競爭，並且不那麼仰賴亞洲對外的奢侈品貿易。

但是，資金來自國家經濟的眾多部門，而美國與不列顛的貿易公司在十九世紀時已經開始主宰菲律賓經濟。許多公司把焦點放在經濟作物上，而這些作物是富裕的華裔麥士蒂索家族雇用佃農種植出來的。這些地方望族構成高雅的社會集團，遣子弟到馬尼拉與世界各地接受西班牙式與歐式教育。

這些望族子弟清楚自己出身優渥，卻也注意到自己身為殖民地人民的低下地位。他們受到自由思想影響，開始積極爭取更多法律權利，要與西班牙人平起平坐，並提倡政教分立。荷西・黎剎（José Rizal）這類博學的年輕人，後來有一些形成所謂的「開明派」（*Illustrados*）——他們形塑的不是東印度人或華人認同，而是菲律賓人認同。

等到菲律賓獨立的激情在十九世紀晚期迸發時，加雷翁貿易早就絕跡了。深遠的經濟與政治動盪將拉丁美洲塑造成形時，加雷翁貿易也隨之終止。一八〇二年，阿卡普爾科貿易開始衰落，三艘加雷翁船載著賣不掉的貨物返回馬尼拉，這可是此前幾代人所無法想像的損失。歐洲與美國資本打進墨西哥市場，加上皇家菲律賓公司成立，共同促成伊比利半島與東南亞之間的直航，斬斷了加雷翁船長期把持的壟斷優勢。[14]

近代拉丁美洲的革命變局，在加雷翁船上投下了一道甩不開的陰影，加速了帆船貿易的消亡。一八一〇年，墨西哥從野戰、圍城戰與貿易中斷的背景中獨立。過程中，幾座港口甚至封閉，以防止加雷翁船靠岸。其中有一艘「聖卡洛斯」號（*San Carlos*）就因此變更航線前往聖布拉斯，以蒙受巨大損失的代價卸貨；與此同時，馬尼拉當局在對於墨西哥現況只有零碎消息的情狂下，就將「麥哲倫」號（*Magallanes*）派往大洋彼端的阿卡普爾科，結果導致麥哲倫號在港中被扣四年，成為最後幾艘完成航程的加雷翁船。

整個環太平洋地區都處於政治動盪。一八一九年，來自阿根廷的南美洲冒險家與法國人伊波利多・布沙爾（Hyppolite Bouchard，他指揮一艘戰艦，沿著美洲海岸巡邏）招募的菲律賓船員聯手進攻加利福尼亞蒙特雷。布沙爾後來在跨太平洋的中途站——火奴魯魯（Honolulu，又譯檀香山），與夏威夷王卡美哈梅哈（Kamehameha）就「聖薔薇」號（*Santa Rosa*）進行磋商：卡美哈梅哈扣住了這艘船，當作對檀木船貨損失的補償。[15]

馬尼拉不斷派船（有時是護衛艦）前往阿卡普爾科，但軍事衝突擾亂了整個地區，貿易與獲利一落千丈。一八二一年，阿卡普爾科城終於宣布解放。到了一八二五年，最後幾艘船走完了馬尼拉與阿卡普爾科之間的珍貴航線——大名鼎鼎的加雷翁貿易，數世紀以來用人命與財寶勾勒出歐洲太平洋世界的加雷翁貿易，終於走到盡頭，徒餘被海浪沖上大洋沿岸的碎片，成為考古學家的寶物。

第10章 玻里尼西亞航海家與他們的樂園

Navigators of Polynesia and paradise

西班牙加雷翁船和隨之而來的海盜與競爭者，從馬尼拉橫渡太平洋到阿卡普爾科，時間長達兩個半世紀。不過，這個西班牙海上運輸大迴圈雖然成就驚人，但未能成就的部分也很值得注意。麥哲倫從南美洲到關島途中沒有登陸任何地方，而後順著風向與相同航線航行的加雷翁船也一樣，因此他們從來沒有看到位於中太平洋的夏威夷。航行於西班牙內海的航海家們，只有經過距離夏威夷以北或以南數百英里的地方。有人推測，胡安・蓋坦（Juan Gaytan）的加雷翁船隊曾經在一五四二年時停靠於夏威夷群島，但缺乏決定性的證據能夠證明此事。[1]

夏威夷人在沒有與歐洲人接觸的情況下，從玻里尼西亞先祖的航海文化遺產中汲取養分，發展出豐富而複雜的文化與政治組織。整個群島由若干小王國主宰，每一個王國都是由一名統治者在幾個重臣的輔佐下實施統治。位階在他們之下的是酋長「阿里伊」（*ali'i*），而他們的力量多寡，取決於其祖先的譜系，以及個人的嗎那靈力。另一方面，知名的祭司「卡胡納」（*kahuna*）則精通傳統藝術、建築與醫藥。

捕魚、耕作、製作樹皮布等大多數的勞動由平民進行。他們以提供食物、衣物等方式繳稅，並且受到神聖的「卡普」（*kapu*）戒律體系所約束；這套體系規定出正確的行為方式，與夏威夷人的精神宇宙相呼應，夏威夷人據此建構出社會。平民絕不能讓自己的影子碰觸到地位尊貴的酋長。特定的食物、習慣，以及島上的部分地點僅限於少數神聖之人，其他人則不准接觸。靈性滲透日常生活的每一個角落，無論是打造拼板舟，還是在泥濘的芋頭田裡耕作，無一不包。夏威夷人以水果、鮮花為供品，禮拜石廟中的諸神，而這些石廟的遺跡，便足以見證上古諸神的餘威。

來到遙遠的南太平洋，古代移民也在新幾內亞的河流發展出眾多文化，以及有別於歐洲的交換網絡。從西太平洋各地的考古發掘，可以看出早期的遷徙者經由當時尚存的海路與陸路，從東南亞移居此地，並發展出西谷米收成與貝類採集等沿岸與森林文化。南島移民後來加入巴布亞人的行列，大洋洲民族便順著今人所說的巴布亞紐幾內亞而開枝散葉。

歐洲人探索太平洋的時候，很早就看到了這座島。一五二六至二七年，喬治・梅內吉斯閣下（Don Jorge de Meneses）根據馬來語中形容美拉尼西亞人髮質的詞彙，將其中最大的島命名為「巴布亞」。「新幾內亞」則是西班牙航海家伊尼格・歐勒提斯・雷特斯（Íñigo Ortiz de Retes）後來在一五四五年冠上的，因為他覺得當地人與非洲大陸幾內亞海岸的人相當神似。[2]

幾個世代的歐洲航海家持續通過這個區域的水域，探索海岸地帶，但詳盡的知識仍少得可憐。華人與望加錫商人航行於島群的西半部；十七世紀時，VOC的荷蘭船長則曾設法安排，在歐寧島（Onin Island，由蒂多雷蘇丹統治）取得巴布亞奴隸與能夠製成香料的厚殼桂樹皮。整體而言，西方航海家記錄了海岸線與貿易站的位置，但將近四個世紀中，卻沒有人深入探索龐大的塞皮克河流域，也不知道河畔的居民晚上會睡在蚊帳中。從河口溯河而上，直入茂密的森林，都有氏族在此爆發衝突或進行交易。

高地居民稱為「天民」（Sky People），恩加人（Enga）根據十四代的族譜與傳說，把天民奉為自己的祖先。河谷地的農民翻土種植番薯，從儀式性的獸牙裝飾品上，可以看出他們有養豬與祭祀祖靈的文化；但對於其內容，我們所知不多。[3]

太平洋的眾多世界平行發展了好幾個世代；島民在諸神的殿堂中尋求指引，高地人建立部落組織，而傳統的拼板舟艦隊與歷史悠久的遷徙活動，跟十七世紀的加雷翁船與西班牙內海，跟太平洋環帶也沒有什麼接觸。反過來說，歐洲人對於大洋洲文化與島民所知同樣極為有限。葡萄牙人與荷蘭人依舊在爭奪南海與東印度群島。荷蘭人維持著長崎港出島的對日窗口。葡萄牙人繼續經營澳門，而對中國與印度的貿易則仰賴馬六甲至果阿的航線。此時，法國人與英格蘭人才剛剛闖進亞洲。

打破現狀的陌生人

十六世紀至十八世紀間的太平洋除了延續過往的發展模式持續發展，也出現變化。其中，有幾位象徵性人物很能把握這種時局。其中一組人是知名的威廉·丹皮爾（William Dampier）與「紋身王子」杰歐利（Jeoly the "Painted Prince"）。位於英國倫敦的國家美術館（National Gallery）有一座丹皮爾的肖像，畫中的他被描繪成海盜、探險家與科學家，就像跟法蘭西斯·德雷克一樣，以襲擊西班牙船隻而聞名。不過，丹皮爾本人敘述的海戰與劫掠冒險故事，

重疊的海域：馬來人、巴布亞人與歐洲人在沿岸相遇。（Credit: Niquet, *The Papous Islands: View of the Uranie Moored by the Island of Rawak*, from *Voyage Autour du Monde sur les Corvettes de L'Uranie 1817–20*, published 1825. Private Collection/The Bridgeman Art Library.）

卻帶有自然史與民族學的寬廣眼界。他的故事上承海盜傳奇故事，下啟科技與文化知識的運用，然後才有詹姆斯．庫克船長等航海家帶領不列顛稱霸海洋。

丹皮爾的生涯妙趣橫生。他在一六八〇年代初期襲擊加勒比海、巴拿馬、祕魯與墨西哥的西班牙殖民地，中期則轉往太平洋，攻擊關島與民答那峨周邊的貿易船隻，並在馬尼拉與中國，甚至是澳洲海岸建造港口。此外，他還留下了關於加拉巴戈斯群島的日記（許久之後，查爾斯．達爾文才順著他的腳步，談到當地「各式各樣的樹木、海牛、鬣蜥、陸龜與海龜」），研究氣候概況，以及火山、濱海和疏林草原地形。

丹皮爾在民答那峨初遇杰歐利。杰歐利是出身於米昂阿斯環礁（Miangas atoll）的貴族，和母親在菲律賓遭遇船難。漁民綁架、搶劫了這兩位遇難者，把他們當成奴隸賣給蘇丹。後來，兩人再度出現在印度馬德拉斯的奴隸市場，被一名英格蘭貿易商買下。此時，丹皮爾買下了杰歐利一半的所有權，並且於一六九一年航向倫敦，拿杰歐利去展覽，根據他身上的特殊紋身而稱他為「紋身王子」。

根據文獻記載，杰歐利雖然已非自由身，且正為了母親的早逝而悲痛，但他仍決心返鄉，於是向丹皮爾講述有關富饒的島嶼和女人的傳說，提議航向那些地方。丹皮爾則利用英格蘭人的好奇心，把杰歐利當成現場藝術，展示他的紋身。中世紀的歐洲人認為好奇心是一種不可靠的特質，於信仰相對立，但十七世紀的世界正不斷地擴大，透過海上貿易而來的「舶來品與當地手工藝品」已成為魅力的泉源，人們如今認為「好奇心」跟「追尋實用知識」可以並行不悖。[4]

這些思潮形塑了與「太平洋」的嶄新相遇。丹皮爾半是文藝復興時代的海盜，半是英格蘭航海家，而身上布滿紋身的杰歐利則扮演戰利品的關鍵角色。杰歐利的世界，是東印度群島的太平洋世界，充滿蘇丹、海洋帝國、華人與印度貿易商之間一代代的競爭與合作。不過，杰歐利也是個民族學象徵——包括他在內，一連串身上帶著紋身的訪客走過了太平洋航路，在下一個世紀的歐洲各國首都被人視為原始、未受汙染的自然之典範。

財富、願景與悲劇的洪流，順著香料、加雷翁船與亞洲奴隸貿易，從太平洋流向歐洲與美洲。不過在十八世紀初，只有偶然幾次的交會發生在玻里尼西亞與大洋洲世界。拉帕努伊島的居民就是其中一個例子。拉帕努伊島位於東太平洋，距離最近的陸地也在兩千英里外。對拉帕努伊人來說，如果天際的那一端出現了沒有看過的船帆，想必是個驚人的光景，畢竟當地已經有一千多年沒有外地人造訪了。

古代拉帕努伊人可能是在西元四百至六百年間，從馬克薩斯群島或曼加雷瓦島（Mangareva）遷徙到這裡。他們帶來糧食與動植物。島上有黑曜岩可製成工具，火山口地形讓淡水不致流失。拉帕努伊人建立住居與儀式地點，鑿出稱為「摩艾」的巨石像，成為太平洋地區最知名的考古遺跡，鎮住全世界的目光。

一七二二年，雅各．羅赫芬（Jacob Roggeveen）指揮的船隻與拉帕努伊人相遇了；他目擊這座島的那一天剛好是復活節，於是便將之命名為復活節島。羅赫芬和許多同時代的探險家一樣，任務是尋找南方大陸。拉帕努伊人讓他驚訝不已——他們雖然是游泳健將，但他們擁有的土地卻很荒涼，且他們的拼板舟對越洋來說也太過脆弱。那麼，他們如何來到這麼貧瘠的地方，打造出如此壯觀的雕像？

早期的拉帕努伊世界，想必與羅赫芬遇見的大不相同。針對骨骸、垃圾堆等進行的考古研究，搭配上花粉分析與古生物學探索，佐證了口述傳說中的故事。三萬年前，玻里尼西亞社會初露曙光，尚無人類涉足的拉帕努伊島是一座充滿參天樹木、蕨類與綠草的亞熱帶森林。鳥類在此築巢，海中有大量的哺乳動物。不過，隨著一代代的拉帕努伊人在此定居，人口不斷成長，人們開採樹木製作拼板舟、蓋房子、用作柴火，也用以搬運巨大石像。研究更顯示種子與植被遭到老鼠破壞。海鳥群與小型動物消失了，而沒有樹木之後也就無法打造大型拼板舟。一五〇〇年後的骨塚也顯示當地已無海豚或深海的食物來源。

由於沒有穩定的剩餘物資，玻里尼西亞社會中的複雜政治與宗教組織自然也無法維繫。島民對歐洲訪客說，戰士取代了世襲酋長，而後分裂為互相征戰的氏族。人們拋棄聚落，改為穴居；到了十八世紀，競爭者更是把對手的巨石像拉倒。[5]

羅赫芬的船隊正好在這個關鍵的當口來到這裡，見證一個社會的成長及其巧妙的文化，是如何剝奪了島上的資源，導致政治動盪。早在玻里尼西亞航海家受到冒險心的驅使，並且受到人口成長、資源耗竭與政治挑戰等壓力所迫，揚帆尋找新的島嶼之前，此情此景恐怕已經在不知幾代的時間裡，在大洋洲各地上演過許多次了。復活節島只不過是其中規模較小、情況特別危急的例子。

羅赫芬從中解讀出一段鮮為人知的大洋洲歷史，甚至可以解讀成一段警世寓言。此後的太平洋歷史，還要加上歐洲人自己對島嶼社會轉型過程造成的衝擊，畢竟數個世紀以來各自發展的世界，如今已經走到一起。

新的相遇與新的可能性，在中太平洋以最戲劇化的方式實現。在眾多玻里尼西亞王國，歐洲人的船隻與複雜的國家相遇。這些國家人口正在增長，統治者志向遠大。隨著氏族演變為強大的親族同盟，由類似社會群島（Society Islands）的波馬雷家族（Pomares），或是夏威夷群島的卡梅哈梅哈家族領導，許多國家正站在關鍵的十字路口。區域間或酋長間的競爭、在內部產生的對立，為外人創造出特別的契機，得以進行貿易，買賣奢侈品、武器，以及推銷新型態的精神權威。

以社會群島來說，當地的政治與宗教力量向來密不可分。相較於鄰近的大溪地，背風列島（Leeward Island）中的來亞提亞島（Raiatea）的名氣雖然沒那麼響亮，但這座島卻是宗教與學術重鎮，在玻里尼西亞歷史上扮演要角。男子在島上的學舍中研究族譜與紋章，長老則在此教導天文學與航海。航海家與拓殖者將這種學術文化往西傳向奧特亞羅瓦（紐西蘭），往東傳向拉帕努伊，並往北傳向夏威夷。來亞提亞島上有一座神聖的石平台；根據習俗，玻里尼西亞人在太平洋各地打造的這種平台，其中必然有一塊石頭，是來自此地的原石。

來亞提亞作為學術聖地，也演變成信奉強大、苛刻的戰神——「歐羅」（Oro）——的重鎮。從一六〇〇年前後，歐羅備受尊崇的程度，就體現在最核心的敬拜者身上。他們是島民中的年輕精銳，從小離家，據說他們的導師——「托洪加」（Tohunga）祭司——把超自然的能力傳授給他們。歐羅的這一批「阿利歐伊」（*Arioi*）菁英，是根據長相、體格與精通傳統知識為入選標準，通過祕密儀式加入，以特殊的紋身、儀式與開放的性聞名。[6]

歐羅崇拜具有號召力，引人注目，而且組織嚴密。重要的領導人會跟這個教派建立關係，做為強化自身政治權威的手段。歐羅的影響力就這麼透過說服或蠻力征服傳播開來。有些史家主張，歐羅位居大洋洲島嶼與酋長聯盟的核心，領導人在莊嚴的拼板舟行列中來到塔普塔普阿鐵阿神廟（Taputapuatea）召開政治與宗教集會，用鯊魚、海龜與敵人祭獻。

無論這種聯盟如何發展，最後都隨著不同島嶼的祭司與統治者暴力相向而告終。根據傳統，最後一艘離開這個神聖聚會所的拼板舟，會把該地標示為禁地。幾個世紀之後，來自太平洋各地的島民後代於一九九二年重返來亞提亞，重建自己的精神傳承，最終解除禁忌。[7]

十八世紀時，歐洲的歷史開始與歐羅文化遺產與玻里尼西亞政局同步發展。此時，歐羅崇拜已經成為波馬雷家等家族的權力基礎，這些家族和大溪地、木雷亞（Moorea）與來亞提亞等島嶼透過親屬關係或婚姻而結盟。但歐羅並非唯一的神；敵對的氏族遵奉森林之神「塔尼」（Tane），與其競爭權力。與此同時，在這些為了嗎那與權力而起的競爭中，歐洲來的陌生人找到了插手的空間。

多數的相遇都是以歐洲人的論調為人所知，裡面都是十八世紀探險家的名字：山謬・瓦利斯（Samuel Wallis）與菲利浦・卡特雷特（Philip Carteret）代表英格蘭出航，而拉佩魯茲伯爵尚—富蘭索瓦・戴加洛（Jean-François de Galaup, comte de Lapérouse）與路易・安東・布干維爾（Louis Antoine de Bougainville）則是打著法國王室旗幟，探索大溪地、薩摩亞、新幾內亞與索羅門群島。法國人與不列顛人感興趣的，可不只是「探索」。他們意在繪製地圖，標出貿易與戰略航道，從而獲得商業與海軍優勢，以及重要的政治聲望。不過，這些航海家早期的日記與航海日誌，反而為太平洋島嶼創造出難以磨滅的意象：彷彿樂園與失落的仙境。[8]

來自大溪地的禮物

一七六七年，英格蘭船長山謬．瓦利斯登陸大溪地的過程，成了人們熟悉的典範。瓦利斯的船在濃霧之中抵達馬塔瓦伊灣（Matavai Bay）。霧散去時，瓦利斯驚訝地發現周圍有數百艘小拼板舟，以及八百多名大溪地人揮舞著車前草枝。幾天後，有超過兩千人試圖占領他的船，對船隻投擲大量的石塊。瓦利斯動用英製大砲，打中幾名戰士，摧毀了他們的淺水拼板舟。最後，大溪地人決定接納這些陌生人。

瓦利斯以熱情的筆調，提到當地最高權威掌握在名叫普莉亞（Purea，亦作 Obrera）的女子手中。瓦利斯稱她為女王，但她其實是一名酋長，也是特瓦（Teva）部落領袖的妻子。普莉亞登船用餐，命人為瓦利斯做深層按摩，並且與船醫合作，用草藥精油治療傷患。瓦利斯提到，自己離開的時候，普莉亞似乎極為失落——他往自己臉上貼金，但也不是毫無道理。瓦利斯已經展現了武力與貿易品的力量，而即便他沒有特別強調，當時的普莉亞顯然深陷與競爭者的政治鬥爭中。

幾個月後，換法國人抵達大溪地，而這些不期而遇的登陸，對島上的政治鬥爭帶來相當大的影響。布干維爾在瓦利斯的故事上添磚加瓦，說自己觀察到一種自然而然的永恆——顯然是他自己的發明。大溪地人已經從瓦利斯的造訪中得到經驗，於是沒有跟法國人發生激烈衝突；他們交易豬隻、水果與飲水，島民與船員在船上或村裡款待彼此。船員有些貴重的小東西和工具不見了，但並未造成雙方嚴重的衝突。

布干維爾相信自己發現了「人世間最青春之地」，於是把「太平洋」從亞洲貿易、奴隸與財寶之地，重塑為一塊未經破壞，長滿野薑、樹蕨與熱帶花卉的自然樂園。小小的馬塔瓦伊灣，對歐洲造成巨大的衝擊。布干維爾的故事正好與歐陸文壇正當道的感傷主義傾向一拍即合，並在某種程度上證實了哲學家尚—雅克．盧梭（Jean-Jacques Rousseau）與「高貴野蠻人」觀念受歡迎的程度，更啟發了丹尼．狄德羅（Denis Diderot）等作家寫下關於大溪地生活的想像故事。在那個世界裡，包括個人財產、甚至是愛欲在內的一切，都可以與人分享——連偷竊似乎都是純真的象徵。博物學家康默森（Philibert Commerson）對此津津樂道：「他們唯知愛神。」[9]

瓦利斯開啟了這種敘事：島上的婦女彷彿都很願意跟他的部下自由交合，無論是軍官還是士兵皆然。枯槁的海員渴望著這些豐滿的軀體，但他們卻不知道這些女子扮演的政治角色——有時候是垂涎歐洲武器的酋長與族人派她們來，有時候則是她們自己渴望得到地位與禮物，尤其是鐵器；對島民來說，這是一種未知的科技。船員們為了一親芳澤，把瓦利斯的船「海豚」號（*Dolphin*）部分的鐵釘拔了下來，差點讓船無法航行。

對大溪地人來說，歐洲人的船隻是取得非凡新材料的來源，可以打造工具或武器。對船員來說，大溪地則代表肉體與逸樂。對雙方來說，他們的相遇是資源的交流——自然的資源、工業的資源、實用的資源、豐富的資源。法國的船團也亦步亦趨，學著瓦利斯美化這個世界，把大溪地人的好奇、好客，以及錯綜複雜的氏族爭權鬥爭，解讀成一首愛欲之詩。[10]

這種歐式恬靜意象旋即主導了太平洋的形象，歷久不衰：大量的故事、報導與圖像中，都可以找到這種感官肉欲與殷勤天性的意象。日後，這些意象更是發展成全球旅遊業的主流形象。不過，雙方的第一類接觸，並非只有愛冒險的歐洲人前往遠方世界遊歷，踏上島嶼土地這一種。太平洋民族同樣行遍天下。

說起來，杰歐利與威廉・丹皮爾的搭檔，以及過去被基羅斯帶到祕魯的美拉尼西亞人，只不過是為了滿足歐洲人的好奇心，或是做為可能的奴役對象。實際上，有些與十八世紀歐洲船隻相遇的獨特人物，迅速成為知名的世界旅人。布干維爾揚帆離開大溪地時，帶了大溪地酋長熱情的兄弟與繼子——阿胡托魯（Ahutoru），希望他能扮演通譯的角色。阿胡托魯本人渴望有文化交流的機會，對於陌生白人的世界相當好奇。他以過目不忘的記憶力與文化知識聞名，為法國人提供自然歷史的細節，分辨帶上船的植物是否可以食用。他也提供在背風群島航海的天文知識，並教導法國人基本的大溪地詞彙。

一到法國，阿胡托魯立刻成為名人。他在正確的時間出現，成為盧梭「自然的好」（natural goodness）與「高貴野蠻人」理念的完美化身。阿胡托魯似乎很享受眾人的注目，布干維爾也把他介紹到貴族圈，聲名大噪。阿胡托魯對巴黎深深著迷，樂於到處探索、買東西，享受舞會與聽歌劇。感覺他展現了主人的期望——熱情、好奇，通情達理，對東道主百依百順。其中最有名的就數舒瓦瑟爾公爵夫人（Duchess of Choiseul），兩人透過禮物、恭維、交談與回訪，發展出誠摯的情誼。

只是再怎麼說，巴黎畢竟不是大溪地，阿胡托魯終究渴望返鄉。雖然相處融洽，但阿胡托魯的贊助人也認為高貴的野蠻人總得回到自己的世界。於是，布干維爾與公爵夫人為他張羅回程的船隻，並以大量的種子、植物、家禽與工具作為回禮。他航向印度洋的模里西斯，結識行政長官皮耶・波維（曾經從荷屬東印度群島偷渡出香料而聲名大噪），以及一位熱衷於探索太平洋島嶼的海軍軍官馬詠・杜弗雷訥（Marion Du Fresne）。只是造化弄人，阿胡托魯前往馬達加斯加途中，被天花一下子奪走了性命。熱情、迷人的阿胡托魯在法國殖民前哨病入膏肓，實在令人不勝唏噓。杜弗雷訥在沒有阿胡托魯陪伴的情況下繼續自己的探險任務，後來因為在紐西蘭觸犯禁忌，被毛利人殺害、分食而在歷史上留名。[11]

庫克船長的旅程

我們再回來談大溪地。布干維爾的樂園世界早已不是他想像中的模樣。在布干維爾到訪大溪地的一年之後，另一位航海家也來到馬塔瓦伊灣：此時，大溪地人口已經衰退，梅毒等疾病到處肆虐，而普莉亞雖然仍握有大權，卻已腹背受敵。她為了試圖提升諸子的權威，於是把歐羅的一條神聖皮革腰帶移到自己氏族控制的集會所，結果引發嚴重的衝突。長期的戰爭導致島上的動物遭到屠戮，農作物銳減。

初來乍到的詹姆斯・庫克船長把這一切看在眼底。他不希望直接捲入這場兩敗俱傷的玻里尼西亞戰爭。庫克性情不喜哲思，更重視民族研究與技術問題。他是首屈一指的近代歐洲航海家，對德雷克那種海盜般的虛張聲勢沒有興趣，反而以探索、製圖、調查自然歷史與航海知識為己任。以前，荷蘭人冒險涉足大洋洲，得知沒有明確的商業利益可圖之後便掉頭走人。有鑒於此，庫克索性帶著自己的贊助人同行——植物學家約瑟夫・班克斯（Joseph Banks）。班克斯志在建立拓墾、遷徙與文化模式的理論，他率領一支博物學家與畫家團隊，記錄所見的景象。

當然，這一切都有利於不列顛海軍部（British Admiralty），庫克提供海軍的戰略知識可謂無價。他因為防止水手染上壞血病而聞名，留下了仁慈的名聲，但他仍然是個壓榨人的專家，不僅規定苛刻，還會鞭打船員；為了達成目的，他也很善於運用大砲、報復性劫掠，甚至焚燒島上的村落與拼板舟。不過，有一點毋庸置疑：他是當代最傑出的航海家。

庫克的名聲建立在三趟多年的任務；光是他為了擴充歐洲人的知識，記錄了航道的位置與太平洋海圖，就是極為驚人的成就了。他順著瓦利斯與布干維爾的路線，展開第一次的太平洋航行。名義上，這次出航是為了科學研究，要登陸大溪地島觀察金星凌日。接著，他從大溪地島出發，繼續前往紐西蘭與未知的澳洲西海岸製作地圖，登陸的地點包括植物學灣與傑克遜港，也就是後來的雪梨。他穿行於托雷斯海峽，經過帝汶與荷屬巴達維亞，彷彿要把大洋洲與亞洲縫起來，然後才橫渡印度洋返回歐洲。[12]

此次出航不只突顯出庫克精湛的領航功夫，還有他吸收當地知識為己所用的天分。值得注意的是，遠航中得到的地圖、文化與歷史知識，大部分都是與一位被波拉波拉人（Boraborans）從來亞提亞趕到大溪地的難民，即一位名叫「圖帕伊亞」的優秀領航人兼祭司共同發展出來的。

圖帕伊亞對於島嶼、風向、洋流、藝術與語言的知識，令約瑟夫·班克斯印象深刻，於是要求庫克帶他上船同行。圖帕伊亞協助指引船隻從波拉波拉島到南方群島（Australs），更在英格蘭人與毛利人於紐西蘭相遇時充當翻譯，化險為夷。他製作了一張知名的海圖，標出社會群島中大島的位置、大片的貿易網絡，以及在馬克薩斯群島、土阿莫土島、南方群島與庫克群島（Cooks）等環礁、島群間航行的路線。對於遠在西邊的薩摩亞與東加，他也展現了一定的認識。庫克記錄了一切，用於改進不列顛人的海圖。

圖帕伊亞也解釋了季節性的西風變換。長久以來，歐洲人對風向的變化循環感到大惑不解，不懂怎麼樣運用盛行風讓帆船來回於西太平洋。掌握西太平洋風向的季節變化，就跟掌握印度洋季風的古老知識一樣，對於理解玻里尼西亞人的遷徙與島嶼聚落來說非常重要。圖帕伊亞證明自己是庫克的珍貴知識泉源，而他自己也在登陸澳洲與東南亞的過程中，得到難以想像的太平洋新知。只是，他不幸未能帶著自己對東南亞原住民，或是東印度群島蘇丹與拉者的認識回到大溪地。圖帕伊亞和阿胡托魯一樣未能返鄉——他染上致命的熱病，死於荷蘭殖民帝國的香料壟斷重鎮巴達維亞。[13]

庫克的遠航也許無法跟幾個世紀前玻里尼西亞人的大遷徙相比擬，但他的出航不只是探索，也是回溯。先前的成績讓海軍部有了底氣，派庫克回到太平洋進行第二次航行，專注於一項古老的追尋：尋找南方大陸。他航行到南方高緯度地帶的冰山之間，證實了南極是個冰封世界，卻也徹底證明傳說中的大陸並不存在。回程時，他帶著船員穿過紐西蘭、新赫布里底群島（萬那杜）、大溪地、東加，以及此前未知的卡納克人故鄉——新喀里多尼亞。

庫克像第一次航行太平洋時一樣，找來另一名來亞提亞的流亡者——烏瑪伊（Omai）。無論是知識量還是地位，烏瑪伊都沒有圖帕伊亞那麼突出——他是平民——但他的好奇心十足，儀態落落大方，而且為英格蘭社會目眩神迷的他，最終在幾年後成功活著回到社會群島，講述自己的故事。到了倫敦之後，就像是循著阿胡托魯立下的典範一樣，烏瑪伊被人帶往海軍部，約瑟夫·班克斯成了他的東道主，而他甚至晨覲英王喬治三世。得到國王稱讚的烏瑪伊，旋即成為人們口中的「倫敦雄獅」。

他是人家客廳與上流社會最受歡迎的客人，連當時人人追捧的肖像畫家約書亞·雷諾德斯（Joshua Reynolds）都繪製了他的畫像。他學習穿著英式服裝，學會騎馬，端詳別人送的地球儀、樂器、中世紀鎧甲，以及儀式用武器。他研究英格蘭的畜牧業、藝術與科技。他天真單純，優雅善良，有著罕見的開朗與奔放的情感。英格蘭的劇作家與諷刺作家和法國同行一樣，就自然與文明進行哲學與政治論辯時，每每把他當成主角。

烏瑪伊重返太平洋，是和庫克的第三度太平洋之行安排在一起的。一七七六年，庫克銜命解決另一個未解的問題：人們認為，在美洲北方應該有一條「西北航道」（Northwest Passage），能夠銜接大西洋與太平洋，但這條航道究竟是否存在呢？庫克的艦隊橫渡印度洋之後，停靠在塔斯馬尼亞與紐西蘭。烏瑪伊獲准將兩名毛利男孩帶上船，繼續航行，並且在艦隊來到庫克群島、東加與大溪地時擔任通譯。

烏瑪伊在社會群島下船。他在胡阿希內島（Huahine）落腳，蓋了一間屋子，大部分的財物都與人分享、交換，或者不見了。他告訴別人自己曾在南極圈摸過冰（卻沒什麼人相信），提到自己造訪過的島嶼，以及歐洲人的世界。他的經歷成為當地知識的一環，而他的故鄉仍然深陷於祭司與戰士家族的聯盟與鬥爭中。[14]

同時，庫克則往北前進，進入西班牙人一點風聲都不透露、傳說中的加雷翁船廊道。然而，庫克的航線與加雷翁航線垂直，他不是順著加雷翁貿易的風向循環，而是來到一處「未知」的島群：夏威夷群島。一七七八年，他在考艾島（Kaua'i）下錨補給，受到親切歡迎。不過，當時並不是探索島群的好時機。他的任務是抵達阿拉斯加、加拿大等美洲地方的西北海岸，尋找能通往歐洲的北方水道。

長久以來，北太平洋就和南太平洋一樣神祕，歐洲人對此所知都是來自於俄羅斯。十七世紀起，哥薩克人群體移入西伯利亞，從事毛皮貿易。其中一群人由弗拉迪米爾・阿特拉索夫（Vladmir Atlasov）為首，推進到俄羅斯領土的最邊境，接著南向進入今天的堪察加半島，與科里亞克人（Koriak peoples）對抗。科里亞克社會以小團體的組成而聞名，生活以捕魚、採集與狩獵馴鹿為中心——馴鹿是他們的肉類、內臟、乳類主食，以及皮革衣物的來源。阿特拉索夫還遇到科里亞克人的俘虜，一位名叫「傳兵衛」的男子。幾年前，傳兵衛搭的船在南方多島嶼的沿岸地區遇上颱風，結果被吹到堪察加半島。一七〇一年，他被人帶往聖彼得堡面見沙皇。俄羅斯人得知他來自大阪，也逐漸了解到俄羅斯跟日本——德川幕府鎖國已一個世紀之久的日本——距離其實不遠。[15]

為了深入了解西伯利亞與堪察加，沙皇派丹麥船長維圖斯・白令（Vitus Bering）測繪此前未知的海岸線。一七三八年，白令渡過亞洲與北美洲之間的海峽，後人以他的名字將之命名為白令海峽。重點是，他的船隊後來探索了阿留申群島（Aleutian Islands），並勘查阿拉斯加沿岸。不到一代人的時間，哥薩克人與阿留申人就進入阿拉斯加水域中獵捕海獺了。

庫克也駛入阿拉斯加洋流，通過白令海峽，接觸到北冰洋的冰山。長達七個月的時間裡，他們在冰天雪地中航海，辛苦地製作地圖、買賣，為了貨物與情報跟獵人與當地人討價還價，然後才往南過冬。這一回，船隊再度來到夏威夷群島，經過茂宜島，並且在夏威夷大島凱阿拉凱夸灣（Kealakekua Bay）外海找地方下錨。

庫克一行人受到熱情招待，但這一回實在恭敬得不尋常。當地人舉行儀式，將紅色樹皮布披在他身上，為船隻提供豬隻與補給，連庫克都大感驚訝。島民把他們帶到當地的「黑奧」（*heiau*）神廟，提供飲食與照顧，甚至在庫克面前俯拜。卡拉尼奧普烏王（King Kalaniopu'u）在三艘壯觀的拼板舟戒護下抵達凱阿拉凱夸灣，身邊由眾多披著黃、紅羽毛斗篷的酋長拱衛，挨著庫克的船停靠。卡拉尼奧普烏王特別把自己身上的斗篷與頭盔送給庫克，讓庫克感覺自己彷彿被人當成神一樣對待。

這項觀察極為關鍵：庫克一行人登陸夏威夷群島的時機點，正值重要的「年節季」（makahiki season）。在這一段舉辦宗教活動與民俗遊戲的時間，衝突與不合都得擺到一邊，以示對農耕、豐收與成長之神「羅諾」（Lono）的尊重。根據傳統信仰，羅諾將會在年節季乘坐一座漂浮島嶼或巨船歸來。庫克不太可能被人當成神，但他登陸時正好遇上這場神聖的祭典，而招待他的方式恰巧能讓祭典與酋長、卡胡納祭司的權威變得具體。[16]

與此同時，來人這麼多，必須及眾多村莊之力才能補給，何況慷慨不是無止境的。幾個星期過去了，一些酋長開始焦躁，暗示當地人的資源與心力快要耗盡。但縱使是卡拉尼奧普烏這種大人物，也不能就這麼打斷儀式習俗，破壞向羅諾致敬的卡普戒律。二月四日，庫克終於離去，他和船員得到豬隻、番薯與蔬菜等餽贈。酋長與村民讓致敬的儀式得以圓滿，但在付出這麼多之後看到他們離開，內心想必鬆了一口氣。

誰知道才過一個星期，一場風暴吹裂了「決心」號（*Resolution*）的船帆與前桅杆，庫克被迫重返夏威夷——他仍舊選擇在凱阿拉凱夸灣下錨。這一回沒有盛大的歡迎，島民用一片沉默、不解與不滿來招呼庫克。卡胡納祭司仍然禮尚往來，但打架與偷竊的情勢也開始出現，才剛離開海灣的卡拉尼奧普烏也被迫返航。決心號的登陸小艇遭竊。對島民來說，先前慷慨接待的訪客，顯然跑了回來且索要更多——偏偏年節季早就結束了。

庫克決定把卡拉尼奧普烏帶上船，除非島民把小艇還回來，不然不放人。然而，這個決定並不明智。原本作為致敬的儀式，如今成了帶有敵意的質疑行為，夏威夷酋長們決不會容忍，於是揮舞著武器，將庫克一行人包圍在海灘上。英格蘭人用散彈槍與滑膛槍還擊；至於庫克，他在海濱跟麾下船艦打信號的時候，被人毆打刺死。

他的屍首遭到肢解，並分送給各酋長，只有一小部分還給了倖存的船員。各方都對這場殺戮感到後悔，庫克也在歐洲人的宣傳下成為傳奇人物。除了大量出版品之外，倫敦的劇場也上演悲劇劇碼，知名畫家則透過古典、浪漫的筆觸作畫——有的將他畫成目光遠大的船長，有的則是畫下了「大航海家」身亡的場景。他的形象變成符號，崇拜他的不只歐洲人，還有一些認識他的島民，以及大溪地、紐西蘭、東加、澳洲幾乎所有的殖民者。

從各個角度來看，關於庫克的傳說，以及對於他的神格化、崇拜或最後的悲劇，都是他留下的遺產。庫克死後，全球對於太平洋地區的興趣飛快地成長，伊甸園式的意象也被「墮落的純真」、「野蠻」，以及「機遇」所取代。島嶼處處是停泊港、貿易站，以及從乾椰仁到檀木等投機獲利生意。捕鯨與獵海豹活動的興盛，也讓海洋本身象徵大筆利潤，畢竟庫克的船員親眼見識過太平洋西北地區的

傳說中的生與死：詹姆斯．庫克在夏威夷群島死於非命。（Credit: Francesco Bartolozzi (1727–1815), *The Death of Captain Cook* [picture] 1782, National Library of Australia.）

毛皮貿易多麼興盛。

隨著遙遠的歐洲國家把大洋洲的島嶼納入自己的規畫，影響層面更大的帝國議題也隱隱浮現。最餘音繚繞的例子之一，就數不列顛在一七八七年派出皇家海軍「邦蒂」號（*Bounty*）一事。邦蒂號在威廉・布萊（William Bligh，庫克曾經的同袍）的指揮下，執行從大溪地取得麵包樹，將之移植到加勒比地區的任務。此行的概念源自庫克的夥伴約瑟夫・班克斯，與海軍部的帝國願景也很契合。麵包果是玻里尼西亞營養豐富的澱粉類主食。不列顛殖民者在加勒比地區建立獲益頗豐的甘蔗種植園體系，因此打算在加勒比地區種植麵包樹，作為非洲奴隸的食物。於是，來自太平洋世界的知識，支撐了世界彼端的奴隸制度。一艘船、一批船員與一名植物學家，就成為殖民擴張的關鍵。

邦蒂號在海上與大溪地待了十五個月。回程時，船員發動叛亂。有人說，布萊是虐待船員的苛刻暴君，但許多版本的故事都說船員們（全部都是自願出航）被大溪地的感官之樂所吸引，不想回去過紀律嚴明的生活才嘩變。樂園的景象動搖了他們的心。布萊和麾下軍官被迫乘坐小船，在大海上漂流，但他們居然成功航向荷屬東印度群島。部分嘩變者不智地返回大溪地，結果被不列顛當局的追兵逮捕。

包括少尉弗萊徹・克里斯欽（Fletcher Christian）在內的嘩變領袖開走邦蒂號，想找一座不列顛海軍絕對抓不到他們的島嶼定居下來，此後便消失了。一行人音訊杳然，倒也成了傳說的一部分：儘管庫克成就斐然，但太平洋仍然是個充滿未知事物向人招手的世界。[17]

將近二十年後，美國船隻「黃玉」號（*Topaz*）偶然來到東太平洋小島皮特凱恩（Pitcairn），沒想到五官與船員大不相同的島民竟用英語和他們打招呼。他們是當年邦蒂號叛變者的孩子。成功逃走的船員中有幾個歐洲人，以及一些他們帶上船作為僕人，或是想追求新生活的大溪地男女。男人們不知何故打了起來，殺了彼此，只有一人與幾名女子和小孩活了下來。這場島嶼新家園的夢，化為歐洲人的另一座失落樂園。

歐洲利益與投機之下的太平洋，孕育出了這段洋溢著聖經色彩的故事。不過，最能代表那一抹色彩的，說不定是未來幾年將踏上太平洋島嶼的精神戰士團體們。歐羅與羅諾卡胡納祭司的兒女，即將和耶和華的弟兄姐妹相遇了。

第 11 章 眾神與刺穿天空之物

Gods and sky piercers

馬雷圖（Maretu）來自拉洛東加島（Rarotonga）的恩嘎坦吉伊亞村（Ngatangi'ia），是個霸道的人。小時候，他就吃過父親用烹人爐煮熟的敵人，甚至有一回偷了被害者的頭顱自己吃掉，結果觸怒了長老們。一八二三年，他遇到一位名叫帕培雅（Papeiha）的大溪地人。帕培雅告訴他有一位全能的神存在，這番話擊中了他的心弦，於是他成了這個新宗教的傳教士。關於馬雷圖的故事愈來愈多。曾經有人堅持自己看到了馬雷圖因為意外而留下疤痕的手，聽到馬雷圖預言他將死，結果隔天真的撒手人寰。村民幫助馬雷圖蹚過一座潟湖，他們擔心湖底的多刺動物會傷腳，卻發現這些動物讓了開來，開出一條安全的下腳路。

在馬納希基島，馬雷圖曾親自來此傳播新信仰，露了一手焚燒珊瑚礁製作石灰的方法。根據他在回憶錄中所說，他在夜裡把「異教徒」島民叫到身邊。一人對他說：「我猜想，冥界黑暗之神的火就像這樣吧。」馬雷圖則答道：「這火明天就會熄滅，但你所說的那一位，他的火將永不熄滅，永遠燃燒……。」異教徒問，什麼樣的柴薪，能夠讓火永遠燃燒？馬雷圖回答：「拒絕相信耶穌的人，就是那柴薪。」「那火呢？」「那火是神的憤怒……只要所有人相信耶穌基督，怒火才會熄滅。」於是所有聽眾決定成為基督徒。[1]

馬雷圖是個絕佳的例子，說明了倫敦傳道會（London Missionary Society，簡稱ＬＭＳ）所謂的「土著代表」（native agency）該有的模樣。「土著代表」是傳授基督教基本教義的玻里尼西亞人，奉派到村落與海邊傳教。從社會群島與庫克群島一路到新赫布里底群島與新幾內亞，都有他們的足跡。這些「土著代表」是開路先鋒，先由他們宣揚、調和新信仰，再派英格蘭傳教士到當地落腳，建立永久性的教堂。實際上，這些先鋒常常是單槍匹馬。馬雷圖在手稿中常常提到的大溪地人帕培雅，就是最早的幾位土著代表，甚至親炙ＬＭＳ的領導人約翰．威廉斯（John Williams）。帕培雅與另一位傳教士瓦哈帕塔（Vahapata）都來自來亞提亞島。一八二一年，他們把基督信仰傳入庫克群島的愛圖塔基島（Aitutaki），寫下親身經歷，並憑一己之力傳教到一八二七年。[2]

臨機應變的傳教士

在太平洋世界，神的聖言並非前所未聞。一五九六年，方濟會神父試圖在關島立起十字架，而迪耶戈．路易斯．聖比托雷斯神父也在一六六八年登陸關島並建立傳道所。一七七四年，有個天主教布道團聽聞英格蘭人去了大溪地的消息，便試圖不落人後。但布道團的神父偏執、內鬥，只能應付那些常見的「呆瞪眼、東戳西戳、出怪聲、嘰嘰喳喳、興高采烈」的島民。太多的袒身露體，太多的偷竊，令他們難以招架，最後只好放棄傳教所。

十八世紀的新布道團與前幾代的傳教士不同；他們不像伊比利人那樣奉基督與香料之名，也不像相對抱持不可知論的荷蘭商人或啟蒙時代探險家，而是懷抱傳福音的熱情，流露殉道者的目光，進入一個既野蠻又充滿救贖的世界。充滿活力的宗教性社團在十八世紀末湧現，挑戰英格蘭國教會（Church of England）「死氣沉沉的莊重」。一七九五年，倫敦傳道會在幾次公開集會後成立，以「在異教徒與未開化的民族之間傳播基督的知識」為願景。[3]

之所以會有此番願景，一部分正是太平洋的相關新知所造成的。自從庫克三度航行太平洋之後，傳教士獲知有新的土地可以傳教，加上那位偉大的航海家遭到殘忍殺害，伊甸園的理想也隨之褪色——「仁慈的自然世界」如今已成「墮落的樂園」。關於南太平洋島民的報導，此時變得非常關鍵：教會團體大量吸收這些島嶼淫蕩且不道德，以及缺少穩定治理的駭人故事。倫敦傳道會於是包下「達夫」號（*Duff*），火速趕往故事情節的核心舞台：大溪地。最初的三十人布道團中，有四人是受按立的牧職，其餘則是LMS所謂的「神的精工」（godly mechanics）——木匠、織工、砌磚工、鞋匠與手工匠，各個都是信仰的理想化身，集美善與勤勞於一身。一行人分頭行動，其中有九對夫妻，他們全數留在大溪地事工；有十人繼續前往東加塔布島，另外兩人前往馬克薩斯群島。

傳教的進度很慢，甚至不進反退。傳教士不缺熱情，但除了讀庫克與瓦利斯的故事之外，就沒有什麼準備。他們全都不會講大溪地語，只能靠邦蒂號嘩變者寫的詞彙本，而他們的存在對統治當地的波馬雷家族並無多少利用價值。統治者之間依舊有殺嬰與同居等習俗，傳教士還發現島民把自己的衣物、工具與其他所有物視為共同財產。有兩人放棄了福音，娶了大溪地女子，而只有威廉·克魯克（William Crook）這一名傳教士所在的馬克薩斯傳教所，後來也棄置了。在東加，三名傳教士遭人殺害，其他人則逃到一艘捕鯨船上，還有一人決定「歸化」。

最後這位傳教士名叫喬治·維森（George Vason），因為改信而在歷史上留名，只不過他是「被人改變信仰」。維森屬於外來的白人，後人把這類人稱為「灘地浪人」（beachcombers）：他們或者流亡，或者逃獄，有些則是怪人；他們覺得自己處於文化之間的某個地方，既不屬於歐洲，也不屬於當地。這些局外人努力過局內人的生活，因為他們有其用處，加上可以提供消遣，因此常常得到當地統治者的庇護。維森本來是奉派前來宣說聖言，最後反而受到吸引，盡可能讓自己變成東加人，與此同時也指出了跨文化、跨信仰的可能性與局限。

強大的酋長穆里基哈阿梅亞（Mulikiha'amea）對維森很感興趣。灘地浪人很有用處，不僅懂得歐洲人的行事作風與歐洲語言，還精通工具，甚至是武器。維森獲得十五畝的地，不僅不用上貢，還有一名女子作陪。維森放棄了他的信仰，聲明他將放下「我本來是基督徒，從基督教國度出發，向異教徒傳福音」的念頭。他把時間拿來學習東加語，在自己的土地上發展農法，接受紋身，用漁網和拼板舟捕魚，幾乎把傳教拋在腦後整整四年。[4]

後來，維森捲入島內政局：他的恩主穆里基哈阿梅亞密謀站上最高領袖之位，卻在隨之而來的戰鬥中被殺，另一位酋長烏魯喀拉拉（'Ulukalala）掌權。雖然還是受到保護，但維森已經在鬥爭中樹敵，成為他人下手的目標，於是他決定逃到一艘經過的歐洲船隻上——這艘船正好要送補給去大溪地，給維森依舊留在島上的傳教士前同伴。

這艘新船在最初傳教的四年之後抵達大溪地，不只帶來補給品，還帶來九名新幫手，而LMS的傳教運也開始好轉。教育與訓練漸漸帶來回報。一八〇二年二月，亨利．諾特（Henry Nott）進行了史上第一次的大溪地語布道。大溪地王波馬雷一世過世，而波馬雷二世對基督教與學習書寫有著濃厚興趣，畢竟書寫是一種與權力密不可分的重要能力。諾特開始往胡阿希內島、來亞提亞島與波拉波拉島發展。但這種循環又一次演變成內戰：波馬雷二世戰敗，被迫撤到木雷亞島。來到島上的波馬雷對自己的命運感到失望，或許也對以前信奉的眾神感到失望，於是開始更用心聆聽傳教士的話語。此時，四散各地的布道團事工都是在香蕉林間舉行禱告會，但在諾特的支持下，他們增加為數百人，並計劃再度征服大溪地。

一八一五年，波馬雷的軍隊從木雷亞渡海到大溪地。傳教士如今發揮奇用，不僅能以英語、大溪地語兩種語言溝通、協調，還能獲取歐洲軍火。波馬雷奉他的新戰神——耶和華之名展開征服。他的敵人，也就是歐羅的擁護者，則已失去民心。重要的歐羅信仰領袖戰死沙場。祭司焚毀偶像，集會所遭人拆毀，為首的一些酋長更是違反禁忌。傳統信仰崩潰時，波馬雷則出力興建教堂，實施傳教士立的法典，內容羅列新的行為規矩，要求順服以唯一真神之名統治所有子民的大溪地王。[5]

傳教王國的權威與合作方式確立之後，第二代的傳教士開始把聖言傳播到大洋洲各地。目標遠大、不知疲倦的約翰・威廉斯親自在一八一七年來到木雷亞發展，但不到一年後就離開木雷亞，前往歐羅霸權原本的神聖中心：來亞提亞島。聽宣的人一開始雖然不多，但威廉斯在一八二一年幫助一整艘來自南方群島的拼板舟遇難者，從中獲益；他讓「土著代表」發揮作用，在兩名大溪地畜執事陪伴下宣講基本的基督教義，然後帶著天生的傳教士帕培雅乘坐買來的雙桅縱帆船，航向庫克群島。

在此，傳教士與馬雷圖相遇，他虔誠堅定，不遺餘力興建教堂與聚會所。島民把馬雷圖與其他傳教士當成某種特別的酋長，有獨一無二的地位與權威，而且還有管道取得商品與受教育的機會。身為布道者的馬雷圖，有立場能把「部落」比作許多島嶼上的教堂會眾，用頭頭是道的口吻和村民大談生活中的挑戰、基督教義的價值與優勢，以及自己航行世界的經驗。[6]

馬雷圖很虔誠，但他也懂得如何運用恐懼、欲望與威懾來打造一批追隨者。他了解村民的生活，宣稱接受基督教的神就能衣食無虞，排斥的話則會招致懲罰與厄運。從馬雷圖本人的文字來看，他似乎不認為有必要掩飾自己行事之粗暴與直接，而他也把自己身為酋長之子的天生優勢，投入在傳教工作中。「兩名傳教士與見習者爬上山，突襲異教徒，把他們扔進溪裡……基督徒搶了一切，占為己有。」他們把人數眾多的俘虜帶往基督教村子，許多人終究改信了主。[7]

有時候，傳教士的訊息真的很吸引人，宣教的部分少，卻吸納了許多信眾。這種情況在傳教士人不多，由個別人士自己建構教義的地方特別明顯。一八二〇年代中葉，年輕的薩摩亞人席歐維里（Siovili）成為捕鯨船船員，前往東加與大溪地，可能也到過澳洲。他以先知的姿態重返薩摩亞，吸引了一大批追隨者。薩摩亞本是東加與斐濟間古老貿易與航海網絡的一環，但外界對此所知有限；羅赫芬與布干維爾只是擦邊而過，歐洲人與薩摩亞的接觸始終有限，直到十九世紀初才有貿易商與一些灘地浪人出現。傳統薩摩亞村落以家族網絡為組織中心，領袖由推選產生，另外由某些天賦異稟的親族負責與祖靈溝通。他們沒有祭司階級組織，也沒有發展出單一的崇拜方式。

席歐維里對外界有豐富的知識，但他還有一段啟示，要從這座村子傳到下座村子，告訴大家天上的神和神的兒子——「復活的耶穌」（Sisu Alaisa）。乍聽之下，你想到的可能是耶穌基督，但薩摩亞此前從來沒有基督教傳教士。席歐維里引領浪潮，追隨者最後多達五千多人，延續將近四十年，成為古老薩摩亞習俗與即將到來的布道團之間的中介。席歐維里的教會每月聚會一次，時間是星期六，內容有音樂、歌唱、舞蹈，也用奇蹟的撫觸為人治病。擁有治療與寓言天賦的老婦人就是大祭司，配合席歐維里直接得自神的啟示。

這一切對於約翰．威廉斯來說，恐怕太不正統（他在一八三〇年抵達），但這場運動勢不可擋，大受歡迎。其實，布道團的到來只不過證明了席歐維里教誨中的元素，展現了那些擁有書籍、衣服、船隻的人掌握相對更多的物質財富。酋長法屋耶亞（Fauea）清楚表示，他認為基督教是一種對富足的信仰：「我相信，神給了敬拜祂的白人這些珍貴的東西，那神肯定比我們的諸神更有智慧，畢竟諸神沒有給我們一樣的東西。」像馬列托亞（Malietoa）等地位最高的一些酋長，都知道這個新信仰能強化威望與財富，尤其是自己身邊有傳教士的時候。

席歐維里的追隨者、倫敦傳道會會眾，以及從東加帶來其教義的衛理會，這三者之間有結合，也有斷裂。席歐維里的成員中有人為祖靈傳聲，預言耶穌復臨與世界末日，或是大烈火。追隨者掃了墓，離開自己的田地和牲畜，但什麼都沒有發生。他們最後又回到家園，或者聽聽其他教會的說法，或者對等待變得更加堅定。[8]

有時候，天大的災難確實發生了，尤其是猛烈的傳染病。多數的疾病是商人與水手帶來的，但傳教士本身恐怕也無意間帶來某些疾病。這類情況有機會讓傳教變得容易，曾經有人敘述：「朗伊托托島（Rangititi）埋了一千人，阿勞加烏恩加島（Araugaunga）也有六百人……。人們嚇壞了……因此決定加入教會，成為基督徒。」[9]

不過，這種傳教方式總伴隨著風險，畢竟恐懼是種雙面刃。傳教士塔烏恩加（Ta'unga，和馬雷圖同樣出身於拉洛東加島）深知，基督教傳教士每到一個新地方，都會成為當地統治者的目標。他在自己的新喀里多尼亞記事中提到：「一旦民眾意識到有疾病正在流行，就會把傳教士找來興師問罪，『這病是哪裡來的？』要是所有傳教士都說是因為某個傳教士，人們就會殺了那人……許多傳染病發生的時候，我們人在當地，也因此獲罪。」[10]

傳教士畢竟是外地人。他們雖然出身行動力很強的太平洋民族，但他們自己也有文化隔閡得克服——比方說，來自太平洋玻里尼西亞地區的拉洛東加與薩摩亞的傳教士，一旦往西進入美拉尼西亞島群，恐怕也不見得熟悉或認識當地文化。當地以氏族、親族組織為中心的特色，意味著沒有能夠登高一呼的領袖，當然也沒有國王或女王能聽他們宣教，反而只有敵對的部落團體，以及各式各樣的語言和風俗。玻里尼西亞傳教士跟歐洲人一樣，認為美拉尼西亞是個「暗黑島群」（dark islands），不只是因為他們看到居民的黑膚色與濃密捲髮（已經成了「野蠻」的同義詞），更是因為他們在這個傳教邊境所面臨的困難與衝突所使然。

根據估計，將近九百名土著代表在巴布亞紐幾內亞、索羅門群島、萬那杜、吉里巴斯和吐瓦魯設立傳教所。在這面涵蓋了太平洋的布道團、傳教所與傳教士網絡中，新喀里多尼亞已經是距離拉洛東加布道團最遠的地方了。塔烏恩加提到自己跟一名卡納克酋長的對話，對方問他：「從這裡去拉洛東加島，一天時間夠嗎？」塔烏恩加回答：「我們離開拉洛東加島之後，花了四個月才到這裡的島嶼……。如果中間沒有在別的地方靠岸，直接航行過來的話，也許兩個月可以到吧，畢竟真的很遠。」塔烏恩加補充寫道，「他和利福島（Lifu）的酋長吃了一驚，笑了起來。」[11]

新喀里多尼亞確實是個遙遠的世界，但這裡的故事也不見得陌生。考古證據顯示，當地的南島喇匹塔文化可以回溯到三千多年前，接著還有更多從東南亞與澳洲而來的古代移民。卡納克人在此發展，他們以漁獵、農業為中心，在沿岸與山谷裡形成多個以氏族為基礎的社會。一七七四年，詹姆斯・庫克曾在新喀里多尼亞短暫登陸，是歐洲人首次得知這個島群。之後的造訪，多半也局限在小規模的補給與登岸交流。

一八四〇年，一艘載著基督教傳教士的船從薩摩亞的阿皮亞（Apia）出航，抵達新喀里多尼亞島群中的松島（Isle of Pines），算是雙方最早的重要交流。到了松島之後，薩摩亞人得想辦法跟島上的統治者托魯（Touru）鬥智。托魯對於傳教士拒絕對自己叩頭感到相當不悅，加上他們不智地暗示島上之所以爆發疾病，是因為神要懲罰他拒絕改信、妻子眾多，對貿易商品的興趣甚於救贖，這一切都讓他大動肝火。托魯是見過世面的人——他很了解歐洲的檀木貿易，至少曾襲擊過一艘船。最後，他把布道團趕走了。

玻里尼西亞與美拉尼西亞世界還沒準備好理解彼此。塔烏恩加來到新喀里多尼亞大島，在文字中提到卡納克人：「我們在這座島上看不到嚴重的罪惡，人們放棄了征戰，但他們依舊有著野蠻人的外表。」塔烏恩加對當地酋長的慷慨相當感激，展開自己身為文化傳遞者的任務，學習當地語言。但他仍然表示：「這種語言很奇怪，聽起來就像火雞發出的噪音。」無獨有偶，塔烏恩加描述萬那杜塔納島（Tanna）島民的時候，說他們「又黑又矮……外表野蠻，一臉凶狠」。[12]

有些美拉尼西亞島嶼其實稱不上新的邊疆。再怎麼說，西班牙人門達尼亞與基羅斯早就到過新赫布里底群島與索羅門群島，比歐洲人知道大溪地早了將近兩個世紀。但是，除了在新赫布里底群島聖靈島上、由基羅斯發想但胎死腹中的新耶路撒冷，外界與美拉尼西亞的接觸短暫，而當地島民、信仰與習俗構成的複雜歷史，對外界來說也依舊撲朔迷離。

對某些人來說，再明顯不過的野蠻本身也是一種吸引力。約翰．威廉斯尤其這麼覺得。他堅持帶著同伴登上埃羅芒阿島，而他的短暫造訪也隨著他求仁得仁的殉道而告終。一幅知名的畫作捕捉到了想像中他安詳優雅的神情，歌頌著他消失在棍棒與長矛下的前一刻，倒在浪花中的身影。

其他的布道團，例如緊跟在後的國教會，則是以更嚴肅的態度對待自己的行動。紐西蘭教區首任主教喬治．塞爾溫（George Selwyn）一改派遣傳教士到當地的做法，換成派船把有潛力的學生接到奧克蘭，接受宗教教育。時機成熟之後，玻里尼西亞人與美拉尼西亞人就可以對彼此傳教，乘船往來，建立機構，例如由紐西蘭經營的美拉尼西亞傳道會（Melanesian Mission）訓練學校。

約翰．威廉斯的門生（像是塔烏恩加）發現，在基督教社群發展比較穩固的地方，歐洲傳教士的地位會比較高；部分是因為受按立的牧師的確受過紮實的《聖經》教育，部分則是因為傳道團的領袖通常有令人印象深刻的房子、教堂、商品，還有酋長為他們提供保護。塔烏恩加後來幾次回到薩摩亞傳教時，發現島民比較想要白人神父，而不是另一個島民來指導自己。

不過，土著代表跟布道團之間的關係，仍然對他們大有裨益。艾雷卡納（Elekana）是個在吐瓦魯的拉洛東加人，他就充分利用了自己的識字能力。「一天接著一天，男女老少挨著我，請我拼字、讀給他們聽，甚至拜託我把書的一部分送給他們……。」基督教的啟示——救贖會從神聖、書寫的文字中顯現，而社群應該公開禮拜——賦予傳教士重要的地位。只要講解有方，就能為所有人提供老嫗能解的善惡、罪與美德、愛與原諒的榜樣。[13]

馬雷圖為小孩施洗，為他們取《聖經》典故的名字。這種做法相當流行，可以創造承諾的紐帶，和玻里尼西亞人交換名字的儀式相當類似。神的聖言絕不只是一段歐洲來的訊息。這些傳教士雖然沒有接受歐洲神學與歷史的洗禮，但他們把自己的文化傳承、隱喻與故事，透過言語和比喻傳遞出去，將外來的啟示與島嶼的信仰交織在一起。

許多傳教士還會製作民族誌，記錄其他島嶼的居民及其獨特風俗。雖然一般人把斐濟當成食人族的家鄉，但斐濟布道家波阿特拉圖（Poate Ratu）仍然透過觀察，把巴布亞人獨立出來談——「他們把人當魚來切……也就是說，假如你聽說我們當中有誰被殺，你也就知道他們不會把我們送進窯裡間接烘烤，而是切成小塊，放在明火上烤。」他的斐濟觀點著重的，倒不是針對食人習俗提出道德上的譴責，反而是強調其他島嶼對於傳聞與習俗的好奇心。[14]

即便對美拉尼西亞人來說，巴布亞也可謂邊疆，畢竟直到十九世紀下半葉，外界才對當地有些許了解。關於新幾內亞的認識，大多局限於西部，也就是面向馬來地區的交流區一側。到了十九世紀，世人的好奇心開始從另一個方向、跨過太平洋島嶼而來。商人與傳教士把新幾內亞東部，想像成大洋洲世界的一環。「亞洲」與「大洋洲」之間的界線在某幾個地方確實模糊而重疊，而新幾內亞就是其中之一。

儘管外界與濱海地區已有數個世紀的互動，但對於內陸居民的生活所知依然很少，只知道這些部落仰賴骨製、木製、石製工具，分散在眾多谷地，農業體系相當發達。民族誌研究顯示，新幾內亞森林、雨林社會以對於「豐收」以及祖先的崇拜為特色，圍繞著集體性的儀式來安排組織，守護著神聖的知識。[15]

每一個氏族各有其認可的神祇，並且會跟地方性的神靈與祖靈溝通。來自這個地區的知名藝術起源於雕刻，刻劃的對象則是具象化的神靈、真實世界，以及透過感官只能模糊感受到的傳說世界，只有少數人能夠完整知道箇中意涵。

綜觀整個太平洋地區，位處內陸並不等於孤立。在海岸生活的群體會跟來自索羅門群島、摩鹿加群島，以及西里伯斯海的拼板舟做生意。來自森林的樹皮與樹脂可以運到海邊交易，而貝殼飾品則逆流而上，或沿山脈形勢循環回到森林，妝點著那些從未親眼看過大海的人。儘管有林間小路與貿易路線，但地形與氣候實在難以克服，導致傳教工作在巴布亞紐幾內亞發展極其緩慢。玻里尼西亞裔傳教士不見得比歐洲人更能抵抗熱病與疾病，他們在宣道的過程中都得面對極高的死亡率。

然而，在巴布亞紐幾內亞，地形不是唯一的挑戰。美拉尼西亞當地氏族與親屬結構，同樣讓以政治傳播信仰的做法窒礙難行。無論四處傳教的布道者是島民還是歐洲人，他們都習慣有結構、集權的酋長領地與玻里尼西亞島群的單一語系，而不是此時遭遇的多元文化。[16]

時代浪尖上的夏威夷

其實，以基督教帶來的初步影響而論，受到最大衝擊的或許是玻里尼西亞世界。倫敦傳道會以大溪地為根據地，成功對南太平洋傳教，讓波士頓的傳教士也躍躍欲試，於是在一八一〇年展開傳道行動。美國海外傳道委員會（American Board of Commissioners for Foreign Missions）宣布計劃在夏威夷群島建立據點，向西對密克羅尼西亞布道。年輕的夏威夷人奧布基亞（Obookiah）讓海外傳道委員會決定在康乃狄克州成立學校，訓練傳教士；兩名安多弗神學院（Andover Theological Seminar）的學生海勒姆・賓納姆（Hiram Bingham）與阿薩・瑟斯頓（Asa Thurston），則是立志率團，將偏保守的公理會（Congregational）信仰——強調原罪、嚴格道德規範、努力工作、教育、勤勞的生活——傳向島嶼。

先前在葡萄牙人與荷蘭人領軍之下，歐洲人曾經積極探索過太平洋，而且時機正好。如今的傳教士和他們一樣幸運，在夏威夷社會正經歷重大變革的時候到來。夏威夷群島是個大島群，位置幾乎位於北太平洋的中央。詹姆斯・庫克在任務中發現夏威夷群島的消息，立刻引起歐洲國家與新興國家美國的注意。來自不列顛、法國與新英格蘭的大小商船和戰艦，此時已經停泊在夏威夷了。

庫克造訪夏威夷的餘緒，也衝擊了夏威夷人效忠的對象。年輕的酋長卡美哈梅哈計劃對付其他酋長，想統治島群。此時，英格蘭訪客和他們的資源令卡美哈梅哈印象深刻。卡美哈梅哈迅速充分利用貿易活動，以及由外國船隻帶來他海岸上的另一種資源：灘地浪人。

在夏威夷，最有名的灘地浪人是艾薩克．大衛（Isaac David）與約翰．楊恩（John Young）。卡美哈梅哈俘獲商船後將這兩人扣留，他們使用艦砲與滑膛槍的技術夠純熟，因此這位大酋長給了他們妻子與土地，而他們也為他的軍事行動效力到最後。兩人在卡美哈梅哈先後對付強大的卡赫基利（Kahekili）——茂宜島、卡胡拉威島（Kahoʻolawe）、拉奈島（Lanai）、摩洛凱島（Molokai）與歐胡島（Oahu）的統治者——和其子的過程中，提供砲擊支援。卡赫基利諸子與盟友之間彼此嫉妒、反目，讓卡美哈梅哈獲得政治與戰術上的優勢。到了一八一〇年，他的對手若非遭到擊敗，就是被迫接受附庸地位。

對於貿易，有些部落群體漠不關心，有些亞洲統治者持懷疑態度，但卡美哈梅哈與他們不同——他贊成貿易。夏威夷的港口在他統治的時期，成為全球檀香與水獺毛皮貿易發展的關鍵。夏威夷農業代名詞——熱帶水果鳳梨，在一八一三年被引入島上種植。五年後，咖啡園也開始出現。捕鯨業對拉海納（Lahaina）與火奴魯魯等地衝擊尤其重大。追求日本與北極圈鯨場的捕鯨船偏好這幾個港口，於是美國捕鯨船與海勒姆．賓納姆的布道團同時來到，對於夏威夷社會正面臨的變化與動盪起了推波助瀾的效果。[17]

外貿對王室有利，夏威夷的碼頭與造船廠因此迅速發展。碼頭邊，宿舍、酒館、妓院密密匝匝，一車車的牲畜與農產從內陸運往港口，創造出現金經濟，讓村子與半永久的捕鯨聚落密切相連。年輕的男女對岸邊的活動相當好奇，有些男子隨著捕鯨船與商船出海，從其他的島嶼、從亞洲與美洲帶回見識與故事。為了支付外債，夏威夷平民面臨愈來愈沉重的苛捐雜稅，同時在習慣法中苦苦掙扎。

一八一九年，卡美哈梅哈過世，留下的是一個改變相當大的島群：政治統一、商業興盛，與外界互動日益頻繁。然而，對大多數夏威夷人來說，有件事沒有改變，也就是傳統的卡普體系，亦即「禁忌」。貴族與平民的行為、特權都是由卡普界定，但卡普還有更深層的意義——一種根據天人相應的宇宙秩序為基礎所建構的法律形式。違反卡普，等於挑戰「秩序」與「存有」本身。

儘管夏威夷有了這麼多的變化，卡普仍然主宰了日常生活，尤其是女性的行為舉止。她們不能跟男性一起吃東西，不能在鹹水中捕魚，也不能吃香蕉、紅肉，甚至是豬肉。她們使用拼板舟的機會有限，經期中的女性更是不能靠近丈夫。卡美哈梅哈對於打破卡普體系不感興趣，畢竟他和卡胡納都很清楚，這麼一來改變的就不只是局部的習俗，連整體社會秩序都有顛覆的風險。

不過，這阻擋不了王后卡阿胡曼努在卡美哈梅哈停下腳步的地方，繼續推動夏威夷社會的轉型。卡阿胡曼努是一位非凡人物，她是貴族之女，也是國王的愛妻，以睿智、勇敢與美貌聞名。國王辭世時，卡阿胡曼努披起他的披風，執起他的長矛，確立自己成為「共治者」（*Kuhina nui*），與不久後加

權力與目標：夏威夷王后卡阿胡瑪努（Ka'ahumanu）。（Credit: G. Langlume, "Ka'ahumanu, Queen of the Sandwich Islands," from *Voyage Pittoresque autour du Monde*, 1822 (colour litho) by Ludwig Choris (Louis) (1795–1828). Bibliothèque Nationale de France/Giraudon/The Bridgeman Art Library.）

冕為卡美哈梅哈二世的王儲利霍利霍（Liholiho）一起執政。就算人們對於夏威夷在偉大的國王過世後的未來有所疑慮，也迅速煙消雲散了。沒有人敢反抗她。

卡美哈梅哈一世對於古代法律與宗教決不退讓，但卡阿胡曼努卻準備推翻卡普，推倒這座阻絕自己踏進男人世界的高牆。她和新王利霍利霍的生母聯手，影響新王，終於說服他做一件非常簡單、卻能翻天覆地的事：在公開場合與她一起用餐。這件事發生在一場招待外賓的宴會上。活動中，利霍利霍和客人一起享用烤豬，而卡阿胡曼努在他身邊坐下，吃了起來。夏威夷人看得目瞪口呆，但什麼事情都沒有發生。面對這種公然挑戰自己神聖權威的行為，卡胡納顯得蒼白無力。由卡普所維繫的社會區隔與宇宙觀開始解體。[18]

夏威夷社會內部的這種騷動，構成了一八二〇年基督教傳教士到來時的背景。這個時機點對於傳播新宗教極為有利，而傳教士的知識也令人神魂顛倒。夏威夷酋長也覺得新信仰有一部分相當吸引人。學習讀寫夏威夷語與英語，其實牽涉到權力。酋長若能與布道團保持良好關係，不僅能獲得商品，還能透過運用母語的新方法而提升嗎那——他們迅速發表聲明、宣告，並且發行報紙給子民閱讀。靠著布道團的印刷機與傳教士，夏威夷社會迅速成為全世界識字率最高的地方之一。

國王將《聖經》教誨調整成一套道德與法律規範，隨著文字一起推行。此外，商船與傳教士本身的出現，帶來了島上原本沒有的天花與痲疹等致命疾病。夏威夷和太平洋各地無異，無數的村落在痛苦煎熬下消失，不確定感與恐懼瀰漫著。隨著卡普體系式微，傳教士根據十誡發展出一套法典。卡阿胡曼努是一位虔誠的權力掮客，她和傳教士聯手，摧毀舊神的雕塑。一旦打倒舊神，酋長改宗新信仰，整個村落或行政區也跟著風行草偃。

但不是每個地方都發生相同的情況。在夏威夷大島的普納（Puna）與卡霧（Ka'u），百姓是確確實實活在女神佩蕾（Pele）的陰影下——這位脾氣最暴烈、最讓人害怕的女神，會從基拉韋厄火山（Kilauea）

的坑口噴發火雨。熱情的普納女酋長卡皮歐拉妮（Kapiolani）改宗基督教時，她的子民並沒有跟隨她的腳步。

一八二四年，卡皮歐拉妮決定前往基拉韋厄火山，直接衝撞佩蕾崇拜，藉此立威。家人與隨從懇求她好好考慮，但她不為所動。她說：「要是佩蕾毀滅我，你們就崇拜她。要是沒有，你們就必須改信唯一的真神。」傳說，她走下火山口，宣讀《聖經》時遭到佩蕾女祭司的挑戰。她撿起石塊，扔進火山的烈焰，吃下神聖的漿果，高喊「我不怕佩蕾」，結果四周毫無動靜。[19]

酋長的支持對傳教的成功來說至為關鍵，而傳教士則回過頭來對政府與社會發揮極大的影響力。他們成為王室幕僚，在貴族的支持與資金挹注之下興建學校與教堂。布道團跟商業利益也深深掛勾，強迫君主調查、登記、分割夏威夷的公有土地，變成私有財產，而他們也為了自己的利益購入大片土地。即便傳教士奪走了平民的土地與傳統，國王通常還是容忍他們，作為反制商船的手段——捕鯨人與商人目無法紀、道德敗壞，行事傲慢又不講原則，酋長們雖然想要他們帶來的商品與生意，但他們的行為舉止又很危險。虔信、權力與鬥爭，在一個迅速變化的社會中糾葛不清。

拉海納等港口城鎮的情形尤其嚴重。雖然傳教士跟捕鯨人同時來到夏威夷，但雙方彼此衝突；前者在講道時除了批評蘭姆酒與混亂的酒館，也挑剔後者的壞毛病、愛鬧事又行為粗鄙。補鯨人的酗酒、暴力與疾病（性病與傳染病皆然）讓人既反感又害怕。布道團領導人與國王合作，頒布法律要約束水手，不讓夏威夷婦女靠近外來的船隻。捕鯨人用威脅與暴力報復：一八二五年，拉海納的牧師威廉．理查德茲（William Richards）一家差點在一群憤怒、武裝的水船員手中遭遇不測，多虧本地牧區居民堅定站出來救了他們。多年後，其他暴民甚至制服地方上的警察，焚燒建築物，如果船上有大砲的話，甚至還會威脅砲轟城鎮，以反對讓他們不滿的法律。[20]

執掌命運的當地領袖

從密克羅尼西亞的科斯雷島（Kosrae）與波納佩島，到大溪地的帕皮提（Papeete），統治者、傳教士與船員之間的衝突與合作，在太平洋各地的捕鯨重鎮處處可見。紐西蘭的島灣（Bay of Islands）是另一座得天獨厚的港口，不僅河流眾多、木材資源豐富，而且掌握政權的地方酋長樂於與捕鯨船合作，又是追蹤、捉拿逃跑水手的專家。這裡和其他捕鯨重鎮類似，酋長們最主要的需求是酒類與槍械，但金屬器與棉製品也是大宗，而捕鯨人則滿足這些需求，以交換番薯、豬肉、露水情人與僕人。據說，歐裔船長有時候會拿有刺青的頭顱當紀念品，偶而甚至是傳教士祕密地提供給他們的。[21]

大多數的布道團領導人跟酋長、統治者是基於共同利益而聯手，但也有人建立起比權宜手段與互相利用更深厚的關係。盧阿塔拉（Ruatara）的例子就是很好的例子。這位來自島灣的青年酋長既非容易受騙的鄉巴佬，亦非一圖己利的領導人。盧阿塔拉和十九世紀初的其他毛利年輕人一樣，曾經在南太平洋水域為幾艘不同的船隻工作過。一八〇五到〇九年，他在將近四年時間中，服務於駁船與捕海豹船，待遇有時候不錯，但大多還是得餓肚子，船長會苛扣薪水，甚至說話不算話。他在這段期間，結識了澳洲新南威爾斯殖民地教士山謬．馬斯登（Samuel Marsden）。

各方一致認為，馬斯登是個善體人意的人。他認識盧阿塔拉的老酋長特帕西（Te Pahi），並前往不列顛請願，希望在紐西蘭成立學校，讓特帕西這類重視教育的人，把學生送來接受教會的栽培。只是特帕西不幸被一群捕鯨船船員殺害，原因是他們誤以為特帕西是屠殺貨船「波依德」號（Boyd）船員的罪魁禍首，但真正的凶手其實是敵對的毛利酋長。一八〇九年，馬斯登在返回澳洲途中，意外發現盧阿塔拉也在同一艘船上。盧阿塔拉先前曾設法前往英格蘭，以為自己能見到英王喬治三世。因遭人毆打而帶傷咳血的盧阿塔拉於是隨著馬斯登返回澳洲的帕拉馬塔（Parramatta）休養，從而在此學到許多關於農具、種子與農法的知識。

盧阿塔拉回到島灣，接下了特帕西的領袖位置，胸懷壯志的他試著實現自己的農業計畫。他還抓住了機會，在自己的土地上為一所教會提供保護，各種生意、西式教育，以及與澳洲交流的機會也隨而來，令競爭者忌妒不已。

一八一四年底，盧阿塔拉帶著友人馬斯登率領的布道團來到島灣，準備在一八一四年的聖誕節當天，舉行紐西蘭土地的第一場主日。盧阿塔拉用柵欄圍出半畝地，以舊的拼板舟為材料，搭起講壇與座位。十點整，他召集全村人，馬斯登開始講道。一位老人家循當地傳統，問盧阿塔拉「這白人說的話是什麼意思啊？」盧阿塔拉回答：「你不懂他現在說的話，但一天天過去，你會懂的。」[22]

這句話頗堪玩味。盧阿塔拉畢竟是在特帕西死後當上酋長的，而特帕西同樣是馬斯登的朋友，以前也多次前往澳洲，對殖民地有所認識。英格蘭人的技術與聚落讓特帕西印象深刻，但他對刑罰制度與原住民的生活情況也為之駭然，認為他們已經萬劫不復了。

上帝之道與勇士：山謬．馬斯登與毛利酋長見面。（Credit: *Landing of Samuel Marsden at Bay of Islands*, December 19, 1814. Engraving, 1913. Alexander Turnbull Library, Wellington, New Zealand.）

的確。馬斯登這次布道的二十多年後，島灣最大的聚落科羅拉雷卡（Kororareka）仍然是個破爛不堪的聚落——粗製濫造的房子、帳篷，和一群由流浪漢、水手、工人構成的流動人口。美國駐島灣領事約翰．布朗．威廉斯（John Brown Williams）認為，聚落雖然帶來交易機會，卻也嚴重削弱了毛利社群。威廉斯把外來的船隻稱作「漂浮的賣淫堡壘」，推估「從一八一八年至一八三九年……某些部落有半數以上的人死於疾病」。[23]

終其一生，盧阿塔拉都是英式思想的熱情擁護，對馬斯登和他的傳教士也照顧有加。但他不是沒有疑慮：他曾經告訴馬斯登，自己在傑克遜港聽過傳聞，說紛至沓來的歐洲人終究會讓毛利人淪落到澳洲原住民的境地，而傳教士不過是最早來的人。

第12章 南方大陸的盡頭

Extremities of the Great Southern Continent

一九九五年在澳洲，一艘精心打造的「奮進」號（*Endeavour*，大航海家詹姆斯・庫克的旗艦）複製品離開了停泊、試航的地點夫利曼特（Fremantle），航向雪梨。許多小船組成的艦隊伴隨著奮進號駛入雪梨港，上千名圍觀群眾倚著歌劇院周圍的矮牆，看著此情此景。隨著船靠在戰艦階碼頭（Man O'War Steps），好奇、熱情的群眾也加入了歡迎的行列。[1]

這艘復刻版的奮進號是一九八八年一月由當局委人製作，作為送給澳洲民眾的兩百週年禮物，以慶祝庫克船長的航海功績——一七七〇年，庫克為不列顛海軍繪製了澳洲東海岸的地圖。奮進號此行，可說是歐洲人認識澳洲大陸，產生興趣的英勇序章。最早的殖民聚落隨之而來——船長亞瑟・菲利普（Arthur Philip）率領第一艦隊（First Fleet）的十一艘船與一千三百五十名乘客（半數是經過定罪的囚犯），先是登陸植物學灣，不久後轉往傑克遜港，並於一七八八年一月二十六日宣告占有澳洲東海岸，升起不列顛國旗，具體而微地展現了殖民的過程。這一天就是澳大利亞日（Australia Day）的由來。艦隊的成員以罪犯和警衛為主體；這是因為不列顛人過去習慣把囚犯流放到大西洋對岸，但一七七六年美洲革命之後，原本的做法已經行不通，於是改成把這些人送往南太平洋。

艦隊成員開始在傑克遜港建立流放殖民地，但傑克遜港不利農作，這些未來的農夫也沒有農耕經驗，對農具與種子缺少起碼的認識，加上傳染病與嚴酷的生活環境，囚犯差點全數餓死。後續從不列顛送來的補給與流放犯殖民者拯救了這座殖民地——也就是兩百年後的著名大都會，雪梨。

在復刻版的奮進號駛入雪梨港的同一天，原住民團體在附近的路障後方，舉起紅、黃、黑三色的原住民旗幟，拉起印有「勿忘白澳洲的黑歷史」和「一次還不夠嗎」等字樣的布條。復刻版奮進號轉往紐西蘭，船員在奧克蘭港受到盛大歡迎，但幾個小時後接到基瓦久候地議會（Te Runanga O Turanganui a Kiwa，吉斯伯恩〔Gisborne〕的部落議會）的通知，表示不歡迎這艘船前往貧窮灣（Poverty Bay）。抗議人士在奧克蘭登上船，導致警力到場關切，也讓接下來繞航紐西蘭北島的六週航程變得相當緊繃。其餘港口沒有發生類似事件，部落團體歡迎船隻到來，許多還以拼板舟聚集和致意儀式迎接奮進號，但他們跳給來訪船員看的儀式性哈卡戰舞（haka），也是一種嚴正的聲明。[2]

當局以兩百週年慶活動紀念流放囚犯與移民先驅的篳路藍縷，雪梨的報紙同樣報導了英格蘭的古利族（Koori）運動人士計劃打著澳洲原住民旗，宣布占領不列顛群島的消息。澳洲各地的示威抗議也登上頭版頭條。這並不是頭一遭。澳大利亞日一百五十週年，就是在原住民抗議下舉行；等到一九七〇年四月二十九日的庫克登陸克內爾（Kurnell）兩百週年紀念日，澳洲原住民暨托雷斯海峽島民權益促進聯合會（Federal Council for the Advancement of Aborigines and Torres Strait Islanders）則是在詩人凱絲·沃克（Kath Walker）的帶領下，宣布當天為悼念日。至於墨爾本，為數可觀的群眾聚集在財政部花園（Treasury gardens）的庫克船長小屋（Captain Cook's Cottage）譴責這位航海家，並要求採取恢復原住民土地權的行動。[3]

歷史與相關權利的重建與補償，隨著一場知名的訴訟案而展開。提出訴訟的人不是墨爾本或雪梨人，而是來自北方，來自澳洲與新幾內亞之間的群島。一九九二年，托雷斯群島島民艾迪·馬博（Eddie Mabo）在最高法院關於部落與傳統領域的裁定中勝訴，推翻了澳洲全境的無主地擬制（fiction of terra nullius）——根據這種法理學說，不列顛人占領的是個無人的大陸，而原住民對傳統領域沒有土地權。

開拓天地的民族

澳洲有四百多個語言與文化各不相同的族群，各自生活在不同的地區與部落中，例如新南威爾斯與維多利亞的古利族，以及阿納姆地（Arnhem Land）東北部的悠龍族（Yolngu）。在這些被統稱為「原住民」的族群眼中，澳洲大陸顯然不是空無一人，也並不遺世獨立。悠龍社群有著極為豐富的口述歷史、傳說與神話，故事中提到的神靈與祖先跟四散的南島語族氏族，在人類學意義上有著密不可分的關係。他們順著島嶼與部分露出海面的巽他與莎湖陸橋南下，經過新幾內亞，跨越托雷斯海峽群島，在澳洲大陸開枝散葉。

人類抵達澳洲大陸的故事，不僅與考古試掘的結果吻合，發展路線也能由原住民群體為了清理森林或驅趕獵物而留下的木炭與火燒痕跡加以回溯。考古學與人類學研究指出，各個聚落先是在其環境中達到生態平衡，接著發展出大規模狩獵。證據顯示，失去飛行能力的大型鳥類、巨型陸龜與水生哺乳動物的大規模滅絕，不僅跟環境變化有關，也跟某種形式的人類掠食脫不了關係。

古代原住民群體往南發展，用了數千年時間，抵達遙遠的塔斯馬尼亞。四萬多年前，採集漁獵者便在澳洲大陸上來回穿梭。隨著更新世冰河開始融化，海平面再度上升，導致新幾內亞與澳洲之間的平原與低地遭到淹沒，甚至澳洲南方與塔斯馬尼亞之間的陸地也隱沒於海水之下。濱海與島嶼聚落被海水逼得往內陸遷移；實際上，當地原住民傳說也提到魚從天降，以及巨浪淹沒陸地的現象。

這種傳說是澳洲原住民歷史的關鍵，畢竟他們並不是用物質、古蹟、考古遺址與貿易模式展現文化底蘊，而是經由「歌之徑」（songlines）來勾勒大陸的輪廓與精神意涵。十九世紀時，澳洲學者開始詳盡研究原住民系譜與宇宙觀，他們把目標放在類似「Alcheringa」的阿蘭塔族（Arunta）的詞彙——一般把這個詞所代表的體驗，翻譯為「夢幻時」（Dreaming）或「夢時光」（Dreamtime）。[4]

回到久遠以前的歷史時代，南方大陸「班岱揚」（Bandaiyan）——澳大利亞——的起源故事其實並非源於第一艦隊，而是源於第一民族（First Peoples）所縱橫、穿越的起起起伏。傳說中的祖先在旅行途中，透過命名與歌唱的方式讓世界成形，創造出自然力、土地、植物與動物。「夢幻時」不僅包括這段古老的創世時代，也網羅了眼下的精神與物質現實，而日常生活中轉瞬即逝的事件和經歷，便以此為背景鋪展開來。

根據傳說，地底下的彩虹巨蛇（Rainbow Serpent）從休眠中甦醒、破土而出，用蛇軀刻劃出地貌，而湖泊、河川則注滿了祖靈之蛙吐出來的水。原住民社群是「夢幻時」與生俱來的繼承者與展現者，他們透過舞蹈、故事，以及對於經驗的「掌握」，進而與神靈維持關係。

有些活人能穿梭於「夢幻時」與現實世界，處

夢與歷史：澳洲原住民穿梭陰陽界的靈魂旅程。（Credit: Aboriginal bark painting showing the path taken by the soul on its journey to the other world. Private Collection/The Bridgeman Art Library.）

在前後延續卻又同時存在的過去、現在與未來之中。對於澳洲北海岸原住民來說，大海是生死宇宙觀不可分割的一部分。在金伯利（Kimberly）海岸，人們認為婦女之所以懷孕，是因為來自礁岩的童靈進入了她的身體裡。阿納姆地的悠龍族認為，靈魂誕生於特定的水下礁岩，而這些礁岩就是「靈魂的儲藏庫」。這種實體可以化身為儒艮與鯊魚、磯鱈等魚類。日常生活中的經驗，都是由多重的現實與存有所組成的。[5]

然而，對於歐洲探險家來說，澳洲是一片白板。他們認為原住民文化數萬年來「幾無改變」。歷史學家傑佛瑞．布萊尼（Geoffrey Blainey）在煌煌巨冊《距離的暴虐》（*The Tyranny of Distance*）寫道：「十八世紀時，世界正演變為單一的世界，但澳大利亞仍然遺世獨立……比喜馬拉雅山脈或西伯利亞最中心還要與世隔絕。」[6]

「南之又南」（Down Under）的論調，便肇始於這種孤絕的意象。一六〇六年三月，荷蘭探險家威廉．揚松（Willem Janszoon，一五七一至一六三八年）成為第一位看到昆士蘭的歐洲人；同年稍晚，西班牙探險家路易斯．巴埃茲．托雷斯則駕駛自己的船隻，穿越那一條將澳洲與巴布亞紐幾內亞分隔的海峽。當時的人把這塊大陸稱為「新荷蘭」，阿貝爾．塔斯曼等歐洲航海家一代又一代，慢慢繪製出新荷蘭的海岸輪廓，但談不上對該地有詳盡的認識。

一六八八年，威廉．丹皮爾將船開到澳洲西北海岸（他是第一位這麼做的不列顛探險家），然後由一批法國測量員繪製地圖並測量水深。然而，歐洲人對澳洲東海岸仍然很陌生，情況直到詹姆斯．庫克在一七七〇年測繪地圖，並宣布該地為不列顛所有之後，才有所改觀。

流放之地的生活

由於美國獨立，不列顛為了流放囚犯，只能繼續占領新的海外領土。不列顛澳大利亞（British Australia）於是發展成服刑殖民地。一七八八至一八六八年間，強行流放到當地的男女已決犯將近十六萬人。自一七九〇年代起，自由身的移民也構成澳洲人口的一部分。大多數已決犯都是輕罪犯，缺乏農耕或修築農舍的知識。有些犯人是女性，年紀通常落在二十多歲。她們來自愛爾蘭或英格蘭，未婚比例高，雖然不會寫字，但文字能力還足以應付閱讀所需。大多數女性囚犯是偷竊被抓，有些是賣淫，判處七年的流放。

早期的服刑生活艱困而殘酷。男囚女囚全部混在一起，暴力相向、暴動與死刑都是家常便飯。許多罪犯本來是城裡人，沒有務農經驗，種不活莊稼，挨餓當道。從聚落走失到灌木林中的牛羊，後來被人找到的時候，其體態都比給人餵養的情況還要好。[7]

根據檔案紀錄，結婚的罪犯生了許多兒女；但在一開始，當局沒有為這些孩子提供像樣的教育或宗教指引。英格蘭只是不停把罪犯送來。犯人們抱怨當局並不打算把殖民地發展為拓荒的自由聚落，而是透過軍事獨裁，維持廉價的囚犯勞動力。他們的指責不無道理。

一部分軍人雖然獲得授田，但行政長官靠補給品謀取暴利，更把持了酒類供應。人們向軍政府發起抗爭，導致殖民地第三任行政長官威廉．布萊（這是他在邦蒂號嘩變後找到的新職位）遭到逮捕。從蘭姆暴動（Rum Rebellion，一八〇八年）到平民發起的尤利卡城寨（Eureka Stockade）起事（一八五四年），澳洲民族史上這幾筆濃墨重彩，勾勒出一種當地人特有的性情：那是身為開拓者的活力，對不列顛帝國政府獨裁感到不滿且嗤之以鼻。

反抗的同時，許多犯人也死於壞血病、霍亂等疾病，最初幾年的生活特色就是奴役、疾患、饑餓與赤貧。殖民地以越獄者聞名，瑪莉．布萊恩特（Mary Bryant）就是其中一員。一七八六年，二十一歲的她因為偷竊被捕，判處死刑。她的刑度經過減刑，降到當年標準的處罰：流放到澳洲服刑殖民地七年。

上了囚船之後，她懷上了同是罪犯的威廉．布萊恩特（William Bryant）的孩子。瑪莉與威廉育有一子艾曼努爾（Emmanuel），但抵達殖民地後過了幾個月，三人都餓到前胸貼後背。出於絕望，他們偷了一艘小船，往北航向當時有許多荷蘭聚落的帝汶島。他們上了岸，告訴當地行政長官自己是船難的生還者。在世界的這個角落，他們的說詞不失可信；但當局知道實情以後，便把他們統統上銬，送去疾病肆虐的巴達維亞。三人中只有瑪莉活著返回英格蘭，在一七九三年獲得赦免。後世有許多小說與影集以她的生平為主題，而少年讀物作家最喜歡拿她的故事借題發揮。

對於無法逃出生天的人來說，日常生活就是煎熬。身為罪犯，他們的命運就是以無薪勞工的身分為人做工、服完刑期，他們得耕地、蓋房子、打掃、洗衣服。一八〇四年後，大部分的女囚被強制送往帕拉瑪塔女工廠（Parramatta Female Factory）監禁，在廠裡縫紉、紡紗，或是耕作。布里斯班與塔斯馬尼亞等地也興建了女子工廠。有些設施是特別為懷孕的女囚設計的，其中也有為嬰兒提供的托兒所，但孩子大了就得送去孤兒院，除非他們的母親展現出能養活孩子能力，或者已經服完自己的刑期。

少數婦女將當時女性可用的對策——嫁入好人家，運用敏銳的商業嗅覺，以及操持家業——幹練發揮，飛上枝頭，譬如一位年輕的英格蘭孤兒瑪莉．雷比（Mary Reibey），今天澳幣二十元面額鈔票上的人物。瑪莉因為偷了一匹馬而被判流放七年；一七九二年十月，她搭乘的運囚船在新南威爾斯靠岸。兩年後，她認識了一名跟海洋關係匪淺的男子——英格蘭東印度公司在亞洲的前雇員湯瑪斯．雷比（Thomas Reibey），兩人結為連理。夫妻倆在雪梨北邊獲得授田，建立莊園。瑪莉打造出農場，而湯瑪斯則是跟合夥人愛德華．威爾斯（Edward Wills）聯手，把葡萄酒與烈酒生意經營得風生水起。

雷比與威爾斯是航運業者，他們擁有三艘船，從雪梨的進口業得到可觀的利潤。一八一一年，湯瑪斯與愛德華・威爾斯雙雙過世，瑪莉一下子成了帶著七個孩子的寡婦。不過，她巧妙經營自己的事業與戶頭，進一步在塔斯馬尼亞與發展中的雪梨城周邊購買更多產業。今人眼中的她，是一名慈善家與學校創校人。[8]

這種故事彰顯了囚犯的抱負與堅毅，彰顯他們在艱苦的新世界努力求生。許多受刑人辛苦服完刑期。有關從英格蘭流放到新南威爾斯的罪犯檔案，已經獲得深入的研究。刑事檔案能夠讓人一窺他們艱困、難受的生活，也讓我們了解不列顛澳大利亞的基礎，絕對不是用「一群懶惰、犯上、不守秩序、酒氣沖天的惡棍」就可以一筆帶過的。[9]

一七八三年，亨利・凱伯（Henry Kable）和父親因為行竊，在諾福克（Norfolk）的塞福（Thetford）被判死刑；父親上了絞刑架，而亨利減刑為七年。他在監獄認識了蘇珊娜・霍爾姆斯（Susannah Holmes），兩人育有一子。亨利在殖民地擔任夜班守衛，得到三十畝地的授田。他靠著這片田做起小生意，並且在一七九九年時設法獲得警隊長一職。日後，他更憑藉著買賣海豹皮、蘭姆酒、鐵礦、木材，以及對於一艘單桅縱帆貨船的部分所有權，在七年後打造出超過兩百畝地的莊園。

約翰・藍道（John Randall）在一七八五年因偷竊一條銀錶鏈而受審，被判七年流放。他結了兩次婚，把自己得到的授田賣給別人；根據對方描述，他是個「身材結實、身高六英尺的黑人，很會吹笛子，小鼓也打得很好」。到了一八一〇年，他成為雪梨城警長，之後又升官到塔斯馬尼亞任管理職。

愛德華・普尤（Edward Pugh）偷了一件大衣，在一七八四年遭到定罪，流放新南威爾斯當木匠。刑期屆滿後，他獲得七十畝的授田，位置在帕拉瑪塔以西。一名軍官提到普尤擁有的土地的前景不甚理想：不光缺水，拓墾的移民還經常遭到「綠林好漢」（bushrangers，逃犯與法外之徒）打劫，「能夠堅持下來的農民少之又少，大多整天憂愁，無精打采」。但愛德華・普尤顯然經營有成。檔案顯示，他在一八〇二年獲得一處位於河成湖湖畔的百畝土地為授田，後人將那座湖稱為「普尤湖」（Pugh's

Lagoon）。[10]

流放犯拓殖者被拉進太平洋的迴圈，形塑了不列顛澳大利亞。前述的故事不僅清楚說明他們白手起家的過程，其中幾個案例更是不乏讚美的意思。獲得自由身的囚犯與政府有著共同的利益——更進一步說，許多這類「成功」故事的背後，其實是獲得自由身的囚犯與政府之間共同的利益所在：以授田方式擴大澳洲的開墾。但是，授田也意味著衝突——畢竟，儘管有無主地先占原則，但殖民者進入的並非空空如也的土地，而是原住民數千、數萬年來世居之所。

傑克遜港一帶原住民人口眾多，他們與測繪員、調查團或小商人之間一開始的互動，其實是在好奇心與不確定感中進行的。不列顛官派的行政長官亞瑟·菲利浦（Arthur Philip）努力展開對話，試圖用麵包、稻米交換漁獲，用金屬工具交換武器，但雙方對於彼此文化與語言的知識實在太過不足，不耐煩的殖民者不停索求大片土地。早在一七八八年，就有兩名罪犯在採集燈心草蓋屋頂的過程中，在捕魚的地方偷了一艘拼板舟，結果被殺。小規模衝突

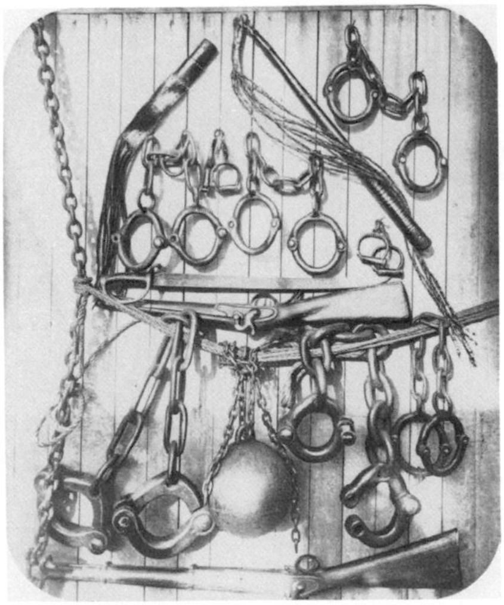

流放犯的歷史遺跡：鞭子、腳鐐與不列顛流放刑。（Credit: John Watt Beattie, "Relics of Convict Discipline Including Whips, Handcuffs, Guns, and Leg Irons," Port Arthur, Tasmania, CA. 1900 (transparency). National Library of Australia.）

不斷，關係更趨緊張。

隔年，一場天花疫情導致當地原住民人口銳減。或病、或死、或離棄，海岸邊與灌木叢裡到處都躺著人。一名殖民者提到：「當時有個本地人跟我們一起生活，我們帶他去港邊，找他以前的同伴，但凡見到他臉上表情與悲痛的人，絕對無法忘懷……這裡四處都見不到活人。」

殖民者占領土地、圈地，原住民的獵場與採集場也因此割裂。原住民群體賴以維生的土地、水源、獵物與漁場愈來愈小。群體間拳頭相向，莊稼遭竊；失蹤的罪犯死於長矛之下，原住民則中槍身亡。殖民者組織起來，追捕、殺害原住民。一八三八年，邁爾溪（Myall Creek）發生一起駭人聽聞的事件——來自幾座大牧場的殖民者殺害了二十八名男女與兒童，但他們甚至連上了絞刑台，還在高喊殺害黑人不犯法。澳洲原住民遭到迫遷，失去財產。礦工與遊騎兵在「夢幻時」的世界中設置哨站，用圍籬圍起來，立法將沒有所有權人的土地盡數劃歸不列顛王室所有。歐洲人的殖民地就在這種法規下不斷擴大，把其他人都打為入侵者。[11]

愈來愈多自由身的移民來澳洲開墾，綿羊與羊毛收入的前景尤其吸引他們；到了一八五〇年代，淘金熱又引發一波致富的想像。數以千計的歐洲人找到門路，開始來此飼養綿羊與牛隻，或者取得礦脈的所有權；數以萬計的華人移民在這些小礦場裡工作，偶有留下飛黃騰達的故事，但他們跟歐洲人的關係也始終緊繃。史料中不只有反華暴動與幫派，也勾勒出木板屋、前店後屋、小廟宇與宗祠的漆柱構成的聚落。

昔日的澳洲就此發展出一段故事，故事裡有遼闊的土地與胼手胝足的開墾，有經商、自然資源，以及農場、牧場、礦場重勞力傳統所帶來的機運與新的財富。澳大利亞聯邦（Commonwealth of Australia）於一九〇一年成立，六個洲根據同一部憲法，形成政治上的聯邦。同時，根據官方支持的「白澳」（White Australia）綱領，國會同時通過各種反移民法，將亞洲移民排除在外。太平洋島民遭到驅逐出境。十九與二十世紀之交，殖民者與墾荒者人口據估計將近四百萬人。

相較之下，此時的原住民人口則不到十萬人。按照政府政策，許多原住民族人無可避免走向滅絕；他們的孩子被迫離開家人，在國家與教會設施中長大，以求讓他們做好準備，在族人消失的情況下還能過生活，結果反而成為「失竊的一代」（stolen generation）。行政官僚不認為澳洲原住民文化會有所演化，不像歐洲、爪哇、峇厘或玻里尼西亞等地的情況——畢竟澳洲原住民沒有國王，沒有蓋廟宇，沒有大片的田園與大型農耕社群。一百多年前，丹皮爾提出惡名昭彰的主張，說明澳洲原住民很原始，還停留在石器時代，衣不蔽體，蓋不出遮風避雨的地方，甚至說他們是「世界上最悲慘的民族」。誰知道，政府的觀點似乎跟丹皮爾似乎沒有差別。[12]

不過，澳洲的原住民文化持續在發展，尤其是跟擴張中的歐洲人殖民地沒有密切接觸的地方。一九八八年在植物學灣或傑克遜港舉辦的兩百週年慶活動，必須要與北澳大利亞的紀念活動搭配，才算相輔相成——一艘古色古香的東南亞八櫓船從印尼群島望加錫揚帆出發，在北澳靠岸。阿納姆地的人把這艘「北澳之心」號（*Hati Marege*）的到來，視為歷史性的重逢。悠龍族長老擁抱望加錫人，接續一段被人遺忘的過去。

望加錫的遺產

澳洲史必然是海洋史——雖然深入的是內陸沙漠與灌木林的意象，但故事的起初確是海岸與港灣，從傑克遜港沿岸發展成雪梨，牧場、聚落與農場一路往藍山山脈（Blue Mountains）擴大。

另一方面，澳洲史也有一段始於北方的歷史。淹沒在水下的遠古陸橋，將澳洲大陸與東南亞連繫起來，讓原住民的南島語族祖先得以在史前移居至此。托雷斯海峽群島居民發展出成熟的芋頭與番薯文化，以及貝類與鰻魚養殖業技術，後來更順應環境，推廣到整個大陸沿海的族群。丁格犬（dingo）等馴化後的動物，則是源於東南亞的人類伴侶。無論是工具與新語彙、長矛等各種武器、播下的種子、捕獲的獵物、收穫的莊稼，都是謀生的重要元素，也說明了當地對新工藝與工具製造方式的採納。

早在不列顛人到來之前的數個世紀，澳洲大陸便已透過貿易網絡，與中國和馬來世界相連。從歐洲人來到之前與來到的當下有關澳洲北海岸的史料，都可以看出這一點。阿拉伯、印度與中國的貿易世界，跟原住民文化之間已有互動，也因此澳洲史確實可以追溯至此。零星的證據四散澳洲各地，而我們也可以從考古學研究和民間傳說中一探究竟。一九〇九年，埃及統治者托勒密四世（Ptolemy IV）的錢幣在昆士蘭的凱恩斯（Cairns）附近出土。曾經有人在西北海岸的達爾文市附近一棵榕樹的樹根下，挖到道教滑石小雕像。卡本塔利亞灣（Gulf of Carpenteria）甚至有十五世紀明代中國瓷器被人打撈上岸。[13]

對新南威爾斯的不列顛人來說，澳洲北部的歷史是末端，是與世隔絕、無所相關的地方。不過，隨著傑克遜港的殖民地擴大，行政長官需要更詳細的地圖繪製，才能尋找新的開墾與謀生機會。更有甚者，他們知道尼可拉．博丹（Nicholas Baudin）指揮下的法國航海家正試圖開疆拓土。雖然他們還不知道這是一塊廣袤的大陸，但探勘、占領其餘海岸線與領土的競賽已經展開。

有關探索、殖民、開發澳洲北方的海上傳說故事，始於荷蘭人揚松，以及葡裔西班牙航海家托雷斯；前者繪製了約克角半島（Cape York Peninsula）西岸的地圖，後者則航行在未來以他的名字命名的海峽與群島之間。海軍上校馬修．弗林德斯（Matthew Flinders）奉傑克遜港行政長官之命，首度環航這塊大陸（一八〇一年至〇三年），並與船員用了好幾個月的時間，探索卡本塔利亞灣與整個北部。

一行人登上沙島，驚訝地發現「顯然是外來的器物，而且他們以前在別的地方看過類似的東西——幾個破陶罐、一枚木製船錨、三根小舟用的舵、一些竹簍殘骸、一頂用棉線縫製的中式棕櫚葉帽子，以及一條破掉的藍色棉褲」。他們還在海邊找到四十座小石圈，只是用途不明。[14]

弗林德斯大惑不解，但六艘望加錫船隻的出現，解決了這個謎團。弗林德斯原本以為這些八櫓船載著的是海盜，但馬上得知他們是來自印尼蘇拉威西島的採集人。弗林德斯邀請這六艘船的船長登上自己的船，並且讓船上的馬來廚師居中翻譯。這些船長都是穆斯林商人，為首者是一位身材敦實的男子，名叫普巴素（Pobassoo）。普巴素所率領的只是一隻大艦隊的分遣隊，效忠於波尼國（Bone）的拉者；他們順著季風來採集澳洲水域的海參，是個代代相傳的活動。這下子，海灘上石圈的用途就此水落石出——它們不是造船用的基礎支撐，而是用來煮滾、加工海參的火坑。

卡本塔利亞灣是太平洋的又一處跨地域空間。下錨於灣內的不列顛澳大利亞人開始跟馬來穆斯林世界接觸，計劃將海產賣給華商與荷蘭東印度公司商船。八櫓船會從澳洲水域滿載當季的海參，返航蘇拉威西島。從古老的插圖中可以看到，港邊商人與工人的身影倒映在鋪面卸貨區與海堤上；圖中有石砌的水井，棕櫚樹下有架高的茅草屋，密密麻麻蓋在泥濘的道路旁。海參船的船員來自望加錫地區，

來自遙遠水域：望加錫漁民在澳洲北部收成海參。（Credit: H. S. Melville, Macassans at Victoria, Port Essington, 1845, published in *The Queen*, 8 February 1862. Courtesy of the National Archives of Australia.）

但也有人來自更北方的武吉士人勢力範圍。船上還載著來自新幾內亞、爪哇與斯蘭島（Ceram）的潛水夫與工人。進了港，漁夫和代理人開始講價，談妥條件，然後把海參舀起來，裝載到中式戎克船上。[15]

這種常態性的交流令弗林德斯憂心忡忡。假如普巴素口中的生意經確有其事，那麼弗林德斯的測繪結果，以及對「澳大利亞」的領土主張，恐怕就會受到更早來到此地的華人、荷蘭人與馬來人所挑戰。普巴素似乎對這種爭奪沒有興趣，但他和兒子都很想多了解傑克遜港，畢竟此前從來沒聽過這塊大陸上有歐洲人的聚落。

望加錫人與弗林德斯的相遇，固然是歷史上的里程碑，但澳洲與東南亞所共享的海洋世界，其實是望加錫人與澳洲原住民之間悠久的歷史舞台。他們的來訪，是澳洲地方歷史的一環，透過樹皮布畫、石刻、詩歌與舞蹈代代相傳。物質文化中留下了這些歷史的痕跡，記錄著煙草、稻米與紡織品等商品。合作捕魚的習慣，也是這些故事的一部分。

望加錫拼板舟引進之後，阿納姆地的某些文化（尤其是悠龍族）便開始以海為生，捕抓海龜與儒艮等大型動物。工人與冒險家渡過海峽與洋面，而且是雙向的流動。望加錫皮欽語（pidgin）成為共通語言，過程中創造出的共同詞彙，不僅流通於望加錫人與澳洲原住民之間，也流通於原住民族群網絡之中。譬如，用來指白人的「*Balanda*」一字，就是從荷語的「*Hollander*」（荷蘭人）演變來的。

荷蘭人知道，望加錫航路的另一端跟澳洲相接。望加錫人把奴隸送往巴達維亞：一六八五年的運送紀錄顯示，他們將兩百名工人供應給殖民地富孀，以及馬來與華人承包商。十八世紀初的港務記錄也提到「海洋遊牧民族」巴瑤族（Bajau）的漁獲，收帳匯票則記載華商要買的海龜殼與海參，是來自遙遠但獲利甚豐的澳洲水域。[16]

荷蘭船隻後來直接前往澳洲北部海灣，並且發現原住民族群向望加錫商人喊價的方式相當聰明。雙方原本以歐洲人所謂的「小玩意」作為交易基礎，但「小玩意」很快便演變成明確的需求。荷蘭人提到，有一位船長用「兩百套爪哇服裝、兩件印花棉布裡子、兩個紅色鍋子、兩把巴冷刀（parang）、兩把砍草刀、兩只盤子、兩把梳子、兩條頭巾與兩斤……黃銅線」，交換另一個人的海參船貨。[17]

傑克遜港的不列顛殖民地，對海參的買賣開始有了興趣。由於得到弗林德斯的報告，加上不列顛與荷蘭人、法國人的政治鬥爭還在延續，海軍部於是提議控制澳洲北部——也許是為了跟湯瑪斯・萊佛士建立的口岸與貿易殖民地新加坡一別苗頭。除了興建商館與堡壘之外，不列顛人還逐漸透過關稅、規費與扣押商品等方式干擾海參貿易。一八八三年，南澳洲政府（South Australian Government）強令望加錫人付費換取捕魚證，同時對他們用來和澳洲原住民貿易的商品加徵貨物稅。十九世紀末，歐洲人直接投入海參採集。

當局最終在一九〇六年七月正式禁止東南亞八櫓船出現在澳洲海岸。政府在住居報告中主張要保障歐洲殖民利益：「如今，當地船隻既然有探索沿岸的能力，自然沒有充分的理由繼續對馬來人發放許可證。」報告完成的時候，澳洲的反亞裔情緒正水漲船高。澳洲聯邦政府制定了《移民限制法》（Immigration Restriction Act）與白澳政策。一九〇二年的《太平洋島國勞工法》（Pacific Island Laborers Act）也導致成千上萬的島民勞工遭到驅逐、排擠。許多原本的八櫓船船長，在幾年間選擇不再討海為生。到了二十世紀初，澳洲民族史上已經看不到望加錫的遺產了。[18]

一九八八年一月一日，澳洲殖民兩百週年慶活動以全國電視連播節目為起點開跑，以超過七十個衛星連線直播到各個角落。籌備委員會為了如何呈現族群間的競合，像是「養牛戶抱怨前一版的公開儀式出現太多綿羊」而煞費苦心。直播時，各民族的代表在烏魯魯（Uluru）等知名的自然奇景前載歌載舞。大量的出版品講述著澳洲邊境開拓的歷史——從殖民地早期與大溪地的豬肉貿易，到十九世紀晚期來到昆士蘭種植園的大批美拉尼西亞勞工，都是得到認可、表彰的太平洋交流活動。

一月二十六日，兩百萬人與上萬艘船聚集在雪梨港周邊，參與演講、音樂表演、熱氣球秀、飛行特技、煙火秀，以及一場高難度的船隻遊行——兩百艘來自世界的帆船前來與會。得到私人資金挹注下，新南威爾斯早期一位行政長官的後裔，領銜重現了第一艦隊入港的場面。這次活動同樣得到支持者與歷史學家的歡呼與讚賞，認為能教育澳洲人，了解自己的不列顛傳統。[19]原住民團體則舉行反制的紀念活動。

一九八八年，北澳之心號抵達遙遠的澳洲北部，在殖民澳洲兩百週年時紀念、重建另一種連結——不是不列顛人、罪犯、移民與原住民的歷史，而是亞洲與海洋的歷史。這一次的登陸，是為了向當年最後一位造訪悠龍族的船長——胡賽因當蘭卡（Husein Daeng Ranka）致敬。胡賽因當蘭卡在一九〇六年的第四季來到當地，向他的原住民家人道別，捎來一封望加錫商人們的信，並帶來象徵友誼的紗籠。

參與儀式的觀眾接受引導，來到一棵榕樹邊。人們相信這棵榕樹是一座望加錫墳墓，也是鬼魂的居所。傳說指出：「每當那鬼魂看到有八櫓船進港，就會來到海中的一塊岩石上，對船呼喊。等到八櫓船離開時，它會再度呼喊，然後回到樹裡。」一位與會者表示，「他們直覺理解這塊土地，就像我對這片土地的了解一樣。他們的文化就像我們的文化。連夢境都很類似。」[20]

第 13 章 廣州造就的世界

The world that Canton made

有一天，瑙利沃（Naulivou）統治時期的斐濟瓦努阿島（Vanua Levu）外海，出現了一艘奇怪的船。巴烏島（Bau）一帶航海部落的酋長們，站在岸邊的葛鬱金與野煙樹間目不轉睛地看著來人。這些陌生人靠岸後，拿出鐵鉤、小刀、短柄斧，以及鵝、一隻猴子和一隻貓，想做生意。酋長們以往多是跟東加人交易拼板舟、織毯與長矛，不過這些外來者只想採收一些重硬木材——這些樹外表粗糙斑駁，並不適合製作拼板舟，但他們還是砍了樹，在表皮上切幾道溝，然後裝載上船。這艘船只是紛至沓來的其中一艘船而已。不出幾年，島上的酋長們不只跟陌生人做起生意，還會就自己島上的森林和他們簽署合約，組織工班，伐木拖運。[1]

前述的船隻當中，許多艘離開巴烏島之後，便前往島上的酋長們大概都沒聽過的一處港口靠岸。一八〇五年四月，新南威爾斯行政長官從雪梨發信，信上提到「有人派小船去尋找海參，雖然沒有成功找到，卻帶回另一種價值不下於海參的東西，也就是檀木」。據行政長官所言，一般人都知道這種香木是「所謂斐濟群島的物產。對於這個島群，目前我們所知不多」。他促成調查隊前去了解情況，以物易物，採回幾噸的木頭，結果令他大為滿意，並認為檀木「未來有機會成為對中貿易的強勢商品」。[2]船員雖然在雪梨停靠補給，但雪梨不是他們的最終目的地，畢竟對澳洲水手和商人來說，本地其實沒有什麼立香、臥香與香木家具的市場可言。這些船貨還要前往真正的目的地——中國南海岸與知名的珠江。從珠江三角洲逆流而上，就能抵達數個世代以來的太平洋貿易轉口港：廣州港。

上百艘船隻航行在十八與十九世紀遼闊的珠江水面與三角洲水道上，船帆與索具在風中洶湧起伏，殖民地、酋邦、歐洲人、島民與亞洲人在這片水域齊聚一堂。東南亞與印度洋各地的茶葉、絲綢與香料迢迢千里而來，駛入中國海域，從珠江口而上。現在，一種嶄新的島嶼貿易即將展開，大洋洲的貨物、島民和歐洲人將直接乘船而來，進入外貿殖民地。

行商與買辦的崛起

當時的廣州港堪稱舉世無雙。吃水深的船隻在引水人的引導下溯流而上，船長可以仔細觀察暗藏危險的淺灘，舢舨則跟前跟後，提供稻米、漁獲與蔬菜。其他商人沿河經商，卸下木頭、棉布、白銀等沉重的船貨，以及海參和各種製造品，而後在中式戎克船與阿拉伯帆船之間尋找領航員、工人或補給的小舟。河岸滿是倉庫與商館——知名的洋行，飄揚著各國的旗幟，周圍則是露天放置場。這一帶除了競爭生意的公司，還有經紀人、中國買辦、亞洲、美洲與歐洲貿易行中間人所擁有的絢麗園林。

在廣州，「飄洋過海」並非新鮮事。異國商人已經在這一帶經商超過千年，早在唐代就有阿拉伯人的相關記載。幾世紀後，明代商船曾經遍布島嶼東南亞，興盛的戎克貿易把對外貿易帶進中國水域。鄭和的寶船艦隊在這些水道上巡邏。葡萄牙人是最早經海路來到中國的歐洲人，他們牢牢把持中國的對外貿易，但後來見逐於中國本土，最後在一五五七年時遷往澳門周邊。葡萄牙人堪稱外貿霸主，直到荷蘭商船在十七世紀出現才受到挑戰。

一六八三年之後，台灣受到中國管轄，清朝統治者鼓勵商業交流，對外貿易隨之擴大。不只葡萄牙人，廣州對於西班牙人以馬尼拉為根據地經營的貿易，或是對於來自印度的穆斯林商人，以及英、法兩國東印度公司的船隻來說，同樣是貿易重鎮。荷蘭、瑞典、丹麥、普魯士貿易商也在廣州成立商館，美國人與澳洲人則是在一七八〇年代跟上步伐。廣州港是個嘰嘰喳喳的世界，走在這裡，傳入耳中的盡是葡萄牙語、西班牙語、北京話、廣東話、洋涇濱英語、馬來語和印度諸語言，來自歐洲與大洋洲的單字有如機關槍連發。

在這裡，中國與西班牙的關聯尤其值得一提，畢竟數世紀以來主宰跨太平洋航運的傳奇加雷翁船，基本上就是一種轉運貿易。雖然有些貨物原產菲律賓，或者來自香料群島，但從詳盡的貨運清單可以看出，往返馬尼拉與阿卡普爾科的船運中載運的絲綢與瓷器，絕大部分都是在中國取得的。其實，當年的貿易商把西班牙加雷翁船稱為「中國船」（*naos de China*），畢竟船貨之所以價值不菲，正是因為那些來自天朝上國的紡織品、上釉瓷器、黃金、玉石與其他財寶。

另一方面，當時祕魯與墨西哥礦脈開採出的白銀被鑄成銀幣，湧入廣州，成為貿易的標準通貨，廣州口岸也發展為全球性的市場。荷蘭人、葡萄牙人與西班牙人把西印度島和美洲的財富帶入廣州。十八世紀晚期，英格蘭、法國與美國船隻探索庫克船長確立的航線，將加拿大西北岸、俄勒岡與夏威夷群島連接起來，構成毛皮貿易圈。來到玻里尼西亞口岸，商船和捕鯨船、檀木小舟、海參船與茶船挨著彼此下錨，船上載著預計銷往中國的貨物，準備取道帕皮提或紐西蘭島灣，抑或是澳洲昆士蘭，構成貿易迴路。

唯有透過「一口通商」的繁文縟節與行政管理，才能觸及天朝。清朝皇帝擔憂外國擴張，於是在一七五七年下詔，明確限制對外貿易只能在珠江與南中國海的交會處，也就是珠江三角洲頂端的廣州進行。來到廣州的外國人，只能在城牆外、珠江邊興建的特區內活動，區內是密密麻麻的倉庫，也就是所謂的「洋行」。貿易季節從十月到隔年三月，其中簽約與交易占去了大部分的時間，而夏季時外國人則必須撤到位於澳門的歐洲殖民地。

旺季時造訪廣州，將是絕無僅有的體驗——一個全球性的、跨地區交流的世界。數以百計的外國船隻擠在外港與可用的卸貨地，船桅往下游方向延伸數里。數以千計的本地供應商與工人隨之而來，以這些船隻與船員為衣食父母。他們叫賣一籃籃的魚與水果，提供勞力修船，向船長與水手們兜售小東西。外國船隻溯流而上時，滿載雞隻、蔬果、米糧、衣物與人力的舢舨與小艇布滿水面，彷彿水上市集。

上了岸，外國船員沿著水邊的巷弄，往茶館和酒肆推推搡搡而去。來到洋行區的西側，則是販賣書桌、漆木箱、雅致雕刻與藝術品的貨倉主人，和外國船隻的船長討價還價。有幾個區可謂舉世聞名，例如十三行街一帶，「蜿蜒的街道有如迷宮，擠滿圍觀群眾、小販與腳伕……一條街就只賣一種東西，有賣乾貨、可以吃的鳥窩、海參、衣服、絲綢、彩繪玻璃、草藥」。來自世界各地的貿易商與訪客在此談生意，傳遞小道消息，用支離破碎的語言講著誇大的故事。無論是中國人還是外國人，都會用幾個主要語言寫招牌，發行報紙刊登推薦文與故事，

世界的十字路口：中國廣州的商船與商人。（Credit: *View of Canton*, c. 1800 (watercolour and gouache on paper) by Chinese School (nineteenth century) © Peabody Essex Museum, Salem, Massachusetts, USA/The Bridgeman Art Library.）

並提供建議與服務。[3]

從雇用舵手到單純的補給，河面上的一切都跟交易、協商脫不了關係。外國船隻需要領航員引路，才能安全駛過珠江的淺灘與沙洲；通譯翻譯文件，確認貨物，並安排與督察會面。採購員與代理人監督船隻與船員的來去，也確保船員所必須的牛、雞、酒等飲食，以及維修船隻不可或缺的木料、瀝青和繩索不虞匱乏。工人在碼頭邊等待，準備裝卸貨品。船隻必須準備文件供中國官員檢查，而且只有船上裝有貨物者才能繼續前進——只運白銀或是空倉，就有走私的嫌疑。無論是繫泊處沿線，或是滿載違禁品的船艙裡，每一天都有因為政治或利益因素而起的齟齬。

外國船隻下錨的地方稱為澳門錨地（Macao Roads）。如果想通過珠江口的虎門海關，就必須雇用領航員。船隻在虎門接受中國官員檢查後放行，繼續上行到黃埔，在黃埔估定港埠費用，接著所有貨物要轉到稱為「戳船」（chop boats）的中式舢舨上，通過收費站與關署，抵達廣州與洋行。

主持這一切的人，是大權在握的粵海關監督。他以一艘威風凜凜的戎克船為座艦，在四十到五十艘各色船隻組成的艦隊伴隨下，穿梭於商船之間。粵海關監督身著高雅的官服，決定官府對於想貿易的船隻徵收多少稅，並要求船長送禮給皇帝。外國人向他敬禮，他則敲響甲板上的一面大鑼表示回禮。

手下的官員進行評估船隻大小與規費時，粵海關監督則發表談話，向船上的資深船員敬酒，用果乾與糕點宴請他們。中國樂師與船上的樂隊一起奏樂，有時候船員還會演演戲。官府的通事會翻譯雙方的對話與文件。粵海關監督經常在核可港埠費用、關稅等稅單和行為舉止的保證書之後，得到外國人贈送的機械鐘或音樂盒，再交給自己在朝中的上級。[4]

貿易蒸蒸日上，但商人需要納入考量的勢力不只粵海關。從一七五七年至一八四二年這麼長的時間裡，所有官方認可的商業活動皆須透過獲得許可與西方人貿易的商號來進行。這些「行商」受到粵海關的監督。十八世紀時，行商組成壟斷組織——外國人稱之為「公行」——對於進出廣州的貨物價格，他們可以獨斷制定價格；隨著貿易不斷發展，朝廷、公行與貿易商都在分搶這塊做大的餅。到了十八世紀中葉，茶葉取代絲綢，和來自馬德拉斯、加爾各答與馬六甲的商品一同成為最重要的出口品。進入十九世紀，棉花與鴉片開始力壓群雄，帶來新的契機與挑戰。

有些強大的行商為自己的商行與交易帳戶累積了無邊的財富。傳說，他們的倉庫曾經發生火災，結果鎔化的貴金屬儲備匯流成白銀河，流遍城裡街道。比較可信的故事，則是講述這些行商會舉辦盛大的宴會，用燕窩湯、海參和魚翅宴請彼此；無數的僕人為他們服務，同時還有人唱戲。檀木家具和檀木扇的香氣瀰漫在空氣中。他們住在氣派的宅院裡，雕梁畫棟、亭台樓閣環環相連，周圍是園林山水，甚至還有私人的運河，由船夫搖畫楫、掌綺船。[5]

有一位大名鼎鼎的行商，甚至有一艘美國快船以他為名：他就是西方人口中的「浩官」，伍秉鑑。「浩官」號有一尊艏飾像，而船隻設計「和中式的鞋子一樣細長」。肖像中的伍秉鑑臉孔細長，鬍子稀疏，姿態謙和而威嚴，「衣著華麗，官服外搭著一件上面有官職符號的昂貴毛皮鑲邊長袍，佩掛朝珠」。

官商兩道都笑他「婦人之仁」，因為他甘於支付官員（後來則是不列顛砲艦）的敲詐與勒索，但做生意就是有這種成本。反正，這些對他不過九牛一毛。伍秉鑑在行商中最富最力，他是祖傳商號的第三子，也是一位精明的生意人，經手大量的茶葉與絲綢，同時供應不列顛東印度公司與波士頓的美國商人。

伍秉鑑也是信貸的先驅，以合情合理的利率預借資金給資本沒那麼雄厚的商人；他甚至有能力大筆一揮，讓債務一筆勾銷，連官府的債務也不例外。他投資世界各地的貿易行與銀行，身家遠比同一時代的商業金融王朝——羅斯柴爾德（Rothschild）家族多好幾倍。伍秉鑑以提升美商利益聞名，他與美國的茶葉與絲綢大貿易商旗昌洋行（Russell & Company）合夥，還捐錢蓋傳教所與醫院。《南海縣志》卷十四稱浩官為「總中外貿遷事」，也有歷史學者宣稱他是幾家美國鐵路公司的大股東；修築這些洲際運輸線的主力，就是華工。[6]

以廣州當地來說，最能體現這種全球聯繫的人物，就是「買辦」。買辦是行商的跑腿，受委託接洽管家、叫料、廚師、清潔工與工人，也負責將載滿豬、牛、米糧、水果、布料、野鴨與雞隻的舢舨派去停泊的商船處。從十八世紀開始，買辦就是貿易口岸眾多職務的一種，但當公行制度在一八四〇年代走向下坡，買辦也隨之成為洋商的重要中國合作夥伴。

漢人管家長久以來負責洋行辦公與居住區的日常生活，像是雇用僕役，找承包商，租借與維護產業，以及購買土地等。買辦也漸漸承擔起商業經理人的角色，開匯票或背書，主持商行的財務部門，檢查錢幣成色，掌握船期、往來合約，以及從稻米到護木油的期貨價格——無所不包。買辦還得為生意夥伴的信貸作保，並安排娛樂活動與宴席，招待中國官員。由於外國人不得進入內陸旅行，買辦經常受託大筆資金，購買茶葉與絲綢。

過程中，買辦自己也會做生意，跟著小賺一筆。買辦的功能雖然類似行商，但他們服務的對象是外國公司。他們是跨國多元文化世界催生的角色，優渥的待遇引人嫉妒，為西方公司效力則招來罵名。許多買辦的個性自然是四海之內皆兄弟。他們一方面在家中維持儒家與佛家道德習俗，同時送家中子弟進教會學校受教育，利用文法、地理學、數學等西式教育，在大千世界的交叉路口維持政治與社會地位。

譬如王一亭，他為外國公司效力，同時也是中國傳統書畫家；另一位買辦則是把自己的財富投入靈性領域，相地堪輿，為祖墳找福地。其他買辦則懷有多重的認同，譬如何東就起了洋名「勞勃」（Robert）。買辦採取行動辦學興商，賑濟地方一馬當先，與地方官就治理與治安問題展開合作，把自己塑造成中西文化相遇時獨特的角色，從此飛黃騰達。[7]

與外國人合作追求商業利益，同時堅守中國習俗——打從一口通商制度伊始，這兩種做法的重疊就已經出現了。其實，外國人記錄的商業習慣，常常相當於文化報導，是他們在廣州見識的風俗、禮儀與新知。中國買辦、商人與官員的世界，創造出細密的交流網絡；某些例子中，位於網絡中心的並非歐洲人，而是隨著西方人航向未知世界的太平洋島民。

十八世紀晚期，來自密克羅尼西亞的李布（Lee Boo）就是其中之一。他隨著東印度公司的亨利・威爾遜（Henry Wilson）船長跨越大洋洲，來到亞洲世界。威爾遜的商船在帛琉外海遇難，船員們孤立無援，只能設法修復帆船，抵達廣州。威爾遜與阿巴圖爾王（Abba Thulle）成為朋友，後者對他帶來的科技、知識，以及對英格蘭的描述留下深刻印象，於是央求他帶自己的兒子李布一同經歷接下來的航程。

年輕的李布王子頗有威儀，不僅讓外國商人印象深刻，他還露了一手擲長矛的功夫。王子自己則對於茶葉、歐洲婦女和中國市集有了認識，廣州的高樓與市井生活讓他目不轉睛。一七八四年，李布抵達朴茨茅斯（Portsmouth）與東印度公司董事會面，成為眾人目光的焦點與欽佩的對象，但他卻在僅僅五個月後便染上天花而辭世。東道主為他寫了悼文，而他的尊貴出身，他的俐落與高雅也成為故事，被寫入英格蘭的教科書裡。

夏威夷考艾王的弟弟卡伊阿那（Ka'iana）酋長留下的故事則沒有那麼感傷，但他無疑對廣州印象深刻。卡伊阿那相貌堂堂——他人高馬大，神采飛揚，「英俊倨傲」，身著皮披肩、頭盔，手持一柄稱為「*toa*」的木質長矛。他隨毛皮商人約翰・米爾斯（John Meares）船長，從太平洋西北部渡海前往中國。群眾好奇圍觀，又被他的外表嚇退。他在澳門與廣州待了幾個月之後，開始對中國人表現出不屑的態度，認為他們身形矮小、姿態卑微；商人們則反過來對他嗤之以鼻，笑他不知用錢，居然想拿鐵釘以物易物。

在澳門時，卡伊阿那出於興趣，望了好幾次彌撒；他對船隻與港口印象深刻，也為舢舨上乞丐的悲慘境遇感到不忍，不能理解怎麼會看到這種貧窮、天天挨餓的光景。最後他帶著一批武器返回夏威夷，在各島彼此征伐的時候，成為卡美哈梅哈的強大盟友。[8]

十九世紀頭幾十年，愈來愈多的太平洋島民造訪廣州，但他們泰半默默無名，而前述那種出身高貴的人，不過是茫茫人海中的幾個面孔。島民多半不是船長以禮相待的賓客，而是普通的卡納卡（*kanakas*，出身太平洋島嶼的工人），與拉斯卡（lascars，出身南亞世界的工人）、克魯人（Kru-men，出身西非）、馬尼拉人同樣是太平洋船隻與貿易商品迴路中的一分子。

捕鯨與毛皮貿易的興旺

廣州市集的喧嘩聲，在距離中國沿海數千里外的太平洋諸世界中迴盪。島民或以個別身分，或以小群的方式，成為捕鯨船與捕海豹船的船員。他們簽下契約，設陷阱捕獵物，從故鄉飄洋過海前往美洲、南北太平洋海域，甚至為了尋找銷往南中國海的商品而遠渡重洋。對他們來說，船上的生活既是冒險，也是殘酷的奴役。他們不僅受到嚴格的階級制度所約束，還得承受討海生活必經的洗禮——挨揍、受虐、受辱，也要生活在不同群體間的緊張關係之中。他們一同工作，一同賺錢，還常常一同赴死。[9]

各種行當中，就數捕鯨最有名，最惡名昭彰，也最具浪漫色彩。一七八七年，第一艘捕鯨船從倫敦出發來到太平洋。不過，從新貝德福（New Bedford）與南土克特（Nantucket）出航的美國捕鯨船迅速崛起，稱霸這一行。抹香鯨用上下顎壓扁巨大的烏賊，牠們形成龐大的鯨群，從密克羅尼西亞與日本水域往北遷徙到北極圈。到了一八四〇年代，有六百七十五艘美國捕鯨船在南、北太平洋作業，從索羅門群島渡過中太平洋，在大洋洲航路中追捕獵物，追尋補給。

捕鯨船就是在這樣的環境中航海，船員由白人與島民混合組成——由於島民以過人的游泳、操槳與擲長矛能耐而聞名，有時候船東會特別指明由他們出任船員。這些島民捕鯨船員被通稱為「卡納卡」，他們飽受令人肌消骨瘦的疾病與天候、沉重的勞動折磨，隨時都有失去性命或四肢的風險。總之，他們的日子跟其他船員基本上沒有兩樣。現存的船隻通行紀錄中，有些卡納卡不算完全默默無名：紀錄中提到他們出身哪一座島，還有船長給他們起的英文名字，像是喬・巴爾（Joe Bal）、傑克・以那（Jack

Ena）、約翰．尤維（John Jovel）與山姆．昊（Sam How）[10]

乘坐捕鯨船卻也意味著馳騁大海的難得機會，島民船員經常能順著諸神與祖先的腳步，沿途做生意，學習新的語言與風俗。島民們，例如夏威夷人，就是透過學習在船上過生活的方式（包括通過儀式〔rites of passage〕與大海的故事），把自己的古老頌歌與故事帶往各地。玻里尼西亞各地的口述傳統，都提到人類在鯨魚帶領下踏上靈性旅途，以宗教領導人或祭司之姿回歸。只有地位崇高的男女酋長能配掛神聖的鯨齒項鍊。這些傳說與習俗化為海洋傳統的一環，在大洋洲各地流傳循環。

從事捕鯨業可是相當驚心動魄，免不了危險也免不了髒。亨利．奇弗（Henry Cheever）牧師記錄一次獵鯨的場面：「這頭巨獸猛然從船長小艇的側舷衝出水面，這下子船艏的魚叉手就只消把手中那鋒利、冰冷，一端牢牢繫著拖纜的鐵叉，扎進巨獸充滿鯨脂的側身。他功夫了得，一擊斃『魚命』，鮮血瞬間泉湧。」捕鯨船在過程中會打轉，顛簸擺盪，甚至經常翻覆。

追逐巨獸：捕鯨船與來自全球的船員。（Credit: Carpenter collection, 1853–1890s [picture]. 1888–91, Part of head and jaws, sperm whale, [c. 1890] [picture]. National Library of Australia.）

鯨魚如果被成功捕獲，結果一定是鯨魚力竭流血，遭到船隻包圍，近距離攻擊。捕鯨人用小舟將巨獸的屍體拖回大船上，把割下來的鯨脂放進燒紅的、冒著煙的鍋裡，船員直接在甲板上屠體，鯨油與鯨血流滿一地。[11]

身兼水手、冒險家、報關員與作家的赫爾曼．梅爾維爾（Herman Melville），讓捕鯨圈子泛起一層聖光。無論是講述南太平洋島嶼相遇故事的《泰皮》（*Typee*），或是文學經典《白鯨記》（*Moby Dick*），都是梅爾維爾從自己的第一手航海經驗，以及捕鯨船在南海被鯨魚掀翻的真實事件為靈感而寫成。梅爾維爾藉此塑造出一種貨真價實的跨國界文學類型，不只有亞哈船長（Captain Ahab）這種來自新英格蘭討海世界的人物，還有像伊什梅爾（Ishmael）這種與多元族群船員一起尋找獵物，共同面對冥冥定數的角色。

這種文學不僅以十九世紀式的優美細節，勾勒出美國商業勢力在太平洋水域的鯨吞蠶食、侵門踏戶，更是為小說開闢出全球性的視野——例如《白鯨記》中的魚叉手魁魁格（Queequeg），便是與出身非洲、西印度群島、大洋洲與美洲的船員，一起在大西洋與太平洋世界流轉、靠岸，一起受制於船上由海事權威主宰的階級制度。[12]

相較於捕鯨，毛皮貿易固然沒有那麼名垂千古，卻是讓北美洲、夏威夷群島與廣州一開始得以銜接的關鍵。海獺是陸生鼬或獾的大型近親，卻也如鯨魚一樣，是種完完全全的海生哺乳動物。海獺棲息於北大西洋沿岸的巨藻床，以海膽與蛤為食。牠們優質的毛皮，反而讓自己成了獵物——英格蘭、美國、西班牙、俄羅斯與太平洋島嶼的商人，為了爭奪可以銷往澳門與廣州的船貨，紛紛集中襲擊奴特卡灣（Nootka Sound）一帶。

十七世紀以來，俄羅斯貿易商為了做生意，於是從堪察加半島渡海，前往阿留申群島與阿拉斯加建立營地。南下發展的過程中，俄羅斯人一而再、再而三，與視北美洲海岸為己有的西班牙船長相遇。一七六九年，西班牙人派出遠征軍，在蒙特雷建立殖民地政府，治理名叫「上加利福尼亞」（Alta California）新殖民省分。舊金山灣就位於上加利福尼亞的邊緣。無論是歐洲勢力逐漸往北入侵，或是一七七六年後美國勢力的發展，俄羅斯人都無計可施。

詹姆斯·庫克探索北美洲西北海域，確認往返亞洲的夏威夷航道確實存在之後，來到這裡的商船數量與日俱增。一七八五年，英格蘭商人約翰·亨利·考克斯（John Henry Cox）從廣州派船前往北美洲西北海岸，獲得數量驚人的六百件毛皮。利潤之龐大，只會讓人前仆後繼；為了規避貿易公司的壟斷，許多商船打起假冒的船旗。

一七八〇年代與九〇年代最重要的錨地，位於加拿大奴特卡灣努查努阿特族（Nuu-chah-nulth）的傳統領域內，全球之聲在這個「地方」空間中餘音繚繞。幾個村落為了利益而競爭，其中的育廓特村（Yuquot）在強大的酋長馬奎納（Maquinna）率領下稱霸。馬奎納本人穿著毛皮衣，頭戴圓錐形羽毛帽，掌管的幾個聚落不只有堅固的木造房屋與拼板舟船隊，人民生養眾多，以鮭魚和鯡魚為食。隨著不列顛人在馬奎納的領域站穩腳跟，西班牙王室迅速派船與士兵到當地繪製地圖，占據領土，並建立要塞。不列顛冒險家兼海員約翰·米爾斯建立自己的貿易據點，各方衝突恐將引發不列顛與西班牙之間的戰爭——歐洲史上稱此次對壘為「奴特卡危機」（Nootka crisis）。

由於歐洲人的入侵，馬奎納與子民被迫將村落遷往他處，但這位酋長絕不會甘於作壁上觀：他發揮影響力，同時與西班牙使者波德加與瓜德拉的胡安·弗蘭西斯科（Juan Francisco de la Bodega y Quadra），以及不列顛代表喬治·溫哥華（George Vancouver）艦長打交道。馬奎納更是把西班牙人與不列顛人的互動改寫並編入自己的歷史，用想像或發明的方式，創造他們的語言與肢體動作，化為戲劇與對話，在西北海岸獨具特色的誇富宴（potlatch）中表演。

馬奎納同時也是精明的戰士，深深了解白人囚犯有其大用，其中最有名的一位囚犯是鐵匠約翰·朱厄特（John Jewitt）——為了報復多年來與西班牙人和美國人的衝突，馬奎納屠殺了「波士頓」號（*Boston*）的船員，俘虜船員之一的朱厄特，以禮待之，但扣留他三年時間。馬奎納手下的獵人設置陷阱，捕捉強壯的海獺——有些海獺的體型甚至跟人差不多。他會權衡盟友與敵人的斤兩，在分配毛皮時絕不馬虎。[13]

場景來到廣州，貿易商正為了利益，彼此算計。東印度公司與南海公司（South Sea Company）實施壟斷，不僅在不列顛人之間引發不滿，連公司雇員也憤憤難平。東印度公司海軍艦長查爾斯・巴克禮（Charles Barkley）辭去職務，改掛奧地利船旗，替廣州一間非法商行做事，想自己賺點錢。他的妻子法蘭西絲（Frances）和他一起出海，並且在某一次停靠夏威夷期間，雇了夏威夷婦女維妮（Winee）為自己幫傭。一七八七年六月，兩人成為最早在奴特卡灣做毛皮生意的歐裔與太平洋島民女性。同年十一月，她們在澳門賣出將近九百件毛皮。[14]

幾個月前，閒不下來的約翰・米爾斯也重返南中國海海域。他在廣州雇了木工，安排再度出海前往北美洲西北海岸。這一回，他帶著正要返回考艾島的夏威夷勇士卡伊阿那同行。此外，他還從巴克禮的船上找來維妮，以及一位準備返鄉的男子可梅克拉（Comekela）。可梅克拉是馬奎納的兄弟，一年前踏上自己的旅途，離開奴特卡灣。家鄉海域的海獺毛皮是去了哪裡，賣給了誰？他想親眼看看那遙遠的所在。

檀木與海參背後的競奪

來來去去的商船不僅停靠夏威夷，也停靠西北海岸。西北海岸的酋長其實和夏威夷酋長一樣，總是很好奇自己獵捕、經手的這些船貨是怎麼運往中國，中間怎麼處理，利潤又從何而來。有些酋長直接控制貿易商品。以夏威夷來說，卡美哈梅哈尤其擅於跟「無吸」（*haole*，白人）商人打交道，並且組織至自己的艦隊。卡美哈梅哈統一各島之後，建立類似封建架構的君主國，將土地授予酋長，試圖用共同的利益加以維繫。卡美哈梅哈有一項當務之急——促進對外貿易，而王室則獨占重要的資源，也就是夏威夷檀木。

每當出一大批貨，或是締結一筆大合約時，卡美哈梅哈都會堅持索求一艘多桅橫帆或縱帆船，藉此打造自己的海軍。此外，他還有數十艘船，存放歐洲與美洲的器具，像是銀器、水晶、好幾櫃子的外套、馬車車廂，以及來自中國廣州的出口商品。他組織木工團隊，打造數十艘單桅縱帆船，雇用擁有語言天分的外國人或低階酋長，擔任自己的代理人與談判者，同時對蒸蒸日上的太平洋轉口港——夏威夷——開徵所得稅與貨物稅。[15]

夏威夷檀木資源有限，等到一八一九年卡美哈梅哈駕崩，檀木貿易隨之每況愈下，煙消雲散。十年後的一八二九年，山謬．P．亨利（Samuel P. Henry）艦長召集一批東加人為船員，登陸新赫布里底群島的埃羅芒阿島，打算開發更多這種不久前才發現的資源。找到檀木的消息，點燃了夏威夷人稱雄太平洋的野心。

幾年前，歐胡島行政長官波基（Boki）派助手馬努伊阿（Manui'a）從火奴魯魯出發，帶著海豹皮與檀木前往馬尼拉與廣州，清償王室債務。現在，波基有更遠大的計畫——他指揮兩艘船，帶領四百名夏威夷人與一百名斐濟羅圖馬島民（Rotumans）航向南方。他的目標不只是砍伐檀木運往中國，還要打擊埃羅芒阿人，同時兼併「南太平洋幾座仍保持未開發狀態的島嶼」。然而，波基的船遭遇船難，殘存的船員泰半病死，或者在跟埃羅芒阿人打仗時戰死沙場。[16]

十多年下來，斐濟各島的酋長也從檀木貿易中賺得盆滿缽盈，只是景氣的發展與衰退曲線無異於夏威夷。到了一八二〇年代，海岸邊已經沒有容易砍伐的檀木，但斐濟與廣州的關係並未就此斷絕。

一八二八年前後，一艘從美國塞勒姆（Salem）出航的船來到斐濟群島，尋找是否有尚未發現的檀木，卻找到極為豐富的海參——也就是馬修．弗林德斯在澳洲水域從普巴素口中得知的海參。無巧不成書，這艘船的船長不久前才在摩鹿加群島一帶巡航，向馬來漁民學會了採集與燻烤海參的方法。

望加錫商人與澳洲原住民已經加工海參數個世紀了。在加工過程中，作業人員不能有半點馬虎，有時候免不了在沿海潮間帶、甚至潛入海中辛苦採集，接著清洗鹽分、除去黏液，反覆加熱到半熟狀態，然後才是費時的乾燥與煙燻工序。進行乾燥與煙燻工作時，必須在現場興建龐大的不透水乾燥房，在長達上百英尺的建物內堆起土堤，搭上木架，鋪設蘆葦透水墊，才能把海參擺上去，持續悶燒煙燻。一旦不小心出了錯，或是運氣不好，海參就會變成一灘明膠，或者因為接觸太多空氣、水氣而腐爛，抑或是乾燥房不小心碰上火苗，陷入火海。

但凡製作有點價值的商品銷往市場，都需要龐大的勞力。檀木如是，海參亦如是。無論是採集、加工，還是砍伐樹木作為建材與煙燻木，甚或是安全問題（製作海參就怕有人打劫），都需要許多人手。[17]廣州商人與斐濟酋長之間因此建立同盟，尤其是巴烏島與雷瓦島（Rewa）地區相爭已久的部落。

十九世紀中葉，一位傑出的政治人物在這兩個酋邦的衝突中橫空出世——拉圖賽魯．薩空鮑（Seru Cakobau）。從檀木貿易時代起，斐濟酋長們透過一套鬆散的貿易與朝貢體系，跟陌生人、貿易商，以及其他對他們來說有利可圖的局外人打交道。當時沒有歐洲勢力，頂多偶而有船隻來尋找木材、乾椰仁與海豹。斐濟酋長們死守自己的利益，不停彼此對抗，情況實無異於太平洋其餘島嶼。

眼下，薩空鮑知道陌生白人想要「*dri*」——斐濟水域中密密麻麻的海參。薩空鮑關注的倒不是跟廣州的聯繫，而是歐洲與美國船長願意和他以物易物，提供毛織品、金屬器，以及一船又一船的滑膛槍和火藥。幾年過去，斐濟群島的火器數量估計已將近五千把，大大改變了競爭酋長之間的權力平衡。作為交換，薩空鮑動用自己的權威，一口氣徵調整座村子的人在礁岩間作業，採集商人所需的物產。

異國船長相當開心——先前他們直接拿小東西勸誘島民，卻遭回絕；但薩空鮑的權威足以動員好幾個氏族，去潮間帶從事辛苦的海參採集與加工。他用收益買入貿易商品，並打造一小支海軍艦隊。幾十年過去，海產數量大減，薩空鮑於是浩浩蕩蕩，派出整支軍隊搜索水域。一八五二年，薩空鮑光是為了一次捕撈，便投入上百艘拼板舟把收獲拉回來，用所得買了兩艘美國船，這也是他持續打造海軍的一環。[18]

其實，與其說是薩空鮑的統治，不如說是美國船隻形塑了斐濟的歷史。斐濟沒有中央政府，幾大酋長各自跟歐洲、美國拓墾者就土地締約。一八四六年，美國駐島灣代表約翰·布朗·威廉斯轉任駐斐濟商務代表。七月四日美國國慶，他在慶祝時不小心把自己的官邸燒了，卻故意尋釁要求薩空鮑負責。美國戰艦為威廉斯的主張撐腰。值此期間，薩空鮑還得面對斐濟北部敵對酋長的壓力，於是他在一八五八年開始提議把幾座島嶼割讓給不列顛，藉此維持自己的權力地位。

這一類締結商業與戰略同盟的操作，在十九世紀中葉的太平洋各地激起漣漪。一八四〇年，不列顛宣布取得紐西蘭主權。同年，法國海軍將領阿貝·杜貝蒂—圖阿（Abel Dupetit-Thouars）打算將大溪地納為保護國，大溪地波馬雷女王（Pomare Vahine）不得不面對法軍的砲轟。薩空鮑為了不讓美國人染指自己的王國，於是跟不列顛締約。上述君主跟外國人打交道時，談判桌對面再也不是有求而來的請願者，而是背後有民族國家撐腰的西方海軍戰略與軍事力量。情勢在廣州產生的迴音，最是不絕於耳。

茶葉與鴉片帶來的考驗

太平洋檀木、皮草和海參貿易固然獲利甚豐，但與後來造成不列顛人與中國人兵戎相向的癮頭——茶與鴉片——相比，也只能瞠乎其後。精明的商人的確可以藉奢侈品貿易致富，但茶葉與鴉片貿易卻是從分子層面上改變了數百萬人的習慣，甚至讓帝國的財政面臨破產威脅。

從十八世紀初以來，英格蘭人便把茶當成有療效的飲料。多虧王室引領風潮，以及茶商湯瑪斯・唐寧（Thomas Twining）一家人的推波助瀾，喝茶甚至成為一種社會與文化傳統。澳洲人人朗朗上口的〈行囊輕快行〉（*Waltzing Matilda*）一曲勾勒出的，不只是個把茶當成國民飲料，甚至是流放犯與拓荒者平常不可或缺的必需品。

但是，茶樹耕種不易，中國茶人對製程更是保密到家。福建與廣東是重要茶產地。採茶工人將茶樹樹葉摘下後，會放在竹編茶盤上浪菁，讓茶葉釋出油分，再用鐵鍋殺菁，抑制發酵。接下來，茶葉要放在倉庫中乾燥，融入其他香味（例如松樹香氣），再由調茶師將不同批次的茶葉加以調和，最後密實地裝進快船船長熟悉的那種木箱。最早的試飲包（大約兩磅重）在一六六四年從中國運往不列顛。到了一八三〇年代，一年有三千萬磅茶葉運往不列顛。貿易逆差成為嚴重的問題。[19]

然而，無論是英格蘭還是澳洲，回銷中國的東西都不怎麼了不起。他們用來抵帳的東西，就是毛織品、一些農產、工業革命後大量生產的製品與器械、印度素棉布，以及太平洋的木材、毛皮與海產。但大部分的款項仍然是以白銀支付。一七九三年，馬戛爾尼勛爵抵達北京，希望拓展貿易機會。清朝皇帝的回答非常有名：「其實天朝德威遠被，萬國來王，種種貴重之物，梯航畢集，無所不有，爾之正使等所親見，然從不貴奇巧，並無更需爾國製辦物件。」隨後的幾次來使，也沒能改變這種觀點。

朝廷眼中看來，別國及其統治者就是朝貢附庸。來人理應在皇帝面前三跪九叩，從來沒有「外交協商」或「貿易協定」的存在。夷人若對天朝上國近悅遠來，透過粵海關與公行做買賣，那不成問題。但對朝廷來說，不列顛特使不過是區區「英夷酋」而已。[20]

茶癮榨乾了倫敦國庫中的白銀。英格蘭貿易商開始在印度與錫蘭種茶，以為反制，但要發展到可以出口的程度，還需要數十年。為了支付茶葉貨款，他們轉而訴諸印度殖民地的另一種貿易品。其他商品都無法打動中國人，只有一項例外：鴉片。

東印度公司確知中國禁賣鴉片，但非公司的貿易商卻以非正式手段從事利潤豐厚的違禁品與走私貿易。早在七世紀時，阿拉伯商人帶著鴉片前來，帝制中國就知道鴉片的存在。到了十七與十八世紀，人們將鴉片溶解至水中，與其他成分混和，像菸一樣當成興奮劑來抽，有時也用於治療瘧疾與痢疾。雖然鴉片是廣為人知的止痛藥，但士大夫認為鴉片會毒害道德，於是在一七二〇年代禁用。

到了一七九〇年代，抽鴉片已經成了許多人的日常，中國的新統治者決定徹底禁止買賣鴉片與種植罌粟，用「引誘」、「惑眾」稱呼這種藥物。官府雖然讓一些人關門大吉，但還是有貿易商與生意人暗地逐利。一八一一年，美國人開始從土耳其運來鴉片；一八二〇年代，歐洲公司甚至明目張膽設立基金，用於賄賂官員，並公布下一批船貨的售價。

商人愈賭愈大。到了一八三〇年，不列顛印度財政的好壞，已取決於鴉片在中國的銷量，而英格蘭製造商與民間商人以「自由貿易」為信條，對於東印度公司的壟斷非常不滿。他們在若干國會議員支持下打破了公司的獨占權，豪商、實業家與投機客湧入對中國貿易，遊說對稅賦、規費，以及所有他們認為不公平的商業規範與慣習展開大力改革。

不列顛人派使節向廣州的商務官員施壓，官府則以全面中止通商作為回應，迫使對方讓步。「懷柔遠人」就是中國的傳統政策。兩廣總督以不失禮節、卻又不屑一顧的口吻知會英格蘭貿易商：「無須再派夷目，致生擾累。」[21]

欽差大臣林則徐把前述情事都看在眼底。林則徐是一位傑出而嚴謹的行政者。他公正不阿，循規蹈矩，不怕硬碰硬。一八三九年，清朝皇帝命他為欽差，前往廣州直接控制鴉片貿易。他是儒家士大夫的典範。美髯長白，目光嚴肅的他兩袖清風，乘坐官轎，自付一切支出，隨員也盡可能精簡。林則徐訂購談論英格蘭法律與文化的大部頭著作，深入研究，希望透過閱讀料敵機先。他還到澳門走了一遭，見識當地的外國人——夷人社群與公司。他命下屬買來一艘不列顛武裝商船，以了解外國人的海事科技。

隨後他雷厲風行。不過幾個星期，癮君子與涉有重嫌的中國商人便伏俯在他面前，此外官府還繳獲上萬支煙槍，並突襲倉庫。不列顛貿易商拒不從命，於是林則徐封鎖洋行，商務總監查理・義律（Charles Elliot）最後只得親自要求商人繳煙。他們的財務損失相當於整年的貿易額，而義律為了安撫他們，明確承諾不列顛王室將會就沒官的商品進行補償，等於讓倫敦當局對鴉片貿易負起責任。林則徐與海關官員特別為此開挖渠道，用鹽與石灰銷煙，將殘餘沖倒進大海。

林則徐甚至直接致信維多利亞女王，以仰之彌高的儒家道德音調直陳：「設使別國有人販鴉片至英國，誘人買食，當亦貴國王所深惡而痛絕之也。」然而，信不大可能寄到，不列顛政府也無法回應上開質疑，只能指控林則徐損害財物，干涉自由貿易。[22]

雖然林則徐已經小心準備，但他的行動仍然帶來災難性的後果。夷商與傳教士過往不攖其鋒，但

權力與收益：鴉片戰爭。（Credit: Edward Duncan, *Nemesis Destroying the Chinese War Junks in Anson's Bay, January 7th, 1841*, ©National Maritime Museum, Greenwich, London.）

這一回他們從直轄殖民地派了一支不列顛印度陸軍，以及龐大卻靈活的戰艦。一八四〇年，不列顛人發動鴉片戰爭。大砲巨艦摧毀了中國海防，裝備精良、訓練有素的部隊登陸，端掉清軍的據點。

不列顛人迅速控制廣州，在長江延續戰事，捕獲稅船，迫使清廷求和，於一八四二年議定《南京條約》。中國必須賠款，對外國商人開放更多沿海港口，並割讓香港島為不列顛領土。未幾，清朝統治者甚至同意了過往不可想像之事：承認不列顛為平等國家，在所有條約口岸擁有治外法權。

影響所及，沛然莫之能禦。法國、美國為首的其他西方國家同樣提出要求，獲得類似的特權。香港與上海等新的條約口岸，成為殖民聚落、外國官署與傳教機構的永久根據地。公行制度廢止，買辦接過了它們的棒子。數以千計的中國人簽下勞動契約，從沿海都市前往印尼、馬來西亞、澳洲、夏威夷與加州的礦場和種植園做工。

入侵、動盪、政府孱弱無能……這一切不只激起人們對外國人的反感，甚至連以異族身分入主中原的清朝本身也成了目標。民變與清朝當局受到的攻擊，讓社會改革的呼聲逐漸響徹雲霄。獨具領袖魅力的洪秀全，成了異議之聲的化身。他本是落第士子，後來信了教，聲稱自己是耶穌基督的弟弟。他率領人稱「太平天國」的救世運動，從一八五〇年到一八六四年與清廷分庭抗禮，中國陷入慘烈的內戰。期間，貿易與主權衝突未曾停歇，引發第二次鴉片戰爭——不列顛人往北京進發，從衰弱、破碎的中國政府手中得到更多讓步。[23]

林則徐未能阻止鴉片貿易。他雖然準備周全，卻一直把歐洲人當成蠻夷，始終小覷了歐洲持續提升的國力與全球殖民力量。盛怒的清朝皇帝把如此恥辱的結果歸咎於他，將他發配邊疆。誰知道幾代人之後，林則徐卻成了受到歌頌的反殖民民族英雄，人人把他當成睿智、敢做敢當的愛國者來紀念——在歐洲帝國開始蠶食全球的年代，他是中國力有未逮的餘暉。

第14章　旗幟、條約與砲艦

Flags, treaties, and gunboats

一八一二年，馬來半島柔佛的蘇丹過世時，王位繼承人東姑胡賽因（Tengku Hussein）人正在彭亨，要完成自己的人生大事。當時，他正等候著季風，重返柔佛，卻接到消息說自己的弟弟成了新任蘇丹。情況雖有爭議，但胡賽因沒有回國。

七年後，胡賽因與西蘇門答臘不列顛殖民地明古連（Bencoolen）次席行政長官湯瑪斯．史丹福．萊佛士，踏上了古城淡馬錫（Temasik）附近的馬來小聚落。過去，室利佛逝帝國曾經以淡馬錫為都，而拜里迷蘇剌也是在這裡成為海盜王，然後才遷往馬六甲的。這一帶是絕佳的天然良港，岸上有豐富的木材，淡水從河口湧出。萊佛士對這裡——新加坡——有遠大的展望。他希望不列顛能在此建港，突破荷蘭對該地區的宰制——由於往中國的航線對不列顛印度貿易相當關鍵，加上鴉片市場獲利日增，打破荷蘭的壟斷變得勢在必行。一直以來，荷蘭人都用高額進出口稅與靠港限制阻止不列顛人。

然而，此時統治新加坡地區的蘇丹——東姑阿布都拉曼（Tengku Abdul Rahman）已經跟荷蘭方面結盟，等於不列顛建立基地無望。因此萊佛士與當地行政長官轉而把流亡在外的哥哥東姑胡賽因找回來，計劃承認胡賽因為正統柔佛蘇丹，交換不列顛人建立貿易據點的權利。博物館展品與情境模型描繪兩人簽約的模樣，胡賽因身著金絲袍、圍著頭巾，萊佛士則穿著緋紅色的不列顛軍官制服。胡賽因與次席行政長官都同意採取年俸做法，至於胡賽因的弟弟則讓出位子。胡賽因從此在不列顛保護下確立自己為王。[1]

帝國建造者的行動

亞洲與大洋洲民族早在幾代人之前，就知道西班牙人、葡萄牙人與荷蘭人了。但到了十九世紀，他們開始看到船桅頂端飄揚不同船旗的船隻，穿越西班牙人、葡萄牙人與荷蘭人的巡航範圍——大批不列顛人與法國人來到此地。不列顛人入侵廣州，施恩新加坡，冒險進入婆羅洲砂拉越（Sarawak），控制的範圍從東亞、東南亞一路往美拉尼西亞與玻里尼西亞發展而去。紐西蘭的情況則不大相同，一部分透過戰爭，一部分則是條約安排。

法國人率砲艦至馬克薩斯群島與大溪地，在越南打造複雜的殖民社會，並且在新喀里多尼亞成立流放殖民地。發生在當地人跟新闖入者之間的情況並無單一的模式可循，但所有地方很快就成了地圖上的一部分——歐洲國家以帝國之名將之占領，前一個這麼做的帝國則往往成為它們施壓或驅趕的對象。過去幾個世代的貿易商、灘地浪人、大酋長與島嶼統治者，逐漸遭到不平等契約與歐洲戰略宰制所取代。

萊佛士與胡賽因的例子顯示，巧妙的協議是通往權力的道路。新加坡的基地雖然不大，卻能對荷蘭人與該區域的各蘇丹帶來重大挑戰，顯示帝國的發展軌跡再一次出現轉折。那時的情形就像當年從室利佛逝過渡到滿者伯夷，從葡萄牙人過渡到荷蘭人，新制度與新玩家走向幕前。萊佛士把這個聚落交給陸軍少校威廉．法夸爾（William Farquhar）與一小支印度兵團，並訓令建立一處零關稅的貿易港。他的戰略顯然相當有效，商人設法繞開荷蘭人的控制與稅捐，將來自中國、武吉士與阿拉伯貿易路線的貨物在新加坡卸貨。新加坡人口數與歲入就此一飛衝天。

荷蘭人當然極力反對。十七世紀時，他們在安汶刑求、屠殺競爭的商人，不費吹灰之力就迫使英格蘭人放棄東南亞島群。但到了十九世紀，他們面對的情勢卻大不相同。這一回，勢力龐大的荷蘭東印度公司已經走入歷史，而不列顛正在崛起。VOC的力量建立在丁香與肉桂的壟斷上，但十九世紀通行全球的農產品如茶葉、咖啡與胡椒等，卻無法採用相同的方式控制。

以茶葉而論，中國茶園是關鍵的供應來源。荷蘭人靠胡椒致富，但不列顛人卻在明古連成立商館，直接向巽他海峽的貨運者進貨——其中包括用胡椒交換軍火與補給品的海盜。海外華人也建立胡椒園與荷蘭人競爭，運用從婆羅洲到馬來半島的人脈，在廣州或不列顛人之間尋找買主。巴達維亞遭到邊緣化。荷蘭人的損失難以彌補，情況因為貪腐、缺少資金，以及官僚機構的沉重開銷而惡化。

回來談荷蘭本土。由於內部的革命鬥爭，加上外部在大西洋與加勒比海與英格蘭作戰，導致所有VOC船艦都成了目標。法國大革命預示了荷蘭的敗局——拿破崙入侵、併吞了荷蘭領土。已經走向下坡的VOC終於無法挽回，在一七九九年宣告破產。不列顛人採取行動，將荷蘭殖民地收入囊中（甚至在一八一一年占領爪哇島），讓曾經不可一世的VOC苦不堪言。等到拿破崙戰爭在歐陸結束，不列顛人撤退，荷蘭殖民統治才再度回歸島群，只是這一回VOC已經不復存在。

其實在一開始，荷蘭軍力能輕易征服小小的新加坡對手殖民地，但英、荷兩國在十八世紀多次開戰，導致雙方寧可慎重其事，新加坡的貿易與聚落因此持續發展。到了一八二三年，萊佛士與蘇丹議定新條約，讓不列顛不只控制貿易口岸，甚至是大半個新加坡島。包括土生華人（Peranakans）在內的華人人口迅速增加，他們的祖先可以回溯到早期的貿易商與拓荒者，以及為擺脫中國南方艱困生活而移民至此的普通工人。馬來人同樣以捕魚與工薪為生，興建傳統的木造草頂高腳屋「甘榜」（kampung）。萊佛士根據族群與行業，規劃殖民地的使用分區。

萊佛士的影響力甚至在荷蘭的殖民領土都能感受到。不列顛人短暫占領爪哇期間，萊佛士實施新的土地使用制度，削弱村民對統治者的封建慣習義務。等到荷蘭勢力回歸時，上層菁英的收入銳減，農民又得設法滿足行政層的更迭與傳統統治者的壓榨。不滿之情只等一點火花，就能燎原。

一八二五年，日惹蘇丹的長子蒂博尼哥羅王子（Pangeran Dipanagara）抗議荷蘭人的一項開路計畫，因為路會開過他的領土，穿過一座聖墓。蒂博尼哥羅看見異象，南洋女神（Goddess of the Southern Ocean）許諾他將為王，於是他起身反抗，凝聚民眾的力量，對抗荷蘭人。

他頭戴白頭巾，繫著刺繡腰帶，儀式性的馬來短劍（kris）別在腰際，氣宇軒昂。身為貴族的他，訴諸於傳統菁英的不滿；他在鄉間的傳統伊斯蘭學校接受祖母的教育，懂得如何打動老百姓與農民，虔信的神祕主義者則追隨他見到的異象。民怨火上澆油，讓難以化解的衝突持續了五年，造成多達二十萬爪哇人喪生。荷蘭人興建要塞，最終擊敗了蒂博尼哥羅，後者則流亡望加錫。日惹版圖縮水，王城在荷蘭人反覆圍城下化為斷垣殘壁，成為今人思古憑弔之地。

後人把蒂博尼哥羅當成反殖民英雄來紀念，只不過，他的目標並非讓社會改頭換面，而是在沒有荷蘭人的情況下進行傳統的統治。但經歷這場爪哇戰爭（Java War）之後，真正回歸的卻是殖民體系，由爪哇裔的攝政者管理行政區，背後則有荷蘭官員撐腰。[2]

一八三〇年，荷蘭人開始實施所謂的「種植制度」（Cultivation System）。為了在當年VOC跌倒的地方爬起來，種植制度規定種植經濟作物，以咖啡豆、茶葉、糖、靛青、菸草、棉花與胭脂紅等農產追求獲利。農產必須以固定的價格賣給政府，而收支平衡則預計以內需稻米生產來達成。實際實施的結果不難想像。對於爪哇攝政、荷蘭官員與中國貿易商來說，出口貿易利潤實在太過豐厚，經濟作物的種植於是成為強制要求。利潤與日增加，各行政區的稅賦與勞役也隨之增加。然而，由於當地稻米種植撐不住這個制度，物資短缺、饑荒與傳染病因此成為一八四〇年代民間的常態；與此同時，官員與爪哇攝政則繼續過著飛黃騰達的日子。[3]

爪哇受到嚴密的殖民統治，但不是整個印尼都面臨這種情況。以婆羅洲來說，荷蘭的政策整體來說並不連貫，是由與蘇丹習慣性的約定，加上小規模駐軍鎮守海岸與水路，與華人聚落談判，監視伊拉倫海盜……拼湊而成。婆羅洲西北方由汶萊蘇丹統治的區域，則不受歐洲人左右。

東印度公司雇員詹姆斯．布魯克（James Brooke）對這種地方心嚮往之。他以萊佛士為榜樣，認為後者是一位冒險犯難的帝國建造者。布魯克用繼承來的家產買了一艘多桅縱帆船，航向加里曼丹島——也就是婆羅洲。一八三九年，正當鴉片戰爭在中國爆發，種植制度讓農民陷入饑荒的當下，布魯克卻駕駛自己的帆船溯砂拉越河而上，進入紅樹林、水椰、藤蔓、軍艦鳥與鱷魚的世界。

砂拉越拉者穆達．哈希姆（Mudah Hassim）身旁圍繞著穿天鵝絨外套與紅紗籠的官員，他用奉茶與菸的禮節接待布魯克。由於內陸的「叛變」威脅到自己的權威，拉者正需要有人替他威懾叛軍。他一知道布魯克有船，便想了解若荷蘭人試圖占領他的土地，英格蘭人願不願意助自己一臂之力。

布魯克做了間接的承諾，而後溯流而上，與比達友達亞克族（Bidayuh Dayak）酋長塞柱迦（Sejugah）會面，留下關於神靈、阿拉、禮儀、獵頭，以及長屋的紀錄。長屋是當地的傳統住居，約六百英尺長，相當於一整座架高的村子。長屋蓋在木樁上，整個長屋都在同一個屋頂下，有共用的家畜區、空樹幹床、竹製露台，也有為已婚者隔出的隔間。布魯克對塞柱迦所說的儀式性收成世界很感興趣——稻米是祖靈的化身，而內陸的河系則勾勒出達亞克與馬來聯盟、友誼與朝貢關係在空間上如何交織。[4]

終於，布魯克遇到了武裝盜匪和他們的木柵欄，用艦砲支援一批七嘴八舌的馬來人、達亞克族與華人戰士，擊敗拉者的對手。穆達．哈希姆試圖延續同盟關係，但布魯克並不滿足於當個幕僚，或是地方權貴的保護者，而是把自己塑造為衛士，要捍衛山區「受到邪惡壓迫」的達亞克族。他要脅若不給他實際的權力，他就要跟拉者的不滿子民站在一起。「我明白告訴拉者，有好幾名酋長與整個新堯灣（Siniawan）達亞克族準備協助我，除非立刻立我為督，流血勢不可免。」他說。一八四一年九月，布魯克當上「砂拉越白拉者」（White Rajah of Sarawak）。[5]

汶萊蘇丹了解，布魯克或許有助於遏止荷蘭勢力的擴張，於是追認了他的拉者地位。布魯克相信，自己控制的這塊土地不僅礦業前景看好，而且大有機會獲得新加坡市場的貿易特權。然而，從奪權的方式可以清楚看出，他的政權少不了地方酋長與達亞克族領袖的支持。他建立諮議會，入境隨俗採用了當地人對「*semangat*」（一種精神力，類似於大洋洲人說的「嗎那」）的認知，徹底利用自己的頭銜追求財富與支持，塑造對他個人的忠誠圈。

他的子民協助他建立貿易據點、宮廷、行為規範與宗教學校，同時也得益於受教育與對外交流的契機。雖然他塑造的比達友達亞克族形象相當無助，但實情並非如此：比達友達亞克族支持布魯克政府，但抵制隨之而來的稅賦與勞役。馬來菁英密謀推翻他，而向來對他的頭銜與權力不抱敬意的華人礦工則迫使他在一八五七年逃離首都。在他們眼中，布魯克不過是又一個野蠻人。

布魯克看似能發號施令，實則獨木難支。身為普通公民，他的統治權造成與不列顛外交部的摩擦。政敵對他的投機做法非常感冒，不列顛政府直到一八六三年為止都拒不承認他的領土主張。經歷家族鬥爭後，布魯克把砂拉越留給姪子統治，「布魯克」這個姓於是延續了兩代人。至今，布魯克仍是殖民冒險的浪漫典範，他成為私人王國魅力獨具的白人領袖，成功建立了一個帝國。當然，他把自己的形象塑造成隨時可以揚帆一走了之的人——過往不如意的時候，他曾說：「如此一來，我就能拾起自己撒出去的零錢，喊聲『喂，去大溪地』，或是紐西蘭。」[6]

《懷唐伊條約》下的毛利民族

假如布魯克沒有待在砂拉越，而是在一八四〇年航向紐西蘭的話，他就會與不列顛帝國再次相遇：

帝國簽訂《懷唐伊條約》（Treaty of Waitangi），取得紐西蘭群島主權。在紐西蘭的舞台上，「帝國」並非冒險家單槍匹馬的故事，而是一齣錯綜複雜的劇，以貿易商、土地投機客、敵對的酋長、傳教士與殖民行政長官之間的共通利益與利益衝突為情節。

從描繪簽訂條約場景的畫裡，可以看到來自紐西蘭北島各地的毛利酋長，還有以紐西蘭副督威廉·霍布森（William Hobson）與駐在官（Resident）詹姆斯·巴斯比（James Busby）為首的不列顛官員穿著正式服裝，雙方齊聚一堂，頭上懸掛著五顏六色的旗幟，煞是有趣。《懷唐伊條約》堪稱太平洋史上受研究最為透徹的條約之一，上面明確提及毛利簽字人將所有土地讓渡給英格蘭女王，同時也確認女王將保證毛利人對其土地與家園有完整的所有權。女王擁有在合意雙方之間銷售土地的特權，同時須為毛利人提供保護，並授予不列顛臣民權利。其實，《懷唐伊條約》並非單一文件，而是毛利語版與英語版文件的並陳。傳教士亨利·威廉斯（Henry Williams）將英語譯為毛利語時，把「主權」（Sovereignty）譯為「*kawanatanga*」（治理）；除此之外，他翻譯的許多用語，都留下了詮釋空間。[7]

以霍恩·赫克（Hone Heke）為首的毛利酋長們，在毛利語版本的條約上簽了字。赫克堪稱是《懷唐伊條約》所有許諾與局限的化身。各方之所以在懷唐伊開會，是因為上一代的交流與衝突，而他也繼承了這一切。來到紐西蘭的歐洲人，泰半是先抵達恩加普伊（Nga Phui）部族控制的島灣。島灣的酋長是山謬·馬斯登的友人盧阿塔拉。盧阿塔拉過世時，傳教士擔心局勢轉惡，但酋長的姪子洪吉希卡（Hongi Hika）繼承了位子，繼續保護布道團，延續跟澳洲的關係。洪吉希卡曾經渡海前往澳洲，觀察歐洲人，帶回農具與植株，種馬鈴薯來賣。

他從不考慮信仰基督教，但他確實很照顧傳教士湯馬斯·肯德爾（Thomas Kendall）——肯德爾脫離教會，娶了毛利妻子。一八二〇年，洪吉希卡搭乘捕鯨船前往英格蘭，在倫敦與劍橋停留將近半年，得到英王喬治四世接見，並協助山謬·李（Samuel Lee）編纂毛利語—英語辭典。

洪吉希卡返回島灣中途經過澳洲，把仰慕者如雨般灑在自己身上的禮物統統賣掉，只留下英王喬治送他的一套甲冑。他買了上百把滑膛槍與各色武器——數量在紐西蘭前所未見——接著繼續回來屠殺他的敵人與競爭者。他對塔瑪基（Tamaki）發動襲擊；據估計，有兩千名男女老少在這次惡名昭彰的行動中被殺。隨後而來的「滑膛槍戰爭」持續了八年，不僅徹底摧毀好幾個聚落，更導致多次的大規模迫遷。戰爭造成難以化解的地界與傳統領地所有權爭議。

同時，大多數的「白客哈」（*pakeha*，毛利語稱「白人」）聚落也益發混亂。戰亂導致實際上的無政府狀態，疾病與犯罪更加嚴重，布道團不堪負荷。捕鯨船員與貿易商等流動人口在島灣來來去去，此外還有高比例的更生人與逃犯從澳洲乘船而來。土地投機客隨之而來（最知名的是愛德華・吉朋・威克菲〔Edward Gibbon Wakefield〕與威廉・威克菲〔William Wakefield〕兄弟），他們迅速占據大片毛利人土地，還暗地從事槍砲彈藥、工具、菸草與烈酒買賣。[8]

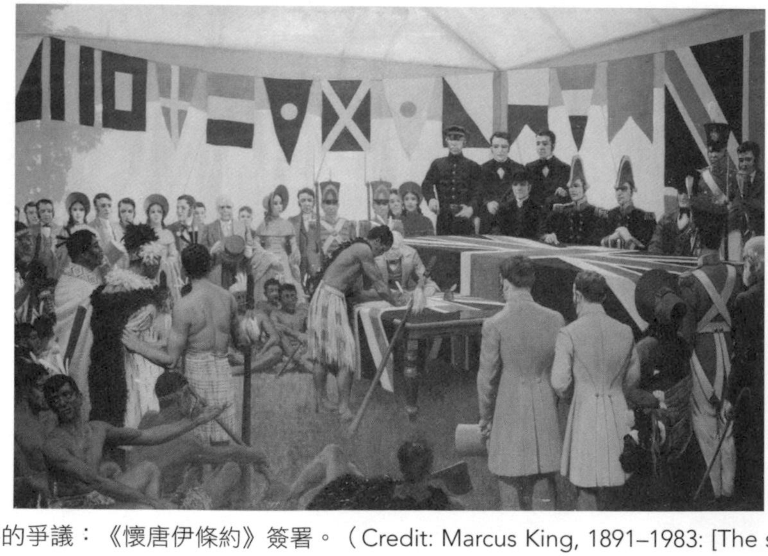

白紙黑字的爭議：《懷唐伊條約》簽署。（Credit: Marcus King, 1891–1983: [The signing of the Treaty of Waitangi, February 6th, 1840]. 1938. Alexander Turnbull Library, Wellington, New Zealand.）

一八四〇年，也就是《懷唐伊條約》提出那一年，許多區域的土地使用權與政治管理變得很不穩固。不列顛人希望穩定秩序，取得土地供拓殖殖民地使用。毛利酋長們則有不同的願景。機敏又無情的洪吉希卡已經作古——他出了名喜歡叫追隨者靠到身邊，聽聽風從他胸膛上的彈孔吹過的聲音。《懷唐伊條約》上第一位毛利簽字者，就是他的姪子霍恩·赫克。

赫克有支持是項條約的充分理由。看起來，簽下去等於保證強大盟友的保護，大發利市的土地買賣與貿易前景，何況光是在眾多酋長與要人出席的情況下簽訂一紙儀式性文件，就能賦予他無邊的嗎那。他受過基督教傳教士的良好教育，傳教士也對他讚譽有加。然而，今人之所以記得赫克，主要還是因為他不久後便成為批判不列顛最為有力的人，指陳不列顛未能信守條約的承諾與保障。他是個戰士，也是個戰術天才，懂得怎麼表達論點，撼動帝國——那就是摧毀帝國的旗幟。

赫克並不反「白客哈」；其實，他不滿的主因，在於捕鯨船不再停靠島灣，反而轉往殖民地首都奧克蘭下錨，讓他頓失收入。從各個角度來看，他希望可以跟白人有更多接觸，而不是更少。他原本期待貿易與土地買賣能讓自己缽滿盆盈，沒想到錢都轉去政府的委員會了。

一八四四年，兩艘美國捕鯨船因走私遭到罰款。憤怒的美方代表發表一大篇嚴詞批判，還對赫克說山上那根居高臨下、俯瞰科羅拉雷卡的旗桿，就是英格蘭女王搶奪毛利人土地的象徵。一八四四年七月，赫克率領人馬上了山，砍斷旗桿。有些酋長反對他的做法，但其他跟赫克同樣憤恨不平的人，卻開始劫掠拓墾的移民。赫克認為自己有資格這麼做，他在去信總督時也提到這一點：「你們的士兵乖乖待在海上跟奧克蘭就好。別派他們來這裡。我砍倒的這根旗桿本來就屬於我。我立這旗桿，是要懸掛本地的旗子，歐洲人從來沒有為此付錢。」[9]

最後，不列顛人還是換了新的旗桿，但隔年赫克又把新旗桿砍倒。殖民大臣（Colonial Secretary）與瓦卡內內（Waka Nene）氏族成員（與赫克結有宿怨）誓言要阻止他。但第三根旗桿裝好的十天後，赫克信步穿過內內守衛面前，賭他們不敢對自己動手。於是，旗桿再度倒下。帝國的象徵隨之升級——政府立刻裝設新的旗杆，只是這一回還蓋了兩座碉堡，安置大砲，由一百四十名陸軍、海軍與陸戰隊混成部隊加以鎮守。

一八四五年三月十一日早晨，整座科羅拉雷卡城在槍聲與混亂中醒轉——毛利突擊隊襲擊市街。措手不及的部隊不斷後撤，驚慌的居民則紛紛撤往船上。送往奧克蘭的報告提到毛利人對歐洲人發動全面暴動，一艘不列顛單桅縱帆船甚至必須砲轟市街。事實上，根本就沒有暴動發生。對於科羅拉雷卡的襲擊，只是聲東擊西，讓赫克與手下有機會上山，砍倒旗桿。

如今戰爭開打。赫克與盟友卡維提（Kawiti）後撤，建立一座「帕堡」（*pa*，以泥土與木柵修建的碉堡），同時跟澳洲派出的不列顛部隊，以及得到紐西蘭總督支持的毛利對手作戰。衝突持續一年後，赫克才求和。內內氏族正式赦免他，但赫克堅持要正式向總督投降，然後退隱。

然而，毛利人與白客哈之間的和與不和，才正要開始。來到遙遠的南方，酋長蒂拉帕拉哈（Te Rauparaha）與女婿蒂朗宜海塔（Te Rangihaeta），正為土地所有權與移民和威克菲家作戰。一八五〇年代與一八六〇年代，毛利酋長大會試圖推動「立王運動」（king movement）以鞏固毛利人的權威，而「咭咭」（Hau Hau）等靈視運動也揭櫫天使加俾額爾（Gabriel）的顯靈，將宗教復興與反「白客哈」的暴力鎔為一爐。在紐西蘭各島嶼，有些移民與毛利部落共建社區，有些則彼此廝殺。但是，無論是和平還是暴力，都還沒有成為定局。[10]

大溪地女王的反擊

說起來，赫克的戰鬥恰好是他在懷唐伊簽約時想避免的——畢竟不列顛人保證會提供保護。他尤其擔心另一個大國的動向——「馬詠的部落」曾經在一七七二年屠殺了許多毛利人。事發的緣由是毛利戰士殺害、吃了法國探險家馬詠・杜弗雷訥（Marion Du Fresne）的隊伍，法方出於報復，屠了整座村子。

赫克不是唯一對法國人嚴加防範的人。一八三五年，蒂耶利男爵（Baron de Thierry）曾試圖自立為毛利王；他的做法類似砂拉越的布魯克，差別在於他沒有真功夫。正當《懷唐伊條約》在紐西蘭北島各地傳遞、簽字時，一艘法國殖民船航向南島，據報有意殖民、併吞南島；還有一艘法國戰艦出現在島灣。不列顛人也許感到威脅，但法國人是真的覺得受到威脅：《懷唐伊條約》簽訂之後，不列顛統治了南太平洋的大片土地，包括澳洲與紐西蘭。至於北太平洋，英、美勢力也主宰了夏威夷。法國在太平洋只有區區幾個殖民地或聚落，甚至沒有多少時間可以發展。法國內閣將要採取行動，讓海軍將領揚帆遠航，建立太平洋帝國。

海軍的行動始於一八四二年的馬克薩斯群島，法國人在此建立介於南美洲與亞洲之間的登陸點。阿貝・杜貝蒂—圖阿將軍帶著數百軍隊登陸，演出一套歐洲人的慣行做法：他豎立旗杆，強迫馬克薩斯群島的艾納塔人酋長們簽下同意割讓的正式文件。不過，杜貝蒂—圖阿將軍可以保護的只有幾個傳教士，連聚落都稱不上，能夠支配的人口也相當有限。為了找人來給自己統治，法國人停靠在塔瓦塔島（Tahuata）的外塔胡村（Vaitahu），宣布村長伊於特（Ioete）為「王」。他們硬是給他套上一襲有著金穗帶與金肩章的紅色斗篷，安上一頂玻璃珠和羽毛做的王冠，把他按在椅子上繪製肖像。法軍占領他的村子，他的子民則淪為奴僕，死於痢疾。伊於特率領生還者進入山區，把征服者拋在腦後。[11]

法軍大為光火，但不久後就再度上路，前往努庫希瓦島（Nukahiva）的泰奧海村（Taiohae），立蒂莫阿那（Temoana）為新王。蒂莫阿那曾經在不列顛人建立的海洋航路中旅行過，去過紐西蘭、澳洲與倫敦，對歐洲人的手法心知肚明。被人拉上捕鯨船當廚師的他，非常討厭英格蘭人因為他身上的紋身而好奇地打量他，因此終究返回馬克薩斯群島。法國人聲稱他們將讓蒂莫阿那重新登上「王」位，幫他蓋一棟小屋，備妥家具，屋外則有法國三色旗飄揚。他與官員見面，把當地的土地用高價賣給他們，開始喝酒，然後成為羅馬公教在當地的好榜樣。法國殖民地部（Colonial Bureau）給了他一筆津貼，他的妻子則進了女修道院，百般聊賴。

對於殖民入侵，島民的回應方式向來不只一種。伊於特先是忍讓，然後退開；蒂莫阿那則是盡其可能的拿。另一位酋長帕科科（Pakoko）竭力復興艾納塔生活方式，成為武力抵抗的代表人物。由於法國水手對當地習俗表現不敬，帕科科的人馬憤憤不平，捕殺了六名水手，至少用其中一人祭神。有說法指出，這些水手侵入了神聖的地區，也有傳說是因為水手強暴了當地婦女，唯有用施暴者的鮮血才能潔淨她。

法方的報告表示，帕科科對於蒂莫阿那與殖民地官員施加在子民身上的限制非常生氣。總之，我們可以確定法軍派出大批人馬追捕他，而他在意識到村民將受到嚴重的懲罰與報復後，決定投降。法軍當場審判，他要求由行刑隊槍決，接著就在山脊上數百人的注目下受刑。根據當地傳說，雷聲就是他歸來的信號。[12]

雖然叫做「帝國」，但法方的立足點一如既往微不足道。杜貝蒂—圖阿並未停步觀察馬克薩斯群島可能的發展，搞不好他根本不相信會有發展。指揮著令人望而生畏的戰艦，他決定航向一處他所知的戰略貿易港，一處素有誘人名聲的地方：大溪地。一代又一代的人，沉浸在布干維爾想像的性感婦女與樂園般的熱帶氣候裡，但等到杜貝蒂—圖阿抵達的時候，「法國人創造的」大溪地早已成為傳奇。傳教士與商人紛紛主張自己有權決定島上的政治與商業，但除了好鳴不平的英格蘭傳教士喬治·普里察（George Pritchard），並無外國殖民當局存在。波馬雷王朝依舊掌權。

杜貝蒂—圖阿派麾下部隊登陸並奪權。法國政府公報宣稱，波馬雷四世女王與酋長們在一八四二年認可法國統治權，並請求將大溪地各島嶼納為保護國。話說得很好聽，也符合熱帶風情想像，但與實情相去甚遠。數十年前，布干維爾用熱情的筆觸，詳盡描述了可人又聽話的普莉亞；但波馬雷女王完全不是這樣，她是征服王朝的後裔，受過傳教士完整的教育。

她為自己的說法留下紀錄，並命大臣將詳盡且憤怒的文字傳達出去，抗議法國的行動，同時要求協助，甚至直接致信英格蘭的維多利亞女王，稱她為統治者姊妹。她與大溪地酋長們斥法國人捏造的文件與所謂的和平保護為無稽之談，明確指出杜貝蒂—圖阿以武力要挾，意味著他的統治將「始於殺害老百姓」！[13]

女王盡力發揮外交影響力，讓來訪的不列顛海軍軍官邀請她上船赴宴，席間勾勒出衝突、流血的景象，並表示若法國的侵略成真，對她本人與不列顛王室的威信都是傷害。然而，不列顛不願意干預，女王與各島嶼的酋長只能準備應戰。

大溪地並非想像中的樂園。抵抗升級，演變成軍事衝突——一八四三年至四六年的法國—大溪地戰爭（Franco-Tahitian War）。波馬雷戰士手持長矛與滑膛槍，利用山區、河谷等天險與拼板舟艦隊，努力躲避法軍的巡邏，或是與之接戰抗衡。戰鬥迅速延燒到其他島鏈，背風群島的戰事甚至延續到一八八〇年代與九〇年代。法國海軍派出巡防艦與蒸汽船，支援他們唯一明確掌控的區域——帕皮提——修築防禦工事，並派部隊登陸鄰近島群。隨著法軍戰艦派出的部隊占領大溪地島，軍事行動也轉向其他島嶼的統治者，例如胡阿希內島的蒂利伊塔利亞女王（Queen Teri'itaria）——法軍曾派出分遣隊試圖占領她的領土，結果被她殺得片甲不留。

法國戰艦以艦砲轟擊沿岸，數以百計的部隊從海灘往內陸推進。大溪地人最後遁入有熱帶森林與懸壁掩護的福塔瓦河（Fautaua River）河谷。後來的發展和其他衝突相當類似：戰局始終膠著，直到法軍得到其他島民的合作，例如大溪地人的對手拉帕島（Rapa）的邁羅托人（Mairoto），才急轉直下。有了邁羅托人對地形的認識，法國海軍陸戰隊設法占領山脊的戰略高地，迫使此時因受傷、饑餓與疾病而人口銳減的大溪地人投降。

從頭到尾，波馬雷女王都得對抗盟友中的派系鬥爭，而長久以來對於被波馬雷家族征服的記憶，以及他們與歐洲傳教士的串通，常常讓人沒有好感。有些對手（例如在新的被保護國政府中為官的帕拉伊塔〔Paraita〕）則是單純認為跟法國人聯手有更多好處。[14]

然而，反殖民戰爭的記憶令人驚異地遭到抹除一事，反而最是能說明大溪地歷史。記憶的抹除始於杜貝蒂—圖阿虛構的和平歸順，但加速記憶消失的因素並非政治操作，而是文化力量。法國在藝術與文學上的權威性，隨著法國的統治而來；布干維爾的故事與意象再度復活，這一回擄獲了皮耶・羅逖（Pierre Loti）、維克多・謝閣蘭（Victor Segalen）等作家，以及畫家保羅・高更（Paul Gauguin）的內心。

十九世紀末，海軍軍官兼作家羅逖動筆寫下通俗小說，內容是一位年輕大溪地女孩與法軍軍官姘居，在軍官走後為伊斷腸憔悴的故事。海軍軍醫兼學者謝閣蘭，則是以近乎民族研究的熱情，以一位備受尊敬的大溪地故事人開始忘記民俗故事與族譜一事為主線，大談傳統社會如何在商人與傳教士影響下失去自己的文化。

保羅・高更是一位布爾喬亞證券交易員，心裡巴望能過著野性的生活，成為藝術家。高更曾與暴躁狂烈的文森・梵谷（Vincent Van Gogh）短暫為友，而他自己則是艱難地想獲得畫壇認可；於是，他取道巴拿馬運河，前往法國殖民地大溪地與馬克薩斯群島，追尋異世界的意象。高更奔放的畫作中充滿預言象徵與靈性傳說，表現出憂鬱異國面貌的法屬玻里尼西亞，誘人的軀體與古典雕塑姿態和風情萬種的熱帶背景相融合。

謝閣蘭與高更兩人都曾透過文字表達對「太平洋殖民地」的無力感，高更甚至撰文嚴詞抨擊當地官員。但到頭來，得勝的仍然是「意象」的力量。大溪地將成為一段談「失落之愛」，為了對「美」的渴望而失魂落魄的故事；大溪地將成為一段談「墮落之必然」的永恆傳說，而不是帝國蠻力征服的篇章。[15]

法蘭西的帝國野心

大溪地發展成戰略基地，但以太平洋地區來說，法國在東南亞海岸沿線對其他歐洲列強採取的回應最為全面。「印度支那」是法國太平洋帝國的拱心石，是法國人投入數十年時間、用征服得來的領土，加上與地方豪強的合作所拼湊出的殖民空間，範圍包括今天的越南、寮國與柬埔寨。

歐洲人對於越南的認識，可以回溯到中世紀旅人、香料貿易、海盜窩與葡萄牙傳教士以來，與亞洲各地的貿易與交流歷史。越南的統治者們與亞洲其他統治者面臨的情況很類似，十三世紀時要抵抗蒙古入侵自己領土，十五世紀則是力拒大明國的軍事占領；最後，越南人在貴族地主黎利率領下，於一四二八年擊退中國人。據說，一隻神祕的金龜賜給黎利一把寶劍，他揮舞寶劍擊敗明軍，榮登大寶，成為後黎朝開國皇帝。黎利建立了儒教國家，制定法典，大興土木。

十七世紀初，新勢力趁著幾個世家大族爭奪權力時駕到，越南實際上分裂為南北，北方由與葡萄牙結盟的鄭主（Trinh Lords）統治，南方則由獲得荷蘭軍火與海上力量支援的阮朝（Nguyen）主宰。到了十八世紀晚期，法國人對越南興趣漸增，一名天主教主教舉兵支援阮朝，阮朝則容許天主教，並同意以歐洲人為幕僚。然而，這種安排從來都不穩固，儒家的阮朝統治者很快便拒不服從法國布道團，布道團則反過來支持一名信奉天主教的越南皇帝。

對抗衝突延燒了整個十九世紀。一八五〇年代，法國皇帝拿破崙三世宣稱要保護法國天主教徒的人身安全與利益，於是派遣戰艦前往阮朝領土。部隊終究在一八六七年控制湄公河三角洲，接著在一八七〇年代與八〇年代登陸越南北部——一屆又一屆的法國政府如今也參加了歐洲人的全球帝國競賽。交趾支那（南越）、安南（中越）與東京（北越）等地區與寮國結合，由魁儡皇帝與國王們在一八八七年共組印度支那聯邦（Union of Indochina）。

經過數十年，這裡發展出龐大的移民社會，有土地開發、種植園，以及由歐裔住宅區與越南裔城區構成的分區都市計畫，林蔭大道、殖民部會與俱樂部點綴其間。河內城成為殖民地首都，除了一間歌劇院，還有數家銀行為商人與海外事業提供資金，甚至有專門的部會負責將東南亞各地的勞工送往法國在大洋洲的殖民地。[16]

殖民體制中需要協商的，不只是社會與政治關係，連人際與親密關係也不能免。商人與軍人找年輕的當地女子為情婦與妻子，從民事檔案中也能看到殖民當局以所謂的品行與經濟支持的可能性，決定同意或否定婚姻的要求。跨國佳侶並不罕見，只不過男方是歐裔主子，女方是殖民地人。

等到歐洲女子開始來到殖民地，加入軍隊與官僚的行列之後，區分也跟著愈來愈明顯。有一名婦女寫道，她扮演的角色，是將茶水與高尚的道德情操帶到殖民地——簡言之，這樣傳統婦女扮演的，是「教化」男人的角色；她還提到許多歐裔婦女對於男人找亞裔姨太太的做法，抱持「強烈的嫉妒」與鄙夷。

不安定的依附：殖民者拜訪法屬印度支那一位安南官員的家。（Credit: Adrien Emmanuel Marie (1848–91) ***Reception in the House of an Annamite Mandarin in Tonkin, French Indo-China***, 1883. Bibliothèque des Arts Décoratifs, Paris, France/Archives Charmet/The Bridgeman Art Library.）

情婦所生的孩子，生活在一個法律地位不明的世界裡。安南女子海祿（Hai-Loc）與法籍艦長波瓦洛（Poirot）育有一子。波瓦洛的收入似乎讓一家三口生活優渥，但他死後，海祿與孩子頓失支柱。海祿向法院提起訴訟，卻遭駁回。法院判定過去並無「出於該軍官要求而寫下的親子關係承認文書」，因此她的孩子是安南人，不得主張法國人所擁有的權利。只有男人有權將權利與地位授與孩子；沒有權利與地位的女人與小孩，就只能繼續以「本地人」的法律地位生活下去。[17]

越南反抗異族宰制的歷史非常悠久，越南人決不會就此乖乖聽話。襲擊、遭遇戰與會戰在所謂的「印度支那」各地發生。不難想見，有些反抗行動的領袖是權力被法國人奪走的朝廷官員，有些則是農民與盜匪為首的民變。絕大多數的反抗行動背後都沒有足以堅持下去的組織，於是有一個世代的領導人開始往整個亞洲尋找盟友。其中最堅定的，是一位政治激進分子，他在一九一一年乘船前往巴黎，用過許許多多的化名，最後自稱「胡志明」。

婚姻、結盟與抵抗的問題，始終在法國的美拉尼西亞帝國發展中揮之不去。海軍大臣希望在島上為農民、礦工與商人建立拓墾殖民地，但地方經濟發展很快便面臨土地不夠，以及更嚴重的奴隸缺工問題——唯有流放殖民地，才能提供所需的勞力。法國政府對澳洲一直豔羨不已，巴望著像雪梨那樣的繁榮；另一方面，不列顛人的地盤似乎不斷擴大，而南美洲法屬圭亞那的監獄卻深受痢疾所苦。由於新喀里多尼亞有細若游絲的聖母會士（Marist）傳教勢力，以及歐陸一八四八年革命後的海外流亡人士，法國政府在這兩者的促請下，派遣海軍將領費夫里耶．德普昂特（Febvrier Despointes）揮軍新喀里多尼亞與松島，於一八五三年舉行儀式，兼併島群。

新喀里多尼亞是古代喇匹塔文化所在地，也是數以百計的山地、谷地與海岸部落的故鄉。探險家、商人與福音派對這裡多少有點認識。十多年前，傳教士塔烏恩加曾經在南部為倫敦傳道會布道，同時法國聖母會士則在北部登陸，希望覓得一塊沒有新教徒的土地。他們在巴拉德（Balade）蓋了一所搖搖晃晃的傳道所，接下來幾年間在布道、挨餓或逃跑間交替。有些酋長為傳教士提供土地，例如延恩（Hienghene）的布瓦拉（Bwarat）酋長，他們想看看這些新來的聖職者能否吸引商人，並保障自己的領土免於法國戰艦來犯。

這位布拉瓦酋長對法國人與英格蘭人的發展說不定也很好奇，有史料指出他曾去過雪梨。新喀里多尼亞遭到兼併之後，因為他曾經引大溪地軍隊對抗法軍，因此法國人給他打上「敵對」的標籤，將他流放到帕皮提；據說，他可以用英語、法語與大溪地語和當地官員交談。

最初十年，總督在新喀里多尼亞建立軍事據點，並為能夠吸引移民的號召者提供土地開發權。這種做法是以紐西蘭為典範，結果也很類似：統稱為「卡納克人」的當地部落極力抵制移民。著名的總督夏爾．吉朗（Charles Guillain）希望促成和解。他與卡納克領袖做生意，並秉持社會主義哲學，成立烏托邦式的農場與作坊。礦工、石匠、木匠、烘焙師、園丁與商人同心協力，將小殖民地建立成自給自足的社群。他們蓋房子，各司其職，旨在建立福利社會；只是才短短幾年，他們的莊稼、事業與夢想就因為資金匱乏、意見不合與天災而破滅。

一八六四年之後，烏托邦式的熱情退去，循澳洲模式建立流放殖民地的想法成為主流。一船又一船的男性囚犯——罪犯、無賴與政治犯的大雜燴——抵達諾美亞（Noumea）的海灣。刑期長的罪犯遭加重刑度為無期徒刑，必須承擔建立殖民地的農務或營建勞動。治安由駐軍與軍事法庭維護，諾美亞也發展為殖民前哨站，住居與店面在一座塵土飛揚的椰子樹公園與感化設施周圍出現，一船船的囚犯與捕鯨船員、檀木商人在岸邊來來去去。幾年過去，諾美亞灣一帶形成城鎮。有些服刑完的罪犯開始與卡納克婦女同居。

女囚也是這張帝國之網中的一部分。她們在修女的照顧與武裝衛隊戒護下前往新喀里多尼亞，在工廠中勞動，並與其他男性成婚。殖民當局希望創造法裔夫妻，一同想辦法生活，別去思考怎麼返回歐洲，而是全心全意當莊稼人，犁田、養禽畜，用農產撐起這個殖民地。

眼下的核心問題和澳洲一樣——需要更多土地，才能篳路藍縷建家園，蓋農場、牧場與放牧。但是，歷任總督在授田和給予土地開發權時，卻不怎麼在意卡納克人的農地與保留區。一八七八年，新喀里多尼亞各島嶼爆發大規模暴動，驚醒了法國的殖民者。移民遭到屠戮，而他們最害怕的事情，即卡納克各部落的結盟，也成真了。動亂的規模讓殖民地措手不及，但前來調查的陸軍將領阿圖爾·特隆提尼翁（Arthur de Trentinian）提出報告時，卻責怪移民自己先「入侵原住民種植生活所須所不可或缺的土地」。

一八七八年的動盪中最初的幾位犧牲者，是個模範家庭：一對夫妻與兩個小孩。值得注意的是，丈夫尚·橡（Jean Chêne）是更生人，服完刑期後建立了自己的家園，有如殖民大業的化身。更有甚者，他的妻子門冬（Mendon）是卡納克女子，離開了自己的族人，兩人的小孩自然是混血兒。換言之，殖民地的暴力決不是「歐洲人」對「美拉尼西亞人」那麼簡單。

民變首領是大酋長阿泰（Atai）。他對抗法國總督與移民多年。圖畫中的他五官輪廓鮮明，蓄著鬍，身形精瘦，叼著菸斗。阿泰因為幾件事而聞名：除了他對戰士們的激昂演說，他在戰場上的兇猛，還有他對一位可愛的移民遺孀求婚的事蹟——卡納克人起事與法軍報復的過程中，他從頭到尾都保護著這名寡婦的家。對他來說，反殖民起義跟個人感情不能混為一談。

動亂持續將近一年，直到阿泰被效忠法方的敵對部落刺傷、斬首後才告終。他早已明確表示自己對帝國的看法——有一天，他提著一袋土和一袋石頭，站到總督面前慷慨陳言，言詞無比尖銳：「這一袋是你們奪走的，這一袋是你們留給我們的。」[18]

其實，「留下什麼」恰好是法國在整個十九世紀中葉最關心的事——他們希望能搶在其他西方國家占領之前，七手八腳地兼併戰略與拓墾殖民地。包括大溪地周邊所有島嶼、馬克薩斯群島、印度支那聯邦，以及新赫布里底群島（今萬那杜）等同時有不列顛與法國聚落競相發展的地方，都是這一類的實例。

新赫布里底群島發展出兩個涇渭分明的歐洲社群，為了主宰政治與商業而彼此競爭。一八七八年，卡納克起義在新喀里多尼亞爆發後，法國與不列顛便宣布新赫布里底為中立地，並於十年後成立聯合海軍委員會，保障各自的利益。一九〇六年，雙方組成彆扭的共管地（Condominium）——一個殖民政府，兩套行政體系、商業制度、貨幣、文化習慣與假日，僅僅靠一位西班牙法官主持共通的法院來加以維繫。

新赫布里底政府可說是疊加在傳統領域、羅伊瑪塔酋長、基羅斯在萬那杜建立的新耶路撒冷……等複雜歷史上的政治喜歌劇。飾演「宗教使命」、「檀木貿易」與「種植園規畫」的新演員，將在十九世紀逐漸了解這些島嶼。從一八四〇年代開始，新赫布里底島民已經與索羅門島民在一場規模驚人、遍及整個太平洋地區的人口販賣中相遇——遷徙、契約勞動、冒險、遭人綁架與奴役。

第15章 遷徙、種植園與人力產業
Migrations, plantations, and the people trade

「索菲亞」號（*Sophia*）是一艘由柚木、孟茲合金（yellow metal）打造，噸位五百三十七噸，建於一八一九年的貨船。索菲亞號經常作為包船，往返於歐洲與太平洋之間。一八二八年底，索菲亞號展開為期兩年的航程——雖然不是什麼了不得的探險，但航程倒是勾勒出當時正逐漸聚合的太平洋世界。索菲亞號從都柏林啟航，載著將近兩百名上了鐐銬的男性囚犯，隨著波濤擺盪，經過幾個月的航程前往不列顛在澳洲的流放地。入了雪梨港，囚犯下船之後，索菲亞號按照艦長山謬・亨利制定的航路前往東加；他接了另一批人，這一回則是他招募來的勞工，準備前往美拉尼西亞新赫布里底群島的埃羅芒阿島，砍伐檀木。

索菲亞號載著貨物，往北航向夏威夷。聽到船上載著高價檀木，歐胡行政長官波基眼神為之一亮——檀木早已絕跡於玻里尼西亞，得知消息的他於是出兵征服埃羅芒阿島，卻出師不利。他與麾下大多數部隊若非死於海上，就是死於瘧疾。索菲亞號也回到埃羅芒阿島，卻發現情勢不樂觀，收益也不如預期，於是揚帆經由新赫布里底群島、新加坡與馬尼拉返回英格蘭。船醫喬治・班奈特（George Bennett）將一名年輕的埃羅芒阿女孩「依勞」（Elau）、一枚鸚鵡螺與一隻長臂猿帶回普利茅斯，統統混在一起當成原始自然的證據，為維多利亞時代人對自然史與「野蠻人接受教化的可能性」的激辯添柴加薪。[1]

許多歐洲人對太平洋的認知，都抱著這種問題意識。其實，這一類議題成形的地方，就是太平洋。年輕的英格蘭博物學家查爾斯．達爾文，將會在一八三五年成為補給船「小獵犬」號（*Beagle*）的一員。他的隨船觀察不僅對歐洲自然科學尤有貢獻，最終甚至大大影響其走向。從達爾文的字裡行間來看，登上南美洲厄瓜多外海的加拉巴戈斯群島之後，周圍都是林木疏落的熔岩地形，讓他大為失望。這裡顯然沒有同輩中人阿爾弗雷德．羅素．華萊士（Alfred Russel Wallace）在印尼群島研究的那種壯觀雨林與森林。

不過，恰好就是因為這種荒涼，讓達爾文意識到自己腳下的熔岩地形在地質年代上極為年輕，而他可以把眼前所見的這個世界，視為一個完整的動植物生態系「實驗室」。他不是找到古老的世界，而是觀察到仍處於誕生過程中的世界。達爾文在島上分辨出多達十四種的巨型陸龜（許多成了船員的盤中飧），以及今天聞名於世的海鬣蜥、仿聲鳥與地雀。

達爾文推論，只要時間夠久，物種或許會演化，適應新環境。但他按住不發，因為他的發現跟盛行的基督教聖經創世觀點有所扞格；他祕而不宣長達數十年，直到驚聞自己的同事華萊士得出相同推論才發表。達爾文的研究造成許多意料之外的影響，其中之一就是讓他眼睜睜看著自己的天擇理論——經過代代演變，生存下來的將是更能適應環境的生物——遭人曲解，用來解釋歐洲人何以是更優越的種族，有義務領導、利用、啟迪世界各地其餘民族。[2]

黑鳥的困境與出路

早自基羅斯的年代起，歐洲殖民者長期把美拉尼西亞島嶼想像成用來施加「文明」影響力的地方——要是可以從這些地方開發出源源不絕的勞力與財富，那就再好不過了。不過，抱持這種心態的不見得都是歐洲人。從波基的干預行動與基督教傳教士的本土代表來看，玻里尼西亞權貴同樣認為自己比住在新赫布里底群島、索羅門群島、新喀里多尼亞與新幾內亞等島群的部族、部落更優越。古代南島語族世界早在數千年前便已分化，彼此交流甚微，但仍把美拉尼西亞看成難以到達、部落好戰，疾病要人命的「暗黑島群」。

不過，索菲亞號的航程顯示到了十九世紀中葉，前述幾個世界仍然逐漸走到一塊兒。知名布道團領袖約翰．威廉斯在一八三九年登上埃羅芒阿島，旋即被殺。傳教士把他的死，歸咎於過往的檀木商船船長造成的不良觀感，讓島民對外人抱持敵意。傳教士通常認為，這些人道德淪喪、沒有原則。威廉之死反而喚起倫敦傳道會的熱忱，決定派遣九名來自庫克群島與薩摩亞的傳教士前往新赫布里底群島各地，包括埃羅芒阿島、阿納頓島（Aneityum）、塔納島與厄發提島。他們有些許成績，但多數仍受到騷擾，不是餓死就是病死。

到了一八四〇年代，商人與傳教士開始採取出奇類似的策略——假如他們知道有多像，恐怕會大吃一驚。布道團主事者嘗試讓瓦阿（Va'a）與阿卡塔尼（Akatangi）等拉洛東加傳教士去新赫布里底群島傳教，但沒有成功——接著得出顯而易見的結論：他們必須轉而在當地選才，找出懂得當地風俗、語言，而且不會染上瘧疾病死的人。布道團從小處著眼，指導尼瓦瓦維（Nivavave）與馬納（Mana）等埃羅芒阿島民，後者顯然是個能言善道的人。[3]

檀木貿易商也採取直接與當地島民互動的戰術。一八三〇年代，大部分人都是從雪梨或火奴魯魯派船，到玻里尼西亞招募工人伐樹，但事實證明這種做法太沒效率，也太危險。詹姆斯．帕登（James Paddon）這樣的商人決定不要在船貨與玻里尼西亞工班上碰運氣，而是靠著貿易商品到當地發展，然後利用土地開發權，在岸邊建立行動基地。對帕登而言，這意味著在阿納頓島建立永久聚落，放牛吃草，並為其他商船提供補給。一小群來自紐西蘭的歐洲人與一些華人和幾名毛利人，搭起了以棕櫚葉為屋頂的木造房屋，開闢小舟裝卸地，興建存放補給品、龜甲與棕櫚油的倉庫。

最大的問題在於，他們必須跟當地部落打交道、做生意；不過，部落也漸漸習慣有金屬工具、布疋，有時候還包括軍火，對檀木生意愈來愈有興趣。以依努克島（Inyeuc）為例，部落領導人把鬧鬼的無用島嶼租出去，換得商品。帕登與團隊在新赫布里底群島各地成立岸站，積起成堆的木料，等著專程船班將木料運往雪梨與廣州。帕登從甲島群招工到乙島群工作，藉此讓所有勞工仰賴他建立的網絡。

新出現的檀木貿易為美拉尼西亞提供交流、商品買賣與航海機會，一如太平洋其餘地區。但不出數十年，島民與殖民當局都意識到檀木貿易會帶來動亂，帶來死亡。歐洲人與玻里尼西亞固然不敵瘧疾，但更多的交流同樣意味著美拉尼西亞人口將因痲疹、天花與流感而銳減。岸站把年輕人吸引走，村裡因此缺少漁獵與農耕的人手。

更有甚者，一旦歐洲船長們愈來愈瞭解吃苦耐勞的美拉尼西亞勞動力，島嶼世界所僅見最暴力、剝削最嚴重的生意，就不再是木材或熱帶物產，而是「本地人」本身。之所以如此，或多或少跟習慣性的虐待、欺騙與「教訓」勞工有關，但主因還是太平洋島嶼經濟發生了重大轉變。小塊的土地與小農仍然是主流，但隨著殖民聚落與種植園不斷擴大，商業活動日益仰賴大規模勞動力，對於人力產業的追求也無窮止境，有時甚至達到無情的地步。

小型種植園建立後，園主有時候會找來島民當僕人、管家與工人，偶而也會跟特定部落或村落發展密切關係。但是，從澳大利亞到斐濟與薩摩亞，資本雄厚的公司與發起人開始購買大片土地，經營單一經濟作物種植。其中最有名的就屬羅伯・湯恩斯（Robert Towns），他是帕登經營檀木生意的競爭對手，也是澳洲昆士蘭的主要土地投資者。[4]

湯恩斯主要的收益來源是棉花。一八六一年四月，世界另一端的重大事件在整個南太平洋造成迴響：南方邦聯軍（Confederate）對南卡羅來納州的桑特堡（Fort Sumter）開火，打響了美國內戰。南方以奴工與棉花為經濟動力火車頭，成品要銷往不列顛與歐洲的工廠，而北方聯邦軍（Union）的船艦則對南方口岸嚴加封鎖。事件的爆發導致全球棉花價格翻了兩倍，織工吵著需要更多貨源。

羅伯・湯恩斯在昆士蘭有農地，在新赫布里底群島與索羅門群島則有檀木管道。種植園成為跨國生活方式與全球市場之間產生緊密結合的地點。一八六三年，第一艘滿載美拉尼西亞勞工的船抵達澳洲，工人則轉往種植園工作；才經過一個世代，離鄉背井的工人數量便有大約六萬人。斐濟的種植園主也發展自己的事業——尤其蔗糖的種植比短暫的棉花榮景更長久——不同圈子的人各自派出船長招工，爭搶工人。[5]

他們爭高下的方式，不是用豐厚的津貼與更好的待遇來比過對手，而是發動一場砍價戰，有時甚至是砍頭戰。運工人的船隻又小又爛，還會漏水；這種船最大的優點，就在於營運成本低廉，船艙更可以在整趟航行中讓島民安安分分，甚或受困。嚇壞了的勞工得不停把水從船艙中舀出去，才能確保船能浮在水面上，而痢疾等疾病四處橫行。

至於與白人交流歷史已久的島嶼，拿到的工作合約都很一致：三年契約（時間長度常常遭誤解，或是故意顯得好像更短），領微不足道的週薪，然後遣返。

太平洋的種植園：澳洲昆士蘭鳳梨田工人。（Credit: Kanaka laborers on a Queensland pineapple plantation [picture]. 1890–1900, National Library of Australia. 220）

有些島嶼反應熱烈，積極籌組工班。也有當地酋長襲擊對手，把戰俘賣給招聘人，而招聘人也會用工具與槍械誘使當地酋長這麼做。有時候，人力產業與綁架、奴役並無二致，而當時也漸漸把太平洋各地的人力產業稱為「捕黑鳥」（blackbirding，「黑鳥」是時人對南太平洋勞工的諱稱）。

他們先是歡迎島民上船做買賣，接著威逼、強押島民進入船艙。狡猾的船員還會拿起商品揮舞，吸引拼板舟靠近，然後撞壞小小的舷外衍架船。對付那些靠得還不夠近的島民商人，還有一種陰招：把生鐵重物往小船砸去，弄沉船，把船上的人拉起來，拿刀或槍逼他們下甲板。有些船長還會假扮傳教士，吸引人來俘虜。教會神父對此自然怒不可遏，傳教士遭村民攻擊也在情理之內。島群各地都是錯流的鮮血，某些村子對每一艘進入水域的船隻都抱持敵意，人力產業愈來愈緊張而暴力。

一八七一年，「捕黑鳥」時代最駭人聽聞的事件發生了。一名國教會主教在聖克魯斯群島遭人殺害，前來調查的不列顛戰艦搜索了方帆雙桅船「卡爾」號（*Carl*）。沒想到，卡爾號的船艙乾淨得反常，一塵不染。船東詹姆斯．穆瑞（James Murray）為了換取豁免權與證人資格而招供，表示自己的船員以武力綁架一百五十多名島民，弄沉了他們的拼板舟，在船艙中毆打他們，「艙底汙水有一半是血水」。[6]

來到蕾莉島（Leli）外海，一名機警的酋長看到手下人做生意的小船遭人掀翻，立刻發動攻擊，結果部落勇士們在滑膛槍口下潰不成軍，被拉上卡爾號的登陸艇痛毆。俘虜們不願意就此聽天由命，用計強行打開艙門；船員用子彈招呼他們，有半數人中槍殞命。受害者無論死活，統統綁在繩子上，扔進大海裡。受到布道團與政敵的壓力，加上殖民地廉價勞力未受規範引來抨擊，不列顛政府因此在一八七二年通過《太平洋島民保障法》（Pacific Islanders Protection Act），為發放執照、規範管理，以及島民出庭提供證詞等事宜提供法律依據。

不幸的「受害土人」成為巡邏與盤查的重點，但官方執法力道不夠。與此同時，乘船出海、契約在身的島民則得在種植園工作的頭一、兩年間，承受嚴苛的勞動環境、剝削，經常有人病死或累死。不過，有些人學到如何經營種植園，決心在故鄉島上打造自己的事業。厄發提島的口述歷史中，有個跟馬托阿村（Matoa）的比利・馬斯・那保（Billy Mase Napau）相關的故事。他曾經在昆士蘭做工，「返鄉後，他整地種起椰子樹。種椰子就是要做乾椰仁，然後賣去烏拉普阿村附近，派給一位從馬拉波阿村來收貨的商人」。其他人依樣畫葫蘆，用新知與新管道建立事業。[7]

當時從人力產業中學習並得利的島民裡，最有名的就數馬萊塔島（Malaita）的瓜依蘇利亞（Kwaisulia）。瓜依蘇利亞在琉湖（Lau Lagoon）的蘇魯福島（Sulufou Island）長大。一八六八年，蘇格蘭水手約翰・雷頓（John Renton）因船難而流落當地，還是個孩子的瓜依蘇利亞經常在他身邊跟進跟出。當地酋長保護雷頓，雷頓也留在周邊島上學習語言與風俗，直到一八七五年才隨著一艘來到附近的招工船離開。瓜依蘇利亞決定跟著雷頓走，上了船，前往昆士蘭做工。他在澳洲待了六年，工作、學習皮欽語，天天觀察歐洲人。等到招工人開始尋找熟門熟路的當地人當中介、協助為勞力產業提供

「捕黑鳥」下的人貨：扣押奴隸船。（Credit: Samuel Calvert, 1828–1913 (1869). *Seizure of the slaver Daphne by HMS Rosario* [picture], National Library of Australia. 222）

肉體時，他的經驗與人際關係便派上用場。

擔任「籌辦經理」（passage master）的瓜依蘇利亞，是個能催眠人心的話術大師。事實證明他是行家，能靠嘴說服一個個工班，用影響力換取實物酬勞。歐洲人開始叫瓜依蘇利亞為「海岸酋長」。他在地方上權勢驚人，簡直獨一無二，畢竟他身為島民，卻同時深受美拉尼西亞船員、工人與歐洲招募者的信任。瓜依蘇利亞很會講價，他開始累積數量無人能比的貨物，包括金屬工具與建材，以及菸草、軍火等高價商品。此外，他自己對絲織品，以及時鐘與音樂盒等精巧機械情有獨鍾。

他在阿達吉吉島（Adagege）的基地是個固若金湯的營地，周圍拉起鐵絲網，作為進攻琉湖一帶與鄰近島嶼競爭者、敵人的跳板。等到不列顛人宣布這一帶為保護領，瓜依蘇利亞不僅成了有用的夥伴，更是可能的殖民代理人。第一任駐節專員伍德福（Woodford）提到：「瓜依蘇利亞有能力投入大批戰力，只要根據我的規畫由他出任，肯定能立刻平定沿海治安。」

瓜依蘇利亞當然也願意咬下帝國放的餌：「他穿著一套雪白斜紋布西裝，戴著遮陽帽，佩掛斜肩飾帶，笑容可掬。」然而，他的力量源自於自己介於兩個世界之間的特殊角色，因此當不列顛控制愈來愈直接，歐洲傳教活動愈來愈蓬勃，他的權威也隨之衰減。一九〇九年，他在炸魚時不慎被自己的黃色炸藥炸死，但他至今仍是半個傳奇人物。[8]

不列顛治下的斐濟種植園

在種植園勞力方面，昆士蘭的最大競爭對手是斐濟。不過，斐濟酋長薩空鮑雖然從檀木與海參貿易獲益甚豐，卻因為美方要求清償債務而焦頭爛額，而他面對馬阿富（Ma'afu）等對立酋長時，勢力也不夠穩固。他設法在一八六八年加冕為王，但始終受到敵人威脅——包括要求他補償美方過往在斐濟島群的財產損失的美國海軍。

同年，兩名男子布魯爾（Brewer）與伊凡斯（Evans）從澳洲墨爾本戴著一份國際投資計畫來到斐濟。兩人表示，只要薩空鮑願意撥二十萬畝地給他們，提供免稅，並由他們主導金融，就願意代薩空鮑償債，並鞏固他的地位。薩空鮑簽了字，玻里尼西亞公司（Polynesia Company）於焉成立，背後是一批渴望獲利的墨爾本投資人。

美拉尼西亞島民因為「捕黑鳥」而來到斐濟的種植園，薩空鮑則主持一個由二十五名白人組成的議會——這些人不停舉債做生意，將歲入分配給自己希望完成的建設。腐敗的土地交易與立法者、受剝削的勞工，以及種族、族群暴力，成了這個「賊窩」的特色。歐洲移民、斐濟村落與無法無天的傭兵不停對戰。薩空鮑為了維持自己身為國王的威信，打算和數十年前一樣，找不列顛王室為自己撐腰。

這一回，不列顛帝國聽進耳了。不只村落在暴力中毀於一旦，連平常希望法律與規定不要多插手的殖民者們，也呼籲恢復秩序。不列顛政府確實有能力把不講道德的拓荒者全部趕走，只是有人說得好：「本國決不會有哪個大臣願意派戰艦，把不列顛人統統從斐濟帶走。」但若不出手，等於坐看無政府狀態出現，其他強權也很可能干預。一八七四年，薩空鮑等酋長獲得承諾，可保有統治權，於是簽字將斐濟讓與不列顛，成為殖民地。[9]

不列顛人已經在紐西蘭的土地爭奪戰付出過代價，吸取了教訓，因此迫切希望透過地方權威間接統治。政府任命亞瑟·戈登（Arthur Gordon）勛爵發展統治的策略——他是歷練豐富的行政官員，曾經在千里達與模里西斯服務過。他的計畫是保護斐濟人的土地權（超過百分之八十的土地仍維持當地人所有），同時對農產品徵稅，讓土地等於有所產出。這套制度讓斐濟人免於週薪勞動，村民也能保持與鄰里的緊密關係。戈登以最高酋長議會（Great Council of Chiefs）為一種「傳統」的統治方式（其實根本是他在任期中的發想），由議會節制土地與人民，以推行前述的制度。

這項安排（類似上下議院體系）讓身居高位的酋長們獲益甚豐。為了確保作物分成，並增加收入，村民受到保護，不用擔心遭到歐洲或其他殖民者的剝削，但同時仍有不少義務將他們束縛在土地上，例如採收、興建住宅，或是應時節種植木薯、番薯、香蕉、卡瓦醉椒，還要剪樹、除草，為地方行政長官與治安官服勞役。

由於斐濟本地人離不開村子，不斷擴大的種植園體系又缺工，戈登於是訴諸自己先前治理經驗中學到的做法——吸引來自其他不列顛殖民地的移民，尤其是印度。第一船契約勞工在一八七九年抵達。接下來四十年，六萬名印度人踏上斐濟土地，走完「*girmit*」（即「合約」，是印度人念「agreememt」的訛音）——這意味著五年的不人道奴役，接著再做五年工，才能得到船票補助，回到印度故鄉。在這樣的情況下，許多印度人於是逐漸把斐濟當成新家園。[10]

這批新的人口主要為澳商「殖民地煉糖公司」（Colonial Sugar Refining Company）工作。從甘蔗莖纖維中榨出來的汁經過濃縮，可以製成大量的蔗糖。為了得到甘蔗汁，工人必須在甘蔗園中不停歇地扦插、收成、間苗與補苗，精疲力竭。用火燒盡枯葉之後，工班在監工的監督下拿甘蔗刀或大砍刀砍甘蔗。種甘蔗跟種其他農作物不同，採收不過是個起點，畢竟甘蔗還要經過處理，設備又很昂貴，時間就是金錢，因此工人只能日以繼夜趕工。

甘蔗園的軋汁間是非常危險的工作場所。一批批的甘蔗在這裡被榨成汁之後，送往熬糖間煉製。火熱的糖壺在磚石造的窯裡加熱，甘蔗汁也在一次次撈去雜質後化為糖漿，接著流過冷卻管，凝成粗糖。甘蔗園是島嶼風情中的工業城，灌溉渠與鐵軌建構出主從、資方與勞工的階級體系，糖廠設施則四散在棕櫚樹與甘蔗田間。工人身上滿是傷痕，青一塊紫一塊，在烈日下曝曬；監工騎在馬上；熬糖間冒著煙——這就是日常光景。

不列顛殖民當局透過土地與種族政策，強化印度與美拉尼西亞工人之間的隔閡。「遙治」意味著防範斐濟人與印度人在政治上聯手對抗帝國。雖然印度裔斐濟人在此安家落戶，經營小生意，建立城鎮，但他們跟美拉尼西亞斐濟人村落與酋長關係仍然疏遠，而且殖民者更鼓勵後者將印度裔視為對其舊有權威的政治與文化威脅。

工人得到的重視不多；他們多半出身印度鄉間貧戶，殖民者頂多看到他們的用處，可憐他們而已。他們生活在擁擠的營區，承受侮辱與鞭打。作家維延德拉．庫瑪（Vijendra Kumar）道出印度裔斐濟人充滿汗與淚的經歷。「我們的父祖輩，把南太平洋的這灘死水化為這一區最繁榮、先進的國家。但他們的犧牲卻不待見於今日。」[11] 各族群盡力維持自己的文化，烏爾都語（Urdu language）凝聚了斐濟各地的穆斯林，就像印地語團結了印度社群。印度裔斐濟人一方面銘記近乎於聖地的故鄉印度，另一方面則緊抓著斐濟生活與體驗的有機情感紐帶，從中發展出一種傳統。

祕魯海岸邊的寶藏

幾乎每一個太平洋社會，都有一段來自十九世紀中葉，在異國土地上勞動的記憶，難以抹滅——連遺世獨立的復活節島也不能免。摩艾巨石像堪稱復活節島舉世無雙的景象，而拉帕努伊最重要的儀式莫過於鳥人節（birdman festival）——期間，想要獲得最高地位的領導人，必須游到近海的礁岩上，拿走當季第一顆燕子蛋。造化實在弄人，拉帕努伊的傳奇命運，居然就是在這樣的島嶼上，化為一段齷齪的太平洋歷史。

祕魯沿岸是大量海鳥的棲息地，也是豐富鳥糞石礦床的所在地，欽查群島（Chincha Islands）一帶的鳥糞厚度甚至超過一百英尺。成千上萬噸的鳥糞，可以為貧瘠的土地提供養分，而且供應的不只是祕魯當地所需，而是全世界。祕魯的鳥糞石肥富含氮磷，對於礦冶者來說，就跟西屬波托西（Spanish

Potosí）的銀山一樣賺錢。

西班牙王室於一五四二年設立祕魯總督轄區（Viceroyalty of Peru），轄區經濟高度仰賴礦業。當局利用印加社會實施過的強制勞動制度——「米塔制度」（*mita*）來採礦。祕魯海岸的卡瑤向來是西班牙探險家前進太平洋的起點，但卡拉卡斯（Caracas）與布宜諾斯艾利斯新設立的總督轄區，卻把西班牙帝國的商業力量往大西洋牽引過去。到了十八世紀晚期，印加領導人圖帕克阿瑪魯二世（Tupac Amaru II）率領本地人起義，追求自由原則的克里奧爾混血族群與南美菁英同時對王室舉起叛旗，導致西班牙當局無暇他顧。一八二一年，荷西．聖馬爾定（José de San Martín）宣布祕魯自西班牙獨立。隔鄰的玻利維亞與智利同樣獨立建國，但這三國之間為了國界而爭論不休。祕魯與玻利維亞寸草不生的海岸尤其讓人難以割捨，因為這裡蘊藏無邊無際的鳥糞石。

鳥糞石的利益連北半球都有人垂涎。一八五六年，美國國會得知某些「無人占領」的島嶼或岩床露頭，很有可能是高密度、高價的鳥糞石資源，於是通過《鳥糞石島嶼法案》（Guano Island Act）——是項法案希望美國總統能動用武力，保衛鳥糞石礦場。

控制礦源成為南美洲沿海的嚴重問題。一八六四至六六年，曾經的西班牙殖民地——祕魯與智利——為了鳥糞石礦床，聯手在欽查群島戰爭（Chincha Islands War）中對抗西班牙。一八七九年，玻利維亞為了阿塔卡瑪（Atacama）沿海地區，與祕魯和智利打了五年的太平洋戰爭（War of the Pacific），以爭奪對硝石與鳥糞石的掌控。這些排遺與礦物始終是整個十九世紀中葉的巨大政治賭注。祕魯在一八五四年廢止奴隸制度後，種植園主、礦場老闆與人力承包商轉而做起契約勞工生意和綁架勾當。數以千計的華人和日本人成為契約工，新赫布里底島民則被奴役到這裡，成為「黑鳥」。

來自復活節島的拉帕努伊村民，可說是更容易下手的目標——周圍沒有其他島嶼可躲，也沒有其他殖民勢力競爭。祕魯、英美船艦與馬魯塔尼（Marutani）等西班牙船長共謀——一八六二年，馬魯塔尼登陸復活節島海灘，拿出小東西和鏡子展示，趁多數島民「跪坐在地檢查商品時」打暗號讓手下悄悄靠近。綁匪把俘虜分散在不同船上，用枷項鎖住他們的脖子，還在額頭上烙數字或刺圖案。[12]逃走的拉帕努伊人或是躲進洞穴，或是放火焚燒奴隸船登陸地點的灌木叢，但最後仍有超過三分之一島民遭押往皮斯科（Pisco）的鳥糞石礦場。他們身上蒙了一層鳥糞石灰，開採一噸又一噸的鳥糞石，永無止境，造成將近百分之九十的人因精疲力竭、虐待與腐蝕性氨氣中毒而身亡，包括幾乎所有酋長與長老在內——而他們正是守護拉帕努伊歷史與記憶的人。

祕魯人承受大溪地主教施壓，終究將生還者遣返拉帕努伊——也就十五個人，其中還有人染上天花，使得新傳染病隨著愈演愈烈的部落戰事而肆虐整座島。一八六四年，法籍修士埃羅（Eyraud）在島上展開不屈不撓的天主教傳教活動；到了一八八八年，拉帕努伊王阿塔木蒂克納（Atamu Tekena）締約將主權讓與智利，智利政府則計劃將拉帕努伊島發展為各家太平洋航運公司的中途停靠點。後來，一名智利商人買下這座島，接著轉手給英商威廉臣—貝爾福公司（Williamson-Balfour Company），後者用圍籬包圍島民，不讓他們捕魚，還強迫他們無償勞動。

一九五三年，智利政府終止與威廉臣—貝爾福的合約；十年後，在智利接受教育的拉帕努伊人阿封索・拉普・哈洛阿（Alfonso Rapu Hanoa）成為復活節島區長，提倡反外族統治，其中就包括智利海軍。一九八〇年代，阿爾貝爾托・霍圖・查維茲（Alberto Hotu Chavez）組建長老委員會（Elders Committee），在《原住民法》（Indigenous Peoples Acts）規範下持續推動對傳統語言與文化發展的一致意見。[13]

日耳曼人在新幾內亞

眾多的圖謀、計畫與冒險嘗試，動用了太平洋的勞力，標誌著從小殖民地化為政治與商業帝國的轉型。其中最具代表性的，恐怕就是薩摩亞的發展了。薩摩亞位於中太平洋地理要衝，坐擁阿皮亞與巴哥巴哥（Pago Pago）等天然大型良港，得天獨厚。數千年來，薩摩亞人跟斐濟群島的大酋邦，以及圖依東加統治者發展出政治上的貿易往來與交流。

若是從十九世紀初的宗教發展經驗，例如魅力獨具的末世思想布道者席歐維里，以及傳教士約翰．威廉斯的故事來看，親屬網絡與聯盟在薩摩亞依舊強大，但中央集權向來不是這裡的傳統。若想成為人上之人，就必須設法掌控由兩個對手家族——馬列托亞家（Sa Malietoa）與圖普阿家（Sa Tupua）——所持有的四個爵位才行，而這是個難如登天的任務。即便如此，馬列托亞．拜依努波（Malietoa Vai'inupo）酋長仍然在一八三〇年代征服敵人，成就霸業。他保護傳教士，把教義融入自己的儀式性權威中，並鼓勵各聚落將基督教義本土化。但是，這四個爵位不能轉移，因此馬列托亞在一八四一年過世後，留下的不是繼承人，而是為時二十年的內戰。

內戰期間，馬列托亞家、圖普阿家與各個派系相互傾軋交戰，而阿皮亞沿岸則發展成一個小型的捕鯨與補給據點，商人、灘地浪人紛至沓來，港口城市常見的失序情形也隨之出現。美國與不列顛雖有指派常駐領事，但若以從阿皮亞將影響力輻散出去而論，恐怕沒有誰比得上歐洲太平洋歷史的最新參賽者：日耳曼人。

一八四五年，漢堡的約．該．郭德弗羅依父子貿易公司（J. C. Godeffroy and Son）開始營運，並且於一八五七年成立薩摩亞總部。郭德弗羅依公司目標遠大，按部就班，志在稱霸太平洋貿易，靠著建立東南亞、澳洲、中太平洋與瓦爾帕來索之間的客、貨運網起步。郭德弗羅依給的週薪低，成本低，對於傳教或道德風氣毫無興趣，很快就讓東西方競爭者紛紛破產，隨後更組成方帆雙桅船與多桅縱帆船艦隊，掌控太平洋海域的大多數貿易。

一敗塗地的小商人痛批郭德弗羅依「普魯士風格的紀律」，卻只能眼睜睜看著該公司在阿皮亞蓋起一間間的船塢與倉庫。報導指出，郭德弗羅依的經銷商為了利潤而暗助薩摩亞：據說他們兩邊賣槍，而大家都知道郭德弗羅依在比利時有軍火工廠。抵貨款的方式，是讓出上千畝薩摩亞最好的土地，改作種植園，契約勞工則在園內苛刻的環境下工作——太平洋各地都是這樣。[14]

郭德弗羅依的商譽基礎在於乾椰仁（椰肉）——有人將之製作成食用油，但大多是加工為工業原料，用以製作肥皂、蠟燭、飼料、糕點，以及膠漆。有時候，捕鯨船船員裝不滿酒桶的話，會額外補點乾椰仁。郭德弗羅依的巨大影響，就在於讓乾椰仁成為行遍天下的商品。

這樣的影響對於「太平洋的變遷」有著不可小覷的意義，畢竟最能代表大洋洲的事物莫過於椰子樹——神聖又實用的植物，貨真價實的生命之源。數千年來，太平洋島民與東南亞民族用椰肉與椰奶製作食物，用椰油塗抹身體，用纖維編織毯子，或是用來裝東西、當禮物的籃子。整座村子都是用椰樹木材與葉子為建材，椰殼纖維還可編成緶繩。

薩摩亞人都曉得，阿皮亞後方的拉洛阿塔村（Laloata）是神話女主角錫娜（Sina）的故鄉。一條傳說中的鰻魚追趕這位年輕可人兒，島上的幾個酋長合力斬殺了這條鰻魚，把魚頭埋在她家菜園，結果埋的地方居然長出一棵大樹。這棵樹結出最早的椰子，而堅韌的葉子則能編織成席、扇，以及其他儀式用或平時也能舒適使用的器具。在大溪地與東加，該傳說則有不同版本；東加版提到這條鰻魚警告將有大水摧毀錫娜的村子，只有她家和椰子樹長出來的地方得以倖免。[15]

從椰子園裡種得井然有序的椰子樹來看，日耳曼人在殖民與商業方面一枝獨秀的表現，就是預言中的浪湧。一八七〇至七一年，北德意志邦聯首相奧托・馮・俾斯麥（Otto von Bismarck）與法國皇帝拿破崙三世開戰，粉碎了自己的歐陸競爭對手，並宣布德意志帝國成立；皇帝是眾所周知的擴張主義者——威廉一世（Wilhelm I）。至於在薩摩亞，郭德弗羅依公司是最大的種植園主，持續把太平洋各地的競爭對手逼出場。到了一八七四年，郭德弗羅依公司驚人地掌控了太平洋整體貿易與貨運量的百分之七十，迅速在西太平洋站穩腳跟，而這裡正好是歐洲利益者尚未大規模插旗的地方。一八七〇年代，郭德弗羅依的代理商已經把椰子與珍珠貝貿易推向新幾內亞周邊島嶼，不久後更是直接吞下新幾內亞本島。

本島上的故事則相當微妙。一八八五年，休恩半島（Huon peninsula）上的雅貝姆（Yabim）語族一頭霧水，看著不知那兒來的陌生人開始整地，在他們的海岸邊蓋房子，而不是像平常一樣做完生意就走。這些陌生人給了他們好幾面有著黑、白、紅三色的帝國旗幟；他們是日耳曼人與印尼人，來這個突然間被稱為威廉皇帝地（Kaiser Wilhelmsland），以及今名芬什哈芬（Finschhafen）的港口賺大錢。日耳曼人的領袖提議用斧頭與鐵換取土地，並在沿岸建立站點。某些地方，本古族（Bongu）、哥倫度族（Gorendu）與貢布族（Gumbu）幫這些人建立聚落。但在其他地方，陌生人則是遭到拼板舟包圍，部落戰士拿長矛與飛鏢攻擊他們。

從定價到記帳，柏林來的命令可說是包山包海，每一件事情都要管；對於人在現場的經銷商來說，規定一大堆，卻有許多不切實際之處。芬什哈芬貿易站就是簡陋棚社、木造倉庫與房舍，加上泥濘道路的集合體；這裡有一名站長、一些商人與守林人，以及馬來與華人工人。雖然人們用熱切的口氣回報發展前景，但這裡的土地多半貧瘠，內陸並未發展出方便外國人做生意的貿易網絡，種植園也很難獲得穩定的勞力。殖民者透過「村長」（*luluai*）與村民聯繫，村長負責收稅，並確保村民服從殖民當局。村裡的勇士穿上顯眼的襯衫、長褲，戴帽子，繫上彈藥腰帶，擔任軍警。普通的村民與村中婦女負責種植菸草與椰子樹。

新幾內亞的工人來自各地（太平洋各地都是這樣），數以千計的人從俾斯麥群島與索羅門群島渡海來到新幾內亞本島。德國當局制定詳盡的契約，特別著重在鞭刑、扣糧配給與增加無薪勞動量等紀律措施。儘管紀律嚴明，但從工人對監工的報復方式，就可以衡量實際上的措施實施起來有多麼暴虐。一八九一年，有一位名叫路德維希・穆勒（Ludwig Müller）的監工在托貝南村（Tobenam）附近失蹤。同年，戈里納（Gorina）種植園的馬來監工與勞工被殺——該種植園因毆打勞工而惡名遠播。小衝突層出不窮。由於各村落會抵制有利於競爭對手的土地或貿易協定，德國當局因此捲入地方衝突；甚至會有「告密者」鼓動想報復的德軍斥候，去攻擊敵人的村落。[16]

不過，不見得所有的衝突都會導致暴力事件。大多數心有不滿的工人頂多就是工作偷懶，或者不聽殖民者的命令。來自外島的工人無法返家，不過本地的本古族與哥倫度族村民可以去自己有興趣的園區或種植園工作，換一點商品，回到自己生活的世界。他們會為了傳統領域與殖民者的領域而彼此爭戰、劫掠，但他們同樣能和睦相處，種植西谷米、番薯、香蕉，或者捕魚、養豬，整理祖靈的歷史，從生活周遭取材，創作藝術與裝飾。除了另外開闢出來的種植園以外，村落裡仍然不見德國人的蹤影。

殖民聚落之外，最知名的說不定就數塞皮克河一帶發展出來的文化。塞皮克河發源於新幾內亞中央山地，蜿蜒一千多公里外後注入俾斯麥海。附近部落族人手持削木製成的船槳，划著精雕細琢的拼板舟，船上載著特別的竹製、龜甲與貝殼手鐲和項鍊，以及特別的陶器來到芬什哈芬附近的海灣，成為一大特點。

塞皮克河中游是亞特穆族（Iatmul）生活的地方，他們生活在河岸村落與水道上，有雨林與叢林為他們遮風避雨。亞特穆族村中有知名的「神靈屋」（Haus Tambaran）——裝飾華美的高聳建築結構，屋內擺放的雕刻與藝術品，只有晉階的勇士可以接觸。這裡的雕刻作品和大洋洲各地文化一樣，多半帶有靈性特質（例如那些用來守護、協助村民與靈屋守衛的雕塑），或是祭儀進行之用。工匠是雕刻熱帶木材的專家，他們常常雕刻人像與人臉，以豬牙、鳥羽做裝飾，塗上植物或礦物顏料，藉此顯化自然神靈與祖靈。[17]

對歐洲人來說，許多作品都可以當成博物館藏品，後來也確實充實了世界各地的典藏機構。一八八〇年代，郭德弗羅依父子公司雇員理查·帕金森（Richard Parkinson）開始對當地的藝術與民俗產生興趣，把收藏的面具與文物一批批運往歐洲。除了完成公司交辦的任務，他還為一位傑出的女性（也是他的嫂子）艾瑪·佛賽（Emma Forsayth）做事。佛賽的例子將告訴我們，「日耳曼人」在該地區的某些成就，其實不是來自新幾內亞本島，反而是北方離島（例如新不列顛〔New Britain〕）個別種植園主努力的成果。

佛賽是美國與薩摩亞混血，在舊金山受教育，跟阿皮亞的貿易世家也有關連，堪稱是又一位集多種傳承於一身的泛太平洋人物。一八七九年，她與情人兼合夥人——澳洲人湯瑪斯·法瑞爾（Thomas Farrell）離開薩摩亞，前往美拉尼西亞島嶼成立公司，招募人力資源，並成立貿易站。佛賽嗅覺敏銳，她購買土地，並且在帕金森的建議與協助下成立大面積的椰子園，輪種棉花。許多身居高位的薩摩亞親戚加入她的行列，而她的親人則與太平洋各地的上層社會通婚。不久後，佛賽成為眾人口中的「艾瑪女王」（Queen Emma）。她款待商人、官員與探險家，而她的慷慨、美貌與精明的魅力也令所有人印象深刻。一八九三，她與一位德國公民結婚，鞏固自己在德國殖民地的地位。[18]

德國對太平洋幾個地區都有濃厚興趣，除了新幾內亞以外，還有新幾內亞島嶼俾斯麥群島北方的密克羅尼西亞，尤其是馬紹爾群島與加羅林群島。郭德弗羅依分公司在此設立站點，與途經當地的捕鯨船與貨船做生意，並集中力量確保公司對乾椰仁的控制。許多公司開闢小種植園與之競爭。一旦有哪間公司倒閉，就會被加路伊公司（Jaluit Gesellschaft）等大公司併購，德國政府也在一八八五年接著併吞馬紹爾群島。

一八八四年，正當德皇在太平洋推動殖民計畫時，一小批採珠人結束了在澳洲北部海域的採珠活動。他們途經馬紹爾群島的拉利克島鏈（Ralik chain），卻被風雨吹到拉埃島（Lae）。他們究竟遭遇了什麼？我們不得而知。總之，一艘不列顛船隻偶然找到一堆骨骸、衣物，以及貼有日文標籤的瓶子，並把發現回報給橫濱港的官員。這些採珠人顯然是被當地島民殺害的。日本政府對此事的反應，是派出兩名年輕人——官員後藤猛太郎，以及當過水手的毛皮商人鈴木經勳——前往馬紹爾群島。他們到了那兒，質問並威嚇精明的酋長拉本卡布亞（Labon Kabua），後者則承諾會加以調查，於是打發了他們。畢竟附近海域常有德軍帆船巡邏，船上有時候還會有新幾內亞部隊——據說之所以選他們上船，是因為他們膚色黝黑，對環礁居民來說有威嚇作用。[19]

後藤與鈴木的報告有幾個時間點是空白的，漏了好幾星期的活動紀錄。他們是不是在刺探、調查地理形勢？據說，鈴木曾一度強迫拉本卡布亞在自己的官邸升起日本國旗。這位酋長可能只是遷就年輕的鈴木——畢竟當時的日本在太平洋沒有殖民地，對馬紹爾周邊區域也沒有影響力。但是，造就了上述這種稱帝野心的前因與後果，卻形塑了太平洋的未來。

第16章 異國海濱上的帝國命運

Imperial destinies on foreign shores

一八四八年，一艘小船在日本北海道沿岸翻覆。北海道原住民愛奴人漁民將船上唯一的乘客救起，並報告當地武家。武家監禁此人後，將他押送到遙遠南方的長崎——所有外國人都拘留在此。雷納・麥當勞（Ranald MacDonald）說不定是流落日本海岸的外國人當中，最不尋常的一位。他並非遭遇船難，也不是在海上迷失方向；他之所以在此，反而是因為他滿門心思想造訪日本——他付給捕鯨船船長一筆可觀的費用，要求對方在北海道近海讓他順流漂行。他的姓看起來很蘇格蘭，但他也不是蘇格蘭人，而是一名支努干（Chinook）印第安女子與哈德遜灣公司（Hudson's Bay company）經理人的兒子。麥當勞在太平洋西北長大，支努干族在此與俄羅斯、美國、不列顛、加拿大與夏威夷水手與經紀人交易熱絡。簡言之，他是另一位典型的跨國、跨文化太平洋角色。[1]

一八三四年，三名日本船員（一為山本音吉，另兩人只知道名叫岩吉與久吉）在一艘無法航行的小艇上，從日本海域一路漂流，被海浪沖到北美洲西北海岸。馬卡族（Makah）印第安人發現他們，奴役他們，接著把他們轉交給一名哈德遜灣公司的船長。這三人的故事讓年輕的麥當勞留下深刻印象。麥當勞聽了他們前往英格蘭、中國，並試圖返回日本的經歷。這一趟並不容易。德川幕府初期，葡萄牙人遭到驅逐，荷蘭人只能在長崎港中小小的出島上活動。從此之後，日本港口始終不對外開放——所謂的

「外」，也包括海外日本人。

幾個世紀下來，幕府接到不少試圖交流的報告。這暗示著太平洋世界正在改變，崛起中的新帝國紛紛在此插旗。一七三九年，俄羅斯人抵達堪察加半島，順著千島群島來到日本東海岸。一七九二年，俄國官方遠征隊登陸北海道，旋即遭到驅逐；一八〇五年，大使雷札諾夫（Nikolai Rezanov）又率領另一批使團，乘船駛入長崎。雷札諾夫遭到關押，並在五個月後被迫返國，但俄方的興趣卻有增無減。除了俄羅斯人，美國人從一七九〇年代起承租荷蘭船隻做生意，不列顛戰艦則在一八〇八年與一八二四年進入日本海域。一八四六年與一八四九年，美國派戰艦前往日本，卻只能接回遇難的水手，接著不是被拖走，就是被迫離開。不過，這幾艘船的艦長報告了日本開港可以帶來的好處。

一八三七年，一群人在澳門的傳教士與美國商船船長合作，試圖在日本公開傳教並進行貿易。眾多交流的嘗試中，或許就數此行最值得一提。他們把遭遇船難流落在外的日本水手載回長崎，計劃藉此展現善意，但幕府軍隊對他們開砲，使得這些日本水手也被迫在澳門、上海與新加坡討生活。從北美洲西北海岸飄洋過海而來的音吉也是其中一員，他先後娶了英格蘭與馬來妻子，為一間不列顛貿易公司擔任通譯與經辦。

音吉並非當年唯一夾在不同世界中的日本人。一八四一年，年輕的日本漁夫中濱萬次郎漂流到日本東南方的島礁；當時的他只能以洞穴為家，以死魚為食，後來才被美國捕鯨船救走。捕鯨船把他載到麻州，他就在此學習英語、西方航海技術、製桶與捕鯨，最後甚至環航世界。[2] 這一切再再激勵了麥當勞——他開始認同自己的「印第安」傳承，把日本想成「祖先之地」。他鐵了心橫渡太平洋，前往接連讓商人、使節、傳教士與戰艦吃到閉門羹的地方：日本。他簽約登上捕鯨船工作，付錢給船長，請船長放他在北海道外海漂流。被武家帶往長崎的麥當勞，親眼見識荷蘭商館與當地的貿易活動——幾個世紀以來，日本只准這個地方與外界聯繫。

地方官員恪守鎖國政策，但他們從交流中得知外界出現變化，尤其是不列顛與美國的崛起——日本在一六〇〇年關閉港口時，美國還沒出現。他們很清楚鴉片戰爭讓大中國多麼灰頭土臉，也清楚必須提升本國翻譯與中間人的英語水準。但外國船隻總是遭到扣押與驅逐，遇難的水手則多半目不識丁。此時除了麥當勞，長崎當局還扣押了從捕鯨船「拉哥達」號（*Lagoda*）逃跑的水手——這些水手就愛打鬧，但麥當勞不僅熱情，教養又好。他成為十四位日本學生的老師，其中一人叫森山榮之助，後來成為他的朋友。

一年後，麥當勞獲釋，登上美國船隻；他先是前往澳洲淘金，接著去歐洲，最後終於在一八五三年前後返回北美。大多數人並不重視他和與他同行的日本旅人，畢竟此時的美國尚未燃起對日本的興趣。就在他返回美國的時候，一艘從維吉尼亞州諾福克出航的美籍明輪船正前往香港的集結點。這艘船先後來到香港與上海，與美軍東印度分艦隊（East India Squadron）的其他戰艦會和。分艦隊指揮官馬修・卡爾布萊斯・培里（Matthew Cailbraith Perry）奉美國政府之命，要來終結日本的孤立。

黑船來航的衝擊

培里的任務多少跟麥當勞與拉哥達號船員的經歷有關——美方要求日方必須接納、公平對待遇難的水手。由於捕鯨船活動範圍正擴大到日本水域，加上愈來愈多商船經過介於夏威夷與中國之間的德川日本外海，船員安置因此成為重大議題。另一方面，此行也跟培里乘坐的這種船隻有關：蒸汽動力船隻需要戰略口岸，取得煤炭與補給。一八五三年五月，培里航向沖繩，命麾下的艦長們詳細調查鄰近島嶼，尋找能開採煤礦、發展據點的地方。七月，培里艦隊抵達日本，駛入浦賀港，在東京灣——當時的江戶灣下錨。

黑船極為駭人，日軍紛紛湧進周邊。人們在無數的卷軸、寬幅畫、印刷品與帆布上下筆，塗抹顏料，印上油墨，為這次遭遇留下豐富的紀錄。日本的畫作特別強調明輪戰艦的恐怖，不僅沒有風也能航行，還噴著黑煙。海巡小艇構成阻擋美軍戰艦的戰列，但美軍不費吹灰之力便衝散他們。日軍在陡峭的岬角上與海岸邊蓋起防禦工事，堆起土方，架好舊式的大砲。日本官員提議為美軍提供補給，希望他們盡速離開，但輕蔑的美軍居然反過來提議把自己的物資分給日方。[3]

培里先前已盡可能了解日本武家的規矩，他拒絕讓任何人登船，甚至不讓任何人見到他。麾下軍官提出他的要求：日方必須將美國總統的信呈給天皇。日方強烈要求培里前往長崎，但黑船卻一動也不動。經歷漫長的協商，加上培里威脅朝皇居進軍，親自將國書遞給天皇，日本官員於是同意他的要求。他呈交信件，並表示自己雖然不期待會有立即回應，但他還會再回來。

培里返回香港，組織規模更大的艦隊，並設法避免捲入當時正烈的太平天國之亂。他率領的黑船

砲艦外交：培里准將一行人駛入江戶（東京）灣。（Credit: Wilhelm Heine (1827–85), Commodore Perry lands in Japan to meet the Imperial Commissioners at Yokohama, March 8, 1854. Private Collection/Peter Newark Pictures/The Bridgeman Art Library.）

又一次造訪沖繩，接著在一八五四年二月再度駛入江戶灣。美軍登陸時，不僅鳴響禮砲、奏樂，還有一場由上百名水手與海軍陸戰隊著全裝的閱兵式。雙方一面進行協商，一面費心用展演來吸引目光。美方架設電報站，還用一輛迷你火車頭拉著一臉嚴肅的武士在一小段軌道上繞行，簡直就像遊樂園裡的設施。日方安排相撲力士用腰圍與力量展現民族自豪之情，美方則由黑人水手和塗黑臉反串的白人水手上演「黑人」歌舞秀。

三月三十一日，雙方在隆重儀式中簽訂《神奈川條約》──日本第一份外交條約。幕府官員同意美方條約中的基本條款──為水手提供給養，提供補給與採煤特許，設立美國領事館，並給予最惠國待遇。有一點值得注意：條約中並未提到貿易，因為日方堅決反對，而培里也沒有得到訓令。

森山榮之助近距離參與這件事情。培里使團成員提到他時說：「他英語講得極為流利，根本不需要別人翻譯。」森山用他的教養在美方心中留下深刻印象，他還問起自己的友人雷納・麥當勞，也就是當年惠他甚多的老師。中濱萬次郎同樣參與神奈川的協商。一八五一年，他經由沖繩乘船返回日本，經過漫長的審訊後終於獲釋。培里兵臨城下，中濱萬次郎受召前往東京，提供有關美國的情報。據說幕府安排他躲在密室中偷聽對話，當然他也迅速而準確地翻譯英文文件。

《神奈川條約》簽訂的六個月後，不列顛分艦隊駛入長崎，要求類似的特惠待遇。不列顛臣民詹姆斯・馬修・音吉森（James Matthew Ottoson）擔任通譯──起了英式姓名的音吉森，其實就是音吉。一八三七年，幕府拒絕讓音吉回到日本；現在，音吉森在上海安家落戶。其實，他還曾在一八四九年造訪過長崎，只是假裝自己是中國人。山本音吉──這位讓麥當勞心嚮日本的關鍵人物，非得用英格蘭人或中國人的身分，才能重返德川時代的日本。如今，幕府將軍的權力受到削弱，難以駕馭的各藩則呼籲「大政奉還」，音吉則受邀再度回到自己的故鄉生活。但他拒絕了──他選擇回到上海，回到他在太平洋諸世界之間打造的生活方式。[4]

日本的孤立就此打破，但一直要到一八五八年，美國領事湯森・哈里斯（Townsend Harris）與幕府才簽訂貿易協定，讓弦外之音化為有形的事實。封閉而聽話的出島世界結束了。有些藩與大名偏好與西方有更多互動，有些則激烈排外。五個日本港口就在國內政治分裂、鴉片戰爭前車之鑑歷歷在目的壓力之下開放通商，外國人更獲准直接住在日本土地上，甚至擁有治外法權，不受日本法律管轄。訂定關稅的不是日本，而是外國列強。

幕府控制大名與武士，掌握權力達數個世紀。但此時，將軍的威信掃地，薩摩與長州等強藩鼓吹根據「尊王攘夷」原則建立新政府。激進的武士殺害條約口岸的外國人，暗殺幕府官員，但排外情緒無法阻擋西方軍火流入各藩。得到天皇認可的薩長聯軍擊敗了幕府軍，迫使將軍投降。一八六八年一月，各藩與朝廷宣布展開明治維新。

日本在這段「現代化」時期不只發展出強大的帝權（從伊藤博文等大臣身上可見一斑），明治時代的工業發展也相當迅速。政府派遣使團前往全世界，很快就有日本人在歐美深造。一八六〇年，大力支持改革、西式教育與日本民族主義的福澤諭吉奉派前往舊金山，並在接下來幾年隨政府使節前往英格蘭、法國、荷蘭、葡萄牙與俄羅斯。曾經的「夷」如今成為日本國內的軍事、行政與技術顧問，協助建立海軍學院、各級學校與工廠。[5]

到了一八八〇年代，帝制日本成為貨真價實的帝國。這並非全新的現象：德川時代初期，薩摩藩便曾為幕府出兵入侵琉球王國；豐臣秀吉早就嘗試征服朝鮮，甚至計劃登陸菲律賓，只是他的辭世讓計畫胎死腹中。對明治政府領袖來說，擴張戰略的復歸，其實是順應十九世紀下半葉歐美帝國主義的步伐；朝鮮尤其是個明顯的目標，日本領導人早就想把朝鮮納入自己勢力範圍內了。傳統上，朝鮮王朝向中國明清兩朝的皇帝納貢；日方於是支持視「現代化日本」為榜樣的朝鮮「改革派」。

深刻的改革浪潮已經在朝鮮起起落落了好幾個世代。十六世紀起，一批批的儒家士人展開「實學」運動，打破傳統士大夫階級，提倡權利與社會平等觀念在內的政治與經濟改革。到了十九世紀下半亞，帶有宗教性質的「東學運動」興起，揭櫫個人尊嚴，攻擊政府的腐敗與特權。然而，東學黨領袖在一八六四年遭到處死。[6]

在數十年的巨變中，朝鮮政府也受到外來勢力的震撼。法軍與美軍艦隊攻擊朝鮮本土，報復國人受到的侮辱與攻擊，並確立殖民的姿態。一八七六年，日本砲艦要求貿易與外交特權，迫使朝鮮簽訂合約，與二十年前西方對日本的做法如出一轍。朝鮮進步派鼓吹教育改革、責任政府與民族獨立。保守派儒家官僚堅決抵制。接下來二十年，朝鮮政府接連被親日派、朝鮮派與親中派推翻又復辟，清日兩國政府皆派兵進入朝鮮半島。

朝鮮激進派人士金玉均是地方官的繼子，也是一位聰穎的學生。肖像中的他面容消瘦，戴著儒士的帽子。當日本的影響力漸漸及於朝鮮，金玉均固然對日本明治維新印象深刻，但也有所警惕——朝鮮人與中國人過去總認為日本低於本朝。金玉均奉派出使日本，發展出一套讓人感到不安的複雜政治手法——他一方面學習、甚至暗通日本官員，另一方面又積極推動改革，打算推翻保守的朝鮮統治者，讓朝鮮成為能夠與日本和西方列強分庭抗禮的「現代」國家。

一八八四年，以他為首的「開化黨」暗殺朝廷官員，盡廢儒家士大夫的特權，建立立憲君主國。這場「甲申政變」預示了朝鮮民族主義將節節升高，但也讓金玉均必須仰賴日方的支持與保護。此時，日本勢力早已開始主宰朝鮮的農產地與礦區，抽走稻米、煤炭與鐵，為明治時代的擴張提供燃料。饑荒與困頓的生活導致民變，民便又反過來造成干預。金玉均的革命並未獲得民眾支持，僅僅維持三天，保守派的閔家便引清兵粉碎了威脅。金玉均流亡日本。

十年後，一九八四年，期待延續革命活動的金玉均登上一艘前往上海的船，卻旋即遭人暗殺，兇手據說是中國派來的。日本把這位朝鮮志士與清朝的敵人挪為己用，塑造成政治殉道者。等到中國部隊再度進駐朝鮮，協助鎮壓其他叛變時，日軍則進軍漢城，占領朝廷。[7]

中日甲午戰爭（一八九四至九五年）開打時，各方都認為大清國會擊垮人數少、不自量力的日軍。但是，日本成長中的工業實力、戰術，以及仿效不列顛、法國與普魯士建立的海陸兩軍卻成了致勝關鍵。武家時代已經結束，日方宣傳海報彰顯的是穿著制服的步兵與軍官。日軍戰艦、魚雷艇，以及組織精良的砲兵與工兵群協助部隊登陸、布署在戰略要地；清軍固然裝備齊全，但訓練嚴重不足，指揮失當，還常常欠餉。不到一年，中國對朝鮮的影響力就劃下句點。《馬關條約》簽訂後，日本獲得大筆賠款，強迫中國開港，並控制台灣，將之化為殖民地。

台灣是兵家必爭之地，日本早在秀吉時便試圖將台灣納為領土。十七世紀時，國姓爺——有人當他是海盜，有人奉他作英雄——建立自己的貿易與軍事基地，把荷蘭人逐出台灣。他和後繼者也不斷騷擾大陸的清帝國。幾代人之後，台灣的屯墾地終究被大清征服，這座島也成為中國的一個府。到了十九世紀，台灣有了一條鐵道與府縣機構，還有來自中國的大量漢人移民。日本接管台灣後建立了交通體系、日式學校與米糖產業，為日本帝國發展服務。

日軍還征服了戰略要地遼東半島，但俄羅斯人擺明打算由此南進太平洋——他們說服法國與不列顛組成三國同盟，迫使日本歸還遼東，打算日後占為己有。歐洲人過去任由日本發展，以阻擋俄羅斯的擴張，如今卻和沙皇聯手，以遏制突如其來的日本威脅。日本已經躍居大國，但稱雄亞洲的鬥爭才剛剛開始。[8]

改革浪潮中的夏威夷

在夏威夷，大衛・卡拉卡瓦在太平洋的中間觀察日本的轉型。卡拉卡瓦王在一八七四年登基，在日益全球化的世界中，為了自己島嶼的地位而付出全部心神。畫家與攝影師捕捉到他英俊、威嚴的外貌——他經常穿著戎裝，掛滿勳章。他獲選繼承了一個偉大的王朝，對自己扮演的歷史角色極為重視，不僅委人製作卡梅哈梅哈大王的雕像，並贊助傳統夏威夷文化，尤其是呼拉舞（Hula）、戰技、音樂與衝浪。隨著新教傳教士對朝廷影響力愈來愈強，許多文化遺產逐漸遭到忽視。

有些早期傳教士的子女從政治與家族關係中獲益；他們說服夏威夷君主在一八四八年的「大分配」事件中將島嶼土地分出去，實際上等於將整個區域的土地私有化，利於種植園主和美國投機客。他們組成稱為「布道黨」（Missionary Party）的政治團體，鼓吹堅守基督信仰，強化美國對夏威夷各島的影響力，並將夏威夷國王改為虛位元首。

卡拉卡瓦反其道而行——為了提升夏威夷貴族在政府中的權力，他四處走訪，在各島巡迴以爭取名義支持，並前往華盛頓特區與美國總統尤利西斯·S·格蘭特（Ulysses S. Grant）就貿易協定會面。他跟同輩的政治人物一樣，非常重視如何在帝國主義時代維持、發展其王國的獨立地位。一八六〇年代，法國戰艦曾經為了貿易與天主教問題，威脅砲轟火奴魯魯；如果想了解反對勢力團結一致的話會導致什麼情況，他只需要看看自己跟布道黨的角力就好了。

他懷抱國際政治願景，決心盡可能向外國學習，成為第一位走訪全世界的君主。一八八一年三月，他的船在東京灣下錨，此時離日本進入明治時代僅僅十多年。卡拉卡瓦是第一位來訪的外國國君，明治天皇（諱「睦仁」）熱情迎接他。飄揚的夏威夷國旗與日本軍樂隊演奏的夏威夷國歌，令來賓熱淚盈眶。盛大的典禮、宴會與接待持續超過兩星期，卡拉卡瓦與天皇彼此贈與勳章，誇讚友誼，而夏威夷王尤其注意日本工業與軍事的新發展。

卡拉卡瓦深深意識到與日本結盟的價值，提出數項知名的建議。其一與王朝延續有關：未來讓日本皇族小松宮彰仁親王與夏威夷公主卡尤拉妮（Kaʻiulani）成婚。日本皇室婉拒了卡拉卡瓦的請求，但卡拉卡瓦還有建立亞洲各國大聯盟，與西方帝國勢力抗衡的構想，而日本應為盟主：「我國不過是蕞爾島群……貴國則與我耳聞完全一致——貴國不僅進步幅度驚人，而且百姓甚眾，吃苦耐勞。由是義故，若發起亞洲國家聯盟，陛下應挺身而出，擔任領袖。我將為臣，效勞陛下。」[9]

反殖民願景雖然清晰，但睦仁深知卡拉卡瓦接下來要造訪的國家——暹羅、緬甸、印度，當然還有中國——決不會加入由日本領導的聯盟，而他的大臣對亞洲也有自己的野心。卡拉卡瓦提議用海底電報線銜接夏威夷與日本，但日本對此也不熱衷。夏威夷王從亞洲延續自己的環航之旅，途經埃及、義大利、比利時、德國、奧匈帝國、法國、西班牙、葡萄牙、聯合王國，以及美國。回到夏威夷的他，深信自己能建立同盟，領導太平洋。

從一八八〇年代初起，卡拉卡瓦在夏威夷國會中的盟友便提議「本夏威夷國從各方面看來，都很適合承擔起責任，為玻里尼西亞民族中弱小但獨立者提供建議，擔任仲裁，或是搭橋」。吉伯特群島（Gilbert Islands）的大酋長們提議併入夏威夷，讓夏威夷保護自己的島嶼，只是討論沒有發展下去。卡拉卡瓦來到新赫布里底群島與索羅門群島，建議「派專員前往幾個酋邦與國家，就國務提出建言」。另一方面，夏威夷駐歐洲各國首都的公使們，也倡議在卡拉卡瓦治下成立玻里尼西亞聯邦，由夏威夷外交部主持。

一八八六年，夏威夷國會撥出可觀的經費，計劃在馬紹爾群島、加羅林群島、吉伯特群島與薩摩亞設立領事館，派駐專員。夏威夷、薩摩亞、東加與庫克等群島可能結盟的流言甚囂塵上，尤其薩摩亞的馬列托亞·勞佩帕（Malietoa Laupepa）同意與夏威夷組成「政治性的邦聯」，西方殖民者因此警覺。德國駐火奴魯魯領事表達西方的共識：對於這種協定，「在薩摩亞有實際利害關係的各方決不會認真視之」。一八八九年，德國、美國與不列顛戰艦展現了決心，確立三國領事的實權，馬列托亞治下的薩摩亞僅餘名義上的獨立。十年後，薩摩亞遭到瓜分，一邊是以阿皮亞為核心的德屬薩摩亞，一邊是美國在巴哥巴哥的海軍與貿易殖民地。[10]

蘇格蘭的太平洋航海家、作家兼卡拉卡瓦王的朋友——羅伯特・路易斯・史蒂文生（Robert Louis Stevenson）記錄了部分的過程。一八八八年夏天起，史蒂文生一家人駕駛租來的遊艇環航太平洋，踏上吉伯特群島、大溪地、夏威夷（他在此結識了國王）、紐西蘭，以及最重要的薩摩亞。史蒂文生在薩摩亞維利馬村（Vailima）取得數百畝的地，成立莊園，命名為「Tusitala」——說故事的人。

史蒂文生厭惡歐美官員的狹隘眼界與爭奪殖民利益的做法，他試圖影響當地政策，卻沒有成功。幾次發聲都無人聞問後，他運用自己的文采與名聲，出版《歷史的註腳》（*A Footnote to History*）一書，勾勒出島嶼政局的殘酷，表達抗議，導致兩名殖民地官員遭到撤職。健康每況愈下的史蒂文生在薩摩亞過世，也在當地長眠。[11]

值此期間，夏威夷使團也在德方的威脅下撤離薩摩亞，卡拉卡瓦在國內也有自己的問題得解決。他的外交措施、開支，以及引領玻里尼西亞事務的願景，讓布道黨決心行動。布道黨看出亞洲、歐洲與大洋洲盟國不會為他助拳。一八八七年，一群希望美國併吞、終結夏威夷王國的民兵，強迫卡拉卡瓦簽訂「刺刀憲法」（Bayonet Constitution），剝奪大多數夏威夷裔與所有亞裔的權利，將卡拉卡瓦限縮為吉祥物，大權則掌握在強大的白人內閣官員手中，例如羅林・瑟斯頓（Lorrin Thurston）——身兼律師、商人，也是傳教士的孫輩。[12]

布道黨成員期待美國會支持他們在夏威夷王國的奪權行動。對於正在擴張的美利堅合眾國來說，這種想像不見得不合理。幾個世代以來，拓荒者早已打著「昭昭天命」（Manifest Destiny）的大旗，往西跨越整個北美大陸，占領土地，為各州命名，並且迫使美洲印第安原住民遷離家園。一八四〇年代的美國總統詹姆斯・K・波爾克（James K. Polk）對於擴張不遺餘力，熱切想掌握太平洋海岸。

淘金熱下的人群流動

十九世紀初，墨西哥獨立戰爭（一八一〇至二一年）結束了西班牙對北美領土的掌控，但美國對太平洋的爭奪其實更早就開始了。新建國的墨西哥雖然承繼了加利福尼亞與德克薩斯在內的大片領土，但資源有限，難以統治。來自美國的拓荒者於是移入德克薩斯，其人數迅速超越墨西哥殖民者，並在一八三六年宣布建立獨立的德克薩斯共和國。十年後，美國直接併吞了該國，此舉不僅遭遇嚴重抗議，更是一八四六至四八年美墨戰爭爆發的前兆。雙方各自打過幾場大勝仗，但美軍封鎖墨西哥港口，征服新墨西哥、加利福尼亞，進軍墨西哥城，墨西哥政府被迫投降。[13]

隨著美軍的軍事勝利，加利福尼亞及其綿長的太平洋海岸也落入美國手中。《瓜達盧佩伊達戈條約》（Treaty of Guadalupe Hidalgo）在一八四八年簽訂，載明將近半的墨西哥領土割讓給美國。幾乎在同一時刻，詹姆斯．馬歇爾（James Marshall）人在中加利福尼亞，為商人約翰．薩特（John Sutter）興建木材加工廠，過程中找到了閃閃發亮的金屬。那正是黃金。消息迅速傳開，波爾克總統在年底向國會報告這項發現，同時引發了一道瘋狂湧向西海岸的人流。

報告的當下，舊金山還是一座寧靜的海港；不過一年多的光景，舊金山人口翻了二十五倍，移民的篷車擠滿街道，來自世界各地的船隻載著滿懷希望的礦工進港。成千上萬的人曾經在淘金途中經過舊金山，或是在此生活過，其中半數人是乘坐快速帆船、縱帆船與汽船，飄洋過海而來。

我們從當時留下的圖像，可以看到船桅密密麻麻有如森林，綿延天際，泥濘的馬路邊蓋了幾間木屋，襯著稀疏的橡木林線。市中心有幾條木板路交錯，但大多數還是泥濘的巷道，往山邊蜿蜒而去；小屋邊聚集著一群群蓬頭垢面的男子，煮飯的爐火冒著濃濃的煙。

到了一八四九年夏天，當地報紙報導港內停有兩百艘船遭到棄置的船，船員全都擅離職守，跑去淘金。美國海軍懸賞捉拿這些逃跑的水手，整個地區的商號與農場都垮了，因為無論長短工還是經理都在追尋自己的財富。城裡的寄宿宿舍擠滿流動人口，營地與聚落整片鋪展開來，帳篷密密麻麻。人們拼接船帆為布，從廢棄船隻的船艙拆來木料。

當地商人找不到顧客，只能把房子頂讓給小酒館與賭場。印第安人、傳教士與墨西哥牧民依舊以這一帶為家。不過，混亂歸混亂，移民的增加仍然意味著更多的商業財富。一八五〇年，加利福尼亞政商界制定憲法，宣布成為美國的一州。[14]

這個時代沒有洲際鐵路，抱著希望從歐洲或美洲東岸前來淘金的人，沿著麥哲倫繞行南美洲南端的舊航路而來，在美洲西岸沿岸——例如智利的瓦爾帕來索等港口——創造蓬勃的經濟發展。黃金傳說在智利已流傳數百年，可以回溯到阿勞坎（Araucanian）印第安人在一五五三年殺害西班牙征服者佩德羅·巴維迪亞（Pedro de Valvidia）的方式：據說，他們砍去了巴維迪亞的四肢，把燒熔的黃金倒進他的喉嚨裡。法蘭西斯·德雷克同樣為了尋找財富，襲擊過瓦爾帕來索。

十九世紀的當地赤貧農民無法脫離田間的勞動，地主與監工卻能因為北方舊金山一帶對麵包、麵粉的需求量一飛衝天，靠著加倍種植小麥而獲利。至於瓦爾帕來索，船隻駛入的這座港口充滿美洲捕鯨船船員與旅客的吼叫聲，擠滿來自法國與英格蘭的遠洋大船，以及來自厄瓜多、祕魯、墨西哥的貨船。進了城，土坯牆與鵝卵石巷弄密布在梯田間，驢子拉著農產品，牛車發出嘰嘎聲，還有一群群的工人、水手與搬運工。港區是密密麻麻的新倉庫與覆著棕櫚葉屋頂的便宜宿舍，周圍開了小賣店與商行，高處則是優雅的公館區——花園裡花團錦簇，還有教堂、劇院，甚至一間歌劇廳。[15]

從卡瑤、阿卡普爾科一路到聖地亞哥，淘金熱造就了投機性的地方經濟。貿易行與食品行在每一個站點應運而起，大膽的商人靠著賣工具、器皿、毛料、油燈與煙斗，以及必不可少的糖、醃牛肉與酒，迅速創造財富。

在加州，毫無節制的挖礦擊倒了像薩特這種經營鞣革與磨坊生意的人。此外，山川在礦砂的淘洗過程中破碎流失，人們在占領土地時愈來愈無法無天。美洲原住民社群被迫離開採集漁獵的土地和水源地，開始襲擊礦業城鎮，結果招致猛烈的報復，幾乎整個部落遭到滅絕。

金礦為世界各地來的人帶來夢想，也帶來衝突。他們登陸的地方，如今已正式成為美國領土。舊金山的城區圍繞著愛爾蘭、法國、英格蘭、墨西哥與智利社群而興起。港內擠滿大小船隻，來自夏威夷的島民則充任船員。最顯眼、最值得一提的則是華人。一開始前來舊金山的華人人數不多，但到了一八五二年，據估計已有兩萬人；他們在金礦田工作，但不久後就被排外、反亞裔的礦工與本地幫派趕走。

許多華人在舊金山討生活，開洗衣店，經營小生意。他們蓋起唐人街——這裡有頂著籃子的搬運工，熟悉的路邊攤包圍在燈籠、銅器、臘肉架，以及一串串的大蒜與洋蔥之間。華人沒有使用現有的學校與醫院，而是自己蓋自己的；以地域性勞動力而言，華人之所以獲得青睞，是因為工資低廉。一八六〇年代，華工投入橫貫鐵路（Transcontinental Railroad）工程。隨著加州人口發展成以白人移民為主，華人社群也因為拉低薪資而遭人怪罪。暴力事件頻傳，國會更在一八八二年通過《排華法案》（Exclusion Acts），全面停止華人移民。前往加州尋找金山的跨太平洋航程就此終結。[16]

不過，人們持續前往中太平洋尋找工作與機會。美國大陸不開放，但大衛·卡拉卡瓦的外交政策確實在夏威夷群島的族裔組成中迴響。卡拉卡瓦與歐洲統治者一樣對勞工移民很有興趣，一度考慮大規模引進印度移民到夏威夷種植園工作；這項計畫震撼了美國製糖公司，擔心不列顛殖民影響力恐將席捲夏威夷王國。

然而，最多的移民還是來自東亞。卡拉卡瓦訪問日本的隔年，一對年輕的夏威夷教友詹姆斯·哈庫歐雷（James Haku'ole）與艾薩克·哈巴托（Isaac Harbottle）到東京學習日語與日本文化。他們協助建立勞工援助計畫，幫助日本人移民到夏威夷；到了一九二〇年代，日裔已經成為夏威夷人口最多的族群。他們加入的移民大軍中，有一八五〇年代開始來到夏威夷的華人移民，還有菲律賓人、朝鮮人、葡萄牙人與波多黎各人，到了十九世紀末還加上挪威人、德國人、密克羅尼西亞人與美拉尼西亞人。

太平洋地區的甘蔗園向來是跨國、跨文化經驗具體發生的場域，這一點在夏威夷也不例外。歌謠、故事、富有亞洲與歐洲詞彙的語言，以及知名的混搭風午餐——米飯、中式炒粉、夏威夷「土窯」（*kalua*）豬肉，或是日式醬煮魚——這些跨文化交流圖騰，最是能展現他們的經驗。

不過，這些經驗一如既往，容易引發分裂。高高在上的白人監工——所謂的「*lunas*」揮舞著鞭子，而葡萄牙、日本、朝鮮、中國、夏威夷與菲律賓勞工拿的週薪已經很少，卻還有不同等級。田地裡幫傭的婦女領的薪水居然更少。特定群體分配到最沉重或最危險的工作，端視甘蔗園的政策或偏見而定。譬如，日本婦女負責摘葉子、鋤草、背甘蔗，其他族群婦女則負責洗衣或煮飯、擦洗、熨燙。女工在

移民的奮鬥：夏威夷甘蔗田工人。（Credit: Charles Furneaux, Japanese homes at Wainauku, Hawai'i, Bishop Museum.）

塵土、高熱與細長的甘蔗葉叢間不停唱著：「我先生砍甘蔗／我拔甘蔗葉仔／兩個人汗淚工作／就為了生計。」[17]

日常生活由公司控制，根據文化來安排。棚架與木板平房提供最低程度的住居，每當下雨天或大熱天，普通工人只能在營房內壓在彼此身上。由於公司合作社的飲食與商品價格遭到灌水，工人的債務因此愈滾愈大。公司警衛早上五點就來敲門、大喊，把工人趕下床，還會出言羞辱或掌摑慢吞吞的工人。生活一切受到密切監視，只要聊天、抽菸或未經允許休息，就會遭到罰款或毒打。每一名工人脖子上都得掛號碼牌，監工只會喊他們的號碼。工人的社區按照民族與語言來劃分，但氣氛多半緊繃、疲憊，而且總是過於擁擠，導致傳染病頻發。

不同營地的人依然可以透過英語、夏威夷語、葡萄牙語與亞洲語言形成的皮欽語相互交流。他們會說故事，分享故鄉寄來的茶葉或草藥，開闢菜園。他們吃葡萄牙麵包，跳日本的盆踊。華工藍圍（Len Wai）寄錢給人在中國的妻子藍毛寧（Len Mau Nin），同時與一名夏威夷女子組成另一個家庭。他每七年回到中國一次，試圖以父親的身分維持自己跨太平洋、隔著大海的兩個家庭。移民社群興建廟宇，組成教區會眾，也有在種植園設立學校，學習基本讀寫、保存語言與風俗。

田裡的工人得忍受不甘心的感覺，而這是有極限的。監工的手段相當粗暴，但工人也會拿起鋤頭和甘蔗刀，聚集起來反擊，有時甚至有監工遭到殺。盡可能利用種植園體系，是工人的日常策略。華工在公司合作社用偽造的配給券買東西。每當有工人意外受傷或生病，其他人也會跟著裝病。有些工人習慣結夥抽鴉片，而且幾乎所有人都會自己蒸餾劣質酒，例如用糖蜜、水與酵母釀成的「烈酒」。華人與日本人會賭牌，菲律賓人則在下工後比鬥雞。

工人若想實際改善勞動條件，最強大的武器就是罷工。但組織工作非常困難，監工也會強力鎮壓。一八九一年在卡波（Kapaʻau）就發生過佩鞭警衛毆打工人，摧毀營地以鎮壓暴動的事件。種植園經理迅速操弄不滿情緒，鼓動工人之間的民族自豪與恨意，尤其是日本人、朝鮮人與中國人之間。

一八九八年，日本工人持棍棒把華工趕出營地。暴動結束後，人們非死即殘。一九〇〇年與一九〇九年的罷工行動主力是日裔種植園勞工，種植園主於是引進菲律賓與朝鮮勞工取代他們。朝鮮團體挑明：「我們就是要跟日本人對著幹。」至於菲律賓人領袖則終究在勞動要求方面與日本人合作，在夏威夷組成強大的工會。[18]

菲律賓的命運

到了十九世紀末，菲律賓與夏威夷世界已經聚合在一起了——不只因為勞工問題，更是因為雙方都將淪為美利堅帝國的領土。一八八七年，卡拉卡瓦王在槍口下簽了刺刀憲法，此時他的妹妹利留卡拉妮（Lili'uokalani）人在倫敦，與一批王族參加維多利亞女王登基五十週年的金禧慶典。夏威夷與英格蘭王族禮尚往來、觥籌交錯時，布道黨正以武力奪權。

一八九一年卡拉卡瓦駕崩，王族血統的利留卡拉妮成為女王。肖像與雕像理所當然會強調她的帝王風範，而她也一直是夏威夷主權運動的象徵。美國人希望統治者只是吉祥物，但利留卡拉妮與她的哥哥一樣，決心為了夏威夷人民而統治。她運用支持者的請願與不滿情緒，立法推翻刺刀憲法，讓行政權回到君主手中，並恢復夏威夷人與亞裔的投票權。

不消說，白人種植園、企業與布道團等利益團體立刻反應。他們組成所謂的「公共安全委員會」（Committee for Public Safety），散播美國人生命財產受到暴力威脅的謠言。關鍵是，他們還說動美國駐夏威夷公使約翰・L・史蒂芬斯（John L. Stevens），讓史蒂芬斯下令巡洋艦「波士頓」號（*USS Boston*）的水手與陸戰隊離船，占領火奴魯魯的軍事據點。史蒂芬斯對此行動的說法是為維持秩序，但他的意圖與實際效果其實是要威脅女王：假如她執意執行改革，就得對美軍宣戰。女王拒絕，而後在一八九三年一月遭到罷黜。

然而，利留卡拉妮在投降的時候，完全無視「臨時政府」，而是向「美利堅合眾國的優勢軍力」投降。美國總統格羅弗·克里夫蘭（Grover Cleveland）宣布推翻女王的行動實屬非法，並下令臨時政府恢復女王的地位。臨時政府原本期待能成為美國的一部分；密謀者無視美方的指示，反而宣布成立獨立的共和國，由甘蔗與鳳梨巨頭桑福德·S·多爾（Sanford B. Dole）出任總統。[19]

儀態瀟灑、行遍天下的夏威夷砲兵暨工兵團軍官——羅伯·威廉·卡拉尼西阿波·威爾考克斯（Robert William Kalanihiapo Wilcox）關注著一切的發展。威爾考克斯在義大利受訓，先是娶了義大利女子巴蘿內莎（Baronesa），後來又與卡梅哈梅哈家的公主結婚；他住過都靈、舊金山與火奴魯魯，無時不刻為夏威夷人的權利而喉舌。刺刀憲法通過後，威爾考克斯與其他活動人士反對政府，他本人更是堅定支持利留卡拉妮對美國寡頭的挑戰。

一八九五年，威爾考克斯與支持者召集一支武裝反革命部隊，與新共和國對抗，但旋即兵敗，因叛國罪名受審。威爾考克斯得到特赦，轉入政界；一九〇一至〇二年，他擔任美國夏威夷領地駐華盛頓特區的代表。他本是夏威夷軍官，接著對共和政府舉起叛旗，而後成為本土夏威夷人權利與主張的政治鬥士——他的經歷體現了夏威夷人地位在十九世紀行將結束時的變化。[20]

威爾考克斯的最後一個角色與美國在夏威夷的地位有關，這多少是多爾政權操作的結果——一八九八年，美國併吞夏威夷，並且在一九〇〇年建置為領地。從大環境來看，全球帝國秩序正在重整，美國取代了西班牙，統治加勒比海到太平洋。自從為時數世紀的「西班牙內海」時代結束之後，西班牙勢力逐漸崩解，受到荷蘭人與不列顛人挑戰，又因為十九世紀初拉丁美洲國家獨立而粉碎。

一八九八年，美國政界把焦點擺在古巴——當地的反西班牙革命引來軍隊大力鎮壓，美國的「嗜血黃媒」（yellow press）對西班牙的暴行大書特書。在加勒比海情勢益發緊張，美軍「緬因」號（*USS Maine*）在哈瓦那港沉沒的消息震驚各界的情況下，一八九八年美西戰爭爆發，導致西班牙對古巴與波多黎各的統治隨之瓦解，美國殖民擴張也劍指太平洋。夏威夷遭到美國併吞——對於一個在亞洲有利害關係的海洋帝國來說，夏威夷的戰略地位勝過一切。

不過，在一系列的征服當中，夏威夷只是其中一環。古巴情勢固然是關注焦點，但美西戰爭的第一槍卻是在菲律賓打響——海軍准將喬治・杜威（George Dewey）集結戰鬥群，火速趕往馬尼拉灣與西班牙海軍對陣。杜威的艦隊以夜色為掩護，支援艦「麥卡洛克」號（*McCulloch*）煙囪裡的煙灰卻在經過西班牙防禦工事時突然起火。輪機長法蘭西斯・藍道（Francis Randall）為了控制火勢而留在過熱的輪機室，結果心臟病發身亡。他是杜威這次行動的著名傷亡者。

西班牙人就沒那麼幸運了。海戰持續七個小時，杜威的巡洋艦戰力更強，西班牙艦隊全軍覆沒，傷亡數以百計。過時的西班牙戰艦或者沉沒，或者遭到棄船，或者試圖突破美軍封鎖至公海但徒勞無功。據說，西班牙海軍少將帕特里西奧・蒙托荷・帕薩隆（Patricio Montojo y Pasaron）之所以將艦隊布署在不利戰術施展的淺海，一部分是因為岸上的砲兵火力足以覆蓋，一部分則是考慮到一旦不敵美軍艦隊，船員可以跳海游泳逃生。[21]

真正的戰鬥在島上的街道與叢林中進行。儘管美國人宣稱要將菲律賓從西班牙暴政中解放，但他們其實是加入了一場為期一個世代的反抗，而武裝革命早在兩年前便已展開。早在一五二一年麥哲倫登陸時，西班牙人便主張菲律賓為其所有；一五六五年，黎牙實比抵達之後，他們就不走了。三個世紀以來，天主教的布道與包稅制度下無止盡的勞動，改造了菲律賓描籠涯的模樣。這個西班牙殖民地社會，以伊比利人的宗教信條和跨太平洋的加雷翁帆船貿易為框架，以穆斯林的戰爭和華人貿易社群為輪廓，構成其歷史認同。[22]

到了十九世紀，中間階級的西班牙與華人麥士蒂索家族注意到起源於歐洲的自由理念，也注意到改革與劇變發生在拉丁美洲與大半個曾經的西班牙帝國。青年才俊旅行經驗豐富，受過教育，展現出開明的姿態——他們是開明派。

菲律賓的民族英雄就是開明派的一員——不是大將軍，不是征服者，嚴格說來連政治人物都不是。他是身兼眼科醫生、藝術家、思想家、作家，以及文字動人的詩人：荷西．黎剎。黎剎不是西班牙貴族，而是富農之子；家族淵源讓他能汲取眾多文化與歷史，讓他成為一位海納百川、胸懷整個太平洋的人物。黎剎的父系先祖為華商，但他祖上還有日本拓荒者、馬來農民、湯都拉者，以及西班牙裔與華裔的麥士蒂索人。黎剎在馬尼拉展開學業，他學養俱佳，不僅學了測繪，更是優秀的哲學家與文學家。一八八二年，他前往馬德里、巴黎與海德堡深造，取得醫學學位，並研究人類學與語言學。

黎剎的死，堪稱太平洋歷史中最知名也最被神化的死：一八九六年，黎剎遭西班牙當局處死。他以尖銳的小說與文章批判西班牙帝國與天主教修會，結果遭到囚禁判刑；他寫下了絕命詩〈永別〉（*Mi Ultimo Adios*）：「我要去的地方沒有奴隸，沒有劊子手或壓迫者，那兒的信仰也不會殺人。」他暗示自己有著作藏於金匱，留待死後讓人揭露。他是否有在死前與愛人結婚，或是撤回自己的反天主教立場？這些仍有爭議。據說，他在赴死前的從容平靜，連行刑人都為之動容。當局迅速、低調地將他的遺體運走下葬，就怕他的殉道引發各種傳說與緬懷，只是並未奏效。[23]

這一切都是源自黎剎令人折服的儀態——他汲取眾多先祖的文化與語言，加上博攝亞歐教育，讓他足以清楚表達菲律賓的身分認同。他的動力來自西班牙殖民社會所積累出的矛盾。天主教教會建立在改宗之上，培養出人數愈來愈多的本地信徒與傳教士。但是，這些有志的地方神職人員社會與政治地位卑下，不得加入修會或成為司牧。一八七二年，三名表達不滿的本地神職人員遭到處死，因為當局認為他們的怨言反西班牙。

黎剎鼓吹改革，發揮作家的天賦，表明自己的民族主義觀點，吸引注意。他在一八八七年發表經典之作《勿觸我》（*Noli Me Tangere*），內容講述懷抱進步思想的一家人遭受腐敗的西班牙天主教教會剝削與不公對待，情節諷刺而又煽動情緒；主角在續作《叛國者》（*El Filibursterismo*）回歸，成為一位轉向支持暴力革命的悲劇復仇人物。黎剎的作品在西班牙流傳，有人將之偷渡進菲律賓。當局譴責他，但他對「惡治」的批判雄渾，擲地有聲，受到眾人欽佩。許多人認為，黎剎的遺產不在政治，而在於他捍衛菲律賓文化之獨特；伊比利學界研究主張，菲律賓在西班牙人來到之前沒有歷史可言，文學也毫無價值，但他挑戰這種說法。

黎剎胸懷改革使命，結果引來西班牙官員對他本人、親朋好友的騷擾。他鼓吹在司法與行政機構中設立代表，提倡集會與言論自由，支持由菲律賓教士取代教區內的西班牙修士。他為佃戶執筆請願，對抗修會地主。然而，他的行動導致家人遭逐，總督也查禁他推動改革的組織：菲律賓聯盟（*Liga Filipina*）。黎剎被流放到民答那峨的達必丹（Dapitan），他在此開設一間醫院，開課教語言、農學、測繪、雕塑、繪畫、武術與自然史。他讓民答那峨與世界各地的博學鴻儒互通聲氣，並集門生之力，協助自己在當地進行地圖繪製與工程計畫。

黎剎大力呼籲改革，但他個人從未如同時代人一樣擁抱革命暴力。一八九六年，西班牙當局開始對安德烈·滂尼發秀（Andres Bonifacio）領導的地下反殖民組織「卡蒂普南」（*Katipunan*）有所警惕。卡蒂普南組織發展成熟，意圖分裂，並得到群島各地地方政府領袖的支持，在一八九六年宣布發動武裝革命，攻擊馬尼拉。卡蒂普南主力部隊被西班牙守軍擊敗，但控制周邊省分的盟友卻有不俗戰果，尤其是來自甲米地（Cavite）、由埃米利奧·阿奎納多（Emilio Aguinaldo）將軍指揮的部隊。最後，阿奎納多奪權，逮捕並處死滂尼發秀，自己成立革命政府，但後來被迫流亡香港。

菲律賓與西班牙部隊之間的遭遇戰並未停歇。黎剎並不贊同武裝叛變，打算保持距離；他乘船前往古巴，卻遭到逮捕。卡蒂普南過去不斷尋求黎剎的背書，滂尼發秀更是在革命宣言上假造他的簽名。黎剎遭審判處死，他的名字卻鼓舞了菲律賓民族主義者、改革派與革命分子，以及未來印度的甘地（Mohandas K. Gandhi）等非暴力全球反殖民運動推動者。[24]

西班牙人終究在美國人來了菲律賓之後遭到推翻，但這並非「解放」的故事，而是「取而代之」的故事，是美國宣稱要用「進步統治」取代歐洲帝國在腐敗殖民地的勢力的故事。一八九八年五月，一艘軍艦奉派前往新加坡與香港。她的任務是接送埃米利奧·阿奎納多回到馬尼拉。阿奎納多與美國領事以及杜威本人討論過，得知美方希望他完成菲律賓革命，排除殘餘的西班牙與勤王派部隊。據說杜威保證「美國地大物博、財政充裕、資源豐富，不需要殖民地」。阿奎納多擊潰了菲律賓北部的西班牙軍隊，並自立為總統。

但西班牙覺得敗於民間革命實在太不光彩，於是協議佯攻首府馬尼拉，而後改向美國投降。早已與美方貌合神離的阿奎納多盛怒不已，但他等待時

為原則而反抗：菲律賓先烈荷西·黎剎。（Credit: Courtesy of Kevin Collins.）

機。一八九九年二月，爭議仍在延續，情勢不斷升高，美軍哨兵卻在此時開槍，打死了三名菲律賓士兵。菲律賓革命與美西戰爭就此演變為美菲戰爭。[25]

美軍推進呂宋島各地，阿奎納多則避免與正規軍交戰，組織游擊戰；他的部隊無法與美國軍力抗衡，只能選擇消耗戰，期待美軍撤軍。阿奎納多的部隊在呂宋中部勢力最強，同時與他加祿地區與維薩亞斯群島的盟友對抗美軍。隨著一次次的遭遇戰、伏擊與報復，這場戰爭的殘酷也到了令人髮指的地步。目擊者指稱有槍殺投降的戰鬥員，焚毀村落，用刺刀殺害村民等情事。雙方都有找到不全的屍體，也有記者報導美軍指揮官將戰俘刑求致死。多數美軍將領都是印第安戰爭老兵，打過那場讓美洲原住民人口銳減的戰爭。

美國的宣傳從主打將高貴、勇敢的菲律賓人從「西班牙人壓迫的枷鎖中解放」，變成種族歧視的論調。菲律賓南方各島保持中立，但戰事往南蔓延，美軍開始在民答那峨與蘇祿蘇丹作戰，貶低「嗜血摩爾人」野蠻行徑的反伊斯蘭的報導隨之躍上頭條。多達二十萬名百姓身亡，有些死於戰鬥，但大多數則是餓死或病死。

一九〇一年三月，阿奎納多遭與美軍結盟的菲律賓部隊逮捕。作為投降條件，他將保證與美國成為盟友，並正式請求停戰。並非所有部隊都聽其號令，接下來幾年仍有數個地區不停戰鬥，但人們已走入歷史新頁。進入二十世紀，菲律賓民族主義者與威廉・霍華・塔虎脫（William Howard Taft）以降的美國菲律賓殖民地總督都承接黎剎的遺緒，塑造出為了抵抗西班牙帝國而犧牲、殉道的愛國歷史。[26]

塔虎脫立即著手把地產從不受歡迎的天主教修會手中買下，讓美國殖民政府站到進步派的那一邊，但大多數土地其實又賣回給權貴與大地主。一九一九年成立的菲律賓立法機構，以及一九三四年提出的獨立規畫，為「民主統治」奠定了基礎。特定行業的壟斷與舊有商業限制消失，有利於美國出口商的自由市場就此開放。美國的產品與文化影響力如日中天，新帝國時代的影響才剛剛誕生。

第17章 衝突的傳統與民族研究

Traditions of engagement and ethnography

一九〇七年，威廉．瓊斯（William Jones）來到菲律賓群島北部的呂宋，溯卡加煙河（Cagayan River）之流而上。他在寄回美國的信上寫道：「我暫時與人稱『易隆高』（Ilongots）的尼格利陀（Negrito）馬來人同住。他們的住居架高在柱子或樹岔處。」能夠身處以獵頭為習俗的叢林社會，固然令他感到興奮，但所見的「野蠻」也讓他震驚不已。兩年後，他在一處河灣遭易隆高戰士捅死並分屍。

這起襲擊是易隆高族對幾次不幸事件所做的回應，讀者或許會想到詹姆斯．庫克的死亡：瓊斯為了船的事情與當地部落起爭執，他不只沒有耐心，處事的方式也不聰明，聽說最後還以一位名叫「塔卡丹」（Takadan）的當地長老為人質，不滿足他的需求就不放人。瓊斯爭執的事由，是易隆高族人本來應該替他打造輕木筏，在他順遊而下時做嚮導。瓊斯要求的筏子數量多得不尋常，但他有一大批東西要運——各式各樣的籃子、武器、魚梁，以及當地住房的模型，都是要運給芝加哥的菲爾德博物館（Field Museum）。

瓊斯不是商人，也不是菲律賓的殖民官員，而是就讀過哈佛與哥倫比亞大學的人類學者，是一名博士生，師從知名學者法蘭茲．鮑亞士（Franz Boas）；瓊斯對美國殖民統治略有所知，畢竟他生於奧克拉荷馬州的索克族與狐族保留區（Sauk and Fox Reservation），祖父是英格蘭—威爾斯裔，娶了狐族酋長瓦希和瓦（Wa-shi-ho-wa）之女。他是個矛盾的人物，是熱情的語言學者，是學術象牙塔與美國愛國精神同化下的產物。他帶著自己的跨文化背景，來到太平洋與美國的帝國領土。

瓊斯在菲律賓的使命固然與科學有關，他遺留的筆記與藏品也的確提供豐富的民族誌資料，但他也躲不過人類學與殖民統治之間發展出來的千絲萬縷。一八九八年併吞菲律賓以來，美國投入大量資源組織、重塑菲律賓人的生活。第一任文官總督威廉・霍華・塔虎脫建立了公務體系、英語學校與勞訓學校，並為了民主制度的「訓政」而規劃行政區與選舉。「我國的政策，在於提升島民福祉、利益的方式統治菲律賓群島。」他如此說道。

一九〇一年，美國的菲律賓諮議會（Philippine Commission）還成立了非基督徒部落局（Bureau of Non-Christian Tribes），宗旨在於「對菲律賓人類學進行系統研究，針對上述未開化民族提出立法建議」。瓊斯有意展開非正式對話，商討是否擔任「蠻人次級行政區的首長」；他認為，受過學術訓練，對當地文化「懷抱同情」的學者，可以帶來「對治理及其目的的正確態度」。

這個計畫從未實現，而瓊斯就像大部分從事田野工作的學者一樣，把心力投入在記錄「衣不蔽體的野蠻人」，勾勒他們的風俗、工具與行事方式。這一類的文化研究總伴隨著危險。即便人類學家已經進入現場，但殖民者的「綏靖」仍然延續。瓊斯的死，引發菲律賓保安部隊（Philippine Constabulary）慘絕人寰的軍事報復，將好幾座村莊與米倉燒掉，迫使易隆高部落遷居，更加劇了敵對部落之間的獵頭襲擊與暴力。瓊斯倘若地下有知，想必會跟學界中人一起忿忿不平。[1]

人類學家的詮釋

二十世紀初，太平洋各地數十年來的拓殖、貿易據點與軍事征服，已經正式化為行政管理與行之有年的殖民地社會；人類學與殖民建設之間的串謀與緊張關係，也在這段時期飛速發展。有時候，殖民與學術追求正好重疊。澳洲國立博物館的官方巴布亞館藏（Official Papuan Collection）——數百件藤甲、腰帶、手鐲、草裙、石棒、盾牌、面具與生火器具——就是巴布亞省督休伯特・穆瑞（Hubert Murray）爵士手下的官員與職員用超過二十五年的時間蒐集而成的。省督本人甚至會與訪問學人一同進行田野調查。歷史學界主張，這一類館藏的井然有序，其實旨在呈現殖民官員對當地風土、民眾自以為是的統治秩序。[2]

一九〇七年，穆瑞去信澳洲內政與領地事務大臣（Minister for Home and Territories），提出自己的計畫。他個人已經蒐集可觀的藏品，打算成立民俗博物館，專門在巴布亞首府摩爾斯貝港（Port Moresby）展出。穆瑞認為，當地文化對上西方文明，是注定會消失的；他深信，無論是為了科學還是帝國，自己都有責任保存當地文化元素。為此，他尋求學界支援，以及志同道合的劍橋人類學家阿爾弗雷德・廓爾特・哈登（Alfred Court Haddon）為他助

蒐集文化：新幾內亞的藝術品、器物與廚具。（Credit: Sarah Chinnery photographic collection of New Guinea, England and Australia [picture]. 1935Wauchope's Sepik collection, Sepik River, New Guinea, 1935 [picture], National Library of Australia.）

拳。

穆瑞的巡邏部隊軍官有如田野研究者，派出去是為了「獲得土著風俗習慣的情報，並蒐集珍奇物品」。他們跋山涉水，盡可能交流：「我們在土著的屋子附近下錨上岸。屋內擺著塞了填料的人頭、一袋袋的西谷米、漁網，以及各種零碎東西……。我什麼都沒碰，只留下一兩把老戰斧，希望下次回來的時候，能跟當地人發展友誼。」但也有些巡邏隊沒那麼老實，東西拿了就走，留下他們用來交換的物品。[3]

物品蒐集是一回事，巡邏隊主要的功能仍然是跟部落建立聯繫與盟友關係，以及繪製地圖——歐洲人對多數地方一無所知。一九一四年，一位青年波蘭裔人類學家抵達摩爾斯貝港。布隆尼斯拉夫・馬林諾夫斯基（Bronislaw Malinowski）與穆瑞相處不來：省督看不起大多數的學者，馬林諾夫斯基則認為穆瑞就是個滑稽的不列顛殖民地官員。不過，兩人有共通的利益，而且當時的馬林諾夫斯基正進退維谷。他是奧地利國民，第一次世界大戰在歐陸爆發後，他一下子成了敵人，面臨在戰俘營蹉跎光陰的命運。穆瑞向來對田野工作者興趣濃厚，認為他們可以為自己提供更多的語言、風俗知識，以及與村落的關係。他認為馬林諾夫斯基有大用，也很讚賞他在新幾內亞與附近的初步蘭群島所做的田野調查。

馬林諾夫斯基對於意義的關注，以及其理論架構之豐富，可謂舉世聞名；尤其人類學家在奇特、未知的文化中擔綱「參與的觀察者」（participant-observer）的形象，就是他創造出來的。他在第一部重要著作裡提到：「想像你突然之間上了岸，身邊是你的工具，就你一個人身處熱帶海岸，不遠處有個土著村落，而載著你來到這兒的船隻或小艇已經駛出視線之外。」孤立與新接觸的瞬間——這種意象在早期人類學田野工作中揮之不去。

但這不盡然正確，連馬林諾夫斯基自己都提到：「畢竟你就住在附近某個白人商人或傳教士的院子裡，除了立刻展開你的民族學研究以外，並無事情可做。」人類學很晚才進入太平洋的歷史，而且是隨著政治與殖民變局而發展。來到初步蘭群島基里維納島（Kiriwina）的潟湖時，馬林諾夫斯基踏上的不是沙灘，而是當地囚犯砌成的珊瑚礁岩碼頭。

他必須拜會當地首長，住在一座占地廣大，由營房、醫院、藥房、食材庫、果園與花園組成的園區。首長雷諾・貝拉米（Raynor Bellamy）致力發展海參與珍珠採集產業，徵用村民鋪設道路，並關押那些施行巫術或不願意協助他發展一望無際椰子園的人。

馬林諾夫斯基出發前往奧馬拉卡納村（Omarakana），村裡只有幾間簡陋草屋與番薯倉。他在自己的著作裡抹去了穆瑞與歐人聚落的痕跡，但他的補給品明明是囚犯腳伕運來的，連他那頂知名的帳篷——學者獨行冒險的象徵——都是從貝拉米的殖民商店借來的。馬林諾夫斯基便是以此為基地，展開一段讓讀者一頭栽進貿易、親族、宗教與法術世界的研究，成為馳名世界的人物。[4]

每兩年，初步蘭島民都會出海交換，以物易物，過程中經常得橫渡數百浬的海面。島民乘坐拼板舟，帶著白色貝殼與紅色貝殼製作的手環與項鍊，以相反的方向繞航稱為「庫拉」的巨大交流島鏈，前往其他村落。得到特定的庫拉物品，也就意味著得到重大的威望；但物品必須傳遞下去，透過時空間的旅途、持有者的地位及其法力，而獲得新的價值。有人主張庫拉物品具有金錢的性質，但馬林諾夫斯基駁斥這種說法。他認為庫拉航程是追尋地位與法力的方式，是透過交換來創造穩定的政治網。

庫拉環的研究舉世稱奇。這個島嶼世界的推動力並非商品與競爭，而是有別於西方現代性的另一種選擇。馬林諾夫斯基捍衛著古代習俗與信仰之間這種啟示性的交織。「摧毀傳統，等於剝奪了集體的保護殼，讓集體走向緩慢卻無可避免的消亡。」他如此說道。[5]

「傳統」與「消失」的大哉問，縈繞於同時代所有的人類學研究。一九二二年，牛津大學出身的法蘭西斯・埃德嘉・威廉斯（Francis Edgar Williams）加入休伯特・穆瑞的團隊，擔任官方的全職人類學家；威廉斯關注魚標、椰殼容器等日常用品，並且以詳盡的照片記錄村民的容貌與生活方式。威廉斯就像穆瑞與馬林諾夫斯基，認為自己有責任保護他所研究的民族，免於歐洲種植園主與商人的剝削，而巴布亞語言、藝術與文化的豐富也令他讚嘆不已。不過，他反對巫術、「不衛生」的葬儀、獵頭，以及寡婦離群索居等習俗，並致力消滅之。從這個角度來看，他跟穆瑞有更多共通點。

威廉斯的學術研究，展現出對巴布亞世界中意義與習俗的細緻關注，但他個人的新聞專欄《巴布亞村民》（*The Papuan Villager*）卻在強化殖民階級體系（建議他的鄰人學英語，「這樣才能跟白人講話，找到好工作」）與文化差異（「你們絕對沒有辦法像白人一樣；想學白人，只會讓你顯得很蠢」）。有些史家主張，威廉斯其實並不承認巴布亞文化有能力回應歷史性的轉變。「他讚賞的是巴布亞文化的昨日，而非可能的明日。」[6]

斐濟公司的回應

每當有創新的回應方式出現，捍衛傳統的人——常常是殖民者本身——就會與提出異議。無論

人類學的神話與魔幻：馬林諾夫斯基在初步蘭群島的紮營地。（Credit: Photo of group of houses on lagoon shore and ethnographer's tent, Amphlett Islands, 1915–18, Archives of the London School of Economics.）

是非自有土地勞動、宗教的灌輸，還是讓白種人地位凌駕於本地人的法律，都是殖民社會的常態。以巴布亞而言，這裡的保護與家父長式管理已經算相當開明，但「島民有能力改變，發展出自己的經濟與政治」一事，仍然是超乎殖民者想像的看法。更有甚者，這種想法會威脅到殖民當局。

有些太平洋殖民地歷史悠久，當地社群、西方人與亞洲人之間的互動複雜。一如預料，這樣的地方很早就出現挑戰當局的情況。斐濟群島是個很好的例子——斐濟總督戈登根據「傳統的」最高酋長議會，建立斐濟殖民地社會；所謂的「傳統」，其實是他為了方便不列顛人行間接統治而發明的。議會成立後，酋長及盟友們也樂得使喚子民，根據「風俗」獲得村落農產之利。

白人殖民社會挑起責任，研究這個如今井然有序的「傳統」世界，把口述歷史當成文學故事來檢視，而在探討儀式禮器與一般商品時，也不是當成生活的一環，而是藝術品。戈登的親戚——大無畏的獨行旅人、作家兼水彩畫家康斯坦絲・戈登—坎明（Constance Gordon-Cumming）告訴親朋好友：「我們家每一間房都像博物館，用蠻人的器物做裝飾，掛著花紋美麗的本地布料，顏色都是人工染製的。」一九〇四年，殖民地官員威廉・阿勒戴斯（William Allardyce）爵士把自己的藏品捐贈給蘇瓦市委會（Suva Town Board），意在展示、保存「傳統斐濟文化」。一九〇八年，一批學者成立斐濟學會（Fijian Society），以聖石、踏火、捕魚與魚網製作、地名、神靈與起源神話，以及知名的鯊魚神「達庫瓦卡」（Dakuwaqa）的經歷為題目，定期發表論文。一些不列顛官員穿起蘇路裙（sulu），讓卡瓦敬酒儀式流行起來。[7]

不過，對於這個由神話與器物構成的民族學世界，許多斐濟人並不認同，何況他們也不是生活在這種世界裡。無論是璀璨、神化過的歷史，還是酋長統治與殖民宰制的「傳統」現況，都不符合他們的期待。美拉尼西亞平民阿波羅西・哪外（Apolosi Nawai）起身反抗不列顛人，反抗勾結的酋長。他知道，出自幾個大家族的地方長官與首領，都是由政府的土著行政部（Native Administration）任命的，而想推動斐濟殖民地社會的改變，土著行政部是唯一的途徑。來自納里瓦村（Narewa）的阿波羅西只是一介平民，很難在這套體系出頭天，但他是個天賦異稟的傳道者——據說他得到啟示，告訴他帶領斐濟人進入「新時代」。喊水結凍的先知在太平洋島嶼並不罕見，但阿波羅西的非凡之處，在於他不只能提點靈性道途，還有一份成熟的反殖民商業規畫。

人類學家爭相研究太平洋島民，阿波羅西則反過來研究西方人，組織一批人對準國際香蕉製品市場。阿波羅西計算過歐洲商人向農民收購香蕉，運往海外能獲得多少利潤，於是在一九一四年成立斐濟公司（Viti Kabani）和他們競爭。說得更精確點，阿波羅西是強迫歐洲商人彼此競爭，擠走這些中盤商，爭取「斐濟人的斐濟」。斐濟公司反其道而行，組織農民集資，將利潤拿出來再投資。阿波羅西在支持者成群結隊幫助下，成就了白人商人辦不到的事——在各島之間穿針引線，從此村到彼村，說服酋長與農民承購公司股份。

他的募資行動立刻得到民眾支持，募集超過一千英鎊，而且受到吸引加入的不只斐濟人，還有歐洲人——他們看出獲益可期，並設法爭取董事任命。殖民政府抱有疑心，最高酋長議會則反對這個挑戰自己權威，影響他們農產收益與勞力榨取的聰明平民。

阿波羅西繼續組織募資聚會，而且一次比一次成功。殖民地報社報導了其中一場：「盛大而熱情的本地集會，任何總督都望其項背——比土著部影響力大多了。」事實上，這些會議發揮社群諮議機構的功能；隨著與會者精神益發昂揚，提案也超越了純商業範疇，要求「不該跟歐洲人做生意」，並且「約定成俗」的勞動與教會稅應當廢止。公司領袖囑咐會員不要為酋長勞動，討論甚至轉向讓公司發揮斐濟地下政府的作用，建立自己的治安與司法部門。

隨著斐濟公司生意愈做愈大，殖民社會也出現裂痕。有些地方首長與酋長的代表辭去自己的職務，進入公司任職。政策限制歐洲人購買當地的土地，在需要農產的壓力下，歐洲利益方也對政策大加抨擊。

白人的威望大受打擊，比較窮的拓荒者與種植園主不敵阿波羅西的影響力。澳洲記者兼投資人史黛拉・史賓塞（Stella Spencer）因為掌摑商業競爭對手而下獄，但明眼人都看得出來她之所以受審，顯然是跟一名白人女性究竟該不該跟斐濟人關係緊密有關。[8]

阿波羅西本人也面對審判，他的敵人用含糊的「商業詐欺」影射他。報紙報導他「身著歐式服裝，網球服、花領帶，理著小平頭」。殖民當局不僅傾向於、甚至鼓勵斐濟人穿「傳統」服飾，留「食人族族長」的大捲髮。阿波羅西挑戰上述民族形象，而攻擊他的人無不厲聲譴責。控訴與反訴滿天飛，含沙射影說斐濟公司是場龐大的騙局，非法侵犯了殖民政府。支持者受到更嚴苛的勞動法律所恫嚇，而阿波羅西則遭到反覆關押。最後，法院判他煽動叛亂罪，流放羅圖馬島。

現行政策維繫著一種虛構、浪漫化的斐濟傳統，把家族、氏族跟村落綁在一起。阿波羅西挑戰酋長與殖民政府，不僅為他贏得民意支持，更是直接挑戰既有政策之舉。更有甚者，他所創造的社群典範不僅眼界超越了殖民政府，甚至超越斐濟群島，達到發展國際貿易區的高度。時下流行的斐濟「歷史文物」和「尊貴勇士」在真實的島嶼殖民世界中顯得格格不入，太平洋島民則用千絲萬縷的對外關係加以挑戰。

有些對外關係確實有實際基礎。正當斐濟公司方興未艾，斐濟的印度社群也顯示自己並未因為黯淡的種植園苦難，或是遮遮掩掩的次大陸回憶而孤立不前。一八九三年，契約勞工托打蘭・薩納迪亞（Totaram Sanadhya）隨著眾多移工一起來到斐濟，他們身無分文，在虛假承諾下簽訂的合約綁住了他們五年間，他在殖民地煉糖公司做工，食物總是不夠吃，經常受監工虐待，被迫乞討維生。

契約期滿之後，他雖然依舊欠債，卻決心改善自己的境遇，於是借錢當起小甘蔗農。他學會怎麼賣木材與金屬，用收入買書，開始學習當個印度教祭司。他為印度人的福利而奔走，組成支持團體，為了印度人的受教權與政治權利向總督請願，讓許多人受到他的感召。他離開斐濟時，已經聲名遠播，甚至受邀到馬德拉斯（Madras）對印度國民大會黨（Indian National Congress）發表演說。[9]

薩納迪亞的其中一項遺產，是他把一己的不滿情緒從斐濟推向更廣大的政治網絡，尋求外界的幫助。從一九一二年馬尼拉爾．馬甘拉醫師（Manilal Maganlal Doctor）來到斐濟一事，最是能看出他有多麼成功。馬尼拉爾是訟務律師，生於印度，受教於倫敦，在不列顛模里西斯殖民地執業。他來到斐濟時，數以百計的斐濟人用歌舞與頌詞歡迎他，向他致敬。馬尼拉爾致力於為印度裔社群提供法律協助，代表過許多社運人士和政治人物，從而把歐洲跟不列顛在印度、南非與太平洋島嶼的利益聯繫起來。這一切已經足以讓斐濟當局對他多加警惕，但還有一點：他之所以到斐濟，是甘地特別請託的。

人在印度時，馬尼拉爾活躍於印度自治協會（Home Rule Society），力促政治自由。他在模里西斯島待了三年，為印度裔契約工提訟、請願，並挑戰不公平的量刑準則。接下來幾年，他發行一份印地語的改革派報紙，並前往孟買與南非。到了斐濟，馬尼拉爾為貧苦的印度人起草文書、信件與請願書，在法庭上為他們辯護。他力抗契約勞動制度的濫用，並且繞過殖民地官僚，把訴訟案交給倫敦反奴役協會（Anti-Slavery Society）的盟友。身為斐濟印度帝國協會（Indian Imperial Association，前身是薩納迪亞成立的支持團體）主席，他針對斐濟契約工境況提出定期報告，吸引不列顛工黨注意，從而促成印度政府的調查。小地方斐濟因此成為跨國關注的焦點。

多虧印度民族主義者與官員、不列顛進步派合作施壓，斐濟的契約勞動制度在一九二〇年廢止。薩納迪亞與馬尼拉爾的其中一個夢實現了。但就只有一個。這一年一月，斐濟公共工程部（Public Works）的印度工人認為自己的工時突然激增，於是罷工。馬尼拉爾組織會議，尋求協商解決，取得初步成功，但警方與罷工者隨後發生衝突。當局利用此事為由，不讓馬尼拉爾與斐濟印度聚落接觸。

經過一段令人心灰意冷的島內流放，馬尼拉爾離開了斐濟。澳洲、紐西蘭、錫蘭與馬來西亞都拒絕授予他訟務律師的執業權，但他繼續在印度下級法院奔走，支持社會主義與共產主義活動家，然後前往中東的亞丁。他巡行全球，繼續讓太平洋與印度洋各地的抗爭活動互通聲息。

薩摩亞的真相

一九二〇年代晚期，一名女子來到薩摩亞群島，她將成為未來舉世聞名的人類學家。「文化孤立的人類學太平洋」與「尖銳的全球政局」之間的緊張關係，也隨著她的到來而延續下去。瑪格麗特．米德（Margaret Mead）和威廉．瓊斯一樣是美國人，一樣師從法蘭茲．鮑亞士。她想探討女孩與年輕女子在「自然狀態」下於青春期經歷的混亂，正在尋找可以做研究的田野。一九二五年，她到美屬薩摩亞圖阿島（Tu'a Island）的一個聚落裡住了九個月，觀察、參與日常生活，訪談女性受訪者，並提出有關青年與開放性傾向的大膽結論。

她在一九二八年發表《薩摩亞人的成年》（*Coming of Age in Samoa*），一夕成名；她欣然接受這樣的能見度超過半世紀，身為公眾人物的她成為學界與各機構的顧問，以國際名人身分對兒童撫育、性、健康與生態挑戰、女性主義、全球正義等問題廣泛發表意見。類似「性傾向與青春期是否具有文化上的彈性」的議題，一方面讓她成為偶像，另一方面也引來許多人的批評，表示她的研究或幼稚、或膚淺，或者出於捏造。

姑且不論米德對於圖阿島民生命循環的說法是否正確，她希望在受到控制、可以比較的環境中「進行人性實驗」，結果創造出一種影響深遠的「薩摩亞」民族形象。「為了這種研究，人類學家得選擇質樸的族群，選擇原始的族群，選擇那些社會複雜程度從未達到你我水準的族群」——這是她分享、推廣的概念。

對許多讀者來說，「薩摩亞」的樣貌無非就是圖阿島的村落；但就連米德執筆寫作、發表的時候，薩摩亞群島各地都在發生跟性、社會價值觀有關的各種衝突。德國在第一次世界大戰戰敗帶來許多影響，其中之一是德皇的所有殖民地都得讓給其他列強。德屬薩摩亞委由紐西蘭政府託管，成為情勢複雜的太平洋地區，但這種複雜情勢恰好是米德表明要避免的。[11]

在這「另一個薩摩亞」，紐西蘭統治著由薩摩亞人、眾多德裔種植園主與移民，以及契約華工組成的殖民地。對於傳統文化之維繫，薩摩亞軍政官羅伯·羅根（Robert Logan）有自己的看法。他想保持薩摩亞族群的「純粹」，敵視與薩摩亞女子同居的華人男子，頒布法令禁止華人進入薩摩亞人的房子。由於他強迫華人離開薩摩亞，解散那些為薩摩亞帶來主要收入的德國公司，又失職允許汽船「塔盧內」號（*Talune*）上得了流感的乘客下船，導致七千島民在恐怖的大流行中喪生，他的政府因此大失民心。

繼任的軍政官同樣面對民眾的不滿，以及性、種族與文化的問題。喬治·理查森（George Richardson）將軍對薩摩亞人與白人的「混種小孩」並不待見，聲稱「歐裔父親發現自己墮落到土著或半土著的圈子裡，爾後終將放棄，不再努力維持其種族之威望」。他重組村中的公有地，禁止民間的密織蓆交換習俗，也引發嚴重民怨。他甚至威脅要廢除、剝奪酋長們的頭銜；數十年前德國統治時，這種冒犯之舉可是引發過民變。這下子，不安的薩摩亞領袖們又跳了起來。

薩摩亞人歐拉夫·弗雷德里克·尼爾森（Olaf Frederick Nelson）決心尤其堅定。他的父親是瑞典商人，但他對跨文化非常自豪，認為自己在「出身、血緣與情感上」都是薩摩亞人。尼爾森是有錢人，行遍天下，受過教育，卻因為是混血兒而完全無法參與任何施政。理查森將軍認為他是「混種」，不夠「歐」，但也不真的「土」。一九二六年，尼爾森與支持者籌辦多場公開集會，成立薩摩亞聯盟（Samoan League），反映不滿之情，並挑戰紐西蘭殖民統治的權威。這場運動人稱「薩摩亞的堅定主張」（O le Mau a Samoa）。

「堅定運動」（Mau movement）從忽視當局的法令著手抵抗。先前德國殖民統治時有過一次堅定運動，而美屬薩摩亞也有反海軍的堅定運動。這幾個例子裡，行政區政務議會、婦女團體與其他委員會停止集會。殖民地官員發現自己缺少情報，也不知道有誰參與。反紐西蘭抗爭期間，工人直接曠工，心急如焚的種植園主只能眼睜睜看著香蕉和椰子掉到地上，在高溫下腐爛。村里幹部不再整理當地商業與民視文件，許多薩摩亞人也樂得忽略物資得徵用，或者不繳稅。各村落任命「發言人」，以村長為核心，主持商業與政治事務。

據估計在一九二〇年代晚期，超過百分之八十的薩摩亞人停止跟殖民政府合作。理查森將軍逮捕上百人，但有上千人自願被捕，擠爆監獄，人數超過守衛所能負擔，他不得不釋放所有人。[12]

到了一九二八年，瑪格麗特・米德完成手稿，發表她的《薩摩亞人的成年》，引發各界對於圖阿島生活與風俗的民族學論辯。同時，美屬薩摩亞的堅定運動則延續了整個一九二〇年代，而且方興未艾。歐拉夫・尼爾森遭逐到與阿皮亞一海之隔的紐西蘭，他在紐西蘭出版《薩摩亞的真相》（*The Truth About Samoa*），訴說不滿之情，為堅定運動建立平台。同年，他得到紐西蘭工黨支持，前往歐洲，向位於日內瓦的國際聯盟（League of Nations）遞交請願書，呼籲採取行動。尼爾森和其他斐濟運動前輩一樣，他的島嶼認同根植於習俗與傳承，但也跟全

薩摩亞人的薩摩亞：堅定運動的領袖們，正中坐者為圖普阿・塔瑪瑟瑟・列亞洛非三世。（Credit: Group of men, including Tupua Tamasese Lealofi III, gathered around the office of the Mau, 1928. P. McKnight Collection, Alexander Turnbull Library, Wellington, New Zealand.）

球政治道路密不可分。

人類學家米德不是唯一對薩摩亞青年發展有其看法的人。來到首府阿皮亞，接替理查森將軍的史蒂芬·艾倫（Stephen Allen）上校曾主張：「千萬別忘了，薩摩亞人永遠長不大，始終停留在小孩子的心智狀態。」他監禁、流放反對者，更在一九二九年十二月二十八日讓軍警對示威群眾開槍，堅定運動領導人——圖普阿·塔瑪瑟瑟·列亞洛非三世（Tupua Tamasese Lealofi III）因此身亡。民眾逃離城鎮，直到一年後休戰才返回，而堅定運動則在塔瑪瑟瑟的遺孀阿萊薩拉（Alaisala）與其他女性領袖領導下繼續。米德的著作成為外界對於質樸、原始「薩摩亞」的經典文獻，但其實當地複雜的鬥爭仍在持續，演化成島嶼的未來。[13]

堅定運動在一九二六年成形時，採取了統一的口號：「薩摩亞人的薩摩亞」。二十世紀初期，民族主義的發展緊隨著政治與文化的變局，而民族主義現象的集中一個特徵，就是「共同的認同與目標」成為一種流行的看法。亞洲與太平洋各地的民族主義沒有單一的模式，但各地基本上都是以捍衛共同傳承為基礎，而殖民當局反對的力道則各有不同。

民族認同的追尋

一八六八年的日本明治維新提供了極具說服力的「現代化」典範，而荷西·黎剎與菲律賓革命則是各自擁抱政治改革與武裝抗爭路線，抵抗西班牙統治。阿波羅西·那外在斐濟用深得人心的行動與歐洲利益展開正面競爭，而印度裔斐濟人則看到甘地與其他反帝國人士繼承了自己的大業。

中國在十九世紀時遭到鴉片戰爭與太平天國之亂的肆虐，排外好戰勢力因此成長。一九〇〇年，幾個團練登高一呼，打出「扶清滅洋」口號。這些團練的領袖有宗教與練武的背景，而他們的尚武態度，以及對外國使館的組織性攻擊，讓他們得到「拳民」的稱呼。拳民因為外國人割據中國土地，以及基督教傳教士的侵門踏戶而憤恨不已，在慈禧太后授意下開始屠殺外國平民、官員與信徒。直到西方各國派了大約兩萬名部隊，拳亂才在殘酷鎮壓中平定。

拳亂結束後，清政府遭到更嚴重的制裁，包括巨額賠款。清廷衰弱，建立新政府的浪潮如火如荼。一九一一年，孫文領導的漢人革命黨推翻了清朝，宣佈建立民國。孫文生於中國，長兄在夏威夷當移工，而他也曾隨兄前往夏威夷生活多年。孫文學習藝術、科學與英語時，正好是夏威夷國王大衛・卡拉卡瓦的治世；等到十九與二十世紀之交，他在中國展開革命活動，後流亡歐洲、北美洲與日本。當時，亞洲與太平洋各地民族主義情緒正熾，孫文這種全球行旅不算罕見。[14]

西方各國在東南亞殖民地採取熟悉的政策，試圖將村民孤立於穩定、「傳統」的社會中，只是面對類似變局時，舊政策也開始瓦解。無論殖民地官員統治哪裡，他們都是少數，因為貿易與聯繫之故而離不開城市中心，必須仰賴本地菁英，以及受過教育與訓練的本地文書、公證人和老師。農產出口導向經濟，意味著一系列操馬來語、英語與漢語的採購者、搬運工與商人，透過叢林中與旱地上的公路，將村落與商業中心、港口聯繫起來。

這些聯繫也可能代表一群不安於室的百姓。城市不會隔絕於外界的消息與思想，村落同樣不會完全與都市聚落涇渭分明。哪兒有不滿的情緒與遠大的志向相結合，那兒的人們就會發展出擁有「共同目標」的感受。「共同目標」出現時，不見得就會引發特別「民族主義式」的民變，通常還是關注地方上的貧窮問題，以及不同社會階級之間是否有滿足社群義務的爭議。不過，城鎮與都會中的男男女女會魚雁往返（通常是男寄給男，女寄給女），成立共同利益團體，而共同利益團體會逐漸演變成以行業、宗教與文化為中心的自主性結社，想像出新的「民族」認同與未來願景。[15]

前述的變化，可以從一位年輕穆斯林女性死後出版的信件一窺端倪——卡蒂妮夫人（Raden Adjeng

Kartini）倡議爪哇婦女教育與地位提升。一九一一年，也就是孫文宣布成立中華民國那一年，卡蒂妮對帝國的至高地位構成挑戰。荷蘭人持續透過當地菁英行間接統治，把這當成「傳統」（和斐濟的情況相仿），但這種做法導致權力集中的程度，卻是前所未有。荷蘭本國雖然對於稅收方式與自由派的施政方向有所討論，卻也導致過往種植制度的商業剝削，轉往所謂的「倫理政策」（Ethical Policy）發展。倫理政策提倡保護本地人，方法則是為他們提供歐式教育，同時「尊重」——其實是「擁護」——傳統文化習俗。

在各殖民地，科學與政治都有極為緊密的關係，而所謂的「傳統」則是順著這兩者的指示去走。一九一四年，阿姆斯特丹的殖民地學會（Colonial Institute）人類學分部荷籍主任，聲明自己的使命在於「認識」與「照顧」在地社會。倫理政策固然披上了進步的外衣，但倡議者其實知道：知識愈充分，愈是能嫻熟操弄「阿達特」（*adat*），也就是印尼群島數百的地區複雜的習慣法、傳統與慣習。殖民地行政官員重新闡述了統治者的「阿達特」，宣稱他們的統治制度不只文化道地，而且有民族學研究根據。

這種倫理政策旨在展現「進步價值可以與傳統文化結構交織在一起」。女性因此成為政策焦點，畢竟一般認為婦女位居傳統社會的最核心，「自然而然」活出家族與宗教的儀式和習慣。

卡蒂妮夫人成為那位站在倫理政策、婦女權利與民族主義三叉路口的人物。她出身爪哇貴族家庭，以過人才智、大量的信件，以及她無法如願的事情而為人所銘記。儘管社會地位與教育水準如此，家人仍拒絕讓她前往巴達維亞唸醫校，也不讓她出國旅行、深造。十二歲之後，她便沒出過家門——這是當地習慣的做法，為的是準備婚事。她父親終於允許她成為老師，但計畫卻在她嫁給中爪哇一位縣長作第四名妻子時破滅了。一九〇四年，她在生下頭胎後過世，年僅二十五歲。

卡蒂妮的荷蘭文風格優雅，她把自己的感受注入信件裡，直言批判自己身處的世界——「我們爪哇女孩不被獲准懷抱理想。」她也攻擊自己的傳統，因為傳統意味著「一切都向著男人，女人什麼都沒有」。她堅定的進步觀點，讓她成為倫理政策支持者的最愛，也鼓舞了民族主義者——後者強調她字裡行間爭取更多自主權與法律平權的訊息，而這自然有弦外之音。[16]

有些民族主義者覺得她不夠耀眼，畢竟她不是反殖民革命人士。但她代表另一種民族主義，透過讀寫與印刷建立社群。她閱讀報紙、期刊、小說，以及女性主義和反戰文學，提出見解，展現出嚮往「現代」的爪哇女性之姿。魚雁往返，交流的循環隨之發展。她死後，她的信件付梓，成為東印度、荷蘭政治與社會改革運動的經典，她也因此成為跨文化的人物。朋友以她為榜樣，並以卡蒂妮之名成立基金會，推動設立女子學校。後來，印尼人奉卡蒂妮為民族英雄，將她的生日訂為假日。

「倫理政策」與「學校」只是一種想像何謂改變的方式。對於有志於改革的人來說，一面尊重傳統，一面賦予傳統「現代的形貌與現代的質地」，是個令人為之抖擻的挑戰。一九〇八年，至善社（Budi Utomo）成立，致力於「提升」民眾素養，並計劃復興王政，歌頌爪哇的印度教—佛教過往。

民族女傑：雅加達的卡蒂妮夫人紀念碑。（Credit: MONAS national monument, author's photo.）

在東南亞島群，伊斯蘭社團推動慈善、教育與社群工作，成果有目共睹；此外，其成員持續與廣大的海洋世界保持聯繫，學者為了敬拜、教育與經商而造訪麥加和埃及，帶回新知。其實，對東印度群島內部來說，全球海洋網絡是面對殖民的挑戰時不可或缺的環節。人口中有「穆斯林居民」，就意味著年年都有民眾為了朝覲（*hajj*，凡身體情況允許的穆斯林都應踏上的朝聖之途），往返於印尼群島與阿拉伯半島。荷蘭客船為了這種有利可圖的運輸業彼此競爭，但當局也持續監視阿拉伯教長（sheiks）、老師與印度朝聖者之間的交流，唯恐政治與泛伊斯蘭思想的「汙染」。到了一九三〇年代，伊斯蘭改革派組織穆罕馬迪亞（Muhammadiyah）計劃根據組織章程與宗教原則經營船舶，壟斷船運的荷蘭船運公司對此大加反對。[17]

貿易商哈芝薩曼須迪（Hadji Samanhoedi）在一九一一年成立伊斯蘭貿易協會（Islamic Trading Association），起因也是出於商業利益，為了協助穆斯林商人在蠟染布的買賣上與華商競爭。協會的活動很快就超越原本的宗旨，轉型為伊斯蘭聯盟（Sarekat Islam），變成捍衛東印度人伊斯蘭認同的大型組織。

一九一三年，伊斯蘭聯盟制定規則，只有本地穆斯林可以入會。這是一種特定的民族主義：不是擁抱一國之內的所有群體、信仰與族裔，而是把印尼與伊斯蘭劃上等號。荷蘭殖民政府之所以認可「阿達特」，是因為「本地文化」，而伊斯蘭律法對他們來說是阿拉伯傳統的一環，伊斯蘭聯盟的做法也引發殖民政府的猜忌。

伊斯蘭聯盟發展成社會與經濟福利網絡，政府也認可其地方分會，但堅決不同意聯盟成為全國性組織。傑出的演說家哈芝烏瑪・薩伊德・喬克羅阿米諾托（Haji Umar Said Cokroaminoto）以聯盟領導人身分對數以千計的群眾發表演說，在清真寺開設宗教課程，幫助鄰里償債，抵制華商，爭取減稅，並計劃將所有基督教影響力與「外國人」排除在伊斯蘭國家之外而出名。不過，這種政治民族主義的本質相當複雜，喬克羅阿米諾托努力照顧聯盟成員，卻也考慮與社會民主黨員合作，與共產黨結盟。喬克羅阿米諾托的其中一項遺產，是照顧一位名叫蘇卡諾（Sukarno）的年輕學生——蘇卡諾在一九二七年成為印尼國民協會（Indonesian Nationalist Association）的創會者之一，並且在一九四五年印尼獨立後出任第一任總統。[18]

「一九四五年」是個重要的年份，因為在一九二〇年代與一九三〇年代時，「民族學上」與「習俗意義上」的族群雖然爭取教育機會、全球政治紐帶，並形成民族意識，但在政治上對殖民政權的抵抗仍然微弱。想改變權力平衡，光靠共同的信仰、政治原則，或是表達不滿的請願活動，仍是不夠的。等到集結的人愈來愈多，地下抵抗活動隨之成長，歐洲情報人員以擔憂的口吻回報共產主義與民族主義行動者順著海路遊走於殖民地世界——據說，他們都在上海等亞洲大城市集會。

抵抗的力道其實是從亞洲開始加劇，而且是隨著一場軍事行動而來——日軍襲擊珍珠港、索羅門群島、新幾內亞、緬甸、新加坡、馬來亞、印度支那，印度尼西亞、菲律賓、滿洲與中國，企圖建立自己的帝國。

第 18 章 亞洲舞台，戰爭劇碼

War stories from the Pacific theater

十二世紀時，爪哇王查亞巴亞（Joyoboyo）把自己的言說與命令寫在貝葉上。他留下了一部故事集，其中有個知名的故事，講述兩個家族之間的鬥爭，以「哇揚」（*wayang*）影偶戲的形式演出——製作精美的戲偶在螢幕後擺出架式，燈光將其影子打在螢幕上，暗示著故事的意義有多麼幽微難解。查亞巴亞也是先知，他刻下了預言，說公義的王者將會復歸，天空將有船隻駛過。

一九四一年，民族主義者穆罕默德·譚林（Mohammed Thamrin）對印尼的人民諮議會（Volksraad，荷蘭殖民政府的諮議機構）發表演說。他請聽眾回想起查亞巴亞的預言，黃色的征服者將從北方而來，在趕走白皮水牛後停留一輪玉米的生長期，緊跟著就是一段繁榮的時代。荷蘭官員監禁譚林，擔心預言會激發群眾的狂熱。一年後，日軍登陸印尼，擊潰戰備不周的荷軍，把他們送去勞改，關押在集中營。印尼人揮舞小小的日本國旗，在新的軍事統治當局下夾道向皇軍興奮高呼「查亞巴亞」。學者爭相詮釋預言，認為來者是黃色孔雀，而民族主義領導人蘇卡諾則聲稱新的公義時代來臨。至於戰俘營中遭到拘留的荷蘭人，他們記憶中的預言提到的則是O形腿的黃猴子。但所有人都同意，白色水牛要被趕走了。[1]

旭日之下的苦難

日軍入侵印尼群島，陸軍的今村均將軍與第十六軍對改革的預言表達支持，宣稱亞洲人有共同的祖先。畢竟大日本帝國是打著作為「亞洲之領袖、保護者與光芒」的口號擴張的。「八紘一宇」意識形態中，天皇治下的日本扮演父親般的角色，負起將亞洲化為「大東亞共榮圈」的責任，各民族擁有模糊的主權，由東京在政治與經濟方面承擔主導權——或者說宰制。

日本的主張大有可能實現。一八九五年，日本為了朝鮮與中國開戰，併吞台灣，海陸軍實力已經稱霸東亞。然而，一九〇〇至〇一年，庚子拳亂的暴力與鎮壓之後，出現了新的挑戰。俄軍占領滿洲，威脅日方在該地區與朝鮮的利益，又在遼東半島的天然戰略良港旅順設防。

日方要求俄軍撤退，再不濟也要同意日本在朝鮮的至高權威，局勢因此益發緊繃。俄國沙皇拒絕。日本帝國海軍於是奇襲旅順港的俄軍。等到沙皇派波羅的海艦隊迢迢千里來到亞洲，日本海軍卻在一九〇五年一場劃時代的海戰中擊敗了不可一世的沙皇，讓俄軍艦隊葬送於對馬海峽的海底，震驚全世界。歐洲人這個亞洲國家仍未忘懷當年太過弱小，無法招架培里的記憶，如今卻摧毀了一支「西式」海軍。歐洲人在中國的條約口岸吃驚看著這一切，關注衰弱的中國終究把對於朝鮮的宗主權讓了出去，日軍則占領朝鮮半島，朝成為殖民帝國的道路邁進。

在時任美國總統西奧多·羅斯福（Theodore Roosevelt）的注視之下，日本軍國主義者與戰敗的俄羅斯簽訂合約，在一九〇五年將朝鮮收為保護國，並裁撤其軍隊與外交部。日本殖民者奪走朝鮮土地，朝鮮抵抗組織發動數千起攻擊，無奈力量過於懸殊。一九〇九年，朝鮮民族主義者安重根暗殺了日方派駐的朝鮮統監府統監，伊藤博文。不到一年，朝鮮純宗皇帝被迫簽下合併條約，朝鮮王朝在一九一〇年八月走入歷史。日本殖民統治降臨朝鮮全境。[2]

日本當局將京城的梨花學堂關閉時，十七歲的女孩柳寬順正是這裡的學生。柳寬順返回故鄉，加入她的父母，與上千名街坊鄰居聚集在市場抗議日本統治，成為一九一九年三一獨立運動的一員。她到各地鄉村宣傳，從周邊地區吸收愈來愈多成員，並表示自己將到山上點起火炬，作為開始示威的信號。

柳寬順是今天的朝鮮民族英雄，光榮事蹟載入史冊。她在說好的時間點燃火炬，然後出現在市場，領導群眾呼喊獨立。日本警察驅散人群，殺害柳寬順的父母，並把她關進監獄。幾幅知名的畫作中，身著傳統韓服的柳寬順就是學生樣子；陰鬱的監獄照片捕捉到她背對著磚牆，眼神堅毅的模樣。她不斷呼籲對抗日本統治，遭到毒打、刑求，最後死於獄中。當局一直扣著她的遺體不放，等到梨花學堂威脅要把她的遭遇公諸於世才放手。今天，博物館、紀念碑與紀念活動都在紀念這位愛國英雄。但當時，日本對朝鮮的殖民統治益發高壓，數以千計的人被捕下獄。[3]

日本與西方國家的表面合作在一九二〇年代晚期破局。日本脫離國際聯盟，開始發展第一次世界戰爭結束後託管的前德國殖民地，於一九三〇年代在密克羅尼西亞開闢種植園與聚落，並興建軍事基地。一九三一年，日本關東軍宣稱中國發動攻擊，隨後占領滿洲，建立魁儡政權「滿洲國」，以清朝末代皇帝溥儀為執政。六年後，日軍在一九三七年策劃盧溝橋事件，從嚴陣以待的中國國民政府手中奪走華北，戰爭全面爆發。

日本殖民政府在朝鮮廢止所有言論、出版與集會自由，要朝鮮學生在日語授課的學校中學習當順服的皇民。朝鮮式姓氏遭到剝奪，工人受徵調從事農務，或是到煤礦挖煤。

另一方面，日軍在中國對上海與南京發動攻勢，國府軍潰逃。日軍占領南京後的暴行，在歷史上留下濃重一筆。中國生還者與外國租界驚駭的目擊者提到，當時有成千上萬的婦女遭強暴殺害，軍隊無差別屠殺平民，四處劫掠，到處滿目瘡痍。軍事法庭蒐集的紀錄與照片包括受暴婦女、亂葬崗、頭顱，甚至俘虜遭到五花大綁，作為刺刀練習的對象。有些日本民族主義者與政府領導人始終堅持上述報告與圖像出於偽造——時至今日，尖銳的戰爭罪刑與道歉爭議仍然持續。[4]

日本的實力讓亞洲民族主義者驚懼又佩服。歐洲國家驚駭之餘，本國也有問題得解決。一九三九年，納粹軍隊入侵波蘭與比利時，幾星期內就瓦解抵抗。荷蘭軍隊也投降，政府流亡倫敦。德國在一九四〇年發動閃電戰，法國迅速淪陷；占領巴黎後，德軍設立合作政權，從南法城市維琪（Vichy）進行統治。日軍同時占領法屬印度支那，成立另一個附庸殖民國家，而共產黨領導人胡志民則獲得中國支持，開始組織越南反抗軍，抵抗日本與法國。

日本帝國陸軍在飛機、戰艦的幫助下，以驚人的速度推進各地。這一切的原動力是石油與航空燃料；日本對此的需求，泰半來自印尼蘊藏豐富的油田與煉油廠。荷蘭殖民政府與美國當局達成協議，試圖維持各自的霸權，日本軍事戰略家因此加速計畫推動，把戰爭從亞洲大陸推向太平洋島嶼。

喬治・麥拉洛（George Maelalo）住在索羅門群島一座村裡。他對於這些衝突略有所知，但在一九四一年，「廣播裡唯一報導的戰爭，是歐洲的那一場。政府開始把每一座種植園的人遣送回去時，我人正在昆士蘭的燕蒂納（Yandina）……就是這個時候，我聽說太平洋發生戰爭，日本跟美國打起來了，因為日本轟炸了夏威夷一個叫珍珠港的地方」。[5]

當時，日本海軍的山本五十六將軍試圖以一場戰術打擊，摧毀停泊在港內的美軍太平洋艦隊，為日軍推進爭取時間，並期望迫使美國同意議和，承認日本併吞的地方與勢力範圍。日軍的俯衝式轟炸機擊沉或癱瘓二十一艘軍艦，炸毀上百艘軍機，更造成將近兩千五百名海軍官兵和平民喪生。美軍遭受重創，但空襲時，美軍主力航空母艦不在港內，油料與補給設施也毫髮無傷。夏威夷戒嚴，日裔移民與海外僑民遭到審問，並受嚴格監視。有些人因敵僑身分而遭押送前往北美大陸的拘留營，夏威夷群島的海防與空防則為迫在眉睫的入侵做好戰備。

不過，夏威夷並非日軍的頭號目標。日本關注的是東南亞，那兒有大量勞動力與豐富自然資源。炸彈落在珍珠港，美國宣戰的時候，日軍同時入侵並占領菲律賓，迫使美軍司令官——陸軍上將道格拉斯．麥克阿瑟（Douglas MacArthur）撤退。未能離開的部隊投降，是美國軍事史上最大的規模。七萬五千多名菲律賓與美軍部隊被迫踏上「死亡行軍」（Death March），從巴丹島前往戰俘營，途中死亡或遭到處決者多達上萬人。政治家兼法官荷西．P．勞瑞爾（José P. Laurel）在日本扶持的菲律賓共和國擔任元首，而共產黨領導人路易斯．塔魯克（Luis Taruc）則組織游擊抵抗勢力「虎克軍」（Hukbalahap），同時對抗日本與美國殖民主義。

不列顛屬馬來亞迅速敗給日軍，數以千計的不列顛軍隊經歷懲罰性空襲後，於戒備森嚴的新加坡陸海軍基地投降。泰國與緬甸皆遭到占領。法國與荷蘭處於納粹部隊的軍事統治，日軍在重新補給最大的威脅與最嚴重的抵抗，則來自不列顛與美國。日軍進一步孤立大不列顛在南太平洋的哨站、紐西蘭以及澳洲，轟炸澳洲城市，將大批部隊集中到新幾內亞與索羅門群島，將澳洲納入打擊範圍。皇軍指揮官制定計畫襲擊斐濟與薩摩亞。[6]

一個世代以前發生在歐洲的第一次世界大戰，對太平洋的影響微乎其微。除了各個殖民社會在資源方面受到挑戰，有一艘德國砲艇砲擊大溪地，以及日本得到了德國在密克羅尼西亞的領土之外，殖民秩序並未受到嚴重的衝擊。但是，始於一九四一年的衝突，卻改變了一切。過去，殖民種植園主與行政長官統治著酋長、村落與城鎮，如今則是人數前所未見的外國部隊登陸了這些地方的海灘，建立軍事基地、港口設施、起降場與補給站。種植園與城鎮中的歐洲人或逃或疏散。戰事如漣漪般擴散到島鏈各地。殖民者過去為了前哨站、為了控制貿易口岸而發生的衝突與戰事，根本無法與龐大的運兵船、登陸艇艦隊，以及那些在爪哇和呂宋外海、新幾內亞附近的珊瑚海，或是中途島附近中太平洋海域攻擊、摧毀、炸沉彼此的戰艦、巡洋艦、淺水挺與戰鬥機帶來的影響程度相提並論。

成千上萬的文件與陸海軍將領、陸戰連，以及普通士兵和飛行員的回憶錄，記錄著、銘記著這些衝突，傳達獨一無二的經驗。美國海軍的哈利・希爾（Harry Hill）將軍看著在馬里亞納群島的天寧島（Tinian）展開的兩棲登陸作戰說道：「三個團加一個營的兵力，連同裝備成功登陸，只有十五人陣亡，兩百四十人負傷……能在短時間登陸這麼龐大的兵力，我知道計畫的成功就在眼前。」

日本陸軍排長乾源次郎在日記中提到瓜達康納爾島的巡邏任務：「十點四十分，敵人對我方陣線發動反攻，但我們擋了回去。從黃昏到清晨，大家一夜沒闔眼，死死盯著敵軍陣地方向，卻看不到一絲勝利的跡象，甚至是微小的火光。一夜無眠。」美國海軍醫療隊的路易斯・奧特加（Louis Ortega）記得自己和士兵們一起蹲散兵坑：「坑裡就兩個人，你只知道一件事。看你個王八蛋嚇得屁滾尿流。他也看著你，口裡講一樣的話……。空襲將至的時候，你都會知道。每一隻蒼蠅，每一隻鳥，每一隻昆蟲都往散兵坑鑽，那炸彈八成就要掉下來了。我真不曉得這些蟲子怎麼這麼敏銳。」[7]

從文獻與口述歷史的內容，也可以重現當時人們遭到迫遷、流放、逃難、囚禁與勞改等過程。有

船貨與陌生人：龐大兵力集中在太平洋島嶼。（Credit: New Zealand World War II soldiers loading stores into infantry landing craft, Vella Lavella, Solomon Islands. 1944, War History Collection, Alexander Turnbull Library, Wellington, New Zealand.）

人逃離戰亂；有人是編入勞改隊，在叢林裡鋪路搭橋；有婦女淪為軍妓院中的性奴隸。還有一些人不在「美國與日本之間」明顯選邊站，而是夾在兩者之間，以公務員與代理人、嚮導與看護、通敵者與民族主義者等身分變換盟友。他們有自己的解放計畫，要趕走殖民統治。

「權威」與「生存」的意義，變得前途多舛。太平洋戰爭造成許多立即性的影響，其中之一就是原本過著舒服日子的殖民家庭，一夕之間得生活在恐懼與饑餓中，還得對日軍指揮官低頭。戰爭期間，少女伊莉莎白・范坎本（Elizabeth Van Kampen）生活在印尼。她回憶軍事占領的那幾年，情緒仍然難以平復，充滿恐懼與絕望。她躲在路旁的咖啡樹叢後方，等車隊經過，卻驚訝聽見哀嚎聲，看見卡車上的大竹籠裡「裝的不是豬，而是緊緊疊在一起的人……每一車都載了三、四個竹籠高」。

她想起自己被人送往拘留營，整個世界天翻地覆。「一路上有許多印尼年輕人朝我們大喊——我們這批都是荷蘭婦孺——各種稱呼都有；之所以這樣，是因為他們很開心看到荷蘭人被日本人抓到。我默默開始流淚，低下了頭……。事情發生在瑪琅（Malang），我在這裡上學，神氣地拿到我那兩張游泳合格證明，和朋友散步，跟路邊攤老闆買各式各樣的甜點、花生。」[8]

進了拘留營，婦孺擠在髒髒的房裡，喝小碗的湯和粉漿果腹，眼睜睜看著老人家病死。有些婦女分配到廚房幫傭，伊莉莎白則負責割草，後頭有個警衛拿著鞭子，盯著她們。小男孩負責清理水溝與營區廁所。入了夜，意味著得面對彼此口角、絕望、骯髒的床墊與成千上萬的臭蟲，還有病媒蚊造成的腹瀉和瘧疾。天氣不錯的話，有些婦女會趁工作時在野草間翻找，把找到的蝸牛煮來吃。范坎本原本和僕人、鄰居之間的溫暖關係還歷歷在目，如今的翻轉讓她格外痛苦；她甚至驚得知父親以前的理髮師其實是日本陸軍上校和審問官。

世界的每一個角落無不顛覆。男人被迫離開城鎮、村落與營地去做工，很多人再也沒有回來。囚犯與民伕等人稱「勞務者」的強迫勞工，人數達百萬人之譜。他們不時被押上船、送往其他日本殖民地，去清理林地、鋪路，在饑餓、疾病與疲憊中死去。來自馬來亞、緬甸與泰國的勞務者與盟軍戰俘興建了惡名昭彰的泰緬鐵路，更有數萬爪哇人被迫前往東南亞各地勞動到死。現在在營區裡餓肚子受折磨，被迫看著牢友因為藏、偷食物而遭到毆打的，變成了荷蘭人。[9]

對婦女來說，淪為性奴受到虐待，可謂最慘絕人寰的戰爭經歷。從印尼到新幾內亞，從中國到朝鮮，到處都有日軍指揮官成設立「慰安所」，找「慰安婦」讓士兵狎玩。行政部門與政界出於多重考量，像是擔心外面的妓館有性病和間諜問題，而士兵若是不受軍部控制，在占領區侵害婦女，則會引發當地人反抗，於是成立了慰安所。由於許多士兵因為軍事訓練而變得殘忍，指揮官也擔心麾下的部隊嘩變。

一九三二年，慰安所在上海設立，是用木板搭成的營房，掛簾隔出一個個小空間。男人排隊等著領入場券與保險套。一開始，慰安婦多是日籍妓女，但憲兵也迅速以欺騙、威壓、強迫的方式召來更多婦女。警察以微罪之名抓人，把婦女送去慰安所。

天翻地覆的世界：日軍拘留的荷蘭平民家庭。（Credit: Nederlands Instituut Voor Oorlogsdocumentatie/Beeldbank, Amsterdam.）

綁架的例子也有：在菲律賓，十四歲大的費麗希妲・德諾雷耶斯（Felicidad de los Reyes）是個學生，日本士兵到了學校，把她叫去兵營。她被關在營房裡，遭到毆打，並被軍人與平民男子性侵。

有大部隊占領的區域，指揮官會直接下令找婦女充實慰安所。數萬以至於數十萬的慰安婦，泰半來自日本殖民統治下的朝鮮，其他慰安婦則從中國與東南亞各地（包括印尼與菲律賓）招募或強迫而來。強迫接客和其他的勞動行為一樣，起初其實是一門生意——皮條客印廣告單發放，找人仲介，誘使年輕女性（多數是青少女）入火坑。

日本在朝鮮的殖民統治相當苛刻，除了沉重的稅負、勞役，還有文化壓制。工作機會不多。不見得非得強迫，只要那些饑餓、走投無路或孝順的女孩子想幫助自己或家人，又有到海外幫傭、保母或工廠女工的機會，也就夠了。有些女孩子簽下契約，換得一點點日圓，接著就在恐懼與期待中上了卡車、上了船。

當時十七歲左右的朴金珠聽說朝鮮官員奉日本人的命令，在找工廠女工。誰知晴天霹靂，她和其他女子進的不是工廠，而是在中國的軍妓院。朴金珠的故事中有恐懼與憤怒，有絕望與反抗。「無論清晨還是夜裡，這個士兵前腳剛走，那個士兵後腳進來。一天要接二十個人……。我們會努力說服彼此不要自殺，但無論如何還是有人選擇結束自己的性命。有些女子會偷鴉片吞下去。吞得夠多，就會嘔血而亡……。也有人趁上廁所的時候用自己的衣服上吊。」

進入苦難折磨的第六個月，朴金珠質問一名陸軍上校：「『你以為我們是你的女僕，你的妓女嗎？對我們做了這種事，你還是個人嗎？我們會來這裡是被騙以為要進工廠做工，根本不知道要作賤自己』。我朝著他的臉啐口水。接著那軍人說，『這是軍隊的命令。國家的命令就是天皇的命令。你有意見，就跟天皇說啊』。然後開始揍我。我昏迷了三天。」[10]

痛苦、憤怒，加上日本在戰後否認罪責，都讓這些經歷與爭議延續至今。一九九〇年代，朝鮮受害者開始訴說經歷，「韓國挺身隊問題對策協議會」（Korean Council for Women Drafted for Military Sexual Slavery）也透過司法途徑尋求賠償。日本政府代表提出異議，表示軍妓院人員是契約勞工，其經營非屬官方授意，而日本法院也駁回訴訟。但從文獻檔案的內容來看，卻是另一回事。一九九一年，研究者在日本防衛省找到文件，迫使政府承認「日軍直接或間接涉入慰安所之設立或管理，以及婦女之調動」屬實。

一九九五年，日本成立「亞洲婦女基金會」（Asia Women's Fund），以私人捐款形式提供賠償金。然而，基金會並非官方單位，許多慰安婦因此拒絕「慰撫金」，繼續爭取官方承認與仲裁。倖存者暨倡議者姜日出非常懷疑日本新聞界，連看似抱持同情態度者也不例外。「他們想讓我們看起來又老又弱……。尤其是攝影團隊，總跟拍年紀最長、健康最差的老太太。」她告訴其中一名記者，「你一定要讓我們看起來很堅強啊。」[11]

強迫賣淫體系隨日軍征服的步調，橫跨從亞洲到美拉尼西亞的太平洋地區；以亞洲來說，朝鮮婦女為受害者噤舌，可說最為振聾發聵。來看新幾內亞首都拉包爾（Rabaul）。曾經在馬努斯島（Manus）的秋卡（Chouka）種植園工作的「男孩工頭」講述當時慰安所婦女的遭遇：「有些是日本女孩，但大多數都是朝鮮人。我以前做雜工，砍樹啊什麼的……大白天就有士兵上妓院，整天都有人不停上門。」[12]

戰火下的中間人

對許多新幾內亞人來說，拉包爾是個群魔亂舞的世界，但原因不只是慰安所與擁擠的城區，更是因為當地與美拉尼西亞大部分地區一樣，是個動盪不斷的土地，持續在美國、澳洲、不列顛與日本軍隊之間易手。阿貝瑪姆族（Ablemam）的酋長莫爾（Moll）記得，自己當年在巴布亞紐幾內亞的重要戰略地區周邊，出租拼板舟給日軍，為日軍排作嚮導，為了番薯、豬隻的徵用要求物資補償，同時不禁好奇殖民者怎麼不見了。

莫爾是塞皮克區（Sepik District）的「大人物」酋長之一，記得以前殖民時代的生活。他是那一帶最早進入種植園體系中做工的人。他在山腳的叢林道路上往返，為歐裔金礦主搬貨；太平洋戰爭前夕，他改為在澳洲政府官員做僕人。戰爭期間，日軍占領塞皮克，他改為皇軍作伙房，接著在島嶼的控制權易主時，換邊當盟軍的嚮導。整個殖民時期，他都在為不同的軍事占領當局擔任中間人，並且在巴布亞紐幾內亞獨立時成為審判長。他的人生故事就個人角度來說難以忘懷，就歷史角度而言卻又稀鬆平常——換邊站的做法不僅讓他保命，同時也具體呈現了許多島民在太平洋戰爭期間的生命經驗。

一九四二年，日軍開始登陸新幾內亞島北岸，澳洲當局隨之撤退。美國、不列顛、荷蘭與澳洲聯合艦隊在爪哇海海戰遭日本戰艦大敗，盟軍倉皇撤走。一九四五年，莫爾的村落附近，大約有一萬五千名部隊鎮守。由於不可能跟外國人開啟武裝抗爭，莫爾與村民就像許多捲入太平洋戰爭的人一樣，試圖跟日本部隊合作，受不了的時候就逃跑。

莫爾以一段自己的日常現實為起頭，道出個人的故事：「日本人會把那些小魚通通抓起來，弄成魚乾裝袋，把魚乾給我們。我們把魚乾拿出來，煮成湯。」然而，莫爾的朋友恩敦占巴（Ndunjamba）差點因為「偷」了點魚被打死，莫爾再也受不了日軍的對待方式，於是和同伴一起躲進樹叢裡。村裡面還有幾戶人家假裝維持友好的關係，日本人才不會懷疑村民要集體逃亡，拋下土地。

不過，日軍的處境也不穩固。皇軍在新幾內亞與索羅門群島建立基地不過幾個月，就面臨盟軍前所未有的攻勢。一九四二年五月的珊瑚海海戰在戰略上雖然沒有一錘定音的效果，但劃時代的中途島戰役就在翌月時於夏威夷北方打響，美國海軍讓日本損失四艘航空母艦、數以百計的飛機與飛行員，日軍從此走入守勢。一九四二年八月，盟軍的陸戰隊發動在南太平洋的大規模行動，成千上萬的部隊登陸瓜達康納爾島等索羅門群島島嶼。來到新幾內亞，日軍從東北進軍，以澳洲部隊為主的盟軍則從殖民地首府摩爾斯貝港出發，沿科科達小徑（Kokoda Trail）翻山越嶺，雙方激戰數月。

酋長莫爾回憶，日軍補給線遭到切斷之後，變得愈來愈孤注一擲。「他們被困住了，開始搶劫我們的菜園，偷我們的食物，最後甚至開始殺當地人來吃。他們殺了不少來自卡拉布（Kalabu）的人，吃了他們。」這些食人傳聞在戰後得到證實。不過，莫爾也記得曾經有一位日本兵阻止整村的人遭屠，他說：「他試圖說服其他士兵不要殺我們，提醒他們我們沒有對不起他們……。最後他說，『我跟他們同一邊。想殺他們，你先殺我』。」村民最後獲釋了。[13]

對於莫爾這樣的島民來說，「戰爭」意味著妥協，意味著不停看風向，還要有能力應付貧困，面對收成與獵物遭到徵收，面對饑餓，以及砲彈、空襲、飢荒、陷阱和地雷等揮之不去的危險。日軍與盟軍的戰鬥，造成成千上萬的村民死於砲火、饑餓與處刑。進攻的時刻就是恐怖的時刻。根據布納城（Buna）孔傑村（Konje）的阿弗瑞．杜納（Alfred Duna）描述：「你根本沒機會回村裡通知家人，或是帶走什麼值錢東西。妻子只能自己逃，顧不上丈夫跟孩子。丈夫也只能自己逃，顧不上妻子跟孩子。小孩子逃跑的時候，父母也不在身邊……。大家各自往不同方向躲進樹叢，和老鼠跟袋狸一樣在白茅間逃竄。」[14]

索羅門群島朗嘎朗嘎潟湖（Langa Langa）中有一座人工島——勞拉西島（Laulasi），是古代從馬萊塔島逃走的人造出來的。他們鑿獨木舟，用蘇鐵為材料編織，並加工製作廣為流傳的貝幣。祭司會在神靈之屋召喚祖靈，而祖靈則會以鯊魚的姿態出現在潟湖的水面。盟軍在一九四二年開始攻打索羅門群島，兩個世界就此相撞。美軍戰機在其中一次任務中，誤把村落當成日軍營地，投擲炸彈與燃燒彈，殺死數十名兒童。島民至今沒有一刻或忘，仍然在要求賠償。

戰鬥之恐怖，在於要面對遙遠、陌生的霸權——一邊是日本苛刻的控制，一邊是美國殘酷的進攻，暴行就在兩者眼底下發生。一位村民後來提到：「到最後，根本沒有哪棵椰子樹還挺立著……我們全都躲在洞裡……美國大兵沒有老實備戰。他們跑來我們躲的地方，架好槍，看著裡面的人。我們怕得全縮在角落……他們一邊吼叫，一面丟來一顆手榴彈。」[15]

並非所有島民都避戰，有些人反而把戰鬥化為生活的一環。巴布亞紐幾內亞約有三千五百名島民組成幾個步兵營，構成後來的太平洋島兵團（Pacific Islands Regiment）。如果是雙方你爭我奪的土地，日軍與盟軍巡邏範圍會重疊，來自某些地區的戰士會發現自己跟隔壁村的人分別效力於敵對勢力的指揮官。有些島民部隊（例如斐濟人）素有勇士之名，為人所敬畏，甚至有兩千人移防加入索羅門群島的戰事。波納佩人與日軍並肩作戰。這類型的結盟或衝突，也不局限於太平洋地區。譬如，紐西蘭知名的毛利營（Maori Batalion）便奉命前往北非與義大利作戰，法軍領導的太平洋營（Bataillon du Pacifique）同樣把卡納克人與新喀里多尼亞人送往地中海戰爭舞台。

除了拿起武器的士兵，盟軍尤其仰仗美拉尼西亞人擔任斥候、嚮導、民伕、清潔工、護理師，有時甚至是間諜。澳洲軍事史上，「蓬蓬頭天使」（Fuzzy Wuzzy Angels）對於新幾內亞科科達小徑沿線的軍事行動功不可沒。這些村民以髮型與對傷兵照顧之用心而聞名，不僅運送補給、搬動大砲，更幫助澳洲士兵與飛行員穿過崎嶇的地形，以尋求醫療協助，令他們銘感五內。目擊者尊敬地說：「他們抬著擔架，越過看起來無法逾越的障礙……如果入夜還沒抵達，他們會找一小塊平地，為傷患搭起遮風避雨的地方，務求舒適，完全不顧自己的需求，也要把手上有的水與食物餵給傷患。」[16]

索羅門群島的救援任務、戰鬥進行與戰略制定，經常得仰仗「岸守」（Coastwatchers）之力——盟軍招募這些島民蒐集情報，報告敵人動向，畢竟有些地方通常只有當地人能安全往來。雅各・沃查（Jacob Vouza）是最知名的岸守。沃查生於瓜達康納爾島，讀過教會學校。日軍入侵時，他正為不列顛託管地政府效力。後來他擔任美國陸戰隊斥候，被日軍小部隊抓到。島民有時候可以善用自己的「土著」姿態。舉例來說，時人談到布阿拉（Buala）的「大人物」摩斯汀・丘基羅（Mostyn Kiokilo）時曾這麼說：「他第一次去見日本人的時候，只繫了一條腰布。就頂著一頂棕櫚葉遮陽帽，裹著腰布。他明明會講英語，但假裝不會，只比手畫腳……日本人信了他。」[17]

但沃查非常倒楣，日軍發現他的腰布裡藏了一小面美國國旗。日本兵用刺刀扎他，把重傷的他留著等死，但沃查拼命回到美軍陣地。盟軍之所以能拿下泰納魯河戰役（Battle of Tenaru）的勝利，泰半得歸功於沃查的警告，而岸守們也成為軍事史不可或缺的一部分。美國總統約翰·甘迺迪（John Kennedy）當年在索羅門群島擔任魚雷快艇指揮官。日本驅逐艦將他的船撞沉，他與船員就是因為島民斥侯比憂庫·迦沙（Biuku Gasa）與愛洛尼·庫馬那（Eroni Kumana）把祕密訊息刻在一顆椰子上，才得以獲救。

然而，島民與軍隊合作所帶來的諸多影響中，那些英勇事蹟儘管為人稱頌，但當成千上萬的部隊與貨船登陸，最受衝擊的還是日常生活。

對於索羅門群島部分島民來說，軍隊——以基地與營房的外貌現身——意味著好處，這都是美軍豐富的物質使然。後勤與軍事支援單位不只坐落在

有黑有白的島嶼戰事：斐濟突擊隊與盟軍士兵。（Credit: World War II soldiers with Fiji commandos, New Georgia Group, Solomon Islands, c. July 7, 1943, War History Collection, Alexander Turnbull Library, Wellington, New Zealand.）

島上，甚至改變了地形，雇用契約勞工協助搬運補給進入叢林裡的機場與營區。島民靠著裝卸船貨，搬運給養，抬擔架，提供醫療協助，種植作物，伐木，協助道路、機場與建築物的興建，換取貿易商品。軍隊也雇人趕蚊子、洗熨衣服、守門與清運垃圾。這些工作雖然繁重，又有歧視意味，但畢竟有別於殖民地種植園奴隸或長工。

越來越多島民開始參與、支持島嶼周邊的軍事建設。帛琉村民集資作為日軍戰費，東加人則認捐一架不列顛戰機。斐濟的印度社群籌錢買了一架轟炸機，取名為「印裔斐濟人」號（*Fiji Indina*），並引以為豪。美國大兵樂於拿多餘的香菸、米、發電機、引擎零件與蚊帳，跟附近居民交換香蕉、鳳梨、甘蔗、番薯與雞隻。

基地裡的軍人（尤其是美軍）顯然物資相當富裕，但島民很快就注意到他們願意交換土產，像是雕刻的長槍、棍棒、籃子、海貝與豬牙。馬萊塔島的弗雷德里克·奧西菲羅（Frederick Osifelo）爵士記得他十四歲那年的往事：「（我）幫忙做了很多拐杖、梳子和草裙。到了晚上，我們會舉火把或點椰子葉，去礁岩間找貝殼。有時候，我們會把貨品送去隆嘎（Lunga），讓那些在勞工團（Labour Corps）做工的親戚幫我們賣；如果有戰艦來到奧基（Auki），我們就自己賣。」他也提到，「傳統藝術品」令許多買家為之著迷，但他們多半不知道，不然就是不在乎這些工藝品其實是專門為了賣給軍人而做的。[18]

軍營造成許多深遠的影響，其中之一不是物質，而是新面孔。美軍非裔大兵連在種族隔離的單位中受訓，在晉升與任務內容方面都承受歧視，但美拉尼西亞人注意到的是黑人身著軍服，手拿武器。未來的反殖民領袖——馬萊塔島的強納森·菲菲伊（Jonathan Fifi'i）話說當年：「我們看到黑人士兵，他們穿著襯衫長褲。他們做的事情跟白人士兵一樣。連我們都可以跟白人士兵一起工作……。白人做什麼，他們就做什麼。」

菲菲伊跟幾個黑人士兵成了朋友，從而接觸、認識了美拉尼西亞殖民地以外的世界。他在回憶錄提到，有一位士兵談起黑人在美國的教育與工作情況——只不過講的角度不是美國多有錢，或者美國人有多慷慨。「他開始用一個我們沒聽過的字：『鬥』。你們要鬥政府。如果你不正面強烈反應，政府才不會理你……要先鬥，情況才會好轉，黑人在美國就是這麼做。」[19]

菲菲伊一面記住這些教訓，一面繼續在軍事基地週邊工作。盟軍往前推進，在瓜達康納爾島的「綠色地獄」叢林中血戰，為了硫磺島與沖繩等戰略要地展開慘烈的「跳島」戰鬥。平民在交火中死傷慘重。來自塞班島的日裔查莫羅混血兒薇多莉亞・狄洛斯・雷耶斯・秋山（Victoria Delos Reyes Akiyama），想起自己的家在轟炸中化為碎片。「我的妹妹照子就這麼人間蒸發，而我再也找不到她的任何蹤影。我到處尋找繼母和襁褓中的弟弟。他的頭整個裂開……。我確定他死了，但他的嘴唇還在動，像在吸奶。」[20]

為了拖延即將降臨的敗局，日本海軍發動神風特攻機對付美國船艦。海軍一等兵弗雷德・米切爾（Fred Mitchell）記得自己奮力求生：「飛機撞進艦砲，我臥倒在甲板上。爆炸緊跟著發生，碎片噴得滿地都是……。我的手腳還有感覺，確定還在。我一抹臉，就摸到血。這時正好有僚友跑過，我連忙問他我的臉還在不在。他說有傷口，但不嚴重。接著他就跑走了。」

日軍神風特攻隊駕駛員寫下給家人的訣別書。有一封的結尾是這樣的：「要為了永遠的大業而活，從卑鄙的敵人手中保護我們的國家。」但更多人的絕筆內容和植村真久大尉的遺書更為相像——他寫給自己的女兒：「素子出生時抱的玩偶，爸爸帶上飛機當護身符了。爸爸永遠跟素子在一起。」[21]

日本守軍為了迫在眉睫的入侵而備戰。美軍轟炸機投下燃燒彈，東京陷入一片火海，十萬人一夕喪命。屠殺的規模在一九四五年八月達到頂點——原子彈在廣島與長崎上空爆炸。人類跨越了恐怖的新分水嶺。日本軍部與昭和天皇向「堪所難堪、忍所難忍」的敗局投降，並且在停泊於東京灣的美軍「密蘇里」號（*USS Missouri*）上簽訂降伏文書。美軍為了這個場合，特別送去一面十九世紀的美國舊國旗——

那是一八五三年，飄揚在培里准將旗艦上的國旗。

軍事史、紀念儀式與紀念碑刻劃了戰爭的記憶。太平洋島民還用歌曲、個人故事與村落的小型儀式等方式銘記戰爭。到處都有實物遺跡：碉堡、大砲與船殼在叢林裡或潟湖底傾頹、腐爛。也有像是鋼盔、舊炊具組、致贈或交換的紀念品等小東西，勾勒出島民與外人的故事。

有人把這些東西收集起來。從索羅門群島首府荷尼阿拉（Honiara）出發，沿著岸邊的泥路走大概十二英里，會來到一處滿地青翠，以穿孔鋼板為牆的園區。戰時，軍方用這種材料在林間搭出機場。弗雷德・柯納（Fred Kona）成立了這間維魯戰爭博物館（Vilu War Museum），裡頭擺滿槍械、頭盔、迫砲、大砲，還有各種飛機的殘骸，每一樣東西都搭配一段個人的陳述。其他地方則是對歷史行禮如儀。美國二戰五十週年紀念委員會在天際嶺（Skyline Ridge）豎立一座大理石紀念碑，俯瞰著幾個主要戰場。相較之下，附近的日軍「慰靈碑」就沒那麼起眼。中太平洋各地至今仍有許多紀念碑，標誌著歐洲、美國、日本軍隊戰鬥與軍事占領的歷史。[22]

歷史上的太平洋戰爭在一九四五年結束了。在紀念碑與報紙頭條之外的，是稀鬆平常卻餘音繞梁的個人故事與集體經歷。譬如，對於索羅門群島的喬治・麥拉洛來說，他的太平洋戰爭始於駐地長官把他叫去的那一刻。「你不要多問，我沒法回答你。我只能跟你說一件事：馬上去軍械庫領你的制服跟裝備。」麥拉洛的戰爭就此展開，他說：「我聽到『士兵』這個詞，但不懂是什麼意思……。我知道『警察』。但『士兵』呢，什麼是『士兵』，他是哪種人？」[23]

四年後，伊莉莎白・范坎本記憶中的戰爭，在印尼的拘留營大門口結束了。她的世界已經隨日軍征服、印度民族主義崛起，以及殖民者的多舛前路而消逝無影蹤。荷蘭人家庭分崩離析。「幾名印尼婦女來到我們的拘留營，想找工作。我媽媽藏了一點錢，加上身體太虛弱，什麼都做不了，所以很開心找了一位印尼婦女來幫忙。」倖存下來的婦女們找上彼此，只是關係不若以往。「鄰居勸我媽別找這個印尼人幫忙，因為她別著獨立（*Merdeka*）徽章，代表她反荷蘭人。『*Merdeka*』就是政治自由的意思。」范坎本的母親信任這名婦女。范坎本說，這位婦女令自己想起以前的佣人；她還說，對方表示「替我們難過」。[24]

第19章　先知與解殖的反抗者

Prophets and rebels of decolonization

一九四二年，巴布亞島西北。醫者與先知安嘎妮塔．梅努弗洛（Angganita Menufleur）暢談新秩序與歷史的締造。幾個世紀來，蒂多雷蘇丹象徵性地替東印度群島的荷蘭帝國統治巴布亞大小島嶼，沿海部落承受著封建壓榨與種植園勞動。安嘎妮塔鼓勵聽眾反抗外國宗主，並預言世界將徹底翻轉：樹木會把自己的果子長在地裡，黑人與白人膚色對調，祖先將會復歸，船隻帶來貨物，巴布亞人將經歷前所未有的榮景。

她的追隨者跳舞唱歌，說方言，等待著曼斯潤（Mansren）——這位上古老人曾捕捉晨星，因此獲得魔力。他蛻下死皮，化為新人，在年輕的妻子與奇蹟之子的陪伴下，創造了巴布亞諸島。有一天他將復歸，成為新時代的先驅。

一八六〇年代起，歐洲傳教士對曼斯潤和船貨的故事已知之甚詳。巴布亞一帶殖民貿易路線的發展，讓前述運動廣受歡迎，但追隨者也注意到財富並未降臨到自己身上。布道者說荷蘭人攔截了祖先送來的船貨，甚至刪掉《聖經》中指出基督是巴布亞人的段落。到了二十世紀初，村民漸漸鼓起勇氣不繳稅，缺席派工，而他們的反抗則遭到武力鎮壓。

安嘎妮塔持續抗爭。雖然荷蘭官員在一九四二年逮捕她，但她和繼承者史蒂芬．西莫皮亞列夫

（Stephen Simopyaref）確實有樂觀的根據：日軍已經登陸，宣布建立一個新的亞洲帝國。日軍把荷蘭人趕走，曼斯潤似乎回來了。但興奮之情不長。日本人抓走安嘎妮塔，殖民者壓榨依舊，而且更甚以往。西莫皮亞列夫組織勇士，意在解救先知，趕走所有外國人。他以晨星為標誌，組成「蛻變軍」（*Koreri*）。

一九四三年十月，他們用有魔力的油塗抹身體，持手斧、長矛與棍棒攻擊日軍。數百、甚至數千人遭到機關槍屠殺。蛻變軍殘部撤退，但到了一九四四年六月，居然有別的陌生人出現在偏南方的一座島上——美軍從潟湖登陸，開始建築各種設施與巨大的倉庫。美軍船艦開始載運大量物品抵達，採取軍事行動將日軍往回推。難道，曼斯潤來了嗎？[1]

美軍同樣在東邊的索羅門群島發動攻擊，朝新赫布里底群島推進。他們發現，塔納島村民追隨天選領袖馬尼希維（Manehivi），展開一種叫「約來」（John Frum）的運動——白人將會在預言中的新時代離開，美拉尼西亞人則得到所有的食物、房子和

等待歸來：「約來」信徒在萬那杜塔納島上操演。（Credit: Matthew McKee, John Frum Movement Parade, Vanuatu, c. 1985–95, Eye Ubiquitous/Corbis.）

財產。神祕的「來自……的約翰」（John from……）曾經現身，將來會重返當地。一九四一年，傳教士發現教會和學校人去樓空，「約來」信徒拋下了村莊與種植園，宴飲、歌舞慶祝，為即將到來的變化預做準備。

美軍建立基地，戰艦、運輸船與登陸艇擠滿岸邊，送上岸的物品讓島民目瞪口呆——完整的野戰營地、存糧、補給車輛集用場、冷藏設備，還有各種軍備全都來到岸上。定期的空投與運輸機的起降尤其吸引島民注意。塔納人為了吸引自己的飛機降落，於是開始整地，用木材與椰繩蓋起基地的複製品，在森林裡開闢類似的跑道。這種舉動令西方人感到奇趣無比，覺得島民荒謬而費解。流行的說法跟詹姆斯．庫克作古一樣古老：「土著」以為白人是神。綜合而論，這種行為叫做「貨物崇拜」（cargo cults），而貨物崇拜其實跟神祇沒什麼關係，而是太平洋各地、各世代對於殖民處境與政治情勢變化做出的庶民式回應。

躁動的新時代

一八八〇年代起，先知兼祭司納韓薩瓦卡度阿（Navosavakadua）便引領風潮，預言斐濟將出現天翻地覆的變化；一九一九年發生在巴布亞灣的「維拉拉瘋狂」（Vailala Madness）運動，則是由大批狂喜的追隨者為主體，預言先祖將引導一艘幽靈船，帶著貨物回來。「曼斯潤」與「約來」出自已知的傳統。這些運動都帶有嚮往太平盛世，甚或不時帶有天啟元素，強調人物或祖先的回歸，承諾無比富饒的新時代將臨，既有的世界將會顛覆，信徒將恢復本應擁有的地位。此外，這些運動不只靈性的面向，重點也不只是救贖、宇宙觀與信條。它們都在解釋殖民社會、工業物品，解釋島民何以貧困，並規劃取得財富的方式。

它們將複雜的地方信仰與基督教傳教元素交織起來，模仿、挪用強大陌生人的儀式與做法，並持續調整。太平洋戰爭期間，這意味著強調軍事操練，圍著桌子坐在椅子上，在文件上簽名，建設碼頭與跑道。其中最引人注目者融合了期盼、宗教信仰與巡守任務，日復一日盯著海平面，等著某種跡象。[2]

這類運動在戰後持續發展，其中一些（例如約來社群）更是因為軍人和人類學家而舉世聞名。每當有人質疑等待約來是一件多麼奇怪的事，塔納人就反問基督徒：基督預計何時復臨呢？貨物崇拜帶來得衝擊從來不只是盼望而已。安嘎妮塔與追隨者起身抗稅與種植園勞動，約來信徒則放棄了自己的教會與田地。西莫皮亞列夫打著晨星符號，組織了一支雖然不敵對手但紀律嚴明的軍隊。簡言之，島民創造獨特的習俗，挑戰歐洲人的統治，信徒社群也跟發展中的工運組織與本土議會彼此重疊。

戰爭在索羅門群島的馬萊塔島結束時，強納森．菲菲伊是其中一位追求改變的人。他知道先知諾托伊（Notoʻi）曾預言一場大動盪。戰爭自然就是一場動盪，但菲菲伊的疑問不只性靈方面。他本以為自己是自豪的勞工團團員，在美軍基地做工，直到黑人士兵讓他了解自己薪水與待遇有多差。他和黑人士兵依樣穿著制服，但不列顛殖民官員告訴他「土著」只穿纏腰布，就把他的衣服扒了。黑人士兵當成禮物送給他的商品，價值比他微不足道的薪水還高，官員還把東西全部沒收了。

菲菲伊和他的同伴諾里（Nori）與阿力基．諾諾烏希邁（Aliki Nonoʻoohimae）向不列顛指揮官山達斯（Sandars）少校抱怨。諾里提到薪水、教育，以及跟歐洲人同坐的權利：「其他黑人待遇都不像我們這麼糟糕。」山達斯試著圓融處理，回答道：「如果你想知道怎麼組工會，爭取更高的薪水，我可以教你怎麼做。我可以幫忙。」但菲菲伊注意到：「他以為我們想要的是更多的週薪。」

問題已經不是戰後還要不要在種植園勞動，或是當工人了。菲菲伊希望酋長們可以擁有實權，還要有「能為我們的土地發聲」的代表。他告訴山達斯：「你們來設法庭，審理案件。但……你們不懂我們的習俗法律。你們違背我們的風俗。」

菲菲伊等三人組成「手足規」（Maasina Rule，「Maasina」意指「手足之情」）組織，表達對殖民統治的不滿，並推動對工作要求、稅賦、新法律與新規定的不服從行動。歐洲人稱之為「行軍規」（Marching Rule），因為這個組織帶有威嚇、軍事的性格；種植園主則謠傳手足規是「馬克思規」（Marxian Rule），認為是澳洲激進分子主導的共產陰謀。手足規雖然跟國際共產主義無關，但他們確實派出「巡守隊」募集資金，為馬萊塔人購地，改善他們的居住、教育與醫療情況。

各島經劃分為行政區，由酋長為首，重點是他們負有將當地族譜、風俗、民間傳說、土地所有權與歷史形諸文字的責任。如此一來，他們就能根據祖先的法律與傳統重建社會。有些村落與城鎮設下了圍籬、出入口與哨站，造成與殖民地治安部門的對立。[3]

他們的大規模集會吸引上千人，而集會本身就是一種論壇，能討論如何展開行動接管本地的法庭與案件，並推動更高的生活水準與更多的政治自由——至於「獨立」本身，現在提出要求還太危險。不列顛殖民政府因應的方式，是試圖說服、要挾與威懾，更在一九四七年逮捕手足規的領導人們。他們多半被判從事多年的苦工，但不服從運動與稅捐抵制仍然持續。即便逮捕數以千計的人也無法阻止浪潮，不列顛政府因此在一九五一年開始與獄中的領導人協商。同年稍晚，手足規領袖獲釋，並與不列顛達成建立馬萊塔議會（Malaitan Congress）、島民自治，以及納入地方習俗的協議。

不同傳統之間的衝突以及自治的呼聲，也透過一起事件——透過一位年輕女孩，在東南亞顯現出來。瑪麗亞．赫爾托（Maria Hertogh）生於爪哇萬隆，父親是信奉天主教的荷蘭軍人，母親則是亞歐混血，讓她集歐洲與馬來血緣於一身。太平洋戰爭期間，她的父母遭到日軍居留，而瑪麗亞則與家人的友人——來自爪哇的馬來穆斯林婦女阿米娜．本．穆罕默德（Aminah binte Mohammed）一起生活。阿米娜從一九四三年起扶養瑪麗亞，等到戰爭結束時，瑪麗亞的母親阿德琳．赫爾托（Adeline Hertogh）找不到瑪麗亞，直到一九五〇年才在新加坡找到她。阿米娜把瑪麗亞當馬來小孩養育，讓她接觸穆斯林信仰，而瑪麗亞也表達自己沒有意願與生母團聚。

雙方證詞互相衝突——瑪麗亞究竟是出養，還是遭到扣留？法庭攻防戰隨之而來。政治、文化與宗教衝突，圍繞著兩位母親之間的一場衝突而爆發。瑪麗亞和一位年輕穆斯林結婚，但這只讓衝突更形惡化。伊斯蘭組織讚賞瑪麗亞作為穆斯林的虔誠，但這場婚姻遭到宣告無效，而瑪麗亞被迫與阿米娜分開，必須在一所天主教女修會與世隔絕，等待司法判決一事，也讓穆斯林們憤憤不平。監護權最後判給瑪麗亞的荷蘭父母，而法院駁回上訴之後，暴動隨即在新加坡爆發。

馬來警方猶豫是否要採取行動，不列顛政府則找來軍隊。建築物與車輛遭到焚毀，十八人在動盪中喪命。參加暴動的人被捕並判處死刑。殖民者的報導強調親生父母的權利，以及瑪麗亞以歐洲人身分長大會有「更好的」未來；穆斯林社群領袖則突顯瑪麗亞對阿米娜的孺慕，突顯他們所謂對伊斯蘭信仰的冒犯。這起事件獲得全球關注，巫來由人統一組織（United Malays National Organization）成員也旋即參與此事，其中包括東姑．阿都拉曼（Tunku Abdul Rahman）——一九五七年，他將成為獨立馬來亞（後來的馬來西亞）的元首。他施壓當局，要求赦免鬧事者。[4]

瑪麗亞．赫爾托——這位成長為馬來穆斯林的年輕荷裔女孩，突然間在殖民統治弱化時，催化出處於現在進行式的眾多緊繃關係。她一方面代表文化融合的可能性，另一方面卻展現出文化之間有多麼水火不容——帝國的子民紛紛要求自治，要求其文化得到承認。瑪麗亞終究被父母帶回荷蘭，在荷蘭像個歐洲人一樣受教育、結婚，像個荷蘭天主教徒一樣生養眾多。後來，她默許了一場刺殺她荷蘭丈夫的陰謀。

歐洲帝國在「*Merdeka*」——「獨立」的年代中失去正當性，不列顛殖民政府、馬來民族主義者與中國共產主義者為了權力而競爭。新加坡的情勢就在各方勢力此消彼長的脈絡中展開。數十年間，太平洋各地以不同的方式走向解殖、民族自決，以及最終的獨立；有些地方靠著跟殖民政府合作，有些則是在國內衝突與爭權中達成。變局橫掃亞洲，加上人稱「冷戰」的地緣政治衝突早已展開，所有的反殖民與民族主義鬥爭也因此遭受質疑，質疑背後的動力是共產主義，還是帝國主義。

動盪的範圍廣大，程度深遠。菲律賓在一九四六年爭取到獨立，但地主重返自己的村莊後，已經有游擊戰經驗的貧窮佃農卻拒絕接受舊時的地租與作物稅。抗日的虎克軍演變為人民解放軍（People's Liberation Army），與茁壯中的全國農民聯盟（National Peasant Union）聯手，而菲律賓政府則給後者打上「共產黨」的烙印。

亞洲大陸無疑是共產黨的天下。早自一九四五年以前的中國，國民黨與共產黨就為了掌握中國而發動內戰。馬克思主義者毛澤東的農民起義軍，在一九四〇年代發展為強大的人民解放軍，得到民心與戰略優勢，將對手蔣介石的國民黨軍隊從大陸趕到台灣（一九四五年，日本讓出台灣）。在毛澤東主政下，共產國家中華人民共和國於一九四九年的北京成立。蔣介石則在台灣實施戒嚴，穩定了中華民國的情況，與之競爭；冷戰期間，這「兩個中國」爭取著統治權與國際承認。

一九四五年，朝鮮半島南北分別由美國與蘇聯占領，邊界情勢也很緊張。三年後，美軍結束占領，李承晚成為大韓民國總統，首府為首爾。同時，北邊的朝鮮共產黨也宣布成立朝鮮人民共和國，總理為金日成。一九五〇年，北韓對南邊的鄰國發動攻擊，打了一場為時三年但沒有決定性戰果的仗，把美國人又拉了回來，朝鮮半島則如先前一樣分治。

更往南走，越南的法國殖民勢力艱難維繫其「印度支那」帝國，面臨越盟（Viet Minh）革命黨的游擊戰。法軍誤判了對手的實力與戰術，輸掉一九五四年的奠邊府戰役，法國對越南的統治就此終結。法國人撤出後，擔心共產主義擴張的美國人取而代之。此舉導致越南南北分治，南方由美國支持的保大帝統治，北越則掌控在戰勝法軍的胡志明手中。[5]

從戰後動盪不安的地緣政治局面可以看出，「爭取獨立」不盡然代表當地人對抗原本的歐洲殖民宗主國，也有許多演變成內部衝突或是內戰。但是，帝國在各地遺留的影響，依舊影響人們如何運用近代與古代的過往——包括傳統、風俗與歷史——追求政治上的改變。

戰火中的巴布亞

一九六一年十二月，新幾內亞議會（New Guinea Council）升起了晨星旗，以此象徵即將從荷蘭人手中獨立，但此舉卻導致某個亞洲國家對當地的軍事打擊——出手的是印尼政府。雅加達主張新幾內亞屬於新獨立的印尼，引發慘烈的游擊戰，巴布亞人遭受新一次的征服。

眼下的這一切，其原動力都來自一股終將失敗的力量：殖民母國試圖重新統治舊有領土的行動。一九四五年，不列顛軍登陸印尼，主要任務是收繳並遣返戰敗的日軍，此時的荷蘭人仍在為終結納粹對歐陸的占領而苦苦奮鬥。不過，不列顛人關心的是自己的殖民地，尤其是印度，對於替荷蘭人保住印尼則興趣缺缺。太平洋戰爭期間，蘇卡諾與穆罕默德·哈達（Mohammed Hatta）等印尼民族主義領袖始終與日本合作，並且趁著日方在後幾年舉步維艱時，獲得讓印尼獨立的承諾。一九四五年，日本一投降，他們就宣布印尼獨立。

印尼新領導人在激進派的青年團（*pemuda*）大力施壓之下，迅速集結力量控制各行政區與軍事單位，並成立印尼政府。荷蘭人顯然打算重返印尼，重振其殖民統治，於是譴責蘇卡諾與哈達是日方的魁儡。舊日在荷蘭人支持下的恩庇體系，讓部分拉者與官員獲益甚豐，但他們的軍力抵擋不過宣布發動民族革命（National Revolution）的蘇卡諾與青年團。十月下旬，東爪哇的泗水嚴重動亂，數以千計的人葬命，其中包括數百名不列顛士兵。荷蘭雖然增兵當地，卻也不得不承認革命深得民心。

一九四六年，荷蘭提出《林牙椰蒂協定》（Linggajati Agreement），願意承認共和政府對爪哇與蘇門答臘的統治，並透過以荷蘭王室為君主的荷蘭—印尼聯盟（Netherlands–Indonesian Union），與其他島嶼和領地組成鬆散的聯邦。協議在一九四七年簽訂，但雙方都不滿意，不到幾個月便破局。荷蘭發動場血腥的「治安行動」，到了一九四八年時，大多數的共和政府部隊已經被趕到中爪哇。與此同時，伊斯蘭神祕主義者卡爾托蘇維約（Sekarmadji Maridjan Kartosoewirjo）表態與西爪哇穆斯林神權政府決裂，而東爪哇共黨領袖慕梭（Munawar Musso）與陳馬六甲（Tan Malaka）則抨擊共和政府與帝國主義者聯手。腹背受敵的民族革命領袖被荷蘭當局逮捕並驅逐。[6]

但是，舊制度已經回不去了。島群內部的權力鬥爭也許不算陌生，但外界的手段已經不同了。聯合國譴責荷蘭的行動，並決議荷蘭應恢復共和政府的地位，並且在一九五〇年撤出。對於荷蘭做法提出抗議的，是甫獨立的印度與區域大國澳洲。

聯合國安理會也不支持荷蘭。其中，美國政府尤其關注共和政府與印尼共產黨之間的戰爭，認為共和政府是有用的盟友。冷戰時代的美國當局看著亞洲與印尼情勢發展，判定蘇卡諾的民族革命足夠反共，而且顯然比聲名狼藉的歐洲殖民政權更有影響力。

一九四九年十二月，荷蘭人撤出印尼，但沒有離開太平洋。荷蘭殖民當局仍然維持在巴布亞紐幾內亞西半部的殖民地，想像自己在這一帶尚有一席之地。他們在荷蘭殖民帝國的遺跡上發展，計劃成立一個以荷蘭為顧問的巴布亞自治政府，讓巴布亞朝獨立發展。

雅加達的大印度尼西亞（Greater Indonesia）民族主義者絕不接受這種規畫。一九六一年，晨星旗幟還在飄揚，蘇卡諾便派了一支「解放」軍攻擊巴布亞與荷蘭部隊。

自民族革命伊始，蘇卡諾支持者所勾勒的印尼是以爪哇為中心，加上蘇門答臘、峇里島、前荷屬東印度群島的所有東半部領土、葡屬帝汶、北婆羅洲，以及馬來半島。蘇門答臘、蘇拉威西與摩鹿加群島反對爪哇政治宰制的分離運動，皆遭到武力鎮壓。把巴布亞也納入大印尼的做法，正當性更是備受質疑。

古代巴布亞與南島語族的遷徙，打通了新幾內亞東西部，美拉尼西亞文化與歷史由此展開，但這無法回答森林與島嶼民族何以應該屬於爪哇馬來與伊斯蘭世界的一部分。

蘇卡諾的軍事行動，靠的不只是宣稱曾經的荷屬東印度疆域為印尼所有而已。六百年前，詩人普拉潘查（Prapanca）在一三六五年寫了一首史詩，謳歌爪哇的滿者伯夷帝國。他讚頌行禮如儀的朝廷、宏偉的廟宇，以及佛教、印度教神祇轉生的國王。滿者伯夷的港口裡滿是商船、香料，東南亞各地物產雲集於此；當時的史家記錄了眾多的人口與花花世界。朝臣與聖職者用金盤吃飯，贊助精緻的赤陶藝品，主持祈求稻米豐收的重要儀式。關鍵是，普拉潘查長詩中描述的海洋帝國，其朝貢國包括馬來半島，北至後人稱為「菲律賓」的島嶼，東至萬寧（Wanin）——新幾內亞的鳥頭半島（Bird's Head Peninsula）。

印尼民族主義者熱情宣傳這種願景，以及與新幾內亞西部的其他歷史交流。十六世紀起，當地村落頭目就是蒂多雷蘇丹的附庸，而沿海地區穆斯林社群也隨著馬來式房屋、服裝與習俗一起發展。如今，民族主義者高舉滿者伯夷史書，揭櫫馬來世界與美拉尼西亞世界之間一代代的海上交流與文化互動，藉此讓巴布亞「回歸」印尼。[7]

印尼部隊登陸西巴布亞，與荷蘭與巴布亞軍隊交鋒。聯合國採取過渡安排，派臨時行政團（Executive Authority）監督離境的荷蘭人將權力轉移給印尼，以及最終由巴布亞人投票「自由選擇」的過程。荷方在一九六二年撤出，印尼官員迅速取代政府中的巴布亞人，而蘇卡諾更威脅支持巴布亞獨立的人，要以叛國罪起訴他們，加以報復。印尼軍隊騷擾、威嚇巴布亞人，雅加達政府則為印尼裔移民提供就業機會、授地，許多移民原本都是軍事人員。

聯合國在一九六三年結束其管制，武裝衝突立刻再起，這一回的雙方是印尼人與巴布亞人。代表曼斯潤航海行的晨星旗在各地升起，戰鬥爆發，滿者伯夷帝國故事灌輸下的印尼部隊則開進巴布亞。反抗軍「巴布亞獨立組織」（Free Papua Movement，簡稱ＯＰＭ）把戰線拉進叢林裡。印尼軍隊與巴布亞游擊隊之間發生慘烈的廝殺與報復，大量平民遭到綁架、刑求與殺害。等到投票在一九六九年舉行時，「自由選擇」已成神話，威壓之下的投票結果讓印尼政府完全控制巴布亞，將之改名為「光榮伊利安」（Irian Jaya），宣布滿者伯夷願景的中興。

荷蘭撤出巴布亞一事，同樣改變了「太平洋島嶼」的範圍。南太平洋共同體（South Pacific Commission，簡稱SPC）清楚記錄著這種變化：一九四七年，這個區域組織在澳洲坎培拉成立，向太平洋地區提供技術、經濟發展協助與協調。一九六二年，荷蘭撤出新幾內亞，退出SPC，反而突顯出「太平洋」邊界由人為界定而成的性質。對南太平洋共同體來說，巴布亞各民族瞬間成為東南亞的一部分，等於「將七十二萬八千人挪出太平洋島嶼地區」。不過，歷史認同的變化則慢得多：即便西巴布亞已經成為印尼的一部分有四十年了，西巴布亞常務委員會（West Papuan Presidium）委員弗杭查貝爾特・優庫（Franzalbert Joku）還是會脫口說出「我們的自然家園，南太平洋」。[8]

對於南太平洋共同體的成員國，一九六二年還有另一個改變的跡象：西薩摩亞成為第一個宣布獨立的太平洋島國。經過二十世紀初的德國殖民、堅定運動、紐西蘭的不當管制，戰後的奧克蘭當局與薩摩亞政治領袖合作，轉移權力，表現堪稱稱職。

歌頌歷史的人

「解殖」是時代潮流。一九五五年，推動改革的政治大勢已經相當明確：這一年，焦急的亞非國家派遣代表，齊聚印尼萬隆，參加一場前所未有的會議，共同反對殖民主義。蘇卡諾作為東道主，在印度、緬甸、巴基斯坦與錫蘭（斯里蘭卡）支持下，連同阿富汗、中國、埃及、衣索比亞、伊拉克、泰國、南北越，以及其他二十多國的代表，連聲譴責帝國主義並宣布推動「世界和平與合作」，構成了冷戰期間不結盟運動的基礎。[9]

太平洋島國也在法國、荷蘭、澳洲、紐西蘭、聯合王國與美國等SPC殖民母國的支持下彼此會面。一九五〇年，馬庫斯・開謝波（Marcus Kaisiepo）與西巴布亞的尼可拉斯・尤維（Nicholas Jouwe）、東加的圖依毗利哈喀（Tu'ipelehake）大公，斐濟的拉圖愛德華・薩空鮑爵士（Ratu Sir Edward Cakobau），以及代表庫克群島的亞伯特・亨利（Albert Henry）齊聚一場在斐濟蘇瓦（Suva）舉辦的會議，並肩而坐。根據章程，SPC的集會「與政治無涉」，但到了一九七一至七二年，島國領袖創造了自己的「南太平洋島國論壇」（South Pacific Forum），針對未來數十年的經濟、資源、政治與文化關鍵議題展開交流。島嶼民族主義者力求民族自決，殖民政府則提倡國協方案：在代議政治與特殊貿易、發展協定的條約框架下，保持政治的獨立。截至一九七〇年，諾魯、斐濟與東加已經收獲主權，巴布亞紐幾內亞則是在一九七五年脫離澳洲管治。權力轉移的過程多半平和、專業，伴隨著升降旗儀式與島民的狂喜慶祝。[10]

其中，東加的例子讓人看見「歷史記憶」在太平洋地區的重要性——不列顛對東加的保護管治在一九七〇年結束時，沒有人認為這是「解殖」。官方版的東加歷史，透過歌曲、傳誦與學校課程的方式傳遞，從圖依東加的古代海洋帝國以降，講到戰士兼政治家陶法阿豪（Taufa'ahau）在一八四五年統一各島，於受洗後襲名喬治王（King George），建立制憲君主國，一脈相承。他下詔禁止奴隸制，堅定主張「東加只有一種法律，酋長與平民同，歐洲人與東加人同」。雖然東加群島因為一九〇〇年的《友誼條約》（Treaty of Friendship）而變成被保護國，但王室仍代代相傳，統治期綿長的女王薩洛特・杜包三世（Salote Tupou III，一九一八至六五年間治世）體現出朝廷對文化與歷史的大力支持，維繫王族系譜於不墜。

被保護國地位在一九七〇年終結那一刻，並非反帝國主義崛起的時刻。一位政府閣僚表示：「我們對自己的歷史傳承相當自豪。我國是南太平洋唯一一個從未遭到殖民的玻里尼西亞國家，這一點至關重要。」「往昔從未中斷」，仍然是東加人身分認同中的論述核心。這一點與太平洋各地其他人的經驗大相逕庭。東加評論家指出：「一旦把『君主制』這個保險措施拿掉，就再也沒有力量阻止外國人和大企業的占領……看看夏威夷人吧。」[11]

其實，夏威夷人就像紐西蘭毛利人與澳洲原住民，是在自己故土流離失所的少數民族。夏威夷在太平洋戰爭期間受到軍事統治，戰後成為華盛頓特區治理的領地，又在一九五九年成為美國建制領土。美國總統德懷特·艾森豪（Dwight Eisenhower）展示一面有五十顆星的美國國旗，報章雜誌報導的也是火奴魯魯群眾與珍珠港駐軍的熱情慶祝。許多夏威夷人拒絕對州分問題表態，而是向利留卡拉妮——一八九三年遭到罷黜的末代夏威夷女王致敬。〈華美如斯〉（*Famous Are the Flowers*）是在利留卡拉妮被廢時代寫成的歌，餘音繞梁。「我們挺利留卡拉妮／她為土地贏來權利／她將再度獲得加冕／傳頌愛鄉土之人的故事。」[12]

建州之後的數十年，冷戰所需的大規模軍事設施開始興建，州政府主導的旅遊產業也一飛衝天。以歐胡島的威基基（Waikiki）為例，旅館與高樓占據海景第一排，包裝下的玻里尼西亞歌舞秀成為特色，本地人則被美國與亞洲企業推得離傳統領域愈來愈遠。

但在一九七六年，夏威夷人重建島嶼往昔的努力，變得愈來愈引人注目。變化發生在距離火奴魯魯商業大都會相當遙遠的地方：一小群人乘坐小船，從茂宜島航向夏威夷群島中最小的卡胡拉威島（Kahoʻolawe）。這場「占領行動」並不合法，因為卡胡拉威島是美國海軍的訓練基地與實彈演習場。成千上萬的部隊趕赴硫磺島、韓戰與越戰之前，都會先在這裡操演，島上因此到處都是未爆彈。夏威夷人發動這場「家人」（*ʻohana*）運動以保護卡胡拉威島；他們不只要求歸還土地與終結美國軍國主義，還要求軍方承認自己褻瀆了祖先的土地，染指了有數千座祭壇與其他聖所的島嶼。

夏威夷本土運動人士組織起來。盧阿娜·巴斯比（Luana Busby）解釋道：「這座島蘊藏豐沛的嗎那。你踏上去的那一瞬間就能感受到……就像產房，就像子宮。整個玻里尼西亞都跟這裡相連。」哲學家暨音樂家喬治・海爾姆（George Helm）的作品裡中，同樣貫穿了對文化與性靈保護的呼告，對世界各地原住民權益與生態倡議者有極大影響。最後，軍方與州政府在訴訟與抗議聲浪下，同意設立保留區並重新造林。[13]

還有另一個原因讓卡胡拉威島聲名遠播：天文航海的工夫，在整個玻里尼西亞備受尊敬，而卡胡拉威島正是傳承天文航海的重鎮。這一點非常重要，因為「航海」這種神聖、歷史悠久的海洋壯舉，即將隨著歡樂之星號的出航而復興、實現。歡樂之星號是一艘復古式的遠洋雙體獨木舟，是玻里尼西亞航海協會（Polynesian Voyaging Society）的一項計畫。一九七三年，來自加州的人類學家兼衝浪手班・芬尼（Ben Finney）博士，與歷史學家暨夏威夷傳統生活藝術家赫布・卡瓦伊努伊・卡內（Herb Kawainui Kane）、航海家湯米・霍爾姆斯（Tommy Holmes）共同創辦這個協會。當時流行論點認為，玻里尼西亞人之所以能落腳在分布如此遙遠的島群，只不過是偶然航至，不然就是順著洋流，從南美洲漂流過去。協會之所以打造這艘獨木舟，就是為了駁斥這種論點。

一九七六年，歡樂之星號首航至大溪地，成為六百年以來第一艘在夏威夷打造、出海的遠洋獨木舟。曾經，祖先們將人類聚落、農業與諸神，帶到從紐西蘭到夏威夷、從大溪地到復活節島的岸上。如今，大洋洲世界彼此相連的傳承，正受到質疑。只有一個人曉得如何領航——密克羅尼西亞人毛・皮艾魯格。他憑藉星辰、海與風的動態，鳥類的跡象，以及浮藻的分布，不靠任何儀器，在海上領航超過一個月。

歡樂之星號出現在大溪地海岸那一刻，島上一半的人歡呼著、崇拜著，親眼見證自身歷史得到重建。歡樂之星號接下來在航海家奈諾阿・湯普森（Nainoa Thompson）指揮下數度出航，航向紐西蘭、馬克薩斯群島、庫克群島、東加、薩摩亞、復活節島，以及密克羅尼西亞和日本。另一艘獨木舟「夏威夷洛瓦」號（*Hawai'iloa*）重建了島民與北美洲西北沿岸的交流——阿拉斯加的特林吉特人（Tlingit）捐出他們在神聖的宗教儀式中砍伐的雲杉巨木，夏威夷洛瓦號就是以這些原木雕刻而成。由此可見，所謂太平洋「孤」島，看來不過是殖民思維與劃分地盤的餘緒。[14]

隨著政權更迭，人們重新想像歷史過往，開始有新的聲音講述太平洋重新搭起的文化交流經驗。前幾代的人只看過赫爾曼·梅爾維爾、羅伯特·路易斯·史蒂文生或皮耶·羅逖等歐美大家的著作，但本地作者與詩人如今也不甘示弱。瑣碎的問題不再，取而代之的是對太平洋的新思維——東加作家兼人類學家艾裵立·浩歐法重新思考了廣袤、互賴的大洋洲世界，鏗鏘有力。浩歐法對傳統、經濟發展與宗教傳統做出評論，勾勒出在亞洲、歐洲與美洲之間循環流動的人——他以雄渾而富挑戰的聲音，表述這個區域的揉雜文化。

從阿蘭·達夫（Alan Duff）、西雅·費吉耶（Sia Figiel）、阿爾貝爾特·溫特（Albert Wendt）、派翠西亞·葛蕾斯（Patricia Grace）到蘇布拉馬尼（Subramani），這些作家、藝術家享譽於全球大洋洲文學圈，自成一格。他們寫出來的，不是歐洲人所呈現的太平洋生活，而是自身夾在不同世界之間的體驗。浩歐法在《地哥故事》（*Tales of the Tikongs*）裡，以直白、幽默、諷刺的手法，訴說島民既擁抱又利用西方宗教、發展援助與行為舉止的故事，滑稽但認真地探討在將來的太平洋關係中「是誰教育誰」的問題。

從《波蒂基》（*Potiki*）到《親戚》（*Cousins*），派翠西亞·葛蕾斯在自己的著作中探討個人家系，探討社群如何面對商業開發商，探討太平洋戰爭中的家庭經歷，以及女性在多元族群生活與愛情中遭遇的挑戰。阿蘭·達夫的《戰士奇兵》（*Once Were Warriors*）享譽全球，講述一個毛利家庭在傳承文化時苦苦掙扎，在過去與現在之間撕裂的傷痛故事。阿爾貝爾特·溫特同樣在《浪子回頭》（*Sons of the Return Home*，一九七三年）與《榕樹葉》（*Leaves of the Banyan Tree*，一九七九年）等經典中，探究家庭關係的挑戰，以及靈性與形而上的衝撞；書中角色身處受歐洲影響的社會中，試圖處理傳統與文化認同問題。他的人物在島嶼和大陸之間旅行，跨越的政治與文化邊界超越了大洋洲，遍及世界。[15]

許多太平洋島嶼作家之所以聲名大噪，不光是因為他們的小說與故事，也是因為詩作、戲劇、吟唱與舞蹈。「過去」與「現在」在他們的演出中合而為一，道成肉身。歡樂之星號的出航，是以又一次的實踐，讓古老習俗恢復生命力；作家與藝術家也一樣，透過一舉手一投足，透過歌曲作為文化遺產與身分認同傳遞的證明。他們試圖開創另一種形式，來書寫與締造歷史。

蓄勢待發的族群衝突

太平洋正處於解殖的過程，歷史的締造可以響徹雲霄。其中，有位人物將大洋洲認同闡述得最動人——他不是作家或藝術家，而是政治人物：拉圖卡米塞塞．馬拉（Ratu Kamisese Mara）。他是東斐濟的大酋長之一，也是南太平洋論壇的創建者。身為公認的斐濟「獨立之父」，他不僅領導自己的國家長達數十年，更清楚表述了他所謂的「太平洋路線」（Pacific Way）——採取政治行動時，要重視風俗、共識，並尊重多元文化。

這條「太平洋路線」絕非一套秩序井然的中心德目，而是一種源自原住民經驗與部落諮議傳統的領導方法。由於制定出這條路線的人，是一位上層菁英，因此特別能凝聚各個新國家的島民，合力抵制曾經的殖民強權干預本國事務。[16]

隨著新的表達方式百花齊放，「孤立」與「隔絕」也在解殖中的太平洋成為過去式，但殖民政策的影響並未就此消失。拉圖卡米塞塞．馬拉的故鄉斐濟，最是鮮明呈現了這一點——亞瑟．戈登發明了斐濟最高酋長議會，而議會的「傳統」統治，正和發生在斐濟印度裔與美拉尼西亞裔之間的變化產生衝突。

一九八七年，十名戴著面具、全副武裝的士兵闖入斐濟國會議場，宣布由軍方接管政權。他們的領袖陸軍上校西帝維尼．蘭布卡（Sitiveni Rabuka）早已身著西裝外套與蘇祿裙坐在旁聽席。蘭布卡起身，手拿一把自動武器，帶著閣員到議場外，搭上兩輛軍用卡車。支持他的是民兵派系「頭家」（Taukei），他們封鎖街道、找來援軍，並指控現任政府「讓斐濟人在自己的國家流離失所」。頭家的領袖自詡為民族主義者，憑藉人們對印度裔斐濟人的恐懼，提倡種族歧視政策。

這起政變的背景已經醞釀好幾個世代了。雖然印度契約勞工從十九世紀晚期就來到斐濟，但印度社群的發展多半獨立於美拉尼西亞裔斐濟人；不列顛殖民政府透過酋長制度間接統治，所有的土地所有權都在美拉尼西亞裔手中。契約勞動制度在一九三一年廢止，新一代的印度裔生於斐濟、長於斐濟，在經濟上與政治站穩腳跟，卻沒有實際的代表權。第二次世界大戰期間，斐濟人在酋長號召下共赴不列顛國難，但「印度裔斐濟人」卻是先要求平等，罷工與示威也讓他們在瓦解中的帝國蒙受「不忠」之名。

一九七〇年，斐濟在拉圖卡米塞塞·馬拉的領導下獨立。他擘劃的國家裡，美拉尼西亞裔與印度裔攜手合作，但選區制度保障前者在代議政治中占據優勢。情勢益發緊繃。一九八〇年代中期，外科醫生兼工運人士提目奇·巴瓦達拉（Timoci Bavadra）以不分族群的社會正義政策贏得大選。他雖然是美拉尼西亞裔，卻得到許多印度裔斐濟人，以及跨行業的堅定支持。在他的內閣中，關鍵要職由印度裔斐濟人與非傳統酋長出身的斐濟本地人擔任。

然而，選舉後不到一個月，巴瓦達拉的政敵便在國會中撻伐他，重申「我們酋長才是斐濟和平真正的守護者」、「斐濟是斐濟人的斐濟」。蘭布卡和槍手採取行動。他們以傳統為名，認為「斐濟人」就是要由東斐濟的酋長來統治與恩庇。印度裔就算在斐濟出生，也仍舊是異族。工會與勞工團體被他們貼上「共產黨支持者」與傳統之敵的標籤。[17]

這次政變震撼了南太平洋論壇，全球媒體開始報導「樂園出亂子」。新聞一股腦譴責斐濟人與印度裔斐濟人之間的種族仇恨，卻忽略群體之間的跨界合作。斐濟人與印度裔斐濟人都對酋長恩庇與裙帶關係感到不滿，媒體卻把他們的怨言當成「族群」衝突的實例。蘭布卡自立為新的斐濟共和國元首。在他的統治下，最高酋長議會批准了新憲法，規定政府領袖與多數的選區代表必須由斐濟人出任。

直到一九九七年，印度裔才得以重新分享政治權力。兩年後，斐濟選出了第一位印度裔斐濟人首相，馬亨德拉・喬德利（Mahendra Chaudhry）。頭家運動再度積極動員，警告斐濟將受印度裔宰制。一年後，商場失利的斐濟人喬治・斯佩特（George Speight）率領一支由罪犯士兵人組成的部隊，前往國會推翻喬德利政府。政黨輪替時，斯佩特損失了數百萬的木材合約，但他宣稱自己是為了保護斐濟人才採取行動。

斐濟國防軍司令、陸軍准將佛倫厄・拜尼馬拉馬（Voreqe Bainimarama）並不支持政變，但他的部隊無法解除人質危機，也無法緩解斯佩特支持者數個月來對印度裔生意的騷擾。拜尼馬拉馬於是宣布戒嚴，逮捕斯佩特，躲過部分部屬策劃的暗殺行動，接著自己掌權。看守政府、無止盡的司法攻防與內閣更迭，成為斐濟政局的常態。斐濟民族主義成為寡頭政治的保障，「傳統」則成為施政歧視的藉口。斐濟人與印度裔斐濟人之間的猜忌，酋長與平民之間的懷疑，讓「習俗」與「原住民」等詞彙至今依然難以定義。

斐濟獨立後的數十年間，其他美拉尼西亞島嶼也揮舞著自己的風俗，用不同的政治歷史彼此較量。舉例來說，一九〇六年起，新赫布里底群島便是由荒謬的法國與不列顛共管地當局所統治，無謂地將幾乎所有政府單位與機構複製兩套，只為了服務小小的拓墾殖民地。一位不懂歐洲與當地語言的西班牙法官負責仲裁爭議，升降旗等儀式也同時進行。

新赫布里底群島是十九世紀捕黑鳥與販奴的重災區，種植園主賭博時還會拿工人的合約當賭注，這也是當地歷史的一環。太平洋戰爭期間，新赫布里底群島除了盟軍占領之外，還有凝聚了人們求變渴望的約來運動。

一九八〇年，新赫布里底群島在聖公會教士兼政治人物沃特・利尼（Walter Lini）領導下，獨立為萬那杜。當時，有些萬那杜領導人反對獨立，支持以「*kastom*」（意即習俗）為基礎的保守村落社會。

為首者吉米．摩西．土波．潘東東．莫里．史蒂芬斯（Jimmy Moses Tubo Pantuntun Moli Stevens）是一位魅力獨具的演說家，他在聖靈島建立園區，鼓勵追隨者與其他島嶼脫離萬那杜。他早已因為反對歐洲椰子園擴張而聲名大噪，如今更設計自己的旗幟，計劃成立稱為「納葛利亞梅」（Nagriamel，以當地兩種植物的葉子為名，象徵人民與法律）的另一個政治權威。他擁護村莊生活與豬隻交換，抨擊利尼等民族主義者是社會上層與西方的通敵者，將要用金錢與非島嶼的價值觀來摧毀大家的家鄉。

史蒂芬斯選擇的盟友，反而束縛了他發展大業：除了樂於看著獨立失敗的法國殖民地官員，他的另一個盟友居然是美國右翼利益團體——鳳凰基金會（Phoenix Foundation）；基金會希望在島上建立自由經濟政府，由一名富裕的地產開發商與一位自由派哲學教授主導。衝突、襲擊與暴動接連不斷。萬那杜選在法國當局最不看好的時間宣布獨立。利尼找鄰國巴布亞紐幾內亞幫忙，迅速擊潰史蒂芬斯，令歐洲人震驚不已。

萬那杜的情勢提醒了太平洋島國領袖們，他們為了追求建立新國家，穿梭於主權與傳統議題，其實是危機重重的。萬那杜政府以支援非洲與中東解放運動為國策，同時採用本地傳統的象徵物作為認同來源——萬那杜國徽設計，呈現了一名神氣的戰士，脖子上掛著野豬牙，手持長矛。

獨立的姿態固然鮮明，但對萬那杜女性來說，婦女的缺席也很明顯。詩人兼政治家葛蕾斯．梅拉．莫莉莎（Grace Mera Molisa）以批判的角度看待獨立，他寫道：「自由，等於男人有自由，女人是財產；自決，等於男人決定，女人聽話。」她振筆疾書，寫男人的自豪與民族主義，寫女人受虐與不平等待遇。她稱之為「這個國家的美拉尼西亞價值觀本質」。從萬那杜可以看出，身處正在解殖的太平洋，「獨立」本身的意涵仍在未定之天。[18]

某些地方的移民人口勢力強大，他們同樣會對土地與歷史提出自己的主張，當地人即便想踏上「獨立」這一步也很困難。法國官員之所以積極支持萬那杜的納葛利亞梅分離運動，是因為害怕文化主張與民族主義激進活動，會讓法國殖民地新喀里多尼亞內部的卡納克人有樣學樣，發起類似的運動，追求改變。

不過，卡納克人的榜樣其實不假外求。自從酋長阿泰在一八七八年發動的大叛亂之後，一任又一任的總督授權軍方占領土地，強迫卡納克人遷入保留區與邊遠地方。嚴格的《土著法》（Native Code）造成司法上的種族隔離——卡納克人不僅不得進入眾多歐裔城區，未經允許不得飲宴歌舞，連「對當局不敬」或是沒有完成鋪路的勞役，也都有刑事責任。他們受到任意逮捕，必須向殖民者繳稅，晚上九點之後還得遵守宵禁。

到了世紀之交，卡納克人的人口減少，新喀里多尼亞的經濟則因為全球數一數二的鎳礦蘊藏而一飛衝天。礦業公司從爪哇與日本引進勞力，新出現的歐洲人拓墾地也讓當地出身的殖民者愈來愈多，而他們也主張新喀里多尼亞是自己的故鄉。

但是，拓墾聚落的擴大，讓歐裔人口與早已邊緣化的卡納克人之間起了更多衝突；一九一七年發生另一場民變，雙方都有傷亡。太平洋戰爭期間，美軍占領新喀里多尼亞。情況和索羅門群島很像，美軍的占領讓人們對於政治有新的想法，想獲得更多權利，而曾經為戴高樂將軍的自由法國軍隊效力的老兵也支持這種主張。

一九五〇年代，自由派政治人物莫里斯．勒洛蒙（Maurice Lenormand）撮合幾個政治異議團體，組成喀里多尼亞聯盟（Caledonian Union），以「兩種膚色，一個民族」的治理為口號，但拓墾移民政敵把他趕了出去。新一代的卡納克異議人士在歐洲接受教育，見證一九六八年的學運浪潮，從巴黎的激進分子身上得到靈感。譬如，酋長之子尼多易許．那瑟林（Nidoish Naisseline）就組織了示威遊行，發行文宣，痛斥「法國帝國主義與白種人的偏見」，並揭櫫阿泰的歷史精神。其他團體則明確要求無條件歸還土地，以及卡納克人獨立。

但在示威團體內部，人們對於何謂「傳統」，以及所謂「卡納克伊」（Kanaky）國家的真義，都有不同意見。蘇珊娜・歐內（Susanna Ounei）曾與那瑟林並肩作戰，因為自己的政治立場而入獄。但她也記得和男人參與卡納克集會時，「每當女人想發言，他們就說『不合傳統』，『浪費時間』……。我們得奮力爭取，才能讓男人懂得自由的卡納克伊屬於每一個人。不是只有男人獨立，是所有人都獨立」。情況就像萬那杜，複雜的未來建立在顛覆性的過去之上，尚待人們深入探討。[19]

此時，保守的移民團體不贊成讓任何人獨立，他們以自己的殖民歷史為號召，集結力量。移民發展出積極手段，提升商業、觀光業與農業吸引力，阻止法國撤手。新一代的卡納克領導人在前教士、社會學家兼詩人尚・馬里・棲包屋（Jean Marie Tjibaou）率領下繼續推動獨立。一九八四年十一月，卡納克領導人抵制選舉，砸毀票匭，主張當地的恩庇政治是對卡納克選民的歧視。兩個月後，十名卡納克人驅車離開一場政治集會時遭人襲擊殺害。涉有重嫌的移民遭到逮捕，但負責調查的官員卻推論

民族主義的挑戰：新喀里多尼亞的卡納克村民與法國士兵。（Credit: Jacques Langevin, Military Police Interviewing Witnesses After Shootings, 1984, Sygma/Corbis.）

他們是「出於自我防衛」，然後加以釋放。

情勢雖然緊張，但棲包屋仍堅持和平路線獨立，更將自己的關懷層面提升到國際。他與其他太平洋島民，以及美洲印第安原住民議會共同商討土地問題。他行遍天下，結交各式各樣的戰友，像是法國內陸受到軍事基地興建計畫威脅的農民，以及因為機場發展規畫而遭到驅逐的日本稻農。但和平路線發展緩慢，卡納克民兵更在一九八八年挾持法國憲兵為人質。軍隊襲擊民兵的洞窟；三名憲兵與十九名卡納克人喪生。最後，巴黎方面終於同意《馬提尼翁協議》（Matignon Accords），推動土地改革，並在未來舉行獨立公投。棲包屋在這份折衷協議上簽了字，最終導致怒不可遏的卡納克極端分子暗殺了他。

棲包屋從未擁抱武力為政治手段。一九七〇年代，他便體會到語言、文化與傳統擁有塑造歷史的能力，於是籌辦一場前所未有的文化節，呈現不為大多數世人所知的美拉尼西亞舞蹈、歌曲與儀式。男男女女身著色彩鮮豔的印花布與酒椰織物製作的服裝，在舞台上展現自己的習俗與精神生活，並用巨大的殖民者魁儡演出沉重的歷史場面。棲包屋把傳統與歷史視為生機盎然的文化加以擁抱，努力前進，而前瞻性的「美拉尼西亞兩千年文化節」就是棲包屋的政治願景。對於權利、民族主義與解殖的追求，對於文化懷抱的自豪，以及對於歷史的迴異政治主張，就這麼在太平洋各地縱橫交錯。[20]

棲包屋死後，法國政府為了紀念他，於是興建了一座宏偉的文化中心。同樣重要的還有《馬提尼翁協議》的後續協議《努美阿協議》（Noumea Accord），讓卡納克人得以在若干省分得到自治權。更有甚者，《努美阿協議》承認早在歐洲人殖民之前，卡納克男女便已發展出「自己的文明，有自己的傳統與語言，有其流行的風俗，主導著社會與政治生活」。協議中提到卡納克人以創造性的表述，實現自己的性靈與文化生活，更特別呼籲以解殖作為「卡納克民族與法國建立新關係……反映時代現況」的方式。[21]

第20章 陸地與海洋上的關鍵多數

Critical mass for the earth and ocean

摩他彼樂島（Moutapere Island）位於紐西蘭奧克蘭北方、航程需三小時之處。全世界最知名的沉船之一，就躺在附近的海底。「彩虹勇士」號（*Rainbow Warrior*）今天成了人工礁岩，長了一層海葵，大大小小的海藻點綴其間，是魚群、螢光海葵與斑點海鰻在海裡的家。對這艘曾經登記在全球環保倡議組織「綠色和平組織」籍下的船隻來說，感覺是很好的歸宿。不過，這艘船怎麼會躺在八十多英尺深的海底？故事至少得回溯到太平洋戰爭即將結束，殖民與解殖的歷史咬合的那一刻，而地點又以法國與美國海外領土為主。

一九四五年八月六日，美軍B－29轟炸機艾諾拉．蓋號（Enola Gay）飛越日本廣島上空，丟下一枚名為「小男孩」（Little Boy）的爆彈。這枚原子彈爆炸的瞬間，七萬多名日本人當場身亡，廣島市有一平方英里人間蒸發。城中大部分地區陷入火海，多達十四萬人帶著身心創傷奮力爬出廢墟，並在接下來幾個月陸續過世。暴風吹倒了建築，鎔化鋼鐵，石造的建築物還留有當時行人瞬間蒸發造成的陰影。生還者身上留下一輩子無法復原的燒傷。此外，原子彈更帶來過往戰爭中前所未見的影響，威力讓好幾代人活在恐懼中：除了輻射傷害之外，白血病、惡性腫瘤、先天性障礙、畸形的紀錄也愈來愈多——有些是立即導致的結果，有些則是在接下來幾年陸續發生。[1]

世人瞬間意識到核武的能耐，恐懼之情瀰漫。對於占領廣島與長崎的部隊來說（八月九日，第二枚原子彈落在長崎），動用核武的影響就擺在眼前。不過，太平洋戰爭正式結束時，美國軍方與原子能科學家仍主張核武尚未經過「可控」試驗，不知道核武對開闊洋面上的海軍會有什麼影響。

人為造成的悲劇

一九四六年夏天，也就是廣島核爆後將近一年，美國海軍實施「十字路口行動」（Operation Crossroads）以一支龐大的戰艦、靶艦與運輸船，載著科學家、名流顯貴、媒體、水兵與技術設備運往馬紹爾群島。馬紹爾群島此時是美國託管地，海軍則憑藉殖民母國的權力，認定並指定比基尼環礁（Bikini Atoll）為環境最容易控制的錨地，泰半「無人居住」，適合進行核試。環礁的軍方總督在禮拜後造訪島民，請他們「暫時」離開，並說明道：「這是為了全人類的福祉，一舉終結世界上的戰爭。」於是，馬紹爾王尤達（Juda）代表子民同意了。

一百六十七名比基尼島居民遷往朗格里克環礁（Rongerik Atoll），海軍認為完全無人居住的朗格里克環礁是非常理想的地點。這裡之所以杳無人煙，理由很簡單：土地不夠大，不足以收集淡水，加上缺乏漁業資源，椰子也長不大。傳說中，朗格里克環礁鬧鬼，有一對邪靈姊妹能呼風喚雨。不出幾個月，營養不良、內心不安的比基尼人便請願返回故鄉。

到了一九四七年，幾乎餓死的比基尼人終於說服海軍，讓他們搬到烏傑朗環礁（Ujelang Atoll）建立新聚落。但是，美國需要更多核試場，因此改成把其他島嶼的居民遷往烏傑朗。比基尼人受軍方安置於瓜加林環礁（Kwajalein Atoll），住在帳篷裡，隔壁就是軍機場跑道，接著又遷往基利島（Kili）。基利島同樣沒有潟湖或漁獲，比基尼人再度挨餓，靠糧食運補生活，有時甚至得靠空投口糧才能活命。直到一九七四年，比基尼人才獲准回到故土定居。土地整理過了，種了樹，還蓋了房子，部落有了新開始。沒想到，四年後，比基尼人因為吃了遭受汙染的魚、蟹與椰子，體內輻射量超標，再度被迫遷離，散居在馬紹爾群島與太平洋各地。

一九八三年，核損賠償法庭（Nuclear Claims Tribunal）成立，負責裁決核試爆相關的財產損失、醫療照顧、個人健康傷害，以及教育需求。法律仲裁仍在持續，但對世上的大部分地方來說，這段歷史卻微不足道。世人之所以知道「比基尼」，是因為時尚設計師以此為靈感，命名他設計的的新泳裝，並且於一九四六年十字路口行動展開時推出。[2]

十字路口試爆只是比基尼環礁試爆活動的開始。到了一九五四年，美國已經準備引爆一種破壞力更驚人的新科技炸彈：代號為「布拉沃」（Bravo）的氫彈。三月一日拂曉時分，朗格拉普環礁（Rongelap Atoll，位於比基尼東方海面）的居民嚇了一跳，因為他們看見海平面上升起兩顆太陽。布拉沃試爆現場冒出的蕈狀雲噴入二十多英里高的

全球落塵：美軍在馬紹爾群島進行核試爆。（Credit: Philip Gendreau, Mushroom Cloud from Atomic Bomb, Bikini Atoll, June 21, 1946, Corbis.）

大氣層，熾熱的暴風引發的爆震以每小時數百英里時速橫掃周邊島嶼。數百萬噸遭輻射汙染的沙粒與珊瑚礁岩化為煙塵與雲朵，飄到馬紹爾群島上空。朗格拉普島上覆了兩英吋厚的灰，孩子們玩耍時呼吸著奇怪味道的空氣，海水還變成黃色。海軍觀察員還看見風把輻射塵進一步吹向有人居住的地方。兩天內，朗格拉普人因為頭髮掉光，嘔吐下痢而倒下，被緊急送往醫療設施。

放射性廢料落到其他地方，造成國際上強烈抗議。試爆禁航區外，日本漁船「福龍丸」正在拖行一批鮪魚漁獲。輻射塵不久後便落在海上，落在船員的身上。他們皮膚發癢，噁心嘔吐。回到日本的港口之後，船員經診斷為急性放射線中毒，漁獲也因輻射汙染而遭到銷毀。一名船員死於輻射中毒，其餘則住院療養。

世界各地的媒體雖然刊登了試爆的照片，但軍事圈以外對於太平洋核武測試的實際情況所知甚少，布拉沃的落塵引發全球的怒火。距離試爆地點數百英里外的男女老幼生病死亡，激起民間對於美方對日本的軍事占領、對太平洋島嶼對殖民，以及汙染全球海洋的行為感到憤慨。原本只是軍方內部與聯合國中辯論的問題，如今卻威脅著家庭、環境與全世界的糧食供應。蕞爾「小」島成為全球關注的焦點。政府科學家發表對於輻射「無害等級」的聲明，批評人士則公開有關長期病變、失能與遺傳變異的研究。[3]

政治抵制力道雖然愈來愈強，但核試爆並未因此中止。西太平洋強國充分運用自身對密克羅尼西亞與南太平洋島嶼的殖民權力。截至一九五八年，美國已經在馬紹爾群島引爆過六十七枚地上核試驗裝置，其中二十三枚在比基尼環礁，四十四枚在埃內韋塔克環礁（Enewetak Atoll）海域。接下來四年，大不列顛也在中太平洋的強斯頓環礁（Johnston Atoll）試爆了十多枚核彈，在澳洲也試爆十餘次。直到一九六三年，美國才根據條約，結束在太平洋的核試爆。

法國一開始是在阿爾及利亞進行核試爆，等到阿爾及利亞獨立，失去這個殖民地之後，試爆活動就轉到大溪地。一九六六年起，法國政府在太平洋試爆四十六枚原子彈，並且在穆魯羅阿環礁（Moruroa Atoll）與方加陶法環礁（Fangataufa Atoll）另外進行一百四十六次地下核試爆。核子議題激起太平洋各地島民採取行動，但在一開始卻很難直接抵制；一九七〇年之前，除了薩摩亞、諾魯與庫克群島之外，太平洋的獨立國家少之又少。一九七〇年，斐濟與東加升起自己的國旗，島國首領組成南太平洋論壇，才開始直接呼籲法國終結核試爆。

澳洲與紐西蘭政府對於法國核試爆造成的輻射塵與政治後果同樣關注，兩國不只得衡量未來與新獨立島國鄰居的關係，也得權衡本國公民的感受。人們在墨爾本、雪梨與奧克蘭街頭發起示威遊行出，工會也開始拒絕為法國船隻上下貨。一九七二年，一位生活在紐西蘭的加拿大人駕駛自己的遊艇，進入試爆地點，遭到法國掃雷艇衝撞。他此行其實是與兩名生活在加拿大的反戰美國人吉姆．伯倫（Jim Bohlen）與厄文．斯都（Irving Stowe）合作，他們正是行動派環保組織「綠色和平」的其中兩名創始人。

紐西蘭對法國政策提出抗議，坎培拉與奧克蘭當局也在一九七二年向國際法庭興訟禁止法國在太平洋核試爆，紐西蘭甚至派巡防艦進入穆魯羅阿試爆區，表達抗議，同時近距離觀察。然而，法國改為將試爆轉成地下行動，持續進行。[4]

一九七五年，紐西蘭就南太平洋非核區（South Pacific Nuclear Free Zone）構想，與南太平洋論壇展開討論。此時已有小船組成的艦隊，封鎖美國戰艦與潛艇進入奧克蘭港。太平洋地區的反核運動之所以如此受人矚目，是因為運動的政治層次往上提升，從地方倡議發展為國家行動。「非核區」的構想，發展自《非核暨獨立太平洋全民憲章》（People's Charter for a Nuclear Free and Independent Pacific）。南太平洋大學（University of the South Pacific）、太平洋神學院（Pacific Theological College）與斐濟基督教女青年會（Fiji YWCA）組成公民會議，於斐濟蘇瓦起草憲章內容。各國政府辯論政策時，這份憲章已經傳遍了太平洋，相關集會在各地舉行，串起行動人士的跨國網絡。一九七八年在波納佩島，以及一九八一年在夏威夷凱盧阿（Kailua）的會議，不僅凝聚了反殖民情緒，與會者更在會後成立資源中心——譬如募集資金為馬紹爾群島提供醫療援助，因為美國拒絕提供。

一九八三年，第四次會議於萬那杜維拉港（Port Vila）舉行，通過憲章，聲明「外國勢力為了沒有贏家的戰爭，以發展核武為策略，持續掠奪我們的環境……我們呼籲立即中止對太平洋原住民的壓迫、剝削與奴役」。《非核暨獨立太平洋全民憲章》也指出，對於眾多太平洋民族來說，法國的核試爆、卡納克人與西巴布亞人的抗爭、美國在夏威夷與菲律賓的軍國主義，以及各種武器測試、採礦、伐樹造成的環境破壞，和各國在無數島嶼與海洋傾倒的有毒廢棄物，都是環環相扣、分不開的。[5]

巴布亞紐幾內亞與萬那杜宣布獨立，兩國也在一九八一年時，為「太平洋無核」（Niuklia Fri Pasifik）原則背書。馬紹爾群島與與密克羅尼西亞各國策劃行動，象徵性占領管制區內的島嶼；即便受到美方強大壓力，它們仍投票通過限制原能的憲法。反核試行動還催生出參與國家更廣的核武裁減聯盟，盟國遍布環太平洋。政府層級之下的群眾運動彼此支援。菲律賓示威人士走上街頭，抗議美國的海軍基地，尤其是蘇比克灣（Subic Bay）。日本的佛教和平組織、公民議會與青年團體發起活動，輕輕鬆鬆找到數千萬人在反核請願書上連署。上述地方與澳洲的城鎮運用自己的地方自治權力，宣布市內廢核，對民選官員施壓。

在紐西蘭，教會會眾、婦女團體、毛利議會與勞工組織紛紛支持反核提案。一九八二年，工運團體在戰艦準備進港時罷工並關閉港口；隔年，兩萬五千名婦女在奧克蘭的女王街（Queen Street）遊行，成為紐西蘭史上最大的婦女政治集會。連不見得公開支持女性權利或反戰觀點的人，也受到道德、宗教或個人關懷的驅使而走上街頭。不列顛反核組織的布麗姬・蘿伯茲（Bridget Roberts）表示：「太平洋婦女是運動的中流砥柱……。我們之所以熱情響應，既是為了支持她們，也是為了我們自己，為了我們的左鄰右舍。」

女性發出了這場運動中最有力的聲音。朗格拉普或比基尼相關新聞，通常來自軍方與技術人員所做的簡報內容，但莉詠．艾克妮蘭（Lijon Eknilang）的證言也同樣有力。她七度流產，甲狀腺與腎臟受損，還失去了自己的家園。她描述身旁的人所承受的苦難，並提出警告：「我來跟大家分享自己的經歷，為的是希望你們透過我，看到你們的未來，而且是正在發生的未來。」馬紹爾群島的達琳．凱茱─強生（Darlene Keju-Johnson）也發聲：「我們現在遭遇所謂的『水母寶寶』問題。小寶寶生下來就像水母，沒有眼睛，沒有頭，沒有手，沒有腳。他們根本不成人形。」受害者指證歷歷，點燃了人們的怒火，也凝聚了全世界對婦女團體的支援。[6]

紐西蘭政府回應，總理大衛．朗吉（David Lange）在一九八四年宣布國內全面反核，此舉也造成美國宣布朗吉不再是盟友。澳洲總理巴布．霍克（Bob Hawke）謹慎得多，他在一九八三年向南太平洋論壇提議簽署《南太平洋非核區條約》（South Pacific Nuclear-Free Zone Treaty）。條約的目標集中在人們對於法國在太平洋核試爆的不滿，同時為澳洲鈾礦開採與核動力戰艦造訪港口等問題保留彈性。

一九八五年八月，條約在拉洛東加島簽訂，此時正是廣島核爆的四十週年。這是一場令人印象深刻的太平洋國家盛會：澳洲、庫克群島、吉里巴斯、紐西蘭、斐濟、紐埃（Niue）、吐瓦魯與西薩摩亞統統加入了。但這份條約稱不上全民憲章。諾魯、巴布亞紐幾內亞、東加、索羅門群島與萬那杜拒絕參與。密克羅尼西亞完全不在範圍內。法國、大不列顛與美國都不同意受任何條款約束，而條約決議也上讓個別國家有權接受戰艦通行本國領海。批判者稱此條約是「一紙空話」。支持者則讚揚新的區域政治合作前景。[7]

然而，那年夏天確實發生了一場徹底激起反核運動與反法情緒的風波，只不過不是條約簽訂，而是一艘船遭人破壞沉沒的事件。綠色和平組織創立者伯倫與斯都讀過一位克里（Cree）印第安婦女的預言，內容說將來有一天，全世界的人會團結起來，以彩虹勇士的姿態拯救地球。綠色和平組織的旗艦抱著這種願景，造訪世界各地，開進捕鯨船的火線，逃過西班牙海軍與俄國驅逐艦的追捕。一九八五年春天，彩虹勇士號答應幫助朗格拉普人遷到瓜加林，以「避免遭到汙染」。任務完成後，船駛入奧克蘭港，準備在法國接下來在穆魯羅阿環礁進行核試爆時採取行動。示威活動早已遍布大溪地與太平洋各地。

一九八五年七月十日，奧克蘭港內有兩枚炸彈爆炸，在彩虹勇士號吃水線以下炸出破洞。一名攝影師身亡，船則在數分鐘內沉沒。控訴滿天飛。法國政府立刻否認有任何關連，法國記者發表的報導甚至暗示船員是蘇聯同路人，或是卡納克解放運動的激進支持者，意在抹黑巴黎。但是，紐西蘭當局不久後就在奧克蘭追蹤並逮捕使用假護照的法國情報員。真相水落石出——是法軍潛水夫在船身上安裝了磁性水雷，而後乘潛水艇逃離。沒想到，綠色和平組織中居然有法國間諜存在。

愕然的全世界迅速、一致提出譴責。法國人居然在一個和平國家的領海內攻擊平民船隻。法國總統富蘭索瓦·密特朗（François Mitterand）強迫國防部長與情報局長辭職，總理洛朗·法比尤斯（Laurent Fabius）則開出「負起完全責任」的空頭支票。巴黎方面提出道歉與賠償，卻同時威脅要切斷紐西蘭產品輸入歐盟的管道。犯案的情報員轉交由法國監管，在軍事基地短暫關押後，以愛國英雄之姿返回法國。

彩虹勇士號沉沒事件並未終結法國的核試爆，但確實激發出數以百計的運動，讓世人清楚看見殖民國家的現實，以及太平洋成為非核家園的迫在眉睫。法國總統雅克·席哈克（President Jacques Chirac）政府試圖在一九九五年恢復核試爆，大溪地法阿（Faʻa）市長奧斯卡·特馬魯（Oscar Temaru）於是在島上舉辦大規模示威，「清楚表示我們才是這個國家的主人，法國人不是」。[8]

特馬魯的舉動靈感來自波馬雷女王在一八四〇年代的排外抵抗，以及大溪地民族主義者布烏巴納阿·歐烏巴（Pouvanaʻa Oʻopa）的榜樣。歐烏巴是二戰傑出老兵，曾經為自由法國而戰，滿心期待殖民地能隨著法國解放而改革。明明有些職位可以由玻里尼西亞人擔任，但法國政府卻從巴黎派官員執掌，歐烏巴於是發動罷工，成為高人氣政治人物，為大溪地人喉舌。殖民政府為了讓他失勢，於是羅織罪名指控他，查禁他的政黨，最後更監禁、驅逐他。過了一個世代，特馬魯捲土重來，召集支持者反對傾巴黎的大溪地政府，訴求終結核試，要求讓大溪地獨立。

其他幾個大國對獨立議題並不買帳，但民眾對於試爆的憤怒，卻迫使政府質疑、施壓法國，要求解決方案。十年前，法國曾經拿經濟威脅紐西蘭；現在情勢顛倒，法國承受廣泛的衝擊。世界各地的消費者把法國葡萄酒拿上街倒掉，敏感地區的公司則拒絕與法商做生意。計劃中的試爆因此中止，而法國、美國與不列顛也在一九九六年同意簽署條約，支持南太平洋非核區。同年，聯合國通過《全面禁止核試驗條約》（Comprehensive Nuclear Test Ban Treaty）。

一九八七年，彩虹勇士號被拖到摩他彼樂島，作為人工礁岩。對某些人來說，這一刻值得紀念。船隻在經過祝福，舉行傳統毛利葬儀後注水，緩緩沉入海底。至於《全面禁止核試驗條約》的制定，任哪一位特定領導人都不能居功。論壇、集會、遊行、憲章與悲劇在太平洋與世界各地發生的數十年後，美國駐聯合國大使瑪德琳·歐布萊特（Madeline Albright）精準勾勒出當年的瞬間：「黎民百姓都渴望這樣一份條約。」[9]

魚蝦帶來的轉機與危機

也許，太平洋無核運動最歷久不衰的影響，在於讓眾多不同的政治選民以或此或彼的方式，找到共同的目標，齊聚一堂。《非核暨獨立太平洋全民憲章》支持反核團體，但也支持獨立抗爭。對於每一個反核試組織來說，他們的行動跟更廣泛地廢止核武、軍事基地擴張，以及地方主權問題，都是連動的。

對於馬里亞納群島等地的社群來說，「軍事占領」是關鍵議題，本該隨著太平洋戰爭與解殖而終結才對。美國成為勢力涵蓋不同半球的強權，憑藉將加州、夏威夷、菲律賓蘇比克灣、日本沖繩群島等地的空軍、海軍基地聯繫起來，從而稱霸太平洋地區。蘇比克灣基地受到政治壓力於一九九二年關閉，美國在沖繩駐軍也縮減，大量部隊因此移防關島，跟珍珠港早已萬分強大的海空軍設施互為犄角之勢。

住在馬里亞納群島一帶的查莫羅人，跟密克羅尼西亞到菲律賓的勞團與跨國行動人士合作，保護自己島嶼的使用權。他們看著華盛頓與東京做決定，把不受歡迎的駐軍從日本移到關島。美洲與亞洲的老敵人如今成為盟友，面對太平洋島嶼對其持續宰制當地的抵制。以關島來說，反抗行動的領軍者通常是「宗長女」（*maga'hagas*，家族中年紀最長的女兒），當地用這個詞稱呼傳統上強大的女性領袖。她們的抗議持續了好幾個世代。二〇〇七年，一群宗長女與美國國會代表團會面，就海空軍基地的擴建，以及更多美軍轟炸機與核子動力潛艦、成肩上萬軍事人員的駐防表示抗議。

隔年，查莫羅異議分子在聯合國發言。有人提及棕樹蛇問題——太平洋戰爭期間，棕樹蛇隨美國貨船夾帶到島上大量繁殖，成為本土生態浩劫。不斷流入的美軍、化學與核廢料、政治歧視，以及島嶼經濟活動的失衡，讓當地人想出一種尖銳的比喻：「外來蛇愈多，本土鳥愈少。」[10]

面對這些挑戰，曾經的泛太平洋行動意味著區域性群體跟全球都有聯繫，許多群體關注的議題都跟政治與自然災害有所重疊。無論是反軍國主義行動的代表，或是倡議馬紹爾群島醫療協助的人士，他們走過的道路後頭還跟著女性權利的倡議人士與環保人士。從土地所有權與經濟平等，到反捕鯨行動和守護濱海傳統領域，都是這些新結盟者的守備範圍。

有些團體從這些影響中汲取能量，例如跨越了區域邊界的泛太平洋與東南亞婦女協會（Pan-Pacific and the South East Asian Women's Association），便以推進人類發展與女性權利為目標。從卡胡拉威島的收復與反核試運動來看，這將是一種尊重自然環境，尊重地方習俗的政治活動。一九九〇年代，蘇莉亞娜·西娃蒂寶（Suliana Siwatibau）向斐濟同胞疾呼：「你們有從大海深處召喚粉紅蝦與海龜的力量。這些動物會回應簡單的古代詩節唱誦。」有人稱這種做法是把傳統與神話應用在文化認同上，而她則稱之為「自然保育」。[11]

對話政治（politics of conservation）逐漸發展，讓地方捕漁慣習重新為人所接受。許多漁法得到研究與推崇。吉里巴斯群島臨海的部落遵循繁複的義務，像是共享魚罟，留心潟湖與水道之間物質與精神宇宙的界線。治病的人、水手或領航者不得食用特定的魚，例如魟魚，因為人們認為魟魚身上有大海與健康之女神「光」（Nei Tituabine）的靈。[12]

在索羅門群島，駕駛獨木舟的男性對於潟湖與紅樹林河口周邊的珊瑚礁知之甚詳，而馬洛沃潟湖（Marovo Lagoon）一帶的人更是以對海洋生物的保護與社交互動而聞名。羅維娜島（Roviana Island）巴勞路村（Baraulu）的婦女負責採收各種貝類，把採集的要訣傳授給孩子。在菲律賓，整個村子的人會在沿岸捕撈時集合在海邊牽罟，把漁獲拉到小海灣或海灘上。馬來亞與印尼沿海仍然可以看到奎籠——木製或竹製的捕魚平台——往海上延伸數英里，人們在平台上以懸置網捕魚，並養殖貽貝。

然而，「傳統」世界正在變化。在太平洋各地，政府擁抱或承諾建設、都市化與市場經濟帶來的收入，許多的轉變也被包裝成「發展」。文化衝突必然發生。對於最知名的海洋民族羅越人來說，衝突尤其嚴重。甘榜峇卡峇株金（Kampung Bakar Batu Danga）的楊亞星（Yang Aseng）談到，他們族群的世界已經天翻地覆。「我出生在一座小獨木舟上。我一輩子討海，做夢都沒想過身旁的海會在我這輩子消失。」他回想半個世紀前，「往柔佛海峽望去，每一個角落都有我們部落的小船在海上漂盪，數十艘甚至上百艘。」但是，有一道海堤把水域分隔開，魚、泥蟹與紅樹林消失了，部落大部分的成員也跟著消失了。他們放棄捕魚，試著在陸地上展開新生活。

羅越人向來是人們口中的「海洋遊牧民族」，也有人稱之為「海洋吉普賽人」，他們在歷史上素有海盜之名，或者為蘇丹擔任航路上的「保鑣」。進入二十世紀，他們雖然成為民族國家裡名義上的公民，實則始終是邊緣的「少數族群」——停泊在海岸與潟湖邊的船屋擠滿了孩童與牲口，這些水上社區不在中央政府關注的範圍。小孩子在水上出生，在覆著棕櫚葉的拼板舟上誕生。空間狹小凌亂，但船隻本身只是世界的一環；船上的人對著開闊的天水一線與燈火，隨著季風移動，抱持對大海的崇敬。水底下、礁石間與雨水中到處都有「靈」（hantu），每一種靈都得用特別的儀式禮敬。伊斯蘭與其他宗教雖然曾漂過羅越人的社群，但卻沒有停留在家庭與親族構成的漂蕩船隊中。[13]

各國政府為這些習俗打上「傳統」、「工藝」或「落後」的標籤，或者發揚之，或者忽視之，或者試圖讓這些習俗就此消逝；整體而言，政府重視的是大型的漁業活動。斐濟周邊海底地形崎嶇，深度大，因而不適合拖網捕蝦，但巴布亞紐幾內亞海域倒是船隻作業的理想地點。不過，若與太平洋上的龐然大物——產業規模的鮪魚捕撈相比，上述的一切卻顯得微不足道。

東京市區的築地區有全世界最大的漁獲與海鮮市場。凌晨時分，好幾畝地的燈光下，兩千多公噸的沙丁魚、鯖魚、比目魚、鰻魚、蛤蠣、海帶、魚卵等數百種動植物海產堆在冰上，每天都有新鮮貨。知名的鮪魚拍賣是海產交易的重頭戲——大船隊在指定場所卸下漁獲，日本各地超市、餐廳的買家與大廚齊聚一堂。新鮮鮪魚是現代日本認同的核心，是東京、整個日本與全世界上千間壽司店與生魚片餐廳的基礎。

二十世紀初以前，日本漁業和太平洋各地一樣，規模並不大。到了一九二〇年代與一九三〇年代，日本運用國際聯盟交付的託管地密克羅尼西亞，在帛琉、馬里亞納群島與馬紹爾群島發展商業竿釣。太平洋戰爭結束後，日本鮪魚船隊在萬那杜到新喀里多尼亞、斐濟與大溪地等地建立基地，就像過去的捕鯨站點。當時，大多數的漁獲都運給美國加工商做成鮪魚罐頭。一九七〇年代，韓國、台灣與中國的長鰭鮪魚船也加入這一行。與此同時，日本的經濟奇蹟為向上流動的人口創造榮景，消費上揚。日本船隊配備冷凍庫，開始往深海捕撈做壽司與生魚片用的大目鮪魚，耗竭了當地漁業資源。

發生在鮪魚方面的變化，堪稱商業漁業在整個太平洋範圍成長的範例。對於船隊來說，財務風險愈來愈高。最大的捕漁船形同水上工廠，出海就要花費上百萬美元。船員利用聲納與偵察機，在遠洋確認魚群與繁殖地的位置。光是維持船隻航行所需的油料，每天就要數千美元。為了支付開銷，就必須捕到最多的魚。[14]

用流刺網捕魚的做法向來備受爭議，但環太平洋地區仍然有許多小船與沿岸漁民偏好使用這種古老的漁法。漁船拖著一張上有浮筒、下有沉子的網子，魚會自己撞進網裡；這種方法既簡單，又能獲得大量漁獲。然而，工業規模的船隻拖著長達三十英里的尼龍漁網，也引來世界各地的譴責，以及聯合國的禁止決議。

捕撈的目標雖然是鮪魚與烏賊，但漁網仍舊會捕到數百萬計的魚，因為沒有商業價值而遭到丟棄。此外，近乎於隱形的網子也會殺害海鳥、海龜，讓大量海洋哺乳類——尤其是海豚——因此溺死。日本政府已經因為延續商業捕鯨而承受壓力，於是在一九九二年宣布中止流刺網捕魚。[15]

然而，鮪魚仍持續與政治有所關聯，畢竟太平洋島國會利用跟亞洲政府的經濟夥伴關係，推動「發

商業捕魚：東京築地市場的鮪魚拍賣現場。（Credit: Courtesy of Jinny Chan.）

展」。對於窮國來說，這種關係極為關鍵，畢竟太平洋最豐碩的幾大魚場，就在密克羅尼西亞聯邦、馬紹爾群島、巴布亞紐幾內亞與索羅門群島的領海與經濟海域。為了能進入上述海域，日本與中國官方與當地政府締結漁業協議。雖然殖民政治與核子政治不受歡迎，但商業回報與合約簽訂仍在繼續，只不過開發權與發展援助難得流入當地經濟的建設，而是帶來出口產業與低品質的工作。

在斐濟，這一切仍然是婦女得面對的問題。她們召喚出的非但不是粉紅蝦，而是港口城鎮萊武卡（Levuka）——每天早上，數以百計的村婦乘坐卡車，在國有鮪魚罐頭工廠的大門口與孩子道別。女工整天待在輸送帶旁，把煮好的魚跟腐爛的魚分開來，以利加工。薪水微薄——他們拿的是「女人的薪水」——許多婦女健康堪憂。她們不准交談，上廁所次數有限，還會因為花時間照顧生病的孩子而丟掉工作。女工們必須達到魚類整理量的額度。資深產線工人愛希特莉（Esiteri）說：「要是你一天弄不到三百公斤，就得走人。」婦女雖然罷工過，但她們其實也沒有其他營生方式。[16]

婦女到鮪魚公司做工，讓「斐濟傳統習俗」與「工業化生產」以令人難忘的方式產生連結。工廠需要漁獲，鮪魚船提供魚貨；船上的釣繩與魚鉤需要魚餌，為了釣起全球商業市場所需的大魚，當地水域裡屬於祖先的小魚也因此浩劫。

對奧特亞羅瓦（紐西蘭）來說，漁業問題也是主權問題。《懷唐伊條約》保證毛利人對自己的土地與漁獲有傳統權力，但商業捕魚也如其他地方一樣，蠶食了這些權利。一九七五年，諮議機構「懷唐伊委員會」（Waitangi Tribunal）成立，專責受理陳情與違反條約的相關主張。經過權利的爭取與請願，政府在一九八九年將部分的漁獲配額、漁業公司股份與現金交給「懷唐伊漁獲委員會」（Waitangi Fisheries Commission），嗣後分配給不同的毛利部族。三年後，第二份協議簽訂，將海王漁業公司（Sealord Fisheries）百分之五十的代表權、額外股份與現金交給毛利人。政府與毛利人利益之間頭幾份重要協議，出現在海洋資源方面。

土地真正的主人

在奧特亞羅瓦（紐西蘭），對於環境與政策問題的角力，不只發生在海上，也發生在陸上。薇娜・庫柏（Whina Cooper）是半世紀以來最知名的毛利人物。十九世紀末，庫柏生於紐西蘭的最北端，但她在一九七五年八十歲時，帶領毛利團體集體遊行到威靈頓（Wellington）以抗議土地讓渡，帶來深遠的影響。早在一九三〇年代與一九四〇年代，庫柏便積極參與鄰里政治，並在一九五一年獲選為新成立的毛利婦女福利聯盟（Maori Women's Welfare League）主席，著重於紐西蘭所有婦女都會面臨的健康與家庭議題。她大部分的貢獻跟文化與歷史教育有關，同時她也是提倡、成立毛利與教育機構的關鍵人物。

德高望重的她，在一九七五年的毛利土地大遊行（Maori Land March）率領上千人，走上國會階梯遞交請願書，呼籲讓傳統土地的流失劃下句點，而她也成為全國人心目中的「國母」（Mother of the Nation）；有些毛利酋長向來抗拒由女性率領遊行，但她的出席可以撼動整個國家。庫柏始終是個象徵——滿臉皺紋，拿著一根手杖的堅毅人物；懷唐伊委員會正是在同年成立，聽取毛利人的主張。不過，並非所有人都滿足於現狀。態度更激進的婦女如蒂特懷・哈拉薇拉（Titewhai Harawira）則決定要在國會前紮營，陳言：「我們老人家不懂白客哈的政治，沒那種勇氣面對白客哈和他們的詭計。」[17]

兩年後，為了興建高收入戶住宅，當局將恩加提瓦圖阿（Ngati Whatua）族人在奧克蘭的土地掛牌出售。當年那股直接採取行動的情緒也隨之爆發。十九世紀以來，政府或者將這裡的土地出售，或者劃為公有。事發之後，薇娜・庫柏的夥伴喬・霍克（Joe Hawke）帶領眾人占領這塊英語名為「堡壘岬」（Bastion Point）土地，也就是毛利人口中的「裝飾之地」（Orakei）。示威人士用棚子與拖車紮營五百零六天，不只種起菜來，還蓋了一間毛利聚會所，主張對這片土地的傳統權利與精神權利。男人當起政治領袖，女人則組織、演說，並拒絕擔任傳統的支援與煮飯角色。

一九七八年，紐西蘭政府派出七百名軍警，在全國人眼底下驅散兩百二十二名男女毛利人與白人占領者。緊緊抱著聚會所支柱的長老們被強行拖走之後，聚會所就這麼被一輛推土機夷為平地。不過，關乎「尊重」與「權利」的訊息已經傳達出去了。一九八四年，懷唐伊委員會達成協議，政府必須道歉，土地則回復為公園。

一九八〇年代晚期，政治主權抗爭、土地持有爭議、女性權利與環保問題匯聚，在美拉尼西亞島嶼達到燃點。索羅門群島北部布干維爾（Bougainville）的潘古納（Panguna）地區是母系的美拉尼西亞納西奧伊族（Nasioi）與納戈維西族（Nagovisi）的故鄉。她們的土地代代相傳，從母親傳給女兒，這是當地認可已久的「女人對女人」習俗。德國帝國主義者與澳洲軍隊分別在一八八五年與一九一四年來到當地。日軍在太平洋戰爭期間曾短暫占領這一帶，但被盟軍趕走。不出意料，列強在戰後並不重視這座島，直到勘探者在此發現獨一無二的銅礦。不列顛暨澳洲礦業集團「力拓」（Rio Tinto）在一九六〇年代展開大規模探勘。

根據納西奧伊族祖制，男女都有耕地、開墾的權利，但使用土地的所有權利皆需得到部落女性成員同意始得為之。一九六五年，力拓的開發團隊未經納西奧伊族同意便紮營，結果遭到驅逐。澳洲殖民政府以武力回應，關押兩百名村民。

四年後，換成儸儸瓦納（Rorovana）沿岸地區的當地婦女拒不允許力拓的子公司「布干維爾銅業有限公司」（Bougainville Copper Limited）在自己的土地上興建港口設施。殖民政府訂出土地與棕櫚樹的收購價，等到開價遭拒，便直接占領土地。部落傳統與原住民知識再度遭人以「開發」之名打發。鎮暴警察湧入保護測繪員，逮捕那些突破封鎖線、拉倒公司界碑的婦女。群眾與警方發生衝突，警方則發射催淚瓦斯，揮舞警棍衝鋒。村中婦女聚集在村門口，擋在重機具面前，以肉身封路。部落遭逐之後，村民組織潘古納土地所有人協會（Panguna Land Owners Association）以進行抗議與協商。[18]

在布干維爾，澳洲是殖民政權，但隨著巴布亞紐幾內亞在一九七五年獨立，島嶼的所有權也讓渡給新國家。布干維爾人自認是索羅門群島的一分子，卻沒人詢問他們的意見。巴布亞紐幾內亞以採礦的龐大利潤（與布干維爾銅業有限公司共享）為其經濟基礎，布干維爾人幾乎什麼都沒分到。布干維爾島民認為這是一種新的殖民，亟欲擺脫，並在一九七五年試圖成立獨立的北索羅門共和國（Republic of North Solomons），但未獲承認。

到了一九八〇年代，民眾對於巴布亞紐幾內亞與澳洲極為不滿，怒火集中在潘古納礦場周邊。礦區採露天開採，方圓七英里的不毛之地不是塵土飛天就是泥濘不堪，滿是濃煙、重機具，還有一座由來自美拉尼西亞各地的勞工為主要人口的礦工城。納西奧伊族等當地社群住在村落裡，靠種菜、小規模農耕與捕魚養活部落。採礦業的發展造成無比的衝擊。在該區域部落沒有親族紐帶的男性勞工與幫派湧入，犯罪與婦女遭恐嚇的案件隨之提高。酒精成癮與家內暴力，降臨在那些被迫離開祖先家園的家庭上。兒童氣喘與肺結核比率陡升。

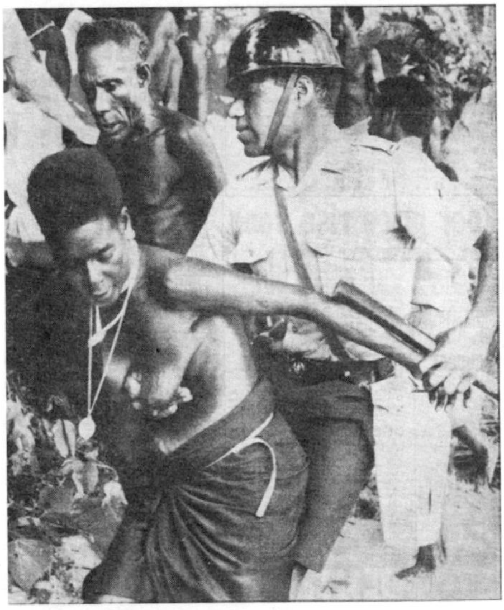

為了土地：儸儸瓦納婦女抗議布干維爾礦場。（Credit: Courtesy of John Brathwaite, Kate Macfarlane, Pandanus Press, *Sydney Sun*.）

然而，土地本身也在死去，這才是最嚴重的問題。集水區植被遭到破壞，導致土石崩塌、洪水與地層下陷。婦女提起訴訟，但公司則根據礦業法，主張擁有所有礦藏的所有權；婦女擁有傳統的土地權，但公司主張地底下的東西都是它們的。採礦合約准許公司將廢棄物傾倒在當地河川，官員說河流會把垃圾沖進大海，實情卻是讓化學物質汙染整個賈巴河（Jaba River）流域。

在加工銅與金礦時，會有氰化物與硫酸逕流被排出，加上廢棄物阻塞水道，終導致有毒洪流淹過周邊集水區。雨林腐敗成泥沼，農地也遭到汙染。死魚漂浮在儸儸瓦納三角洲受汙染的水面上，貽貝、蛤蜊、鳥類都消失了。村民再也沒有辦法靠土地或大海養活自己。

一九八八年，佩莉佩圖阿・瑟雷羅（Perpetua Serero）和她的親人法蘭西斯・烏納（Francis Ona）新成立了態度強硬的潘古納地主協會（Panguna Landowners Association）。他們向礦業公司、政府與記者（如果在場有的話）抗議，要求分得更多的採礦收入，並停止破壞環境。瑟雷羅描述整個社會的異化：「我們再也種不出無害的作物，傳統習俗與價值觀遭到顛覆，只能眼睜睜看著別人開挖自己的土地，把東西運走，賣得幾百萬。」公司拒絕索賠，於是法蘭西斯・烏納將支持者組織成「布干維爾革命軍」（Bougainville Revolutionary Army）。瑟雷羅死後，烏納決定自己掌權。[19]

烏納曾是礦場雇員，相當了解採礦作業，包括知道炸藥存放的地點。一九八九年，他發動武裝暴動，破壞礦場的電力來源，針對採礦設施採取游擊戰。反抗活動分裂出十多個武裝集團，而烏納得到退役軍人山姆・考烏納（Sam Kauona）的幫助。巴布亞紐幾內亞為此部屬警力，甚至派陸軍進駐。雙方為了爭奪城鎮與村莊而戰，人心惶惶。

一年後，由於人權侵害情勢的報告實在太傷形象，巴布亞當局只好召回軍隊，開始對島嶼進行軍事封鎖。為了資源與權力，布干維爾各派系爆發內戰，巴布亞紐幾內亞則封鎖所有援助，並持續占領島上部分地區。婦女被迫挑起重擔，照顧饑餓的家人與病弱的小孩。接下來十年間，她們在國際上活動以解除禁運，並試圖恢復和平。

布干維爾天主教婦女聯盟（Bougainville Catholic Women's Federation）積極運用部落與教會組織，支持婦女代表前往巴布亞紐幾內亞，參與協商，倡議和平。一九九四年成立的布干維爾臨時政府（Bougainville Transitional Government）納入了女性代表；隔年，來自島上民兵與政府控制區的代表，參加了在中國北京舉行的第四屆世界婦女大會（Global Conference on Women）。

費莉西雅・多布納芭（Felecia Dobunaba）以家庭保護者的身分在北京提出呼籲，譴責這場由男人為主發動的戰爭之兩造。「民兵破壞了醫療與教育設施，加上巴布亞紐幾內亞政府實施禁運，導致婦女與孩童的生活更加困難。婦女無法前往菜園採摘食物，也沒法耕作，就怕危及生命安全。許多婦女與孩農因為缺乏藥品與醫療設施而喪命。」她認為，女性必須額外扮演「締造和平與協商者的角色，才能恢復島上的和平」。[20]

一九九五年，和會在澳洲舉行，但襲擊、暗殺、屠殺與毀約等情況卻仍然持續發生。隔年，澳洲政府體認到無法取得軍事勝利，於是撤回對巴布亞紐幾內亞的支援。一九九七年，巴布亞紐幾內亞首相陳仲民（Julius Chan）雇用不列顛公司「沙線」（Sandline）的傭兵（沙線曾經受雇在非洲參與內戰）。太平洋各地對陳仲民此舉提出抗議，甚至連本國將領都表示反對，陳仲民因此去職。新政府在澳洲與紐西蘭支持下，於一九九八年簽署停戰條約。布干維爾自治政府於二〇〇五年成立，條約並規定於未來舉行獨立公投。

直到此時，潘古納礦場的命運仍在未定之天。法蘭西斯・烏納的部隊繼續把守礦場附近，抗拒重啟這個意味著鮮血與破壞的地方。烏納死後，後繼者堅守立場，至於自治政府本身則尋求重啟採礦。

二〇〇八年，自治政府首長簽署協議，交由加拿大公司重啟採礦。協議並未經過議會複核，而採礦的大部分收入也將流向海外。婦女發展機構「蕾塔娜妮安」（Leitana Nehan）執行長海倫・哈克娜（Helen

Hakena）道出了歷史教訓：「女人擁有布干維爾的土地。潘古納礦場就位於她們擁有的土地上。長久以來，男人沒有徵求我們的允許，就拿我們的土地去協商安排，不該這樣。」政府的婦女事務部長瑪德蓮・托洛安希（Magdalene Toroansi）是內閣中唯一反對重啟決定的閣員，她因此遭到開除。新一代的男男女女為了重啟礦場的先決條件而辯。礦區出身的領導人瓊・烏納（Joan Ona）與黎內・烏納（Linet Ona）聲明：「我們不是反對男人，也不是要威脅協商……我們只希望女人對每一個決策都有發言權。」鬥爭還在繼續。[21]

第21章　記憶的鬼魂，發展的代言人

Specters of memory, agents of development

諾魯位於巴布亞紐幾內亞東北方，面積小於二十一平方英里，跟巴拿馬差不多大，是全世界最小的島國。諾魯是人們典型印象中的密克羅尼西亞珊瑚礁島，棕櫚樹環抱，但這座島畢竟是傳說中十二個航海部落乘獨木舟落腳的第一站，自然也有歷史留下的痕跡。幾個世紀來，商人與灘地浪人紛至沓來；到了十九世紀，島民更是在歐洲人引入槍械與酒精之後，彼此爭戰不休。諾魯先是在一八八八年成為德國保護國，一九一四年以降則是先後交由不列顛、澳洲與紐西蘭託管，過程中一如祕魯，發展出富裕而單一的磷酸鹽礦業經濟。此外，諾魯也曾在太平洋戰爭期間作為日本空軍基地，遭受美軍密集轟炸。一九六八年，這座島成為頭幾個獨立的太平洋島國，但磷酸鹽礦藏日漸減少，經濟因此極為仰賴外援。

二〇〇一年，澳洲政府接到來自太平洋公海的求救訊號，於是請求附近所有船隻前往搜救。挪威貨船「坦帕」號（*Tampa*）找到了載浮載沉的「帕拉帕」號（*Palapa*）——這艘印尼漁船船上擠了四百多名一臉病容、絕望的乘客，甚至有數名孕婦與十多名孩童。後來得知，他們大多是尋求庇護的難民，為的是躲避阿富汗與伊拉克等地的戰爭、衝突與迫害。

帕拉帕號在公海上候援，但澳洲政府拒絕該船進入領海。船長決定孤注一擲，繼續前進，澳洲海軍特種部隊隨之登船。難民被迫下船，而澳洲保守黨領袖約翰・霍華德（John Howard）則提出對於「邊境防護」的疑慮，以及對於不受歡迎的難民可能抵達澳洲海岸的擔憂。為了不讓難民靠近澳洲大陸，也為了免於司法訴訟，數百萬亟待幫助的人於是前往另一個國家——諾魯。這項「太平洋方案」（Pacific Solution）是種令人不安的夥伴關係：外國按時將援助送往這個小島國，換取將當地做為拘留設施的機會——對於那些無國之民來說，這裡半是難民營，半是監獄。

坦帕號船員接起一船船的伊朗、華人與越南難民，各國當局則檢視人權與聯合國政治難民規約。關於國際「共同承擔」的討論，把亞洲、大洋洲與世界各地和難民困境聯繫起來；馬來西亞、印尼、泰國與菲律賓等國同意，只要別國也提供各自的安置數額，則該國也願意授予庇護。討論進行時，難民則在嚴加看守的營地中煎熬憔悴。[1]

船民的漂流

每一場危機除了危機本身導致的悲劇，還會創造出跟危機有關的歷史記憶。雖然有許多歷史記憶起源於衝突，有些遭人遺忘或抹去，但生還者仍盡力保留記憶。太平洋難民問題令人想起一個世代以前，東南亞政治史成為世人皆知的人間悲劇。一九五四年，法軍在奠邊府戰役潰敗，印度支那殖民劃下句點之後，美國軍事顧問便掌控了南越。衝突愈演愈烈，胡志明的共產北越為了爭奪對全國的控制，向南越發動戰爭。一九六四年，美國總統林登．詹森（Lyndon Johnson）宣布美國船艦在東京灣遭到攻擊，他因此獲得國會授權，得以在不宣戰的情況下採取軍事行動。

隨著美軍駐軍日增，軍人的膳宿與軍隊補給也讓日本、韓國、香港、菲律賓、新加坡等國的經濟獲益。澳洲政府派出部隊，紐西蘭也象徵性出兵。雖然戰略布署多年，加上「滾雷」（Rolling Thunder）行動的狂轟濫炸，但北越部隊在一九六發年發動「新春攻勢」（Tet Offensive），清楚顯示美國軍事實力無法贏下這場戰爭。由於越共游擊隊與美軍轟炸機的行動波及鄰近的寮國與柬埔寨，這場衝突也飽受外界譴責。全球性的反戰浪潮一浪高過一浪，支持戰爭的人愈來愈少，導致美國最終在一九七三年撤軍。戰爭很快就在沒有美國人的情況下重新打響，北越軍隊在一九七五年開進南越首都西貢，越盟成為贏家。[2]

新越南的共產政府騷擾曾經的南越支持者，將之送進「再教育營」，數萬人在營區內遭刑求、虐待，許多人因此而死。美國的戰爭也摧毀了大半的鄉野，導致數百萬人因貧困、疾病與飢餓而倒下。南越與柬埔寨家庭出於絕望、恐懼或擔憂，賄賂官員和走私者，只為了在漁船與小貨船上有一席之地。有時候，拖網漁船載著上百名難民出海；有時候，難民乘著勉強浮在水面上的破爛船隻便成行了。有些船隻以抵達泰國或馬來西亞的難民營為目標，也有人打算順著海峽與海岸線，前往遠方的香港、菲律賓或澳洲。所有船隻皆危險超載，配備只能達到最起碼的維生水準。難民們期盼最後能漂流到國際航線，讓前往亞洲海港途中的貨船接走自己。

流亡海上：越南船民在海上漂流。（Credit: K. Gaugler/United Nations Human Rights Commission.）

倖存者道出饑渴餒病的悲慘故事。每一個人都忘不了風雨、高溫，也忘不了與其他同樣擔驚受怕的陌生人擠在狹窄船艙與甲板的光景。有人提到人吃人，以及船隻翻覆溺死者的屍體。就連得救的期盼，也會帶來恐懼。一名婦女曾談到：「我們看見一艘小舟！大家都很開心，拿各式各樣的衣服、毛巾、T恤揮舞，大叫……等到我們清楚看到對方，才開始害怕，因為那艘漁船上有十來個相貌凶狠的人，手持武器，口操泰語。」來人也許是兇猛的海盜，也許只是野蠻的水手，總之他們看出難民的無助，搶了所有的東西，還糟塌了婦女。同樣的事情，同一艘船恐怕會遇上許多次。[3]

有些婦女就這麼在海上被帶離開啜泣的家人，從此下落不明。許多小船載滿了病患與垂死之人在海上漂浮，最後在馬來西亞沿岸撞船。在聯合國與馬來西亞紅新月會（Red Crescent Society）的協助下，許多島嶼成立了官方的難民營，比農島（Bidong）則是其中最有名的。世人稱這些難民（尤其是從越南與柬埔寨逃離的人）為「船民」（Boat People），而難民問題清楚顯示區域衝突危機的衝擊，遠非任何國家的國境所能限制。政府領袖集會商討這場人道危機，唯有跨國行動才能化解。

一九七〇年代，將近三十萬越南與柬埔寨難民最後在比農島落腳，這裡也成為各種過境旅途與生活方式發生、交會的地點。「逃離殺人政權」與海路迢遠的故事充斥著新聞版面。倖存者與受害者開始重建自己的生活。難民在比農島上興建長屋、作坊，以及廟宇和教堂。老師照顧一班班的學生，家家戶戶組成買賣米麵的小市場，跟援助機構合作。商人則在人稱「小西貢」的攤位上與木板屋裡，與當地漁民與違禁走私販做生意。

個人與家庭多年來過著「非自願殖民者」的生活，建立暫時性的島嶼社群，然後再非自願地遷往他處，重新定居。從馬來西亞到菲律賓，都有比農島難民生活、工作的身影，也有人得到美國接納。坦帕號救起的生還者也漸漸安家落戶，大部分化為澳洲人口。他們拋在腦後的難民營，見證了泰半不受歡迎的無國籍者多麼絕望，卻又多麼有韌性。大海和破舊的小舟讓他們獲得能見度，讓他們能順著海路追尋新天地。

摩洛人的反抗

部分越南與柬埔寨船民受安置於菲律賓。對他們來說，菲律賓是新的安身立命之地，但這個地方和他們當年所逃離的世界一樣，有著錯綜複雜的記憶與南北衝突。一九六八年，學生在馬尼拉發起一場抗議活動，並且帶著一口標著「賈比達」（Jabidah）字樣的無蓋空棺，在總統府前守夜。這些學生是摩洛人（Moro）——來自菲律賓南部的穆斯林。摩洛文化涵蓋的範圍有菲律賓的民答那峨島、部分的馬來西亞與印尼，一直延伸到西里伯斯海。他們的祖先可以回溯到定居在東南亞群島之間的阿拉伯與馬來水手，以及形塑了區域貿易與政局的伊斯蘭蘇丹國。

示威學生們對菲律賓當局的不滿已久，可以回溯到麥哲倫、黎牙實比與西班牙天主教勢力圈出穆斯林摩洛人，試圖改變他們的信仰，滅絕他們，甚或將他們趕出菲律賓群島開始。知名的摩洛人物如十七世紀的蘇丹庫達拉，他麾下的戰士抵抗傳教士與殖民開拓，引來西班牙人的敵意，但也獲得他們的敬意。一八九八年，南方的穆斯林統治者挺身而戰，不希望就這麼被西班牙交給美國統治，但他們的土地還是遭到占領。

太平洋戰爭期間，日軍占領菲律賓，菲律賓、美國與日本勢力在此展開血腥的衝突。菲律賓在一九四六年獨立，升起自己的國旗，但這個新主權國家並沒有承認南方的穆斯林人口為自己的一部分。隨著人口成長、土地壓力與農民衝突加劇，馬尼拉政府反而鼓勵基督徒到南方建立拓墾聚落，承租土地，條件之優厚往往排擠當地發展已久的穆斯林社群。

菲律賓領導人對海外同樣懷抱擴張的野心。一九六三年，總統迪奧斯達多・馬嘉柏皋（Diosdado

Macapagal）挑戰馬來西亞對於沙巴（Sabah）的控制權。沙巴位於婆羅洲北部，蘊藏豐富的木材、石油與可可。馬嘉柏臯宣稱沙巴自蘇祿蘇丹統治以來都是菲律賓的領土，於是成立一支特殊軍事單位，試圖挑戰馬來西亞在沙巴的統治並引發局勢動盪。一九六五年，律師、參議員兼戰爭老兵斐迪南·馬可仕（Ferdinand Marcos）獲選為總統。他也偏好以一支精銳部隊入侵沙巴，並命令軍隊指揮官招募約兩百名托索人（Tausug）及沙馬人（Sama）穆斯林，組成名叫「賈比達」的突擊隊。

能夠獲得認同，得到機會參與一場特別軍事行動，令應募者興奮不已；直到奉命前往科瑞吉多島（Corregidor）特別受訓，他們才知曉任務的全貌：前往沙巴與其他穆斯林交戰，殺害他們，甚至連同族的托索人及沙馬人也不放過。部隊抗命，要求薪餉並退出行動。軍方將此事定調為叛亂，但叛軍並未被捕，也沒有受軍法審判，反而是在一九六八年三月某個半夜被人帶往一條廢棄的飛機跑道，接著菲律賓空軍按部就班用機槍掃射他們。有一人逃出生天，他叫吉賓·阿魯拉（Jibin Arula）。[4]

當局試圖掩飾不果，抗議爆發。官方紀錄宣稱約有三十人被殺，並提起幾場沒有實效的起訴。有人則認為受害者多達兩百人——這正是努·密蘇阿里（Nur Misuari）等摩洛激進派知識分子的主張。賈比達大屠殺的影響中至少有一項無庸置疑：菲律賓穆斯林對此非常激憤，促使他們支持密蘇阿里，並支持新成立的武裝組織——摩洛民族解放陣線（Moro National Liberation Front，簡稱ＭＮＬＦ）。

ＭＮＬＦ汲取摩洛人歷史悠久的抵抗傳統，吸收反殖民農民起義經驗，搭配東南亞各地共產黨推陳出新的游擊戰術，藉此組織軍事單位，為了南方的土地與政治控制，抗擊政府軍部隊。他們高舉革命形象：當時流通的照片上，可以看到戰鬥疲勞的ＭＮＬＦ戰士擺出迫擊砲，揮舞自動武器。

一九七二年衝突正熾時，總統馬可仕宣布菲律賓戒嚴，成立極權獨裁。他要求學校與公共建築物必須陳列他的肖像。他下令要求將所有武器交給政府，而這種措施只會讓ＭＮＬＦ對自身的立場更加堅定。一九七〇年代初，密蘇阿里已能召集多達三萬名戰士；隨著衝突愈演愈烈，數萬以至於數十萬平民死於戰鬥，或是餓死、病死。

一九七六年，菲律賓政府提議和平談判，國際性的伊斯蘭合作組織（Organization of the Islamic Conference）則擔任中間人，磋商出一紙摩洛自治的協議，包括由地方掌握法院、學校與行政機關，經濟與治安事務方面也有若干自主權。這份協議引發不同摩洛領袖間的爭端，最後導致MNLF分裂出幾個分離主義組織。穩固的自治協議要到二十年後才會締結，但即便協議成立，也無法終結因為綿長、糾葛的歷史而起的主張與不滿。[5]

殘留日本兵的蹤跡

正當馬可仕與摩洛民族主義者衝突時，來自另一場戰爭的另一段記憶卻在菲律賓捲土重來，縈繞不去。一九七四年，盧邦島（Lubang）上，一位出人意料的人物從叢林中現身了。他是日本帝國陸軍軍官小野田寬郎，而他從未投降。

小野田的重新露面震驚了世界，全球媒體紛紛報導這名皇軍的故事——有人說他忠誠，有人說他瘋狂，居然嚴守三十年前太平洋戰爭中得到的命令，繼續進行游擊戰。日本遭到原爆、投降與美國的軍事占領之後，他仍然持續作戰。他躲在盧邦島的叢林裡，將終戰的消息斥為「詭計」；他靠著採集與襲擊為生，一九六四年的東京奧運、日本首相池田勇人的「所得倍增」政策，以及索尼與豐田等企業的全球崛起，就在這段時期過去了。

小野田的部隊本來的任務是監視敵人，騷擾敵後。多年來，他的同僚若非放棄，就是被警方或搜索隊擊斃。小野田持續逃亡，把空投的家書、投降文告與新聞剪報當成計謀。令他改變心意的，不是官方的宣告，而是日籍大學退學生鈴木紀夫。生於戰後的青年鈴木旅行到盧邦島遊玩，希望能找到小野田，或是「可憎的雪人」。小野田認為鈴木奇怪但無害，同意讓他拍下自己的照片。鈴木帶著照片回到東京，日本政府於是派小野田當年的指揮官來解除他的任務。

小野田在日本立刻成為名人，但他帶來的影響不是那麼容易接受。他對指揮官敬禮時，身上還穿著自己的軍官制服；他不僅經常上油保養他的步槍，而且槍枝本身還運作良好；他堅持，除非舊帝國儀式舉行完畢，否則他不投降。日本報紙與電視節目把他捧成英雄——但不是所有人都做如是想。許多人認為，小野田喚起了日本軍國主義、歌頌戰爭的黑歷史。保守派退伍軍人和政治人物把他描繪成忠心耿耿的武士，自由派批評家質疑他不假思索的付出，而不了解這段歷史的年輕世代則對他的舊式價值觀大惑不解。菲律賓總統馬可仕赦免小野田的時候，盧邦島的菲律賓人怒不可遏，畢竟小野田與戰友曾經在戰爭期間——甚至是戰爭結束後——殺害當地人。

小野田歸國後不過數月，又有一名日本軍人在印尼叢林中被捕。但是，這位中村輝夫並非軍官。他其實是台灣人，被迫加入日本帝國陸軍；他住在一間自己親手蓋的簡陋房子裡，用竹籬笆圍起來。二十年來，他沒有跟別人講過話。中村輝夫現身，再度勾起日本殖民主義未解的問題，尤其他不願在日本生活，寧可回到台灣。[6]

「殘留日本兵」的爭議核心，在於亞洲與太平洋國家採用相衝突的方式處理歷史。日本政府拒絕提及昔日的帝國主義，但這種做法卻讓朝鮮、菲律賓、太平洋島嶼，以及中國的戰爭倖存者與老兵格外難受，因為這些國家都曾遭到日軍入侵與軍事高壓統治。爭議演變為關於歷史記憶的衝突。日本歷史學家家永三郎對日本文部省修改教科書、淡化日本入侵與戰爭罪行的做法提起訴訟，已經有數十年了。關於官方版教科書問題，以及日本官員參拜靖國神社，中國與韓國在外交上結有夙怨，因為兩國認為靖國神社是歌頌日本軍國主義的象徵。簡言之，過去遠不只是過去。[7]

小野田本人回國之後，對當時的日本也有諸多批判，而且不只限於戰爭的範圍。一九七〇年代，諸多不適應的他離開日本，前往家人定居的巴西。他告訴媒體：「大家不再尊重傳統了。」[8]

發展願景的背後

一九七〇年代中葉，太平洋、朝鮮與越南等地的戰爭頭也不回地成為歷史，小野田的離境正是這一刻的縮影。關於記憶，關於過去，唇槍舌戰依舊，而新一代責問起未來，質疑起「傳統」與「現代」之間的關係。有些亞洲領導人主張要橫跨兩者。新加坡總理李光耀成為戰後的要角，他帶領這個島國轉型，一路從不列顛殖民地，化為馬來西亞聯邦的一部分，再獨立為金融與商業中心，在東南亞首屈一指。

這位領導人飽受爭議卻又為人景仰。他推崇勤儉、忠孝、好學等所謂「儒家」準則，稱這些「亞洲價值」對他的成就來說非常關鍵，並批評西方與未開發國家未能恪守這些信條。[9]他主張，若要形塑資本主義強勁的未來，就要從不同的角度看亞洲式的原則。

其他亞洲國家象徵採用了這套哲學的一部分——尤其是「勤」與「忠」的方面——以控制勞工，推動經濟。整個一九七〇年代與一九八〇年代，政策制定者、政府官員與大資本企業利益，逐漸把東亞與部分東南亞的工商業發展，形塑成一套影響二十世紀最後數十年的概念框架：環太平洋（Pacific Rim）。環帶將在這種「新」的概念化過程中，成為一個整體，成為有別於「亞洲大陸」與「發展中或貧困大洋洲島嶼」的區域資本火車頭，高歌著「太平洋世紀」。

至於太平洋島嶼，例如戰後美國在密克羅尼西亞的託管地，則是在一九六〇年代至一九七〇年代被人置於新的太平洋「發展」願景意象之下。從雅浦島、波納佩島到馬紹爾群島，各島嶼將受到美國等大國的監護，以統計資歷為依歸，將基礎建設興建、農業、海產與觀光業視為「理性的」經濟活動。「發展」成為整個世代的圭臬，但貨幣與市場制度往往與島上的文化習俗格格不入。以擁有龐大勞動力且工業穩步發展的亞洲來說，新社會不只有經濟「發展」，社會本身也會發生變化。戰後興起的韓國與出生率下降的台灣增加了資本投資，也投注更多流動勞力。二戰甫結束時的台灣，是大日本帝國打造的模樣——生產糖、米、茶、熱帶水果的農業殖民地。然而，一九四九年，國民政府撤退來台，從大陸帶來大量後備部隊、為數可觀的商人，以及躲避共產黨推進的知識界領袖。他們利用廉價勞動力，鼓勵出口、外國投資與西方的恩庇；到了一九六二年，工業製造成為經濟主力，都市社會也隨之成形。

區域經濟發展，亞洲各地的公司行號也隨之成為包商，為戰後無庸置疑的經濟大國——日本——做代工。日本的通商產業省領導著環太平洋，追求具有歷史性的共榮願景。戰後的日本見證了天皇化為虛位元首，以及政府導向的出口經濟抬頭，大型企業、終生雇用制與物質商品蓬勃發展蔚為特色——簡言之，日本成為了一個消費社會。[10]

到了一九六二年，上千萬日本家庭圍著電視機觀看娛樂與新聞節目，而「マイ・カー」——「我的車」則成為新中產階級的符號。一九七〇年代初，政府必須對空氣與水汙染做出規範，日本都市的霧霾與塞車情況也是惡名昭彰。一九七三年後，全球油價動盪，導致個人失業、公司倒閉，官員則受到濫用資金、貪腐與賄賂等調查。民間對於拜物、貪婪與「自私」的討論愈來愈烈。評論家北澤方邦用「精神空虛」來描述那些年，並表示社會已經改變，必須提倡新的價值，或是重建價值。[11]

對於那些回首過去，回首忠誠與自我犧牲理念的人來說，小野田捕捉到了他們的心聲。一九七〇年代初起，其他團體開始支持環保組織，力圖限制工業與消費主義造成的傷害。也有人擁護太平洋零核武的概念。亞洲與西方商業體中的都市中產階級，開始加入沿海社群、勞工團體的生態保育行動。

澳洲團體集眾人之力，以行動保護大堡礁免於工業汙染，並組織「綠色禁令」（Green Ban）罷工，阻止建設計畫。島嶼社群領袖捍衛當地傳統，捍衛村落社會古往今來的美德。學界與保護人士對古老的資源組織方式產生興趣，推崇類似夏威夷的「阿胡普阿阿」（ahupuaʻa）等傳統——將內陸集水區與沿岸的椰子樹、半鹹水與海水魚塘整合為整體。正當人們重新檢視文化、發展與傳統，對於失落或消逝中的世界感到憂心時，一場驚人的相遇（與小野田的現身一樣發生在菲律賓）一瞬間攫住了全球的想像。[12]

塔薩代人的爭議

一九七一年七月，小馬努埃爾・伊里載德（Manuel Elizade Jr.）搭乘直升機，降落在民答那峨島最南端森林中一片清整出的地。伊里載德效力於斐迪南・馬可仕的政府，他的辦公室負責菲律賓眾多部落民及其土地相關事務。正當摩洛民族解放陣線組織成形，馬可仕計劃戒嚴時，一位名叫達法耶（Dafal）的邊境獵人找到他，表示自己在叢林深處遇到一群極為特殊的人。伊里載德應達法耶所請，來到這裡。

這群人叫「塔薩代人」（Tasaday），其中幾人和達法耶同來與伊里載德相見。直升機讓他們大吃一驚，因為他們從沒見過機器。伊里載德提供他們稻米、玉匹與其他農產，但他們對農業一竅不通。他們對伊里載德帶來的彩珠與鋼刀嘖嘖稱奇，接著讓大家看他們自己的石器與木棍。他們講著未知的部落語言，而研究其語言並編纂詞彙表的通譯人員則說塔薩代人沒有「敵人」的概念，也沒有指稱「戰爭」的字詞。

學者應邀而至，而「發現」塔薩代人的存在震撼了人類學界。據研究，這些人跟外界已經好幾個世代沒有聯繫，時間說不定長達數千年。全球媒體試圖把塔薩代人呈現為活生生的史前部落，從上古石器時代存續至今。連敏銳的記者與攝影團隊都把焦點擺在他們的穴居生活、石器製作，以及鑽木取火上。影像呈現出塔薩代人採集根莖類與各種植物，從溪流捕捉螃蟹與青蛙。連國家地理學會（National Geographic Society）等知名團體也派人拍攝、記錄塔薩代人的世界，讓數百萬閱聽人看到咧嘴笑的路布

（Lobo）、西尤斯（Siyus）摘花來吃來玩、貝拉嚴（Belayem）的生動模仿，以及一絲不掛、身上滿是塵土的塔薩代家庭聚集在岩石露頭上，或者在洞穴口的藤蔓間跳來跳去。

「原始伊甸園」形象令塔薩代人聲名鵲起，深受世人喜愛；馬可仕政府則劃出四萬五千畝的雨林，成立保護區以保障他們。這兒是個與文明隔絕、愛好和平、未受侵擾的文化。但有人提出質疑。伊里載德並非政府官員，而是菲律賓最有錢家族的成員。他公開宣傳，接受投資與富人的捐獻。馬可仕政府成立保留區，從而直接掌控這片木材與礦業公司很感興趣的土地，同時在自己的政府政治動盪時，爭取全世界的好感。

後來，人類學家發現塔薩代人沒有神話，沒有詩歌傳統，也沒有堆積遺留（middens，多數的定居部落文化會有這種廢棄物堆）。隨著質疑之聲漸增，各方對於深入調查的要求益發強烈，伊里載德卻取消所有外人的參訪，聲稱要為塔薩代人的福祉著想，馬可仕則全面禁止任何人試圖與塔薩代人接觸。

直到一九八六年，外界才再度找到塔薩代人。

昨日世界：在民答那峨穴居的塔薩代人。（Credit: Tasaday Tribal Family, November 6, 1972, Bettman/Corbis.）

記者艱辛深入民答那峨島，帶回與當年的第一類接觸幾乎一樣驚人的報導：根本沒有塔薩代人。電視團隊跟進報導，訪問到一些年輕人，表示他們來自特伯利（Tboli）與馬諾波（Manobo）部落，在伊里載德要求下假裝自己是塔薩代人。控訴與反擊滿天飛，塔薩代人存在與否的支持者與批評者或者在書本上與會議上，或者透過訴訟與媒體來攻擊對方的證據。支持者堅持認為，原本由二十六名男女與兒童構成的群體確有其事。懷疑方與馬可仕政權的反對者則斥之為拙劣的手法，居然花錢找貧困的村民生活在洞穴裡，像原始人一樣行事，只為了吸引攝影機。[13]

陰謀論的質疑始終沒有平息，但各方逐漸發展出共識：塔薩代人絕非大肆宣傳的那樣，是住在石器時代伊甸園的居民。全球關注消退，但這反而讓塔薩代人有了真實血肉，而不是一場政府陰謀中遭受玩弄的角色，或是桃花源中永恆的稚子。塔薩代人生活在森林中，跟外界相當隔絕，但數個世代以來，他們也像其他部落一樣遷徙、拓墾，甚至彼此通婚。他們對物質也有興趣。路布聲明塔薩代人係出發明，但卻也真有其事。提問的人想要問出不同的答案，而他試著想討好自己的翻譯。

後來的訪客若非對此感到失望，就是急切想指出塔薩代人有棉質衣物、鞋子與木屋。但烏德稜（Udelen）的家人有了一輛機車，貝拉嚴有了一把槍……諸如此類的情況，只是表現出塔薩代人重視什麼；關於陰謀論與樂園的爭辯，只不過是他們一個變化中的世界裡關心的一部分而已。

想像中的觀光勝地

打從一開始塔薩代人突然火紅，就是因為人們渴望接觸原汁原味、未受破壞的文化。塔薩代人的橫空出世，其實無異於數世紀以來，來自太平洋各地雨林、叢林與海岸的「第一類接觸」故事。到了一九七〇年代，「與文化相遇」不僅在某些地方變得制度化，甚至成為一門賺錢生意。

對此，夏威夷拉伊厄（Laie）的摩門社群肯定體會最深。一八六五年，摩門教徒在拉伊厄建立傳道聚落，隨後在此建立聖殿，並成立楊百翰大學（Brigham Young University）夏威夷分校，學生泰半出身太平洋各島嶼。整個一九四〇年代，他們邀請訪客參加團體捕魚活動，接受「魯奧宴」（*luau*）的款待。為了讓學生工作，同時支援傳教活動，長老們提出一份後來廣為人模仿的計畫：成立一所玻里尼西亞文化中心（Polynesian Cultural Center，簡稱ＰＣＣ），彷彿潟湖與「村落」構成的超大展示櫥窗，讓學生在園區學習傳統藝術、儀式、舞蹈與口傳故事，然後為遊客表演。

ＰＣＣ在一九六三年開幕，並且在一九六七年成為歐胡島觀光局（Oahu Tourist Bureau）旅遊路線的一環。該中心堪稱前所未有的商業成就，到了一九七〇年代已是太平洋地區同類設施中最大、最賺錢的一所，斐濟、泰國、韓國、印尼、菲律賓、波納佩、中國與阿拉斯加的類似建設都來過這裡取經。該中心致力於「保存並呈現玻里尼西亞文化、藝術與工藝」的使命；學界稱之為「民族觀光業」，批評者則說ＰＣＣ就是一間「主題樂園」。不過，所有人都承認它大受歡迎。[14]

講述世界上許多區域的歷史時，無需特別著墨於觀光業，但太平洋不同，尤其是太平洋島嶼。亞洲世界透過共享的表徵，與世界上許多地方相連——這樣的亞洲屬於神祕的東方，從仰光到婆羅浮屠的神廟，堪比法老或阿茲提克與印加神王留下的宏偉建築。亞洲也等同於夜市、人擠人的港口，與城裡令人目眩神迷的玻璃窗與霓虹燈。至於「太平洋島嶼」則有著更為單一而普遍的本質，是由棕櫚樹、沙灘與土著文化組成的「人間樂園」。

大洋洲旅遊業起源的時間確實如一般人所想，是二十世紀初帝國經略太平洋的時候。以吸引投資人挹注歐裔殖民地的白種人拓墾聯盟（White Settlement League），在一九二〇年代演變為斐濟實際上的旅遊業主管機關。接下來數十年，輪船載著富裕的旅客，進行殖民地首府巡禮，周遊雪梨、蘇瓦與火奴魯魯。太平洋戰爭造成極大的衝擊，赤道南北都受到影響；男女軍人與軍眷在島嶼與環礁的基地一次停留數個月，造橋鋪路，蓋機場、宿舍與各種設施。從索羅門群島勞工團曾經的工人訴說的故事可以得知，人數如此之眾的軍人，創造出嶄新的地方需求——紀念品。以前的殖民地官員偏好罕見的面具與器物，眼下當道的則是草裙與椰子雕刻。

太平洋戰爭期間頻繁的轟炸與戰機起降，還帶來另一項影響：航空製造商的解編與戰後商業長途飛航的發展。一九六〇年代與一九七〇年代成為太平洋空中旅行的「黃金時期」，除了成群的中產階級家庭旅行團，戰爭老兵也常常回到自己曾經服役的島嶼。

遊客會在玻里尼西亞文化中心這一類的場所，見識到五花八門、向「文化」致敬的建築物與表演。占地四十畝的ＰＣＣ分為好幾區，景象各自不同，每一區都代表一個主要的玻里尼西亞島群——夏威夷、薩摩亞、奧特亞羅瓦、斐濟、大溪地、東加與馬克薩斯群島。

遊客在各村之間流轉，或者在園區中心的人工潟湖沿岸撐著船，大學生與真正的島民酋長則載歌載舞，示範打製樹皮布、捕魚、剝椰殼與生火等當

島嶼的微笑：夏威夷玻里尼西亞文化中心的表演。（Credit: Catherine Karnow, Performer at the Polynesian Cultural Center, Laie, Oahu, Hawai'i, March 1996, Corbis.）

地手藝。大學生根據表演需要，扮演不同類型的島民。然而，每個島嶼的文化風格都是固定的。根據考古學與民族誌研究，重建住居與習俗的本意，就在於創造並施加人們一種特殊的印象：「太平洋島嶼永遠如你所想」。[15]

雖然ＰＣＣ對於在「保存消失中的傳統」的過程中所扮演角色引以為豪，但中心也凍結了傳統，刻意忽視貿易帶來的新工具、新武器與新習慣，更別說任何一絲殖民者的影子。只有一個例外：一間傳教所樣品屋與內部的展品。更有甚者，「文化保存」的景象裡，剔除了食人與各種禁忌等著名傳統。這種文化願景實無異於包裹塔薩代人的光暈，是一個圍繞著唱頌、土著習俗與自然風藝術建構的世界。充滿流俗的想像，歷史方面卻很空虛。

與ＰＣＣ同類型的文化中心扮演中介角色。創立ＰＣＣ的人認為，許多觀光旅館的酒吧裡有更刻板的歌舞秀，呼拉舞就是女生跳，音樂表演就是慵懶情歌男歌手搭配一把烏克麗麗，而ＰＣＣ的島嶼風表演則是一種匡正。這也不無道理。不過，「再現」的問題還不僅如此。觀光業相關討論，總會涉及太平洋島嶼文化與傳統的角力，而大多數的案例更牽涉土地與水源問題。

豪娜妮．凱．特拉斯克（Haunani Kay Trask）等夏威夷活動家把觀光業稱之為「文化賣淫」，抨擊「拿夏威夷農漁具、短斗篷、頭盔等文物複製品，以及其他古人的力量象徵來裝飾旅館」的做法，並批評在推廣觀光時用「奔放的『原始』性欲」來表現夏威夷男女。

特拉斯克倡議，要把生活理解為「一種介於土地的靈魂與土地的人民之間，介於物質的存續與文化的表現之間的關係」。社群需要土地作為基礎，傳遞文化與宗教，但夏威夷建州後，「方興未艾的觀光業帶來旅館、高級公寓與土地開發，以及豪華度假設施的榮景」，而這些發展阻礙了社群的需求。

一九六〇年代展開解殖之後，太平洋地區也開始發展新的經濟，但小島無法與亞洲、西方國家工業出口競爭，也買不起它們的消費「現代性」。甚至連漁業也常常控制在境外強權手中。某些新國家最重要的經濟資源，其實不是乾椰仁、糖或珍珠等曾經的殖民地商品，而是販賣當地文化。世界銀行等開發機構推波助瀾，而且手法有如殖民政策的翻版：雖然核撥大筆借款，但多半用於蓋飯店、機場，以及銜接兩者的道路。鄰里階層的商業或教育補助少之又少。大筆營造合約成為賄賂與濫用的目標，而新創造的就業機會（始終是建設的目標之一）卻常常是低薪服務業勞工與旅館、休閒設施的清潔員。

觀光業不盡然按照豪華旅館模式。隨著生態旅遊業的發展（尤其是婆羅洲與紐西蘭），濱海地帶的小規模薩摩亞式「法累」（*fale*）涼亭住宿也取得一定成功。玻里尼西亞文化中心的願景帶起了套裝觀光旅程，有些觀光客對於親身、實地體驗更有興趣。這一類的旅行不只帶領觀光客從特意設計的方式走入島嶼景觀，還提供了PCC所抹去的元素：例如令人著迷的食人、獵頭習俗，以及「野蠻」而非「愜意」的太平洋景貌的再現。

這種類型的觀光業一如預料，從玻里尼西亞的古銅色皮膚與沙灘，轉向大力發展索羅門群島、萬那杜、新幾內亞與其他美拉尼西亞「暗黑島群」。萬那杜的經營者指稱，夏威夷的玻里尼西亞舞蹈表演根本是「商業秀」，塔納島的「民俗村」才是他們的「日常文化」，那才是他們的「生活」。[16]

「食人旅遊」許諾遊客接觸的是真正的村民，而不是演員，但兩者之間的分野其實很模糊。巴布亞紐幾內亞塞皮克河流域知名貿易路線沿線的擔布南（Tambunum）等村落，早自一八八〇年代起便為了遊客製作器物，帶來表演。一九七〇年代之後，來到矮樹林間體驗生活的觀光客，會發現到工匠販售雕刻品，用以支付他們認為有用的東西，例如收音機、學費與舷外引擎用油。

有時候，島民樂於操作這些期待與成見。民族學家紀錄幾名詹布里（Chambri）部落工藝品小販坐在男子聚會所「瓦林迪米」（Walindimi），等待遊客上門的情況。其中一名小販捲起菸，掏出一支拋棄式打火機，對話於焉展開：「『你哪弄來那麼貴的白人打火機？』『有個觀光客給的。』『呵呵，我知道——我叫他給你的。我跟他說，他應該要可憐你，你就是個窮叢林土著，還要拿根點著的大木棍才能點菸。』」塞皮克流域的當地工匠也看得出全球整體景象：「我們之所以得雕刻，是因為這裡沒有真正的發展。」[17]

「發展」是個關鍵議題，即便觀光客要求有家具的房間與空調等便利設施，但探索式觀光之所以吸引人，正是因為有機會能見識其他民族如何在沒有這類設施的情況下，生活在叢林、密林的村落裡。因此，最「不受破壞」的景點，往往什麼都沒有。一旦這些村落開始有設施與服務，看起來是「破」而不是「道地」，旅遊業者就失去興趣了。為了發展另一種重要的旅遊市場——大自然——有時候甚至整個聚落的人都不見了，人們不是遷走，就是被告知不得占用指定的土地。

山景與海景旅遊的商業潛力，包括在雨林中行進、攀爬火山，或是乘坐渡輪在海上與河上休憩。亞洲與太平洋也有很受歡迎的潛水勝地。懾人心神的翠綠島嶼，例如婆羅洲外海西里伯斯海中的西巴丹島（Sipadan）浮現在水面上，水面下則是珊瑚冠與石灰岩洞，玳瑁、鱝與閃閃發亮的鰺徜徉於湛藍的海中，遊客彷彿置身夢幻。不過，追求自然體驗的觀光客，有時候反而會捲入詭譎的政局。

除了旅行業者，還有其他人曉得外國遊客的價值。二〇〇〇年四月，好幾艘高速快艇登陸西巴丹島；船上載的不是旅遊團，而是從菲律賓南部出發的伊斯蘭分離主義組織「阿布沙耶夫」（Abu Sayyaf Group）的重裝游擊隊。十一名觀光區工作人員與十名來自德國、日本、芬蘭、南非與黎巴嫩的遊客遭到綁架。阿布沙耶夫成立於一九九一年，是以摩洛民族解放陣線為基礎發展出的組織，追求讓菲律賓民答那峨島達成穆斯林自治。

人質被游擊隊押上船，最後帶往民答那峨霍洛島。經過幾個月，他們才在以「發展援助」為名的贖金交付後獲釋。有些分析家發現，阿布沙耶夫與印尼民兵組織伊斯蘭祈禱團（Jemaah Islamiyah）有所關聯，後者支持以武裝抗爭方式，建立一個橫跨東南亞各地，以菲律賓、馬來西亞與汶萊部分地區為主的獨立穆斯林國家。也有人表示，阿布沙耶夫就是個靠綁架賺贖金的犯罪組織。阿布沙耶夫無疑有跨國的關係，而他們採取的戰術需要船隻、武器與縝密的行動計畫，這些都所費不貲。有美國人在另外一場襲擊中成為人質，引發美國出兵協助菲律賓政府，兩國更動用數千名部隊進行聯合軍演。[18]

雖然太平洋觀光產業專注、仔細地包裝永恆的文化、原住民與自然奇景，但他們再也無法迴避不滿情緒與區域間的衝突，必須與船民、戰爭生還者，或是生態公義倡議人士面對一樣的問題。舊主張與舊爭議、古代文化、現代政治彼此重疊，旅遊業一方面成為這些衝突的表現方式，一方面也成為它們的目標。

即便像「眾神之島」峇里島這樣的地方也不例外。南島語族移民在峇里島安家落戶；後來，伊斯蘭勢力擴張到爪哇，印度教的滿者伯夷統治者則轉而殖民峇里。十九世紀，荷蘭殖民者到此插旗，丹帕沙（Denpassar）貴族燒了自己的宮殿，穿上珠寶與禮服，朝荷蘭人的槍口衝鋒，寧死不屈。日軍入侵與解放在峇里島留下了太平洋戰爭的痕跡，但這座島向來不是以歷史，而是以藝術聞名——精工細作的頭飾與廟門，「巴龍」（Barong）舞蹈鮮活的寓意，「甘美朗」（Gamelan）音樂綿密的音律與節奏，哇揚皮影戲神祕的典故，這一切都根植於峇里印度教宇宙觀。

藝術的示現，至今仍瀰漫在峇里島的每一個角落，包括像庫塔（Kuta）這樣的濱海城鎮。除了藝術之外，經濟實惠的旅社、衝浪活動、美麗的沙灘與知名的夜生活也是庫塔的魅力所在。這一切令庫塔成為國際旅遊勝地，直到二〇〇二年，一名背包炸彈客在一間酒吧裡引爆炸彈。驚慌失措的群眾往外逃，此時街上卻有一輛重達一噸的汽車炸彈爆炸，不僅炸毀建築引發火災，還炸死兩百多名觀光客與渡假的人，其中大多數都是澳洲人。當地急救量能完全無法負荷，只能透過空勤撤離到雅加達、澳洲大城與東南亞各地的醫療機構。

峇里島警方循線追查伊斯蘭祈禱團成員，拼湊通聯與化學證據，逮捕並審判大量嫌疑犯，審判後處死了三人。伊斯蘭祈禱團精神領袖阿布·巴卡爾·巴希爾（Abu Bakar Bashir）否認涉案，但在簡明扼要的「叛國」相關指控下被判有罪，監禁數年。[19]

這兩起炸彈攻擊發生的時間，是紐約世貿中心在二〇〇一年九月十一日遭飛機撞擊的一年之後。美國總統喬治・W・布希（George W. Bush）在澳洲總理約翰・霍華德支持下發動全球「反恐戰爭」，而小小的旅遊仙境庫塔也成了反恐紀念地。澳洲多座城市設立紀念碑，包括澳大利亞聯邦首都坎培拉。庫塔當地則是在爆炸祭典設立了精心設計的紀念碑。外國遊客一度消失，但庫塔的自然與文化景緻再度吸引到遊客攜家帶眷前來渡假。只是今人停佇眾神之島，還有別的理由。

第22章　修復傳承，索回歷史

Repairing legacies, claiming histories

一九九五年，新加坡政府絞刑處死芙蘿．孔甸普拉希翁（Flor Contemplacion）。孔甸普拉希翁遭指控兩起謀殺並定罪，她的處刑在她的母國菲律賓引發激烈的抗議風暴與一場外交危機——不僅菲律賓總統試圖干預，兩國之間的合約與協議也因此遭到撕毀。孔甸普拉希翁並非名人，犯下的罪行也無關政治。她是一位低薪的家務移工，在新加坡工作，與家人相隔兩地。受害者之一同為移工，而另一名則是她負責照顧的小男孩。然而，對太平洋世界來說，這位「尋常」婦女的死，意味著一段古老而未解的歷史故事。

這段歷史以勞力問題為核心。跨太平洋的人群流動就是一個故事，故事關乎傳說中的航海功業，關乎奴役與「捕黑鳥」等黑歷史，也關乎孤注一擲的逃亡。十九世紀時，海路的循環帶著華工到加州與澳洲，帶著日本人、朝鮮人、菲律賓人到夏威夷，帶著印度人到斐濟，從事採礦、蓋鐵路或種植園工作，留下深刻的痕跡。二十世紀時，爪哇奴工工班在東南亞各地做工；戰後，經濟移工則前往各種廠房、血汗工廠工作，或是到人家家裡幫傭。

菲律賓移工的貢獻

勞工的移動向來是太平洋世界的特色，太平洋的經濟活動與文化不僅不受陸地的界線所局限，甚至常常延伸到遙遠的海外。世界上幾乎每一個角落，都有人們熟悉的華埠，當地「唐人街」的景象與聲響蔚為特色。有些華埠就跟族群飛地差不多，只有幾間餐館和小店。但也有些華埠是出了名的富商居住區（只是多半過於誇大）；譬如，馬來西亞、印尼與新加坡華埠相當顯眼，不時成為本土主義者排外暴力的目標。[1]

社群內部同樣有階級高下。在馬來西亞與香港，華裔中產家庭常有人幫傭，多半是來自印尼東部貧窮地區的年輕婦女。有人是出於幫助家裡的願望，像是蘇珊娜（Susana）就告訴研究人員，說自己的家鄉發生地震：「我們的房子沒了。我想出門賺錢……。我遇到曾經幫傭過的親戚……就這樣開始，我決心前往海外。」年輕女子麗卡（Rika）喜歡旅行，她認為離家之後「說不定會認識新的人」，於是趁機到村子以外的世界看看。

也有不少人覺得到海外工作非常辛苦。妮提（Netti）就說：「有一天，我爸媽告訴我有很多人對於我離開指指點點，說我是去賣身。」這種恐懼並非空穴來風；村子與城鎮裡流傳著年輕女子被吉隆坡等大城市的集團囚禁，賣為性奴隸的故事。通常的情形是，拉皮條的人相中她們，提供保母或清潔工的工作機會，接著偷走她們的文件，有時候還會下藥，把她們關在城裡的妓院，嚴加看守。

即便是合法工作，有時候也和做長工差不多。婦女移工發現自己的工作極為沉重，有些人會挨打，許多人則遭到雇主家庭虐待。新聞報導中往往有女子遭執數年，或者為了逃跑而從公寓大樓跳下，結果重傷的消息。

新聞採訪與犯罪調查跟進太平洋各地的勞動場所展開踏查。在美屬薩摩亞，一間成衣工廠的老闆被控對廠內形同囚犯的越南與華人員工「體罰，非人待遇與強迫勞動」。工人若非未獲得薪水，就是支票金額遭苛扣「手續費」，人身自由受限，有時一次餓好幾天，反抗的話還會遭到警衛毆打。承包這些成衣的是一間韓國包商，成品則運給洛杉磯的買家。[2]

但對於陷入貧困已久的太平洋窮國來說，這些風險、危險並不足以阻止他們在海外開拓移工市場。就菲律賓等國而言，海外移工已經成為民族認同的一環；移工透過回滙經濟，對母國直接做出貢獻。菲律賓勞工常常簽下長約，尤其是在美國、中東、馬來西亞與加拿大工作，而後把錢寄回給島上的家人。他們在海外工作帶來的存款，構成菲律賓經濟的一環。馬尼拉機場的入境窗口專門為海外移工開闢專線，媒體報導則講述這些勞工的自豪之情與工作壓力，有些勞工甚至成為受人愛戴的庶民英雄。[3]

先是總統、後是獨裁者的斐迪南・馬可仕鼓勵這種浪漫而忠誠的菲律賓人形象，稱呼生活在海外的菲律賓人為「歸鄉遊子」（*balikbayan*）——源於他加祿中指稱對故鄉與大家庭情感依附的詞彙。這些遊子展現出傳統菲律賓對親族關係與文化的想像，同時又生活在一個能接觸到菲律賓人想得卻不可得的西方消費商品、薪水與教育的世界。在本國發展這種形象，成為國家政策的一部分。

但馬可仕同樣以自己的統治為中心，打造個人崇拜，照顧側近，讓關係密切的人得到合約，並逼迫反對者流亡海外。等到他的強硬策略在一九七二年化為獨裁統治，禁止所有異議之後，政治上與經濟上的不滿之情也逼近臨界點。一九八三年，馬可仕的主要政治對手之一——班尼格諾・艾奎諾（Benigno Aquino）結束流亡歸來，打算挑戰這名獨裁者。然而，甫抵達馬尼拉機場的艾奎諾才剛走出飛機，迎向群眾的歡呼，就遭人槍殺身亡。

此事成為馬可仕政權走向終局的起點。班尼格諾・艾奎諾的遺孀柯拉蓉（Corazon）並非政治領袖，也沒有行政經驗，卻是強大的馬可仕意料之外的挑戰者。她似乎沒有打算爭取領導權，只不過是個非命之人的寡婦。不過，在天主教學校受教育、個性好學、形容自己「平凡」、頂著蓬亂髮型、掛著一副大眼鏡的柯拉蓉・艾奎諾顯示出自己的演說天分。她不僅有過人的說服力，而且對於馬可仕的飛揚跋扈早有怨言的菲律賓人，也確實深受她的儀表談吐所吸引。他們管她叫「阿姨」。

馬可仕嘲弄她不過是個女人，但他嚴重錯估了民族之情的翻騰——激情的目光集中在艾奎諾遺孀堅強、虔誠、有禮的形象，神似荷西・黎剎正氣凜然、抵抗暴政的神聖特質。身為虔誠天主教徒，柯拉蓉展現自己的靈性特質，彷彿非暴力抵抗的化身。她以精妙的言論挑戰馬可仕，明白表示自己沒有撒謊、偷竊或殺人的經驗。

雖然形象有如政壇新人，但她其實並非新手。她嫁入的是關係良好的政治世家，同時是一號有能力團結敵對派系的人物；她帶領示威集會，發展為「人民力量」（People Power）運動。她一現身，街頭示威群眾一片沸騰，市中心為之癱瘓。馬可仕推動大選鞏固自己的權力，而選舉卻明顯有舞弊情事，民眾跟警方與當局的對立局勢愈演愈烈。一九八六年，馬可仕在國內眾叛親離，又受到國外壓力，終於被迫下台。柯拉蓉・艾奎諾在一九八六年成為菲

人民力量：柯拉蓉・艾奎諾的支持者在菲律賓的集會。（Credit: Willy Vicoy, Filipinos celebrating presidential overthrow, February 25, 1986, Reuters/Corbis.）

律賓第十一任總統。[4]

新政府的成立雖是菲律賓庶民政治的分水嶺，實則難以撼動盤根錯節的權力機制。其中一項沒有改變的事情，就是全球就業與勞動帶來的挑戰。太平洋各島制定政策的人，都會談到玻里尼西亞與美拉尼西亞的「MIRAB」（遷徙〔migration〕、回匯〔remittances〕、援助〔aid〕與官僚〔bureaucracy〕的縮寫）狀態。一切皆有賴移工把支票寄回本國，有賴外國政府提供援助。有些MIRAB經驗是以大洋洲家庭為中心，一家人會考慮把哪一位成員送出國工作。這樣的做法創造出跨國的親屬與回匯網絡，跨越了經濟、政治與文化疆界。

以菲律賓而言，艾奎諾和馬可仕都體認到移工對菲律賓經濟的重要性。這些移工不是住在海外、在新家園為權利或公民權奔走的遊子，而是契約在身、把錢跟生意帶回給菲律賓家人的候鳥。

海外工作雖然是一項契機，但也相當艱難。過去數十年間，工業國家享受著戰後的經濟奇蹟，而此番榮景是建立在民間產業復甦，以及來自世界各地的低薪外籍勞工身上，尤其是來自前殖民地的勞工。柯拉蓉試圖在全球化的經濟中駕馭貧窮的現實。身為女性的她，特別在一九八八年與在香港幫傭的家事移工會面，表示「你們是新的英雄」。[5]

努力讓海外工作的菲律賓勞工得到多一分尊重，這可是饒富意義的一刻。儘管有許多人擔任教師、護理師、醫生與工程師，但各國政府往往把菲律賓人看成不重要的低技術服務業勞工。一九九五年三月，芙蘿．孔甸普拉希翁伏法，一切的緊繃與苦澀成了國際焦點。孔甸普拉希翁為一個新加坡家庭作幫傭。一位與她相識的菲律賓移工德麗雅．瑪嘎（Delia Maga）遭人勒死，瑪嘎負責照顧的小男孩也溺死在浴缸裡。警方逮捕孔甸普拉希翁，指控她犯下兩起謀殺，而她對兩起罪行也供認不諱。

但是，有目擊證人指稱，芙羅．孔甸普拉希翁實際上遭到雇主霸凌、限制行動。新加坡法院面臨示威浪潮，菲德爾．羅慕斯（Fidel Ramos）總統執政的菲律賓當局也為之震動。對於成千上萬的海外勞工，以及飽受輕視、忽視與虐待的家人來說，孔甸普拉希翁成了一位凝聚他們的人物。她憑藉自己在新加坡的工作，養育留在菲律賓的四個孩子。羅慕斯採取不尋常的行動——他親自請求新加坡政府推遲死刑，但遭到拒絕。羅慕斯的政敵抨擊他比起關心菲律賓女工的生活，更關心與新加坡的生意，而馬尼拉政府則撕毀一系列合約與合作。孔甸普拉希翁遭到處死，遺體送返菲律賓。

總統夫人愛梅麗塔（Amelita）來到機場迎靈，成千上萬的群眾隨著她的靈柩來到聖巴勃羅（San Pablo）。主教狄鐸．巴查尼（Teodoro Bacani）在此主持了一場人數爆滿的彌撒，莊重地說：「她象徵著數百萬因家貧而到海外碰運氣的菲律賓人。」《菲律賓每日詢問者報》（*Philippine Daily Inquirer*）記者孔拉多．基羅斯（Conrado De Quiros）在報導中提到，孔甸普拉希翁遭到處死，「總結了這個國家無止盡承受的剝削」。他沒有為這個悲痛要求正義的國家獻上一段輓歌，而是針對漫長的歷史與未來的挑戰提出警告：「我們要抓狂了。」[6]

馬博案的啟示

芙蘿．孔甸普拉希翁一案，讓人們注意到二十世紀末人盡皆知，但經常無人喉舌的全球不平等問題。勞工是這些問題的關鍵，但還有許多關於主權、土地權、文化與歷史認可相關的議題，隨著請求、請願與要求而浮現在太平洋各地。一九九〇年代是個全球性的變革十年。柏林圍牆在一九八九年倒塌；一九九〇年，尼爾遜．曼德拉（Nelson Mandela）從南非的監獄獲釋，種族隔離制度開始瓦解。從戰後開始的政治解殖，如今搭上了爭取權利的呼聲。

倡議人士試圖平反歷史上的不公義，他們逐漸推翻前例，爭取道歉，有時候更是爭取到太平洋民族與政府之間的協議，而且常常是自己本國的政府。一九九二年六月，銜接穆瑞群島（Murray islands）美里安族（Meriam people）各村之間的道路上，擠滿彼此吶喊、吹口哨的當地人。他們正在慶祝一次具有里程碑意義的司法判決——這起訴訟案打了十年，宣判的內容他們一直都知道：他們是自己土地的擁有者。提起訴訟的是當地人艾迪・科伊基・馬博（Eddie Koiki Mabo），勝訴的消息苦樂參半——經歷多年抗爭，馬博已經在宣判前幾個月因癌症過世了。

一般人簡稱這起訴訟為「馬博案」。馬博案確立了在某個具有獨特太平洋性格的地方，當地人確實擁有土地的權利。穆瑞群島位於托雷斯海峽，是介於澳洲大陸與新幾內亞之間的水道，也同時是兩者的歷史產物：文化與族群上與美拉尼西亞人和澳洲原住民有所關聯，但也受到鄰近的印尼影響。美里安族是擁有眾多傳統的島民，雖然是定居耕作者，但也以航海技術與魚筌聞名。艾迪・馬博在島上出生長大，在當地工作，後來前往昆士蘭湯斯維爾（Townsville）的詹姆斯・庫克大學（James Cook University）擔任園丁。[7]

這所學校以不列顛澳大利亞「發現者」為名，馬博在校園裡和教職員、學生談到自己的故鄉，這才驚訝得知故鄉受無主地原則所制約——也就是說，不列顛人出現之前，他的土地「無人占領」，因此屬於王室。澳洲司法體系向來並不假裝當地此前沒有居民，而是認為居民沒有社會組織，因此無法提出法律的主張要求。法律允許對原住民文化近乎於絕對的剝奪。

一九八二年，馬博等島民提起訴訟，挑戰法律。十年下來，訴訟的進行讓民眾注意到原住民土地分配的運作方式，是以真實或想像的界線、自然物與地理特色為界，並以宗教與神話戒律習俗維繫。原告提出傳教士與人類學者的紀錄，證明原住民世世代代以有異於歐洲式財產權，但同樣切實可行的形式守護土地、文化與知識。島民出席作證，讓他們的所知所見在法庭上得到聆訊，並透過媒體發表討論。

十年後，法院排除眾多主張與挑戰，包括昆士蘭認為在一八七九年併入群島時，便令此前所有法律無效的論點。法院推翻這種殖民式的主張，並於一九九二年裁定「原住民土地所有權」（native title）存在，前歐洲民族自有其習慣的法律形式、權利與法定權利。尤有意義的是，澳洲聯邦最高法院也推翻無主地原則，撤消「歐洲人開拓『無人』大陸」的法律擬制。

馬博未能活到親眼見證勝訴的一天，但他榮葬於湯斯維爾，並得到追贈。他的墳墓後來遭到破壞，於是在一場好幾個世代未曾舉行過、適用於王族的儀式中遷葬至穆瑞群島。破壞馬博的墓地的人以噴漆寫下了對澳洲原住民的咒罵。反對法院判決的人則警告，「推動獨立原住民國家的共產野心」將驟然令法律、財產權與整個國家陷入混亂。[8]

慶祝勝訴時，部分澳洲原住民運動人士仍有所保留。雖然這起訴訟案確立了托雷斯海峽土地所有權主張的原則，但對於生活在澳洲大陸各地二十多萬名原住民受到的剝奪與歧視來說，卻毫無作用。不過，也有些人把法院的這次判決，視為採取行動的狼煙。西澳大利亞的金伯利原住民社群在裁決出爐後幾個月內便宣布其土地所有權；東阿納姆地極北的悠龍族也如法炮製，對抗礦業利益。文化與經濟獨立倡議人士與市政當局、各省土地委員會，以及聯邦政府成員坐下來會面。這起訴訟讓一整代人首度認識到另一種澳大利亞的傳承。事實上，馬博案判決本身幾乎沒有具體解決什麼，但協商之路從此展開。

夏威夷人的出路

到了一九九〇年代，薩摩亞、斐濟、索羅門、萬那杜等島國皆已獨立。但是，許多生活在太平洋島嶼上的民族，雖然是島上社會的一部分，但他們不認為那是自己的社會，而社會也不見得接納他們。對夏威夷來說，一九九三年特別引人共鳴——整整一百年前的一八九三年，美國商業與傳教利益方夥同一艘美國戰艦上的部隊共謀，推翻了夏威夷群島末代女王利留卡拉妮。一百年來，夏威夷愛國者在女王的以身作則之下，不斷追尋讓被偷走的土地與文化能得到承認與正視。到了一九七〇年代與一九八〇年代，新一代夏威夷行動派再度強烈提出主張。一九九三年，他們走上街頭抗議、守夜，舉行紀念活動。他們爭取的重點，正是利留卡拉妮和夏威夷王國失去的主權。

針對主權問題，從來就沒有單一一種「夏威夷人」的立場，甚至連「主權」的定義也各不相同。一九七八年，夏威夷事務辦公室（Office of Hawaiian Affairs）開始獲得州政府資金挹注，在教育、住宅所有權、公有土地與改善生活條件方面協助夏威夷原住民（Kanaka Maoli），處理行政事務。其他團體還有一九八七年由律師米莉拉妮．特拉斯克（Mililani Trask）與其姐豪娜妮．凱．特拉斯克教授成立的「卡喇輝」（Ka Lahui），從基層展開行動，追求讓夏威夷隨著其他太平洋島國的腳步，根據聯合國的指南解殖。凱庫尼．布雷斯戴爾（Kekuni Blaisdell）醫師成立了「卡帕考考」（Ka Pakaukau），倡議美國撤出，讓夏威夷真正獨立。其餘數十個團體各自支持不同版本的地方統治、國中國自決、獨立，或是根據祖先系譜推派領導人。[9]

一九九三年，美國總統比爾．柯林頓（Bill Clinton）得到國會決議支持，正式代表政府向當年推翻夏威夷君主一事道歉。道了歉，但夏威夷也沒有發生任何實質的政治或領土變化——批評家對此大加嘲弄，不過道歉之舉確實推動各方繼續協商以彌補歷史錯誤。等到身為夏威夷人的達尼爾．阿卡卡（Daniel Akaka）獲選為美國參議員時，夏威夷原住民似乎有人能為他們喉舌了。

二〇〇〇年開始，阿卡卡提出多項法案，旨在承認夏威夷原住民具有原住民（indigenous）或第一民族（First Nation）的地位，就像保留區中自治的美洲印第安部落，以及透過原住民合作社協商土地與補償事宜的阿拉斯加原住民。印第安人與阿拉斯加原住民等群體受到特殊法律地位的保障，但美國聯邦政府維持見解，認為夏威夷人是「少數族群」，而非民族。阿卡卡十多年來的努力，遭到法律與政治團體的抵制，他們主張這種法案等於認可以「種族」為建州基礎，而經濟與政治權力將屬於有特殊傳承或血統的人。然而，原本各自努力的夏威夷主權運動派別，卻異口同聲反對阿卡卡的法案，這才是關鍵。

夏威夷權益鬥士們何必反對自治的初步立法？支持者對此大惑不解。主張、申訴、收入渠道與投票權……不同群體的選民對法案中各條文各有不同意見，有人滿意，有人不滿；但他們反對阿卡卡的理由卻關鍵而一致。法案將讓夏威夷人如美洲印第安原住民一般，得到聯邦政府承認，不過夏威夷原住民並不認為自己是美洲原住民。各個團體的共識是，他們身為夏威夷人，從來沒有交出自己的主權，也沒有放棄其認同；此外，從一八九三年推翻夏威夷君主國，經過建州，直至今天——這段歷史無異於對玻里尼西亞漫長殖民占領的一環。

立法有好處：聯邦政府必須為夏威夷人提供支援，提撥資源。夏威夷原住民則必須讓出主張自己為獨立民族的權力，轉而與內政部合作，受制於聯邦法、州法與郡法。有人深受吸引，但活動家亨利・挪亞（Henry Noa）提出耳熟能詳的問題：「我們準備好舉手投降了嗎？」[10]

對於主權問題，有許多高能見度的回應。其中之一並非來自立法機構層面，而是夏威夷的瓦伊馬那羅（Waimanalo）的地方層級。瓦伊馬那羅是個勞工階級城鎮，約有一萬人口，由夏威夷人與有夏威夷血緣的鄰里組成。他們講夏威夷語，出外找工作；當地人對觀光業不感興趣，也對旅遊世界抱持不友善的態度。一九九四年，班皮・卡內赫雷（Bumpy Kanehele）來到能俯瞰瓦伊馬那羅的山丘上建立一個聚落。卡內赫雷簡直就像眾多夏威夷人成長經驗的統計縮影：手中的機會不多，曾度過憤怒的青春期，是個中輟生。一九八七年，他開始為夏威夷原住民運動發聲，進過監獄，態度益發激進。

他以行動紀念一九九三年，帶領支持者占領瓦伊馬那羅附近的瑪卡普勿海灘（Makapuʻu）。一年後，當地政府妥協：只要他同意撤走，當局願意把山上的土地讓給他的團體。於是，卡內赫雷在俯瞰瓦伊馬那羅鎮的高處，劃定了「瓦伊馬那羅庇護所」（Puʻuhonua o Waimanalo）——透過這個聚落展現獨立的夏威夷可能的實際樣貌。他的團隊在四十五英畝的土地上開闢泥土路，沿著山邊蓋小房子與棚子，掘地並灌溉泥濘的芋頭田與朱蕉田，創造了一個讓小孩子、動物可以奔跑，鳥類可以飛翔的世界。這個聚落由四名婦女組成的「姑姨委員會」（council of aunties）主事，迅速而有效地達到自治；州政府並不干涉，而聚落中的家庭與個人各有職責在身，要打掃、供餐與耕作。小孩子必須向其他人學習夏威夷語，以及打獵、捕魚等傳統技藝。[11]

但這不只是個民俗世界。居民跟物資仍要靠車子或舊卡車來載；小孩子穿著短褲打籃球；爭議與驅逐需要透過會議仲裁；居民也得有工作可做，許多人在外做生意以自給。即便如此，庇護所仍然是由當地主持。建立更多的夏威夷原住民社群，是卡內赫雷的遠大目標。他說，他從自己的土地望向山與海，這就是他對主權的定義。

懷唐伊日的衝突

在奧特亞羅瓦（紐西蘭），土地與主權問題也一直是毛利人與白人爭議的核心。一九九五年二月五日，紐西蘭北島外海發生一場震度七點零的地震，隨後引發二十一起餘震。接下來幾星期，一系列餘震不斷，從北到南。這些地震事件根據一年一度的懷唐伊紀念日而命名為「懷唐伊日群震」（Waitangi Day Sequence），而這樣的命名卻也預示了未來一年局面的開展。

懷唐伊日儀式始於一九四〇年代，目的在於紀念一八四〇年簽署的文件，不列顛領土紐西蘭自此誕生，所有毛利人與白人公民在英格蘭女王統治下受到保護。早期的紀念活動以海軍與政府官員為主出席，而毛利儀式與參與則在一九五〇年代成為表演的一環。一九七四年，懷唐伊日成為國定假日。

每年二月，官方的致詞與表演通常都在試圖對世人呈現紐西蘭的自我形象：有法治、有合作的多種族社會。從巴爾幹到南亞，世界上許多地方都有嚴重的族群與宗教派系衝突，但從十九世紀毛利人與白人的土地戰爭之後，紐西蘭就鮮少發生相關問題。不過，毛利活動人士也始終認為，紀念活動是個突顯不公義持續存在的場合。整個一九八〇年代，活動人士試圖引起人們對《懷唐伊條約》的注意；到了一九九〇年代，他們更是完全質疑其合法性，將懷唐伊日轉為能見度高的抗議活動。

數十年下來，官方的和諧印象早已鉛華洗盡。毛利活動人士與自由派的白人開始公開質疑紐西蘭社會中的種族與不平等問題，並深入探討這個國家究竟應該是個南半球的小不列顛，抑或是個面向海洋的獨立太平洋島嶼社會。早在一九八一年，這些議題便已甚囂塵上——這一年，南非橄欖球國家隊「跳羚隊」（Springboks）展開巡迴賽，成千上萬或支持、或反對此事的紐西蘭人投入辯論、抗議，甚至在街頭鬥毆。

運動向來是紐西蘭民族榮耀的泉源，紐西蘭著名的「黑衫軍」（All Blacks）跟跳羚隊等世界冠軍隊伍競爭激烈。自從一九二〇年代起，兩國之間的巡迴賽事便能喚起民眾的熱情；但到了一九七〇年代與一九八〇年代，正值解殖與社會變遷的中途，巡迴賽事有一點格外引人側目：南非是由一個種族隔離政府所統治，以法律歧視、種族隔離、白人至上為務，而運動代表隊的選拔正是根據這些原則。

跳羚隊計劃在一九八一年夏秋兩季前往紐西蘭，此時紐西蘭國內意見也分裂為兩派——一派是主張運動歸運動、政治歸政治的政府官員等支持者，另一派則是譴責南非政策的反對者。保守派抱持傳統論點，認為南非人可以從紐西蘭多元種族社會的優良典範中獲益良多；批評者則要求全面檢視紐西蘭的種族現況。

巡迴賽按計畫舉辦，但過程意外不斷。球迷在場內看，大批群眾則在場外抗議。鎮暴警察配備特殊裝備，至少有兩起示威者拉倒圍籬、闖入球場的事件。比賽因此中斷或取消，廣播設備也遭人破壞。其中一場賽事進行時，甚至有一架私人小飛機低空飛過球場，丟下麵粉炸彈。[12]

跳羚隊爭議終歸平息，但撕裂紐西蘭的問題依舊存在；對於某些人來說，忽略種族與不平等問題的這一汙點也仍未消失。懷唐伊日的年度紀念活動吸收了這些議題，但多數的儀式仍然以精心打造的面貌呈現，抗議者則被警方擋在封鎖線外。一九九〇年，國教會大主教華卡輝輝・韋勒庫（Whakahuihui Vercoe）應邀出席活動，在紐西蘭總理、毛利女王特阿麗姬努伊（Te Arikinui）與來訪的伊莉莎白二世面前致詞。毛利示威者在他進場時大喝倒采，卻在他對著權貴直言時安靜下來：「自從條約簽訂後……我們的夥伴一直邊緣化我們。你們不尊重條約……。這塊土地上講的是你們的語言，採用的是你們的習俗，用來向世人說『我們是誰』的媒體，也是你們的。」此後，他再也沒有接獲邀請。

爭議的尖銳程度在一九九五年達到頂峰——政府準備立法用「財政彌封」（fiscal envelope）解決毛利補償問題。這項計畫令白人保守派怒不可遏，他們認為這筆預計達十億美元的基金，是特殊待遇、種族偏袒的最好例證，更是在好戰與不滿分子的政治操作前示弱。毛利社群抗議政府再度未諮詢自己意見，沒有對地方權力與主權展開討論就制定計畫。在懷唐伊日紀念活動舉行的特提聚會所（*Te Tii marae*），毛利領導人金吉・逮魯阿（Kingi Tairua）直言批評在場的所有官員；塔梅・以第（Tame Iti）不只發言，還朝總理的腳吐口水；喬・莫菲（Joe Murphy）甚至踩踏紐西蘭國旗。[13]

他們的舉動引發了全國的議論，時間長達數週；即便人們的立場有來有往，也有人向懷唐伊委員會索賠過，但這些問題十多年來徘徊不去。是誰受辱？有人說是政府，有人說是全紐西蘭人，也有人（例如韋勒庫大主教）說是那些記得條約的承諾落空的人。

太平洋遺產的轉移

即便如此，條約與協議的制定、簽訂仍未停歇，畢竟太平洋各地與曾經的、當今的殖民勢力的協商，並不局限於土地與主權，還包括對文化與自然遺產的掌控，以及「誰從中獲益」的議題。問題在於，應該由誰來定調。一九九三年，奧特亞羅瓦紐西蘭的瑪塔圖阿九大部落（Nine Tribes of Mataatua）召開了第一屆原住民文化與智慧財產權國際會議（First International Conference on The Cultural and Intellectual Property Rights of Indigenous Peoples，後簡稱原民文化智財會議），對協商的原則提出強有力的聲明。

來自十四個國家的代表出席這場會議，他們代表太平洋各地的原住民，例如菲律賓原住民、日本北部的愛奴人、澳洲原住民與許多玻里尼西亞島嶼原住民。會議的目標在於對原住民知識與習俗帶來全面的保障——尤其是環境資源管理——以及藝術、音樂、文化形式的保護與發展。此外，與會者對於生物多樣性、生物技術的前景與挑戰也有深入探討。

文化領域有不少震撼的知名案例——原住民族請願保護神聖的舞蹈、吟唱與商業免於遭到商業剝削，並與博物館、人類學家對抗，要求返還文物，尤其是人類遺骸。這些遺骸究竟是樣本，還是原住民的祖先？訴訟案與示威活動中充滿了這樣的問題。原民文化智財會議肯定特定傳承與財產的原住民權利，同時指出「全世界原住民的知識實能裨益全人類」。此外，會議也確立了對於某些案例中所謂「生物剽竊」（biopiracy）應當採取的立場，並呼籲終結對「對原住民族、原住民知識，以及原民文化、智慧財權的剝削牟利」。[14]

生物剽竊的例子曾出現在二〇〇二年的夏威夷：夏威夷大學與聖地牙哥一間生物技術公司——多維沙企業（Diversa Corporation）——簽約；根據公司總裁的說法，締約是為了「來自我們生物多樣性存取網絡中非凡環境裡的獨特分子」。這間公司提議利用其基因技術，檢視來自島上未經研究的環境樣本，旨在開發醫藥與抗體應用。

之所以有傳承相關的爭議，是因為多維沙的協議中講明這間公司「對於多維沙的任何創新，擁有所有的權利、所有權與收益」，而這實際上等於宣告對於從探勘島嶼與化驗樣本中得來的「新產品」有所有權與最終的專利權。針對這起訴訟案，律師米莉拉妮·特拉斯克在評論時引用了多維沙的主張，提到該公司「對於夏威夷的獨特海洋資源有獨占的權利……有權將所有的研究方向與創業投資人導向他們在聖地牙哥的辦公室」。[15]

所有權與利益問題已非一日之寒。一九九五年，加拿大的國際鄉村發展基金會（Rural Advancement Foundation International）爆出消息，指稱美國對巴布亞紐幾內亞哈嘎海族（Hagahai）一名族人身上的一段遺傳物質授予專利。直到一九八四年為止，哈嘎海族跟外界不常接觸。此後，許多族人因為接觸帶來的疾病而死。醫療研究人員靠著接種救人一命，同時注意到哈嘎海族似乎很少出現血癌或神經失調。美國有人對他們的遺傳物質進行研究，用於創造有抗愛滋病潛力的療法。

研究帶來的益處似乎無庸置疑。靠著一名女性治療者的知識，研究人員同樣從薩摩亞的植物中，萃取出可用於幫助免疫細胞對抗ＡＩＤＳ病毒的化學物質。即便如此，個人ＤＮＡ的法定所有權仍然問題重重。批評者痛斥「美國政府為巴布亞紐幾內亞原住民申請專利」的做法。有人稱之為新型殖民剝削，是政府或私人對人體生物學的占有。此外，專利的授予還包括來自索羅門群島馬洛沃潟湖的一名婦女，以及瓜達康納爾島一名男子身上的人類Ｔ細胞株。

除了在奧特亞羅瓦紐西蘭舉辦的原住民財產權會議之外，也有人呼籲以泛太平洋的合作與行動來因應。斐濟蘇瓦太平洋關懷資源中心的羅貝蒂・森尼圖里（Lopeti Senituli），協助起草了一份條約。這項倡議是希望太平洋各國政府出手，對有疑慮的做法制定規範與政策。是項條約除了依循原民文化智財會議所訂下的原則，還以不久前草根行動的遺緒為靈感——森尼圖里解釋道：「裡面大概有百分之五十來自我們的《非核暨獨立太平洋人民憲章》。」[16]

太平洋島民並非唯一一群在一九九〇年代索回遺產，同時放眼未來的人。同類型的行動也在海洋亞洲展開。一九九七年有另一份條約——不列顛的殖民條約——經過重新審視，而且這一回條約還廢止了。七月時，隨著香港主權轉移給中國政府，亞洲的最後一大歐洲殖民前哨站也消失了。

香港在鴉片戰爭期間遭到占領，然後「租借」出去。從此之後，這個不列顛王室直轄殖民地始終是個自由港，發展出國際化的歐裔與亞裔人口，但擁有特權的不列顛臣民則落腳在域多厘山（Victoria Peak）一帶，跟人口占多數的華裔接觸不多。殖民地圍繞著一系列的島嶼而建，以擁擠的市場、路面電車、餐館、大牌檔，以及不停穿梭在水道上的中式平底船與貨船而聞名。

許多商業與司法建築是四大家族——李家、何家、許家與羅家——所建，移民社群則設立醫院、學校與金融中心。日軍在太平洋戰爭期間入侵香港，炸翻不列顛部隊的據點，而日本的占領導致大規模饑荒、疾病，以及平民慘重傷亡。戰爭結束後，不列顛再度統治香港；與此同時，移民、難民與企業則來到香港，希望躲開中國國民黨與共產黨在大陸的衝突。毛澤東為首的共產黨戰勝時，更多的大陸人擔心迫害，逃到香港。

作為殖民地，以及歐洲人在太平洋帝國的產物，香港在戰後時期保持亮眼，不只是個區域中心，更是全球貨物轉口港與金融交易的十字路口。從一九七〇年代起，香港憑藉完整的教育體系與廉價勞力，成為人們口中「亞洲四小龍」之一，與新加坡、韓國與台灣相提並論，更與日本一同締造了二十世紀晚期的「環太平洋」與「太平洋世紀」歷史。馬里亞納群島、斐濟、薩摩亞等國家制定國策的人，同樣希望跟上「太平洋世紀」的腳步——進口原物料，利用廉價勞力與威權統治，創造出口經濟。

太平洋島國跟亞洲有些共同利益。日本與台灣特別著力往大洋洲尋找合約。台灣政府積極發展與太平洋島國的關係，提供援助，從索羅門群島、馬紹爾群島、諾魯、吉里巴西、吐瓦魯與帛琉爭取合約與外交承認。香港銀行業與貿易中心欣欣向榮，為亞洲與太平洋島嶼的建設提供資金槓桿。香港華人身處波波閃閃的港口與摩天大樓之間，養兒育女，雇用菲律賓男女傭提供家事服務。

經過十多年的協商、角力，以及數百萬人的不安全感（有人甚至逃往海外），不列顛將期滿的租界交了回去。中華人民共和國國家主席江澤民與總理李鵬，與代表女王伊莉莎白二世出席的威爾斯親王查爾斯一同坐在大紅色的講台上。同台的還有聯合王國首相東尼·布萊爾。威爾斯親王在莊嚴的儀式中宣讀不列顛的告別致詞，不列顛國旗與香港殖民地旗在〈天佑女王〉（*God Save the Queen*）的樂聲中降旗。新的香港旗隨著中華人民共和國國旗升起。時針指向午夜，來到七月一日，中國主席江澤民發表「一國兩制」的演說，敘明香港在中國統治下做為特別行政區的地位。煙火施放，不列顛人駛離。

許多政治與媒體觀察家認為，這次的轉移富有歷史意義。不列顛人在十九世紀帶著砲艦與不平等條約而來，創造一個宰制中國商業的帝國，從印度洋延伸到太平洋島嶼，而後環繞全球。眼下幾乎整個日不落帝國都消失了。到了二十世紀晚期，中國以廉價勞力創造出張牙舞爪、迅速擴張的工業基礎與出口經濟，日本則憂心忡忡看著一切。[17]

香港主權移交後又一個十五年，日本仍舊是無人能敵的亞洲經濟巨人，靠著馳名全球的汽車與電子用品主宰全球，憑藉漫畫、流行動畫與節目抓住了一代代人的心。然而，變化早已開始。

經濟起飛的動盪年代

一九七〇年代與一九八〇年代，鄧小平與趙紫陽把共產中國的農工重心轉移到太平洋沿岸的經濟特區，建構沿海發展戰略，著眼於全球海上出口貿易。未來風的上海浦東區等地有如閃閃發亮的展示櫥窗，開始發展出後現代的天際線，夾帶著令人吃驚的貧困、社會壓力與生態破壞，中國以外的全世界——以及二十世紀的俄國、美國與西歐等霸權——都用不安與入迷的眼光看著。

雖然世人常常把中國看成崛起的強國，但與其說是異軍突起，不如說是奪回其堪稱傳統的地位。明代寶船、絲綢貿易、近代早期茶葉壟斷，以及透過廣州主宰全球西班牙白銀交易……這一段悠久的歷史，是輝煌昔日無可辯駁的證據。中式戎克船在鴉片戰爭、加雷翁船、飛剪快船的干擾下消失了；如今，它們變身為巨型貨櫃船與油輪，再度被全世界最繁忙的口岸所牽引。

北京在大洋洲協商漁業協議與資源合約，同時金援各島國的新建設。庫克群島、斐濟、薩摩亞、巴布亞紐幾內亞與萬那杜都得到資助，興建新的運動場館，以及對營造政府設施的補貼。各國領袖受邀前往中國，接受盛大的招待。亞洲再度成為島嶼政局與利益的中心。不列顛人離開，中國成為關係中主導的一方，像過去好幾個世紀以來那樣主宰貿易，吸引全世界的注意。[18]

世人預期中國將主導接下來的數十年，這樣的「太平洋世紀」立刻顯示出未來在新的千禧年可能處於什麼樣態。香港主權移交給中華人民共和國不到二十四小時，亞洲各地的經濟便開始崩盤。一九九七年亞洲金融風暴的時間點是個不祥之兆：環太平洋與亞洲四小龍無止境的出口導向樂觀情緒，將會創造出一個金融市場相互依賴程度嚇人的新太平洋，不僅會毀了經濟，甚至讓整個社會失去穩定，政權因此顛覆。

數十年來，亞洲四小龍與亞洲「經濟奇蹟」的報導令外國投資人躍躍欲試，深受地方與中央政府提供的高利率報酬吸引。然而，這些報酬往往沒有

太平洋世紀：上海，二十一世紀中國櫥窗。（Credit: Daniel M. Shih, Shanghai Pudong.）

紮實的經濟成長所支持，而是靠金融投機，將房地產與股票市場價格炒到不現實的高度。泰國就是這樣——泰國經濟以房地產價值的提升為動力，已經好幾年了。一九九七年，信貸熄火，買家開始等待價格下跌而非追高，泰國經濟價值開始隨泰銖一起暴跌。金融公司破產，營建中斷，成千上萬外籍勞工的簽證與工作證遭到撤銷。都會區的泰國工人返回鄉下。

恐慌性出售與無法回收的債務、借款，導致資產、股票市場與公司價值大跌，泰國、菲律賓、韓國與馬來西亞的貨幣全都在一年之內貶值百分之三十到四十。印尼幣值大貶百分之八十，生意人開始放棄不穩定的印尼盾，改用美元。對市井小民而言，這意味著拿來買東西的錢愈來愈沒有價值。

亞洲金融風暴向外席捲，銀根隨著緊縮，公司與商店關門，失業率上升，物價因搶購而騰高。印尼全國陷入暴動，暴民在雅加達尋找待罪羔羊，攻擊華人社區，殺害居民，焚燒店面。上千人死亡。目擊者稱暴民不僅有組織，背後更有軍人撐腰。劫掠、暴力令總統蘇哈托焦頭爛額，加上無法遏止情勢惡化，他也因此備受抨擊。全國一片混亂，民眾普遍認為他與家人從非法商業合約裡達了數十億美元的回扣。[19]

暴力升級，亞齊、廖內、伊利安等行政區開始反對雅加達中央政府。軍方擔心爆發內戰，部分將領失去對蘇哈托的信心。少了軍方的支持，蘇哈托被迫辭職，由副總統B．J．哈比比（B. J. Habibie）接任。亞洲金融風暴明確展現了亞洲太平洋邁入千禧年時發揮的作用。全球市場創造大量財富，卻也讓整個國家陷入迅速的動盪。各國耗費數年才恢復國立，許多國家愈來愈仰賴跟銀行業者與國際貨幣基金執行董事的關係。

印尼總統哈比比用了不少時間，才勉強穩固自己的政權，重建本國金融。他還做了一件出人意料的事——一九九八年，哈比比宣布東帝汶人民可以決定是否繼續作為印尼的一部分。這項消息令人震驚，以至於雖然有人表示稱許，但更多人抱持懷疑。

帝汶島位於印尼群島最東端，是小巽他群島（Lesser Sunda Islands）的最大島嶼。帝汶就像介於亞洲與大洋洲之間的許多地方一樣，古代南島語族與馬來民族定居於此，是檀木、蜂蠟與奴隸貿易的集散地。帝汶擁有多民族、多語言的人口，遍布河谷與平原，其中又以東部的德頓人（Tetum）最為知名。十六世紀起，葡萄牙貿易商來此開拓，種植玉米、咖啡並收稅，牢牢掌控島嶼東部的政治，而荷蘭東印度公司的統治則穩據西半部。[20]

印尼獨立後，曾經的荷蘭殖民帝都成為新國家的一部分，但東帝汶仍然由葡萄牙統治。一九七四年，東帝汶終於感受到全球解殖的衝擊——里斯本放棄剩餘的殖民地。葡萄牙人的目光投注在撤出非洲的殖民地辛巴威與安哥拉，不太在乎既存的東帝汶。等到他們放棄東帝汶，東帝汶人意見分裂了。有人支持與葡萄牙保持關係，有人支持加入印尼。但是，東帝汶的情況就和西巴布亞一樣，印尼立刻聲明當地是滿者伯夷帝國歷史領土的一部分。

無情、獨立行動的軍事指揮官派大部隊粉碎所有獨立的聲音，恐嚇居民，消滅反對者。他們打擊東帝汶德頓民族主義者與左派民兵，美國與澳洲則作壁上觀，把他們的行動當成對共產主義的抵抗。蘇哈托政權放任軍方公然宰制東帝汶，允許軍官自己擔任行政要職，創造軍事占領。一九七五年後，葡萄牙語與當地萬靈論宗教皆遭到禁止。

哈比比提供東帝汶機會，選擇特別自治權或獨立，等於傷害本國軍隊的利益。有人認為他出奇勇敢，但更多人質疑這位蘇哈托的前同夥為何沒有迅速行動，掌握那些軍事單位與民兵支持者。他個人似乎相信民族自決，而他身為政治未來黯淡的非民選總統，有機會穩定印尼的一部分，同時解決引發國際嚴重譴責的動盪情勢。

一九九一年，東帝汶首都帝利（Dili）平民遭到屠殺，引發全球撻伐；一九九六年，東帝汶運動家若澤·拉莫斯—奧爾塔（José Ramos-Horta）與主教嘉祿·斐理伯·西美內斯·貝洛（Carlos Filipe

Ximenes Belo）榮獲諾貝爾和平獎，表彰他們以非暴力方式推動獨立，全世界因此更關注東帝汶情勢。印尼發現自己成為人權調查的標的，在確保其經濟得到援助與借款時面臨挑戰。

一九九九年，東帝汶將近百分之八十選民支持獨立。但軍方與親雅加達的東帝汶民兵不肯善罷干休。他們在整座島上到處破壞、襲擊，殺害數千人，試圖完全掌控當地，將當地人趕進難民營。聚集在教堂區的群眾遭到屠殺；法蘭西斯科・熱蘇斯・達科斯塔（Francisco de Jesus da Costa）作證：「我出來就看到遍地屍體，小孩、婦女、年輕人和老人都有。我是走在這些屍體之間。」此時因為有公投結果支持，加上知道軍事干預也不會引發與印尼的戰爭，聯合國於是同意在澳洲領軍下派部隊維和。[21]

破壞與殺戮過後，東帝汶幾乎一片荒蕪。在聯合國行政之下，東帝汶花了好幾年時間重建、協商權力共享，以及制憲。此前的數十年，亞洲與太平洋各地已經經歷許多因主權而引發的戰爭了。二〇〇二年，東帝汶獲承認為獨立國家，成為二十一世紀的第一個新國家。

後記 世界遺產
World heritage

二〇〇〇年一月一日凌晨，全世界把目光轉向一個出人意料的地方：太平洋吉里巴斯群島中一座無人小島。國際換日線穿過這裡。換日的那一刻，吉里巴斯總統塞布羅羅．斯托（Teburoro Tito）點燃火炬，歡迎世人踏入新的千禧年。幾小時內，西太平洋各地紛紛換日，紐西蘭、美拉尼西亞島嶼和澳洲依序展開慶祝活動。奧特亞羅瓦的毛利社群以吟唱迎接夜晚的來到。幾小時外經區的雪梨港透過高桅帆船與煙火慶祝，東京人敲響古老的大鐘，香港的船隊則是一片歡聲雷動。這一刻屬於全世界。

正當太平洋各地民眾在亞洲大都會與小島城鎮、村落中歡慶千禧年到來，吉里巴斯卻在考慮何去何從。這個島群的正式名稱為吉里巴斯共和國，涵蓋吉伯特群島、埃利斯群島（Ellice Islands）、鳳凰群島（Phoenix Islands）與萊恩群島（Line Islands）。吉里巴斯多為低海拔的環礁，但環抱的海域則極為遼闊，面積與美國本土相仿。首府塔拉瓦（Tarawa）西有密克羅尼西亞的馬紹爾群島，南有美拉尼西亞的索羅門群島與萬那杜。共和國的範圍北近斐濟、東加、薩摩亞與庫克群島。萊恩群島居東，介於夏威夷與法屬玻里尼西亞之間。吉里巴斯群島同時坐落在赤道南北，跨越東西半球，得天獨厚，因而吸引了太平洋與世界各國的關注。

進入「太平洋世紀」與「太平洋路線」的時代，吉里巴斯官員提出一個相當要緊的問題，尤其是對澳洲與紐西蘭提問：哪個國家願意接納吉里巴斯公民為難民？氣候已經開始變化，隨之而來的全球暖化現象也是人盡皆知。全世界都在激辯，環境的變化究竟是真實還是想像，是自然還是人為。但有一件事情無庸置疑：低海拔島嶼將消失在洋面之下。

海平面上升，區域性乾旱加劇，鹽盤在島嶼各地形成，茂密的棕櫚樹林因汙染而死。二〇〇八年，吉里巴斯總統湯安諾（Anote Tong）在紐西蘭主持一場聯合國環境論壇，在會上清楚表達自己的看法。「做好有一天你再也沒有國家的準備，這真的非常痛苦，但我想我們不得不如此。」最早踏入千禧年的太平洋地方，恐怕也將是最早消失的地方之一。[1]

補救不能只靠島國本身。聯合國支持的《京都議定書》（Kyoto Protocols）在二〇〇五年生效。協議中設定了減碳目標，並允許各國與其他國家進行碳排放額「總量管制與交易」（cap and trade），但美國等強權與成長中的亞太經濟體對責任有不同的看法，議題也因此懸而未決。二〇一〇年，中國超越日本，成為世界第二大經濟體。第一大經濟體——美國——消耗全球能源的程度向來高得不成比例，同時也是空氣汙染製造者，但當時的保守派政府主張減碳規定將妨礙產業與經濟成長，因此拒絕簽字。

印度與中國得到的關注愈來愈多，大片的環境破壞，伴隨著兩國一飛衝天的成長率而來。以中國來說，這意味著河川汙染、沿海水體含氧降低，以及為了發電燒廉價煤而排放的數十百億噸二氧化碳。一旦二氧化碳與釋放到大氣中的硫化物汙染結合，便會造成酸雨，威脅中國人的健康，並加速海洋溫度的變化。

珊瑚白化與海洋汙染導致海洋生物棲地崩潰，自然防波堤消失。沿岸遭侵蝕後退。吉里巴斯與其他低海拔島嶼國家，簽署並批准包括《京都議定書》與其後續協定在內的環境保護條約，同時對於全球相互依賴的世界居然缺乏推動遵守條約的機制而表示不滿。[2]

吉里巴斯國土甚微，國民不滿十萬人，散布在島群各地。不過，這個國家看似小國，卻擁有一段非凡的跨地域島嶼史，甚至跨越整個太平洋，直至全世界。吉里巴斯各島位於各大文化與貿易區的交會處，長久以來都是找路的人必經的十字路口。數千年前，密克羅尼西亞吉里巴斯人（I-Kiribati）隨著出亞洲的大遷徙潮，來到此地安家落戶。他們和大多數大洋洲民族一樣，是討海人、領航者，居住在一個四通八達的世界。

塔拉瓦當地流傳的故事提到來自薩摩亞，甚至來自蘇門答臘與印尼的航海家；透過史料，可以追出斐濟與東加勇士入侵當地的紀錄。歐洲商人、奴隸販子與捕鯨人先後來到，為島嶼帶來融合密克羅尼西亞、玻里尼西亞、美拉尼西亞與歐洲背景的人口，獨特但並非不尋常。西班牙人帶來大部分人口信奉的羅馬天主教信仰，新教福音派則緊跟在後。

吉里巴斯幾大島群有過一段殖民歷史，在十九世紀初淪為不列顛保護領，有些則在太平洋戰爭期間受大日本帝國統治。塔拉瓦環礁因為血腥的戰役而聞名，萊恩群島則是在冷戰時作為核子試爆場。在解殖的太平洋中，一九七〇年代的獨立雖然為島群帶來自治政府，卻也讓不同島群有了多離的意見與自主的主張。吉伯特群島成為吉里巴斯共和國主體，埃利斯群島宣佈獨立為吐瓦魯。巴納巴島（Banaba Island）一直希望脫離，成為斐濟的一部分。

多數島民持續從事自給農漁業，有些人轉為從事觀光、小生意與乾椰仁製作。主要人口中心過於擁擠。都市生活、人口迫遷、就業與教育等問題，挑戰著棕櫚海濱、潟湖與沙岸的居民們。

海產仍然是主要出口品，魚類與海藻送往日本、台灣、澳洲、美國與西歐，工業製品則從上述國家與中國、韓國與紐西蘭進口。由於吉里巴斯鄰近赤道，日本與中國在此設立衛星遙測設施；謠傳指出，中國的衛星站是用來監聽鄰近馬紹爾群島的美軍飛彈與軍事調度。吉里巴斯承認台灣為國家之後，跟中國的外交關係破裂；吉里巴斯也曾提出一旦海平面上升，能否將國民安置到台灣的議題。*政府的歲入

---

*【譯注】吉里巴斯於二〇一九年九月宣布與台灣斷交，結束十六年的外交關係。

來自發展援助、與亞洲漁業加工船艦隊的協議，以及移工回匯島嶼的收入。歷史上，無數的過境路線在吉里巴斯周邊海域重疊。這些島嶼過去是，如今亦是全球性的太平洋地域。[3]

雖然吉里巴斯人口少，土地面積小，卻依舊體認到太平洋的歷史終究離不開海洋，離不開大海帶來的挑戰與可能性，試圖為世界留下成果。二〇〇八年，當局設立全世界最大的海洋生態保留區——珊瑚礁、魚類與鳥類繁殖區、海龜保護區，以及資源豐富的遠洋帶，面積超過十五萬平方英里，大膽宣告「保育」重於「發展」。這項決定意味著國家損失來自商業捕魚證的數百萬美元歲入，保留區的推動則有賴外國援助者是否能看見其價值。各國政府承諾協助，吉里巴斯則對可能的未來提出願景。[4]

群島各地都能看到許多熟悉的太平洋歷史餘緒——航海壯舉、貿易、入侵、殖民、戰爭、遷徙、亞洲經濟，以及想像力。大洋洲、歐洲、美洲與亞洲不停在這些島嶼上交錯，持續地行動、對抗與創造。層層疊疊的歷史與提醒——腐朽的火砲陣地、魚罐頭、日本電器與機車、林投葉籃、主日彌撒、電視配音、用於致敬軍艦鳥的舞蹈、古風舷外浮桿船——在棕櫚環抱的海岸留下了痕跡。太平洋帶來、帶走這一切。小孩子用他們最喜歡的問題，來招呼陌生人：「你要去哪？」

致謝

Acknowledgements

本書這類題材的著作，自然得靠好幾代學者的累積。關於海洋全球視野，Epeli Hau'ofa、David Chappell、Barbara Andaya、Greg Dening、Deryck Scarr、John Gillis、Jean Gelman Taylor、Leonard Blussé、Oskar Spate、Geoff White，以及許多的前輩對我有諸多啟發。

我的同事想必會在幾個特定段落認出自己的研究與影響。茲舉幾位，以示謝意：Brij Lal、Donald Denoon、Margaret Jolly、Patrick Vinton Kirch、Paul D'Arcy、David Hanlon、Washima Che Dan、Noritah Omar、Leonard Andaya、Markus Vink、Sugata Bose、Carla Rahn Phillips、James Belich、Tonio Andrade、James Frances Warren、Vilsoni Hereniko、Eric Tagliacozzo、Vanessa Smith、David Igler、Dennis Flynn、Arturo Giráldez、J. Kehaulani Kauanui、Vince Diaz、Lamont Lindstrom、Ronald Takaki、Ian Campbell、Gary Okihiro、Evelyn Hu-Dehart、Keith Camacho、Teresia Teaiwa、Allan Punzalan Issac、Damon Salesa、Takashi Fujitani、Jack Tchen、David Robie、Kathleen Lopez，以及 Jerry Bentley。

謝謝Marjan Schwegman、Jaap Talsma、Peter Romijn、Frances Gouda、Michael Adas、Al Howard、Bonnie Smith、Mark Wasserman、Don Roden、Christine Skwiot、Kris Alexanderson、Jeffrey Guarneri、Robin Jones、David Meer、Henri Chambert Loir、Amanda Kluveld、Mike Siegel、Ann Fabian、and Remco Raben. Much gratitude to Michael Watson、Chloe Howell，以及劍橋大學出版社的Sarah Turner，感謝他們的支持、好點子與無比的耐心。對於Lee Quinby，我的感激一如既往。本書獻給我的學生與家人，無論近在咫尺或天涯海角。

www.listener.co.nz/issue/3452/features/6497/a_nation_of_two_halves.html

13 Sue Abel, *Shaping the News: Waitangi Day on Television* (Auckland, 1997), 151–4.

14 "Mataatua Declaration on Cultural and Intellectual Property Rights of Indigenous Peoples," *First International Conference* (Whakatane, June 12–18, 1993), 2–5; David W. Gegeo, "Indigenous Knowledge and Empowerment: Rural Development Examined from Within," *The Contemporary Pacific*, 10, 2 (1998), 289–315.

15 Peter G. Pan, "Bioprospecting: Issues and Policy Considerations," *Legislative Reference Bureau* (Honolulu, 2006), 79–84.

16 Kalinga Sevenirante, "South Pacific Region Moves to Protect Indigenous Wisdom," *Interpress Service APC Networks* (May 24, 1995); 見 http://forests.org/archived_site/today/recent/1995/spindkno.htm

17 Steve Yui-Sang Tsang, *A Modern History of Hong Kong* (London and New York, 2007); Suzanne Pepper, *Keeping Democracy at Bay: Hong Kong and the Challenge of Chinese Political Reform* (Lanham, MD, 2008).

18 Ron Crocombe, *Asia in the Pacific Islands: Replacing the West* (Suva, 2007); Barry Eichengreen, Yung Chul Park, and Charles Wyplosz, *China, Asia, and the New World Economy* (Oxford and New York, 2008).

19 T. J. Pempel (ed.), *The Politics of the Asian Economic Crisis* (Ithaca, 1999); Richard Carney (ed.), *Lessons from the Asian Financial Crisis* (New York, 2009).

20 Taylor, *Indonesia*, 340–86.

21 Testimonies, "Paramilitary Violence in East Timor," *US House of Representatives, East Timor Action Network* (May 4 and 7, 1999), 5; Joseph Nevins, *A Not-So-Distant-Horror: Mass Violence in East Timor* (Ithaca, 2005).

後記　世界遺產

1 Kathy Marks, "Climate Change Forces South Sea Islanders to Seek Sanctuary Abroad," *The Independent* (June 6, 2008).

2 David Victor, *The Collapse of the Kyoto Protocol and the Struggle to Slow Global Warming* (Princeton, 2001); Joseph Aldy and Robert Stavins (eds.), *Architectures for Agreement: Addressing Global Climate Change in the Post-Kyoto World* (Cambridge, 2007); Elizabeth Economy, *The River Runs Black: The Environmental Challenge to China's Future* (Ithaca, 2004).

3 Tebaubwebwe Tiata, Kumon Uriam, Sister Alaima Talu, et al., *Kiribati: Aspects of History* (Kiribati, 1998).

4 David Fogarty, "Kiribati Creates World's Largest Marine Reserve," *Reuters News Service* (February 14, 2008).

Southeast Asia: Challenges and New Directions (Copenhagen, 2008); Arnaud de Borchgrave, Thomas Sanderson, and David Gordon (eds.), *Conflict, Community, and Criminality in Southeast Asia and Australia* (Washington, DC, 2009).

第 22 章　修復傳承，索回歷史

1　Yen Ching-hwang, *The Ethnic Chinese in East and Southeast Asia* (Singapore, 2002); Adam McKeown, *Chinese Migrant Networks and Cultural Change: Peru, Chicago, Hawaii, 1930–1936* (Chicago, 2001); Aihwa Ong, *Spirits of Resistance and Capitalist Discipline: Factory Women in Malaysia* (Albany, 1987).

2　見 Catharina Purwani Williams, *Maiden Voyages: Eastern Indonesian Women on the Move* (Singapore, 2007), testimonies, 138, 147–50; Karen Beeks and Delila Amir (eds.), *Trafficking and the Global Sex Trade* (Lanham, 2006); "Feds Uncover American Samoa Sweatshop," *Honolulu Star-Bulletin* (March 24, 2001).

3　Toon van Meijl, "Beyond Economics: Transnational Labour Migration in Asia and the Pacific," *IIAS Newsletter*, 43 (Spring, 2007). Bernard Poirine, "Should We Hate or Love MIRAB?" *The Contemporary Pacific*, 10, 1 (1998).

4　Monina Allarey Mercado (ed.), *People Power: The Philippine Revolution of 1986, an Eyewitness History* (Manila, 1986).

5　「你們是新的英雄」轉引自 Vicente L. Rafael, *White Love and Other Events in Filipino History* (Durham, 2000), 210–11.

6　Rafael, *White Love*, 213.

7　關於馬博，見 Nonie Sharp, *No Ordinary Judgment: Mabo, the Murray Islanders' Land Case* (Canberra, 1996), 4; J. Cordell, "Indigenous Peoples' Coastal–Marine Domains: Some Matters of Cultural Documentation," in *Turning the Tide: Conference on Indigenous Peoples and Sea Rights, 14 July–16 July 1993, Faculty of Law, Northern Territory University, Darwin* (NT, Australia, 1993), 159–74; Nonie Sharp, *Saltwater People: The Waves of Memory* (New South Wales, Australia, 2002).

8　Sharp, *No Ordinary Judgment*, 211–17; Peter Russell, *Recognizing Aboriginal Title: The Mabo Case and Indigenous Resistance to English Settler Colonialism* (Toronto, 2005).

9　關於夏威夷歷史與主權，見 Noenoe Silva, *Aloha Betrayed: Native Hawaiian Resistance to American Colonialism* (Durham, 2004); Jonathan K. Osorio, *Dismembering Lahui: A History of the Hawaiian Nation to 1887* (Honolulu, 2002); Jon M. Van Dyke, *Who Owns the Crown Lands of Hawai'i?* (Honolulu, 2007); Haunani Kay Trask, *From a Native Daughter* (Honolulu, 1999).

10　Gordon Y. K. Pang, "Hawaiian Independence Groups Send 'No' Message," *Honolulu Advertiser* (July 1, 2005); J. Kehaulani Kauanui, *Hawaiian Blood: Colonialism and the Politics of Sovereignty and Indigeneity* (Durham, 2008).

11　Thomas A. Tizon, "Rebuilding a Hawaiian Kingdom," *Los Angeles Times* (July 21, 2005); 以及 http://bumpykanahele.com

12　見 Jock Philipps, "A Nation of Two Halves," *New Zealand Listener*, 204, 3452 (July 8–14, 2006),

9 Michael Barr and Lee Kuan Yew, *The Beliefs Behind the Man* (Georgetown, 2000); Yao Souchou, *Confucian Capitalism: Discourse, Practice, and Myth of Chinese Enterprise* (London, 2002).

10 James W. Morley (ed.), *Driven by Growth: Political Change in the Asia-Pacific Region* (Armonk, 1999); Arif Dirlik (ed.), *What Is In a Rim? Critical Perspectives on the Pacific Region Idea* (Lanham, 1998); Teik Soon Lau and Leo Suryadinata (eds.), *Moving into the Pacific Century: The Changing Regional Order in the Asia-Pacific* (Singapore, 1988); Frank Gibney, *The Pacific Century: America and Asia in a Changing World* (New York, 1992); 以及 David Hanlon, *Remaking Micronesia: Discourses over Development in a Pacific Territory* (Honolulu, 1998), ch. 4.

11 Andrew Gordon (ed.), *Postwar Japan as History* (Berkeley and Los Angeles, 1993), 16, 230; Trefalt, *Japanese Army Stragglers*, 150; 以及 Scott O'Bryan, *The Growth Idea: Purpose and Prosperity in Postwar Japan* (Honolulu, 2009).

12 Fikret Birkes, *Sacred Ecology: Traditional Ecological Knowledge and Resource Management* (Philadelphia, 1999), 69–72.

13 關於塔薩代人爭議，見 John Nance, *The Gentle Tasaday: A Stone Age People in the Philippine Rain Forest* (New York, 1975); Thomas Headland, *The Tasaday Controversy: Assessing the Evidence* (American Anthropological Association, 1992); Robin Hemley, *Invented Eden: The Elusive, Disputed History of the Tasaday* (Lincoln, 2006).

14 Max E. Stanton, "The Polynesian Cultural Center: A Multi-Ethnic Model of Seven Pacific Cultures," in Valerie L. Smith, *Hosts and Guests: The Anthropology of Tourism* (Philadelphia, 1989); Andrew Ross, "Cultural Preservation in the Polynesia of the Latter Day Saints," in *The Chicago Gangster Theory of Life* (New York, 1994).

15 Ross, "Cultural Preservation," 44–5; Christine Skwiot, *The Purposes of Paradise: U.S. Tourism and Empire in Cuba and Hawai'i* (Philadelphia, 2010); Haunani-Kay Trask, "Lovely Hula Hands: Corporate Tourism and the Prostitution of Hawaiian Culture," in *From a Native Daughter: Colonialism and Sovereignty in Hawaii* (Monroe, ME, 1993), 163; 以及 Heather Diamond, *American Aloha: Cultural Tourism and the Negotiation of Tradition* (Honolulu, 2008); James Mak, *Developing a Dream Destination: Tourism and Tourism Policy Planning in Hawai'i* (Honolulu, 2008).

16 Haunani Kay Trask in Trask, *From a Native Daughter*, 17; John Connell and Barbara Rugendyke, *Tourism at the Grassroots* (New York, 2008), 65, 85; 以及 Miriam Kahn, *Tahiti Beyond the Postcard: Power, Place, and Everyday Life* (Seattle, 2011), 75–180.

17 轉引自Deborah Gewertz and Fredrick Karl Errington, *Twisted Histories, Altered Contexts: Representing the Chambri in a World System* (Cambridge, 1991), 55–7; 見紀錄片Dennis O'Rourke, *Cannibal Tours* (1988).

18 Rommel C. Banlaoi, "The Abu Sayyaf Group: Threat of Maritime Piracy and Terrorism," in Peter Lehr (ed.), *Violence at Sea: Piracy in the Age of Global Terrorism* (New York, 2008) 121–38.

19 Peter M. Burns and Marina Novelli, *Tourism and Politics: Global Frameworks and Local Realities* (Amsterdam, 2007); Michael Hitchcock, Victor T. King, and Michael Parnwell, *Tourism in*

Rosmarie Gillespie, "Ecocide, Industrial Chemical Contamination, and the Corporate Profit Imperative: The Case of Bougainville," in Christopher Williams (ed.), *Environmental Victims: New Risks, New Injustice* (London, 1998), 97–113. 關於婦女與當地權威，見 Anna Lowenhaupt Tsing, *In the Realm of the Diamond Queen: Marginality in an Out-of-the-Way Place* (Princeton, 1993); 關於當地人對「發展」的看法，David W. Gegeo, "Indigenous Knowledge and Empowerment: Rural Development Examined from Within," *The Contemporary Pacific*, 10, 2 (1998), 289–315.

19 Josephine Tankunani Sirivi and Marilyn Taleo Havini, *As Mothers of the Land: The Birth of the Bougainville Women for Peace and Freedom* (Canberra, 2004); Commonwealth of Australia, *Bougainville: The Peace Process and Beyond* (1999), 20–1; Moses Havini and Vikki John, "Mining, Self-Determination, and Bougainville," in Geoffrey Russell Evans, James Goodman, and Nina Lansbury, *Moving Mountains: Communities Confront Mining and Globalization* (Sydney, 2001), ch. 8.

20 聯合國會議上的演講：www.un.org/esa/gopher-data/conf/fwcw/conf/gov/950913183413.txt

21 關於海倫・哈克娜與亞太婦女、法律與發展論壇（Asia Pacific Forum on Women, Law, and Development），見 www.apwld.org/bougainville_why_was_magdalene.html; 關於瓊・烏納與黎內・烏納的聲明，見：http://www.indigenouspeoplesissues.com (May 12, 2010).

第 21 章　記憶的鬼魂，發展的代言人

1 Geoff Leane and Barbara Von Tigerstrom (eds.), *International Law Issues in the South Pacific* (Hampshire, 2005), 28.

2 Mark Atwood Lawrence, *The Vietnam War: A Concise International History* (New York, 2008); Marilyn B. Young, *The Vietnam Wars, 1945–1990* (New York, 1991); Jayne Werner and Luu Doan Huynh (eds.), *The Vietnam War: Vietnamese and American Perspectives* (Armonk, 1993).

3 Mary Terrell Cargill and Jade Ngoc Quang Huynh, *Voices of the Vietnamese Boat People: Nineteen Narratives of Escape and Survival* (Jefferson, 2000); www.boatpeople.org/a_true_story.htm

4 Cesar Adib Majul, "The Moro Struggle in the Philippines," Third World Quarterly, 10, 2 (April 1988), 897–922; Wan Kadir Che Man, *Muslim Separatism: The Moros of Southern Philippines and the Malays of Southern Thailand* (Oxford, 1990), ch. 3; Thomas McKenna, *Muslim Rulers and Rebels: Everyday Politics and Armed Separatism in the Southern Philippines* (Berkeley and Los Angeles, 1998).

5 McKenna, *Muslim Rulers and Rebels*; Eric Tagliacozzo (ed.), *Southeast Asia and the Middle East: Islam, Movement, and the Longue Durée* (Singapore, 2009).

6 Onoda Hiroo, *No Surrender: My Thirty Year War* (Tokyo, 1973); Beatrice Trefalt, *Japanese Army Stragglers and Memories of the War in Japan, 1950–1975* (London, 2003).

7 關於日本史與戰爭記憶，見 Tak Fujitani, Geoff White, and Lisa Yoneyama (eds.), *Perilous Memories: The Asia-Pacific War(s)* (Durham, 2001).

8 關於小野田，見 Trefalt, *Japanese Army Stragglers*, 158.

妮蘭與達琳・凱茱—強生，見 Zohl de Ishtar (ed.), *Pacific Women Speak Out for Independence and Denuclearisation* (Christchurch, 1998).

7 關於在拉洛東加島簽訂的條約，見 Stewart Firth and Karin von Strokirch, "The Idea of a Nuclear-free Pacific," in Denoon (ed.), *The Cambridge History of the Pacific Islanders*, 355–6; Robie, *Blood on Their Banner*, 152–8.

8 奧斯卡・特馬魯的報導見 *Green Left Weekly*, issue 195 (July 26, 1995); 以及 Colin Newbury, *Tahiti Nui: Change and Survival in French Polynesia, 1767–1945* (Honolulu, 1980); McLennan and Chesneaux, *After Moruroa: France in the South Pacific.*

9 Lawrence Wittner, *Toward Nuclear Abolition: A History of the World Nuclear Disarmament Movement, 1971–Present* (Stanford, 2003), 464.

10 見 Keith Camacho and Setsu Shigematsu, *Militarized Currents: Toward a Decolonized Future in Asia and the Pacific* (Minneapolis, 2010); 以及 http://decolonizeguam.blogspot.com/2008/10/testimony-harmful-effects-of-guams.html by Craig Santos Perez; Catherine Lutz (ed.), *The Bases of Empire: The Global Struggle against U.S. Military Posts* (New York, 2009), chs. 5, 8, 10; Keith Camacho, *Cultures of Commemoration: The Politics of War, Memory, and History in the Mariana Islands* (Honolulu, 2011).

11 關於海中的蝦子與蘇莉亞娜・西娃蒂寶，見 "Women of Wisdom are Pillars of Nations," *Pan-Pacific and Southeast Asian Women's Association Meeting* (Nuku'alofa, 1994), 143.

12 Roniti Teiwaki, *Management of Marine Resources in Kiribati* (Suva, 1988), 35–7; Shankar Aswani, "Customary sea tenure in Oceania as a case of rights-based fishery management: Does it work?" *Reviews in Fish Biology and Fisheries* 15 (2002), 285–307; Edvard Hviding, *Guardians of Marovo Lagoon: Practice, Place, and Politics in Maritime Melanesia* (Honolulu, 1996), chs. 4–5.

13 楊亞星訪談見 Satiman Jamin, *New Straits Times* (November 17, 2008); Esteban Magannon, "Where the Spirits Roam," *UNESCO Courier* (August 1998). Cynthia Chou, *The Orang Suku Laut of Riau, Indonesia* (New York, 2010).

14 關於商業捕魚，見 D'Arcy, *People of the Sea*; 以及 Chen Ta-Yuan, *Japan and the Birth of Takao's Fisheries in Nan'yo 1895–1945* (Perth, 2006); Micah Muscolino, *Fishing Wars and Environmental Change in Late Imperial and Modern China* (Cambridge, MA, 2009).

15 David Doulman, *Tuna Issues and Perspectives in the Pacific Islands Region* (Honolulu, 1987); 以及 Sandra Tarte, *Diplomatic Strategies: the Pacific Islands and Japan* (Canberra, 1997); Sandra Tarte, *Japan's Aid Diplomacy and the Pacific Islands* (Canberra, 1998).

16 Atu Emberson Bain, "Fishy Business: Labour in a Fijian Tuna Cannery is Enough to Make YouWeep . . . The Human and Environmental Cost of Working for World Markets," *New Internationalist Magazine* (June 1, 1997).

17 Paul Moon, *The Sealord Deal* (Auckland, 1999); Sidney Moko Mead, *Landmarks, Bridges, and Visions* (Wellington, 1997), ch. 10; Jocelyn Linnekin and Lin Poyer, *Cultural Identity and Ethnicity in the Pacific* (Honolulu, 1990).

18 Anthony Regan and Helga-Maria Griffin, *Bougainville before the Conflict* (Canberra, 2005);

hawaii.edu/

15 Albert Wendt (ed.), *Nuanua: Pacific Writing in English Since 1980* (Honolulu and Auckland, 1995); Vilsoni Hereniko and Rob Wilson (eds.), *Inside Out: Literature, Cultural Politics, and Identity in the New Pacific* (Oxford, 1994); Michelle Keown, *Pacific Islands Writing: The Postcolonial Literatures of Aotearoa/New Zealand and Oceania* (New York and London, 2007).

16 Ratu Sir Kamisese Mara, *The Pacific Way: A Memoir* (Honolulu, 1997).

17 David Robie, *Blood On Their Banner: Nationalist Struggles in the South Pacific* (London, 1989), 214–19; 以及 Brij V. Lal, *Broken Waves: A History of the Fiji Islands in the Twentieth Century* (Honolulu, 1992); Victor Lal, *Fiji: Coups in Paradise: Race, Politics, and Military Intervention* (London, 1990).

18 Robie, *Blood on Their Banner*, 66–81; 以及 Margaret Jolly, *Women of the Place: Kastom, Colonialism and Gender in Vanuatu* (Amsterdam, 1994); Grace Mera Molisa, "Colonised People," in *Colonised People: Poems* by Grace Mera Molisa (Port Vila, 1987).

19 Susanna Ounei and Free Kanaky in Zohl de Ishtar (ed.), *Pacific Women Speak Out for Independence and Denuclearisation* (Christchurch, 1998), 246.

20 Ton Otto and Nicholas Thomas (eds.), *Narratives of Nation in the South Pacific* (Amsterdam, 1997); 棲包屋見 Robie, *Blood On Their Banner*, 82–141; 以及 Herman Lebovics, *Bringing the Empire Back Home: France in the Global Age* (Durham, 2004), and Eric Waddell, Jean-Marie Tjibaou, *Kanak Witness to the World* (Honolulu, 2008).

21 France, Ministry of Overseas Departments and Territories, *From the Matignon Accords to the Noumea Accord* (Paris, 1998).

第 20 章　陸地與海洋上的關鍵多數

1 Toyofumi Ogura, *Letters from the End of the World: A Firsthand Account of the Bombing of Hiroshima* (New York, 1997); Andrew Jon Rotter, *Hiroshima: The World's Bomb* (Oxford, 2008); Richard Minear (ed.), *Hiroshima: Three Witnesses* (Princeton, 1990); Michael J. Hogan (ed.), *Hiroshima in History and Memory* (Cambridge, 1996).

2 Teresia Teaiwa, "Bikinis and other s/Pacific n/Oceans," *The Contemporary Pacific*, 6, 1 (Spring 1994), 87–109; Stewart Firth, *Nuclear Playground* (Sydney, 1987); Daniel Kelin and Nashton T. Naston, *Marshall Islands Legends and Stories* (Honolulu, 2003), 143; 並見 Robert Stone, *Radio Bikini* (1988) 與 Dennis O'Rourke, *Half Life: A Parable for the Nuclear Age* (1985) 等紀錄片。

3 Jane Dibblin, *Day of Two Suns: U.S. Nuclear Testing and the Pacific Islanders* (London, 1988); J. R. McNeill and Corinna Unger (eds.), *Environmental Histories of the Cold War* (Cambridge, 2010).

4 Nic Maclellan and Jean Chesneaux, *After Moruroa: France in the South Pacific* (Ann Arbor, 1998).

5 Roy Smith, *The Nuclear Free and Independent Pacific Movement: After Moruroa* (New York, 1997), 見 People's Charter 227–31; Robie, *Blood on Their Banner*, 147.

6 關於莉詠・艾克妮蘭，見 Anono Lieom Loeak, Veronica Kiluwe, and Linda Crowl (eds.), *Life in the Republic of the Marshall Islands* (Suva, 2004), 123–7; 關於布麗姬・蘿伯茲、莉詠・艾克

Payback: The Logic of Retribution in Melanesian Religions (Cambridge, 1994), 197–200; 以及 Howe et al., *Tides of History*, 52–3.

2 關於「約來」與「貨物崇拜」，見 Lamont Lindstrom, *Cargo Cult: Strange Stories of Desire from Melanesia and Beyond* (Honolulu, 1993); Martha Kaplan, *Neither Cargo nor Cult: Ritual Politics and the Colonial Imagination in Fiji* (Durham, 1995); Roger Keesing, *Custom and Confrontation: The Kwaio Struggle for Cultural Autonomy* (Chicago, 1992).

3 Jonathan Fifi'i, *From Pig-theft to Parliament: My Life Between Two Worlds, Roger Keesing* (ed. and trans.) (Suva, 1989), 52–5, 68–9; 以及 Hugh Laracy, *Pacific Protest: The Maasina Rule Movement* (Suva, 1983), 99.

4 Haja Maideen, *The Nadra Tragedy, the Maria Hertogh Controversy* (Petaling Jaya, 1989); Tom Eames Hughes, *Tangled Worlds: the Maria Hertogh Story* (Singapore, 1982).

5 關於亞洲在冷戰時期的動盪，見 Ronald Spector, *In the Ruins of Empire: The Japanese Surrender and the Battle for Postwar Asia* (New York, 2007); Roger Thompson, *The Pacific Basin Since 1945* (Harlow, 2001).

6 Benedict Anderson, *Java in a Time of Revolution: Occupation and Resistance, 1944–46* (Ithaca, 1972); Adam Schwartz, *A Nation in Waiting: Indonesia's Search for Stability* (Boulder, 2000).

7 見 Mary S. Zurbuchen (ed.), *Beginning to Remember: The Past in the Indonesian Present* (Singapore, 2005); Taylor, *Indonesia*, 351; Nicholas Tarling (ed.), *The Cambridge History of Southeast Asia*, vol. ii, part 2 (London, 1999), 218; Peter King, "Morning Star Rising? Indonesia Raya and the New Papuan Nationalism," *Indonesia*, 73 (2002), 89–127.

8 見 Nic Macllelan, Cairns Forum, "West Papua Off the Forum Agenda," (September 9, 2009), http://papuastory.wordpress.com; 以及 E. P. Wolters, *Beyond the Border: Indonesia and Papua New Guinea – Southeast Asia and the South Pacific* (Suva, 1988).

9 Jack Alexander, *Bandung: An On-The-Spot Description of the Asian-African⊠Conference, Bandung, Indonesia, 1955* (Ann Arbor, 1955).

10 Robert Kiste, K. R. Howe, and Brij V. Lal (eds.), *Tides of History* (Honolulu, 1994), 147–280; Donald Denoon (ed.), *Emerging from Empire: Decolonization in the Pacific* (Canberra, 1997); 以及 Peter Hempenstall and Noel Rutheford, *Protest and Dissent in the Colonial Pacific* (Suva, 1984).

11 H. Morton, "Remembering Freedom and the Freedom to Remember: Tongan Memories of Independence," in J. M. Mageo (ed.), *Cultural Memory: Reconfiguring History and Identity in thePostcolonial Pacific* (Honolulu, 2001), 37–57.

12 J. Kehaulani Kauanui, *Hawaiian Blood: Colonialism and the Politics of Sovereignty and Indigeneity* (Durham, 2008); Elinor Langer, "Famous Are the Flowers," *The Nation* (April 28, 2008), 23.

13 關於卡胡拉威島、巴斯比與海爾姆，見 Zohl dé Ishtar, *Daughters of the Pacific* (Melbourne, 1994), 110; 以及 George He'eu Sanford Kanahele, *Ku Kanaka Stand Tall* (Honolulu, 1986); 以及 Rodney Morales (ed.), *Ho'iho'i Hou: A Tribute to George Helm and Kimo Mitchell* (Honolulu, 1984).

14 歡樂之星號的故事，見 Finney, *Sea to Space*; 以及玻里尼西亞航海協會網站：http://pvs.kcc.

Memoir of World War II Internment in the Philippines (Honolulu, 2010).

9 Paul. H. Kratoska (ed.), *Asian Labor in the Wartime Japanese Empire* (Singapore, 2006).

10 朴金珠訪談，見 www.unc.edu/news/archives/feb97/comfort.htm，Caroline Berndt 報導；Maria Rosa Henson, *Comfort Woman: A Filipina's Story of Prostitution and Slavery under the Japanese Military* (Lanham, 1999).

11 "Korean Comfort Women: The Slaves' Revolt," *The Independent*, (April 24, 2008); Yoshiaki Yoshimi, *Comfort Women: Sexual Slavery In the Japanese Military During World War II* (New York, 1995); Chunghee Sarah Soh, *The Comfort Women: Sexual Violence and Postcolonial Memory in Korea and Japan* (Chicago, 2008); Margaret D. Stetz and Bonnie B. C. Oh (eds.), *Legacies of the Comfort Women of World War II* (Armonk, 2001).

12 Hank Nelson, "The Consolation Unit: Comfort Women at Rabaul," *The Journal of Pacific History*, 43 (2008), 1–22.

13 酋長莫爾的故事收錄在 Pamela J. Stewart and Andrew Strathern, *Identity Work: Constructing Pacific Lives* (Pittsburgh, 2000); Geoffrey White and Lamont Lindstrom (eds.), *The Pacific Theater: Island Representations of World War II* (Honolulu, 1989); Lamont Lindstrom and Geoffrey White, *Island Encounters: Black and White Memories of the Pacific War* (Washington and London, 1990).

14 關於阿弗瑞・杜納，見 John Waiko, "Damp Soil My Bed, Rotten Log My Pillow: A Villager's Experience of the Japanese Invasion," *'O 'O: A Journal of Solomon Island Studies*, 4 (1988), 45–59.

15 Lindstrom and White, *Island Encounters*, 勞拉西島事件見 65；手榴彈的故事，見 69.

16 Testimony by "George" (1946), www.diggerhistory.info/pages-battles/ww2/kokoda.htm

17 Geoff White and Lamont Lindstrom, *The Pacific Theater: Island Representations of World War II* (Honolulu, 1989), 58; Don Richter, *Where the Sun Stood Still: the Untold Story of Sir Jacob Vouza and the Guadalcanal Campaign* (Agoura, 1992).

18 Sir Fredrick Osifelo, *Kanaka Boy: an Autobiography* (Suva, 1985) 20–3.

19 Fifi'i, *Pig-theft*, 55.

20 Akiyama (Vicky Vaughan), in Bruce M. Petty, *Saipan: Oral Histories* (Jefferson, NC, 2002), 19; 以及 Suzanne Falgout, Lin Poyer, and Laurence M. Carucci, *Memories of War: Micronesians in the Pacific War* (Honolulu, 2008).

21 關於神風特攻，見 http://wgordon.web.wesleyan.edu/kamikaze/index.htm 的證詞檔案。

22 詳見Geoffrey White, "War Remains: The Culture of Preservation in the Southwest Pacific," *Cultural Resource Management* 24, 5, 9–13; Tsuyoshi Hasegawa (ed.), *The End of the Pacific War: Reappraisals* (Stanford, 1998).

23 Malealo in White et al., *The Big Death*, 176–8.

24 范坎本的證詞，見 www.dutch-east-indies.com/story/index.htm.

第 19 章　先知與解殖的反抗者

1 關於安嘎妮塔・梅努弗洛與史蒂芬・西莫皮亞列夫，見 Chris Marjen, "Cargo Cult Movement, Biak," *Journal of the Papua and New Guinea Society* 1–2 (1967), 62–5; G. W. Trompf,

Origin and Spread of Nationalism (London and New York, 1983); 卡蒂妮的生平與荷蘭倫理政策，見 Frances Gouda, *Dutch Culture Overseas* (Amsterdam, 1995), 39, 53, 80, 268, quote, 87, 現代形式，293; Joost Coté and Gunawan Mohamad (eds.), *On Feminism and Nationalism: Kartini's Letters to Stella Zeehandelaar, 1899–1903* (Monash, 2005); Ahmat Adam, *The Vernacular Press and the Emergence of Modern Indonesian Consciousness, 1855–1913* (Ithaca, 1995).

17 Kris Alexanderson, "Fluid Mobility: Global Maritime Networks and the Dutch Empire, 1918–1942," unpublished PhD dissertation, Rutgers University, 2011, 83–112; Michael B. Miller, "Pilgrim's Progress: The Business of the Hajj," *Past and Present*, 191 (May 2006), 189–228.

18 Michael Francis Laffan, *Islamic Nationhood and Colonial Indonesia: The Umma Below the Winds* (Abingdon, 2003); Huub de Jonge and Nico Kaptein, *Transcending Borders: Arabs, Politics, Trade and Islam in Southeast Asia* (Leiden, 2002); Alexanderson, *Fluid Mobility*, 167–205.

第 18 章　亞洲舞台，戰爭劇碼

1 關於查亞巴亞的預言，見 Khoon Choy Lee, *A Fragile Nation: The Indonesian Crisis* (Singapore, 1999), 125–30.

2 Ramon Myers and Mark Peattie (eds.), *The Japanese Colonial Empire, 1895–1945* (Princeton, 1984); Sydney Giffard, *Japan Among the Powers, 1890–1990* (New Haven, 1997).

3 柳寬順的故事，見 Alexis Dudden, *Japan's Colonization of Korea: Discourse and Power* (Honolulu, 2007); 研究之複雜，見 Gi-Wook Shin and Michael Edson Robinson, *Colonial Modernity in Korea* (Cambridge, MA, 1999).

4 Thomas Burkman, *Japan and the League of Nations: Empire and World Order: 1914–1938* (Honolulu, 2007); Joshua Fogel (ed.), *The Nanjing Massacre: History and Historiography* (Berkeley and Los Angeles, 2000); Iris Chang, *The Rape of Nanking: Forgotten Holocaust of World War II* (New York, 1998).

5 關於喬治・麥拉洛，見 Geoffrey M. White, David Gegeo, Karen Ann Watson-Gegeo, and David Akin (eds.), *The Big Death/Bikfala Faet Olketa Solomon Aelanda Rimembarem Wol Wo Tu/ Solomon Islanders Remember World War II* (Suva, 1988), 176–8.

6 Harry Gailey, *The War in the Pacific: From Pearl Harbor to Tokyo Bay* (Presidio, 1996); John Dower, *War Without Mercy: Race and Power in the Pacific War* (New York, 1987); Ienaga Saburo, *The Pacific War 1931–1945* (New York, 1979).

7 John Mason, *The Pacific War Remembered: An Oral History* (Annapolis, 1986), 246; Louis Ortega, www.history.navy.mil/faqs/faq87–3c.htm; Genjirou Inoui, www.nettally.com/jrube/Genjirou/genjirou.htm; Haruko Taya Cook and Theodore Cook, *Japan at War: An Oral History* (New York, 1995).

8 伊莉莎白・范坎本的回憶，見 www.dutch-east-indies.com/story/index.htm. 居留營日記的分析與批判，見 Mariska Heijmans-van Bruggen and Remco Raben, "Sources of Truth: Dutch Diaries from Japanese Internment Camps" 與 Remco Raben (ed.), *Representing the Japanese Occupation of Indonesia* (Amsterdam, 1999); 比較研究見 Curtis Whitfield Tong, *Child of War: A*

（decentralized despotism），見 Mahmood Mamdani, *Citizen and Subject: Contemporary Africa and the Legacy of Late Colonialism* (Princeton, 1996), chs. 3–4.

3 Sylvia Schaffarczyk, "Australia's Official Papuan Collection: Sir Hubert Murray and the How and Why of a Colonial Collection," *reCollections: Journal of the National Museum of Australia*, i, 1 (2006); Amira Henare, Museums, *Anthropology, and Imperial Exchange* (Cambridge, 2005).

4 Bronislaw Malinowski, *Argonauts of the Western Pacific* (London, 1922); 以及 *The Sexual Life of Savages in North-Western Melanesia*, 3rd edition (London, 1932).

5 轉引自 Talal Asad in George Stocking (ed.), *Colonial Situations: Essays of the Contextualization of Ethnographic Knowledge* (London, 1991), 51.

6 Michael Young and Julia Clark, *An Anthropologist in Papua: The Photography of F. E. Williams, 1922–1939*, 23, 25; Nicholas Thomas, *Out of Time: History and Evolution in Anthropological Discourse* (Ann Arbor, 1996).

7 見 Constance Gordon Cumming, *At Home in Fiji* (Edinburgh, 1881), 147, 345; 並見 Margaret Jolly and Nicholas Thomas, "The Politics of Tradition in the Pacific": *Introduction, Oceania*, 62 (1992), 241–8; Lamont Lindstrom and Geoffrey M. White (eds.), *Chiefs Today: Traditional Pacific Leadership and the Postcolonial State* (Stanford, 1997); Lamont Lindstrom and Geoffrey M. White (eds.), *Culture, Kastom, Tradition: Developing Cultural Policy in Melanesia* (Suva, 1994).

8 關於阿波羅西・哪外，見 Brij V. Lal, *Broken Waves: A History of the Fiji Islands in the Twentieth Century* (Honolulu, 1992), 48–54; J. Heartfield, "You Are Not a White Woman," *Journal of Pacific History*, 38, 1 (June 2003), 69–83; John Garrett, *Footsteps In the Sea: Christianity in Oceania to World War II* (Suva, 1992), 176–7; Robert Nicole, *Disturbing History: Resistance in Early Colonial Fiji, 1874–1914* (Honolulu, 2010).

9 Totaram Sanadhya, *My Twenty One Years in the Fiji Islands* (Suva, 1991).

10 Lal, *Broken Waves*, 關於馬尼拉爾，見 46–8.

11 Margaret Mead, *Coming of Age in Samoa: a Study of Adolescence and Sex in Primitive Societies*, various editions (Penguin, [1928], 1943); Derek Freeman, *Margaret Mead and Samoa: the Making and Unmaking of an Anthropological Myth* (Cambridge, MA, 1983).

12 Michael Field, *Mau: Samoa's Struggle Against New Zealand Oppression* (Auckland, 1991); David Chappell, "The Forgotten Mau: Anti-Navy Protest in American Samoa, 1920–1935," *Pacific Historical Review*, 29, 2 (2000), 217–60; Malama Meleisea and Penelope Schoeffel Meleisea, *Lagaga: A Short History of Western Samoa* (Suva, 1987); Albert Wendt, "Olaf Nelson," in *Guardians and Wards* (Wellington, 1965).

13 轉引自 Michael Field, *Black Saturday: New Zealand's Tragic Blunders in Samoa* (Auckland, 2006).

14 Paul Cohen, *History in Three Keys: The Boxers as Event, Experience, and Myth* (New York, 1997); Jonathan Spence, *The Search for Modern China* (New York, 1990), 230–7; Robert Bickers and R. G. Tiedmann (eds.), *The Boxers, China, and the World* (Lanham, MD, 2007).

15 James Scott, *Weapons of the Weak* (New Haven, 1985).

16 關於卡蒂妮夫人的角色，見 Benedict Anderson, *Imagined Communities: Reflections on the*

16 Madeline Yuan-yin Hsu, *Dreaming of Gold, Dreaming of Home: Transnationalism and Migration Between the United States and China* (Stanford, 2000); Susan Lee Johnson, *Roaring Camp: The Social World of the California Gold Rush* (New York, 2000); Yong Chen, *Chinese San Francisco, 1850–1943: A Trans-Pacific Community* (Stanford, 2000).

17 Ron Takaki, *Pau Hana: Plantation Life and Labor in Hawaii* (Honolulu, 1983); 以 及 Yong-ho Ch'oe, ed., *From the Land of Hibiscus: Koreans in Hawai'i, 1903–1950* (Honolulu, 2006); Ron Takaki, *Strangers From a Different Shore: A History of Asian Americans* (Boston, 1989); Gary Okihiro, *Margins and Mainstreams: Asians in American History and Culture* (Seattle, 1994); Evelyn Hu-Dehart, *Across the Pacific: Asian Americans and Globalization* (Philadelphia, 2000); Sucheng Chan, *Remapping Asian American History* (Lanham, 2003).

18 Takaki, *Strangers from a Different Shore*, 154.

19 Silva, *Aloha Betrayed*; Osorio, *Dismembering Lahui.*

20 Lauren L. Basson, *White Enough to be American? Race Mixing, Indigenous People, and the Boundaries of State and Nation* (Chapel Hill, 2008), ch. 3 談威爾考克斯。

21 David F. Trask, *The War with Spain in 1898* (New York, 1981), 96–8.

22 Samuel K. Tan, A History of the Philippines (Quezon City, 1997).

23 Maria Stella Sibal Valdez, *Dr. José Rizal and the Writing of His Story* (Manila, 2008); for critiques of Ultimo Adios, 見 Eva-Lotta E. Hedman and John T. Sidel, *Philippine Politics and Society in the Twentieth Century: Colonial Legacies, Post-Colonial Trajectories* (London, 2000).

24 Leon Maria Guerrero and Carlos Quirino, *The First Filipino: A Biography of José Rizal* (Manila, 1974); Reynaldo Clemeña Ileto, *Pasyon and Revolution: Popular Movements in the Philippines, 1840–1910* (Quezon City, 1979); Michael Cullinane, *Illustrado Politics: Filipino Elite Responses to American Rule, 1898–1908* (Quezon City, 2003).

25 杜威引文見 *The Quarterly Journal of the Library of Congress*, 27 (Washington DC, 1970); David Silbey, *A War of Frontier and Empire: The Philippine–American War, 1899–1902* (New York, 2007).

26 Allan Punzalan Isaac, *American Tropics: Articulating Filipino America* (Minneapolis, 2006); Stuart C. Miller, *Benevolent Assimilation: The American Conquest of the Philippines* (New Haven, 1984); 以及 Julian Go, *American Empire and the Politics of Meaning: Elite Political Cultures in the Philippines and Puerto Rico during U.S. Colonialism* (Durham, 2008).

第 17 章　衝突的傳統與民族研究

1 塔虎脫的說法，見 Thomas McHale, "American Colonial Policy Towards the Philippines," *Journal of Southeast Asian History*, 3 (1962), 24–43; 關於威廉・瓊斯與民族誌，見 Renato Rosaldo, *Ilongot Headhunting 1883–1974* (Stanford, 1980), citations 1–9; 以及 David Barrows, *The Bureau of Non-Christian Tribes for the Philippine Islands* (Manila, 1901).

2 藏品見Nicholas Thomas, *Entangled Objects: Exchange, Material Culture, and Colonialism in the Pacific* (Cambridge, MA, 1991); 以及 Jan van Bremen and Akitoshi Shimizu (eds.), *Anthropology and Colonialism in Asia and Oceania* (Richmond, 1999); 關於風俗與「分權式專制」

MacDonald and the Opening of Japan (Berkeley, 2003); Peter Mills, *Hawaii's Russian Adventure: A New Look at Old History* (Honolulu, 2002).

2 Kawada Shoryo (Junya Nagakuni and Junji Kitadai, trans.), *Drifting Toward the Southeast: The Story of Five Japanese Castaways* (New Bedford, MA, 2003); John Van Sant, *Pacific Pioneers: Japanese Journeys to America and Hawaii, 1850–1880* (Chicago, 2000).

3 William G. Beasley (ed.), *Perry's Mission to Japan, 1853–1854*, 8 vols. (Richmond, [1952], 2002).

4 關於《神奈川條約》、森山榮之助與音吉，見 Ruth Roland, *Interpreters As Diplomats* (Ottowa, 2001), 83–121.

5 見 Kenneth Pomeranz (ed.), *The Pacific in the Age of Early Industrialization* (London and Burlington, 2009).

6 Andre Schmid, *Korea between Empires, 1895–1919* (New York, 2002); Peter Duus, *The Abacus and the Sword: The Japanese Penetration of Korea, 1895–1910* (Berkeley and Los Angeles, 1995).

7 K. Hwang, *The Korean Reform Movement of the 1880s: A Study of Transition in Intra-Asian Relations* (Cambridge, MA, 1978); Ki-jung Pang, Michael Shinn, and Yong-sop Kim, *Landlords, Peasants, and Intellectuals in Modern Korea* (Ithaca, 2005).

8 清日戰爭與台灣殖民：Yuko Kikuchi, *Refracted Modernity: Visual Culture and Identity in Colonial Taiwan* (Honolulu, 2007).

9 關於夏威夷政局，見 Lilikala Kame'eleihiwa, *Native Lands and Foreign Desires: How Shall We Live in Harmony?* (Honolulu, 1992); 關於日本，見 Donald Keene, *Emperor of Japan: Meiji and His World* (Columbia, 2002), citations from 346–51; 關於卡拉卡瓦之行，見 Keene, *Emperor of Japan*, 348; 以及 Ralph Kuykendall, *The Hawaiian Kingdom 1874–1893* (Honolulu, 1967), 312–17.

10 Kuykendall, *The Hawaiian Kingdom*, 316–17; Gerald Horne, *The White Pacific: U.S. Imperialism and Black Slavery in the South Seas after the Civil War* (Honolulu, 2007), 115–16.

11 關於史蒂文生在太平洋的生活，見 Vanessa Smith, *Literary Culture and the Pacific: Nineteenth Century Textual Encounters* (Cambridge, 1998).

12 關於刺刀憲法，見Noenoe Silva, *Aloha Betrayed: Native Hawaiian Resistance to American Colonialism* (Durham, 2004); Jonathan K. Osorio, *Dismembering Lahui: A History of the Hawaiian Nation to 1887* (Honolulu, 2002).

13 關於美國的擴張，見 Bruce Cumings, *Dominion from Sea to Sea* (New Haven and London, 2009); 以及 Arthur Power Dudden, *The American Pacific* (New York, 1992); Jeffrey Geiger, *Facing the Pacific: Polynesia and the U.S. Imperial Imagination* (Honolulu, 2007).

14 James Delgado, *Gold Rush Port: The Maritime Archaeology of San Francisco's Waterfront* (Berkeley and Los Angeles, 2009); David Igler, *Industrial Cowboys: Miller and Lux and the Transformation of the Far West, 1850–1920* (Berkeley and Los Angeles, 2005); David Igler, "Global Exchanges in the Eastern Pacific Basin: 1770–1850," *American Historical Review*, 109, 3 (June 2004).

15 Jay Monaghan, Chile, Peru, and the California Gold Rush of 1849 (Berkeley and Los Angeles, 1973), chs. 1–2, 14–16.

6 關於卡爾號事件，見 John M. Bennett, Sir William Stawell, *Second Chief Justice of Victoria* (Sydney, 2004), 147 的報告。

7 關於企業家比利・馬斯・那保，見 http://arts.anu.edu.au/arcworld/vks/BLAKSTOR.HTM

8 瓜依蘇利亞的故事，見 Peter Corris, "Kwaisulia of Ada Gege: A Strongman in the Solomon Islands," in J. W. Davidson and D. Scarr (eds.), *Pacific Islands Portraits* (Canberra, 1970), 253–65; Roger Keesing, "Kwaisulia as Culture Hero," in James Carrier (ed.), *History and Tradition in Melanesian Anthropology* (Berkeley, 1992), citations 175–82. Nigel Randell, *The White Headhunter* (New York, 2003).

9. Joseph Waterhouse, *The King and People of Fiji* (Honolulu, [reprint] 1997); Anthony Trollope, *The Tireless Traveler: Twenty Letters to the Liverpool Mercury, 1875* (Berkeley, 1989), 187–9.

10 關於亞瑟・戈登、最高酋長議會與印度契約工，見 Brij Lal, Doug Munro, and Edward Beechert (eds.), *Plantation Workers: Resistance and Accommodation* (Honolulu, 1993).

11 見 Subramani, *The Indo-Fijian Experience* (Suva, 1979); Vijendra Kumar in Brij V. Lal, *Bittersweet: The Indo-Fijian Experience* (Canberra, 2004).

12 關於鳥糞石的歷史，見 Harry Evans Maude, *Slavers in Paradise: the Peruvian Slave Trade in Polynesia, 1862–1864* (Stanford, 1981), 15–17; 以及 *Pacific Voices Talk Story*, 243–7.

13 Stephen Fischer, *Island at the End of the World: The Turbulent History of Easter Island* (London, 2005).

14 約・該・郭德弗羅依父子貿易公司：C. Brundson Fletcher, *Stevenson's Germany: The Case Against Germany in the Pacific* (New York, 1920); 以及 Brij Lal and Kate Fortune (eds.), *The Pacific Islands: An Encyclopedia* (Honolulu, 2000), 216.

15 錫娜的傳說，見 Vilsoni Hereniko and Jasper Schreurs, Sina and Tinilau (Suva, 1997); J. M. Mageo (ed.), *Cultural Memory; Reconfiguring History and Identity in the Postcolonial Pacific* (Honolulu, 2001), ch. 3.

16 Stewart G. Firth, *New Guinea Under the Germans* (Carlton, 1983), 20–33, 73–9, 136–41; Rainer Buschmann, *Anthropology's Global Histories: The Ethnographic Frontier in German New Guinea, 1870–1935* (Honolulu, 2008).

17 Anita Herle, Nick Stanley, Karen Stevenson, and Robert Welch (eds.), *Pacific Art: Persistence, Change, and Meaning* (Honolulu, 2002); Anthony Forge, "Style and Meaning in Sepik Art," in Victor Buchli, *Material Culture: Critical Concepts in the Social Sciences* (London, [1973], 2004).

18 Emma Forsayth in R. W. Robson, *Queen Emma: The Samoan-American Girl Who Founded an Empire in Nineteenth-Century New Guinea* (Sydney, 1965).

19 關於後藤與鈴木的任務，見 Mark Peattie, *Nan'yo: The Rise and Fall of the Japanese in Micronesia* (Honolulu, 1988); 以及 August Ibrun K. Kituai, My Gun, *My Brother: The World of the Papua New Guinea Colonial Police* (Honolulu, 1998).

第 16 章　異國海濱上的帝國命運

1 Ranald MacDonald in Frederik Schodt, *Native American in the Land of the Shogun: Ranald*

(Viking, 2003).
9 Marshall Sahlins, *Islands of History* (Chicago, 1985), 54–72; Paul Moon, *Hone Heke: Nga Puhi Warrior* (Auckland, 2001).
10 Angela Ballara, *Te Kīngitanga: The People of the Maori King Movement* (Auckland, 1996); Belich, *The New Zealand Wars*; James Liu, Tim McCreanor, Tracey McIntosh, and Teresia Teaiwa (eds.), *New Zealand Identities: Departures and Destinations* (Wellington, 2005).
11 Greg Dening, "Writing, Rewriting the Beach," in Alan Munslow and Robert Rosentstone (eds.), *Experiments in Rethinking History* (New York, 2004), 44–5; 以 及 John Dunmore, *Visions and Realities: France in the Pacific 1695–1995* (Waikanae, 1997).
12 關於帕科科，見 Dening, "Writing, Rewriting," 50–1.
13 波馬雷與酋長的抗議：Colin Newbury, "Aspects of French Policy in the Pacific 1853–1906," Pacific Historical Review, 27, 1 (February 1958); 以 及 Colin Newbury, "Resistance and Collaboration in French Polynesia: The Tahitian War: 1844–7," Appendix 1, 21–5, cited here, 23.
14 Colin Newbury, *Tahiti Nui: Change and Survival in French Polynesia, 1767–1945* (Honolulu, 1980); Matt Matsuda, *Empire of Love: Histories of France and the Pacific* (New York, 2003).
15 Robert Nicole, *The Pen, the Pistol and the Other: Literature and Power in Tahiti* (New York, 2001), 167–202; Lee Wallace, *Sexual Encounters, Pacific Texts, Modern Sexualities* (Ithaca, NY, 2003).
16 Nicola Cooper, *France in Indochina: Colonial Encounters* (Oxford, 2001); Panivong Norindr, *Phantasmatic Indochina: French Colonial Ideology in Architecture, Film, and Literature* (Durham, 1996); Kathryn Robson and Jennifer Yee (eds.), *France and "Indochina": Cultural Representations* (Lanham, 2005).
17 見*Matsuda, Empire of Love*; 以及 Julia Clancy-Smith and Frances Gouda (eds.), *Domesticating the Empire: Race, Gender, and Family Life in French and Dutch Colonialism* (Charlottesville and London, 1998); Ann Laura Stoler, *Carnal Knowledge and Imperial Power: Race and the Intimate in Colonial Rule* (Berkeley, 2002).
18 Roselène Dossuet-Leenhardt, *Terre natale, terre d'exil* (Paris, 1976).

第 15 章　遷徙、種植園與人力產業

1 Lamont Lindstrom, "Sophia Elau, Ungka the Gibbon, and the Pearly Nautilus," *The Journal of Pacific History*, 33, 1 (1998), 5–27.
2 Charles Darwin, *Voyage of the Beagle* (London, [1839], 1989).
3 關於在埃羅芒阿島傳教的土著代表，見 George Bennett 在 *The Asiatic Journal and Monthly Register* (January–April, 1832), 120–5 的報導。
4 見 Dorothy Shineberg, *They Came for Sandalwood* (Melbourne, 1967) 以 及 *The People Trade: Pacific Island Laborers and New Caledonia* (Honolulu, 1999); 以及 Tracey Banavanua-Mar, *Violence and Colonial Dialogue: The Australian-Pacific Indentured Labor Trade* (Honolulu, 1997).
5 Gerald Horne, *The White Pacific: U.S. Imperialism and Black Slavery in the South Seas After the Civil War* (Honolulu, 2007).

20 關於清朝與英夷，見 Harry Gregor Gelber, *Opium, Soldiers, and Evangelicals* (New York, 2004), 29–30; Alain Le Pichon, *China Trade and Empire: Jardine, Matheson & Co. and the Origins of British Hong Kong, 1827–1843* (Oxford, 2006).

21 Yangwen Zheng, *The Social Life of Opium in China* (Cambridge, 2005); David Anthony Bello, *Opium and the Limits of Empire: Drug Prohibition in the Chinese Interior, 1729–1850* (Cambridge, MA, 2005); Gelber, *Opium*, 35–40.

22 Lydia He Liu, *The Clash of Empires: The Invention of China in Modern World Making* (Cambridge, MA, 2004), 235; Hsin-pao Chang, *Commissioner Lin and the Opium War* (New York, 1970); Arthur Waley, *The Opium War through Chinese Eyes* (Stanford, 1968); W. Travis Hanes and Frank Sanello, *The Opium Wars: The Addiction of One Empire and the Corruption of Another* (Naperville, IL, 2002).

23 Jonathan Spence, *God's Chinese Son: The Taiping Heavenly Kingdom of Hong Xiquan* (Norton, 1997); Anthony Reid (ed.), *The Chinese Diaspora in the Pacific* (London, 2008).

第 14 章 旗幟、條約與砲艦

1 Carl A. Trocki, *Prince of Pirates: The Temenggongs and the Development of Johor and Singapore* (Singapore, 1979); Hong Lysa and Huang Jianli, *The Scripting of a National Story: Singapore and its Pasts* (Singapore, 2008); C. E. Wurtzburg, *Raffles of the Eastern Isles* (London, 1954).

2 Peter Carey, *The Power of Prophecy: Prince Dipanagara and the End of an Old Order in Java, 1785–1855* (Leiden, 2008); Nancy Florida, *Writing the Past, Inscribing the Future: History as Prophesy in Colonial Java* (Durham, 1995); Michael Adas, *Prophets of Rebellion: Millennarian Protest Movements against the European Colonial Order* (Chapel Hill, 1979).

3 關於種植制度，見 R. E. Elson, *Village Java under the Cultivation System, 1830–1870* (Sydney, 1994); C. Fasseur, *The Politics of Colonial Expansion: Java, the Dutch, and the Cultivation System* (Ithaca, 1992).

4 John H. Walker, *Power and Prowess: the Origins of Brooke Kingship in Sarawak* (Honolulu, 2002), 14, 113; Benedict Sandin, *The Sea Dayaks of Borneo before White Rajah Rule* (East Lansing, 1967).

5 Gertrude L. Jacob, *The Rajah of Sarawak, An Account of Sir James Brooke* (London, 1876); Steven Runciman, *The White Rajahs: A History of Sarawak from 1841 to 1946* (Cambridge, 1960).

6 Jacob, *The Rajah of Sarawak*, 174.

7 Claudia Orange, *The Treaty of Waitangi* (Crows Nest, 1987); Donald F. MacKenzie, *Oral Culture, Literacy, and Print in Early New Zealand: The Treaty of Waitangi* (Wellington, 1985); Paul Moon, Te ara kī te Tiriti (The Path to the Treaty of Waitangi) (Auckland, 2002); Ranginui Walker, *Ka whawhai tonu matou* (Struggle without End) (Auckland, 2004).

8 James Belich, *The New Zealand Wars and the Victorian Interpretation of Racial Conflict* (Auckland, 1986); Angela Ballara, Taua: *Musket Wars, Land Wars, or Tikanga: Warfare in Maori Society in the Early Nineteenth Century* (Auckland, 2003); Ron Crosby, *The Musket Wars: A History of Inter-Iwi Conflict, 1806–1845* (Auckland, 1999); Dorothy Ulrich Cloher, Hongi Hika, *Warrior Chief*

5　關於廣東商人，見 ocw.mit.edu/ans7870/21f/21f.027/rise_fall_canton_01/cw_essay03.html. 並見 Weng Eong Chong, *The Hong Merchants of Canton: Chinese Merchants in Sino-Western Trade* (Richmond, 1997).

6　Mary Dusenbery and Carol Bier, *Flowers, Dragons, and Pine Trees: Asian Textiles in the Spencer Museum of Art* (Manchester, VT, 2004), 118; 別墅與花園， Fa-Ti Fan, *British Naturalists in Qing China; Yong Chen, Chinese in San Francisco, 1850–1943* (Stanford, 2000), 37.

7　Yen P'ing Hao, *The Comprador in Nineteenth Century China: Bridge Between East and West* (Cambridge, 1970), 關於成就與文化，見 48–9, 75–6, 87, 關於何東，見 182.

8　Daniel Peacock, *Lee Boo of Belau: A Prince in London* (Honolulu, 2007); 關於卡伊阿那，見 David Chappell, *Double Ghosts: Oceanian Voyagers on European Ships* (New York, 1997), passim chs. 6–9.

9　Chappell, *Double Ghosts*, chs. 3–5.

10　Susan Lebo, "Native Hawaiian Whalers in Nantucket, 1820–60," *Historic Nantucket*, 56, 1 (Winter 2007), 14–16.

11　Rev. Henry Cheever, *The Whale and His Captors* (New York, 1853).

12　關於梅爾維爾與全球文學，見 David Chappell, "Ahab's Boat," in Bernhard Klein and Gesa Mackenthun, *Sea Changes: Historicizing the Ocean* (New York, 2004), 75–90.

13　關於各方在奴特卡灣的相遇與馬奎納，見 Dale Walker, *Pacific Destiny: The Three Century Journey to the Oregon Country* (New York, 2000); 以 及 David Igler, "Diseased Goods: Global Exchanges in the Eastern Pacific Basin, 1770–1850," *American Historical Review 109* (June 2004), 693–719.

14　關於巴克禮、法蘭西絲與維妮，見 Chappell, *Double Ghosts,* 19–20; 以及 Jean Barman and Bruce McIntyre Watson, *Leaving Paradise: Indigenous Hawaiians in the Pacific Northwest* (Honolulu, 2006).

15　關於卡美哈梅哈的貿易方針，見 Dodge, *Islands and Empires*, 62, 160–1.

16　Gavan Daws, "The High Chief Boki," *Journal of the Polynesian Society*, 75, 1 (1966).

17　R. Gerard Ward, "The Pacific Be˄ che-de-Mer Trade with Special Reference to Fiji," in Ward (ed.), *Man in the Pacific Islands* (Oxford, 1972), 91–123.

18　海參貿易見"The Disappearing Dri," *The Fiji Times* (July 28, 1988); 以及Richard Tucker, *Insatiable Appetite: The United States and Ecological Degradation of the Tropical World* (Berkeley, 2000).

19　Robert Gardella, *Harvesting Mountains: Fujian and the China Tea Trade* (Berkeley and Los Angeles, 1994); Yong Liu, *The Dutch East India Company's Tea Trade with China, 1757–1781* (Leiden, 2007); 茶葉歷史向來是高人氣主題，見 Roy Moxham, *Tea: Addiction, Exploitation, and Empire* (New York, 2004); Laura Martin, *Tea: The Drink that Changed the World* (North Clarendon, 2007); Beatrice Hohnegger, *Liquid Jade: The Story of Tea from East to West* (New York, 2006); Alan Macfarlane and Iris Macfarlane, *The Empire of Tea: The Remarkable History of the Plant that Took Over the World* (New York, 2004); Victor Mair and Erling Hoh, *The True History of Tea* (London, 2009).

Daniels, *Convict Women: Rough Culture and Reformation* (Crows Nest, 1998).

9 Dodge, *Islands and Empire*, 131 提到的。

10 亨利・凱伯、約翰・藍道與愛德華・普尤的案件，檔案見 http://members.iinet.net.au/~perthdps/convicts/con137.htm

11 Judy Campbell, *Invisible Invaders: Smallpox and Other Diseases in Aboriginal Australia, 1780–1880* (Melbourne, 2002); Grace Karskens, *The Colony: A History of Early Sydney* (Crows Nest, 2009), 32–61.

12 Jane Carey and Claire McLisky, *Creating White Australia* (Sydney, 2006); Laksiri Jaysuriya, David Walker, and Jan Gothard (eds.), *Legacies of White Australia: Race, Culture, and Nation* (Perth, 2003); Hsu-Mind Teo and Richard White (eds.), *Cultural History in Australia* (Sydney, 2003); Manning Clark, *A History of Australia* (Melbourne, [reprint] 1997); Frank Sherry, Pacific Passions: *The European Struggle for Power in the Great Ocean in the Age of Exploration* (London, 1994); Dampier, *A New Voyage*, 410.

13 見Suvendrini Perera, *Australia and the Insular Imagination* (New York, 2009); David Walker, *Anxious Nation: Australia and the Rise of Asia, 1850–1939* (St Lucia, 1999); 考古發現：Julian Holland, "The Search for a Continent," in *Pacific Voyages* (New York, 1971), 336.

14 Miriam Estensen, *The Life of Matthew Flinders* (London and Crows Nest, 2002), 264–6.

15 Regina Ganter, Julia Martinez, and Gary Lee, *Mixed Relations: Asian– Aboriginal Contact in North Australia* (Crawley, 2006), 14–16; Alison Mercieca, "From Makassar to Marege to the Museum: Trepang Processing Industry in Arnhem Land," www.nma.gov.au/audio/transcripts/NMA_Mercieca_20080709.html

16 C. C. Macknight, *The Voyage to Marege: Macassan Trepangers in Northern Australia* (Melbourne, 1976); 交易循環的紀錄，98, 116.

17 Macknight, *Voyage to Marege*, 204.

18 Ganter et al., Mixed Relations; www.Aiaa.org.au/news/news15/seacucumber.html

19 見 Stuart MacIntyre, Anna Clark, and Anthony Mason, *The History Wars* (Melbourne, 2004), 103.

20 Ganter et al., *Mixed Relations*, 33.

第 13 章　廣州造就的世界

1 Joseph Waterhouse, *The King and People of Fiji* (London, 1866), 24.

2 Marion Diamond, "For all the Tea in China," in *America, Australia, and the China Tea Trade*, special edition of *Mains'l Haul: A Journal of Pacific Maritime History*, 39, 2 (Spring 2003), 47–55; 以及 Max Quanchi and Ron W. Adams, *Culture Contact in the Pacific* (Cambridge, 1993).

3 Fa-ti Fan, *British Naturalists in Qing China: Science, Empire, and Cultural Encounter* (Cambridge, MA and London, 2004), 17.

4 關於廣州一口通商制度與「戶部」，見 Paul Van Dyke, *The Canton Trade* (Hong Kong, 2005), 16–25; K. N. Chaudhuri, *The Trading World of Asia and the English East India Company, 1600–1760* (Cambridge, 1978).

15 Harvey Whitehouse, *Arguments and Icons: Divergent Modes of Religiosity* (Oxford, 2000); 以及 Clive Moore, *New Guinea: Boundary Crossings and History* (Honolulu, 2003), 15–56.

16 Ernest Dodge, *Islands and Empires* (Minneapolis, 1976), 97 的論點。

17 見 Howe, *Where the Waves Fall*, 156–8; Patrick V. Kirch and Marshall Sahlins, *Anahulu: The Anthropology of History in the Kingdom of Hawaii* (Chicago, 1992), chs. 2–4.

18 Noenoe K. Silva, *Aloha Betrayed: Native Hawaiian Resistance to American Colonialism* (Durham, 2004), 28–30; Juri Mykkänen, *Inventing Politics: A New Political Anthropology of the Hawaiian Kingdom* (Honolulu, 2003); Jocelyn Linnekin, *Sacred Queens and Women of Consequence: Rank, Gender, and Colonialism in the Hawaiian Islands* (Ann Arbor, 1990).

19 Sally Engle Merry, "Kapiolani at the Brink: Dilemmas of Historical Ethnography in Nineteenth-Century Hawai'i," *American Ethnologist*, 30, 1 (2003), 44–60; Linnekin, *Sacred Queens and Women of Consequence*, 32.

20 Dodge, *Islands and Empires*, ch. 5, "Whalers Ashore."

21 Harrison Wright, *New Zealand, 1769–1840: Early Years of Western Contact* (Cambridge, MA, 1967).

22 Anne Salmond, *Between Worlds: Early Meetings Between Maori and Europeans 1773–1815* (Honolulu, 1997), 405; Angela Middleton, *Te Puna: A New Zealand Mission Station, Historical Archaeology in New Zealand* (Dunedin, 2008); James Belich, *Making People: A History of the New Zealanders from Polynesian Settlement to the End of the Nineteenth Century* (London, 1996), 140–4.

23 John B. Williams, *The New Zealand Journal, 1842–1844* (Salem, Peabody Museum, 1956).

第12章 南方大陸的盡頭

1 Greg Dening, "Deep Times, Deep Spaces," in Bernhard Klein and Gesa Mackenthun, *Sea Changes: Historicizing the Ocean* (New York, 2004).

2 庫克日誌中 Verna Philpot 的報告，*Captain Cook Society*, 18, 2 (1995), 1140; Glyndwr Williams (ed.), *Captain Cook: Explorations and Reassessments* (Suffolk, 2004), 239.

3 Mark McKenna, *Looking for Blackfella's Point: An Australian History of Place* (Sydney, 2002), 158; Annie Coombes (ed.), *Rethinking Settler Colonialism* (Manchester, 2006).

4 關於夢境文學，見 Patrick Wolfe, "On Being Woken Up: The Dreamtime in Anthropology and in Australian Settler Culture," *Comparative Studies in Society and History*, 33, 2 (1991), 197–224.

5 關於史前澳洲，見 Ian McNiven, "Saltwater People: Spiritscapes, Maritime Rituals, and the Archaeology of Australian Indigenous Seascapes," *World Archaeology*, 35, 3 (2003), 329–49.

6 Geoffrey Blainey, *The Tyranny of Distance* (Melbourne, 1966), 2; 以及 Stuart MacIntyre, Anna Clark, and Anthony Mason, *The History Wars* (Melbourne, 2004), 83–90.

7 Stephen Nicholas (ed.), *Convict Workers: Reinterpreting Australia's Past* (Cambridge, 1988); Deborah Oxley, *Convict Maids: The Forced Migration of Women to Australia* (Cambridge, 1996).

8 Mike Walker, *A Long Way Home, The Life and Adventures of the Convict Mary Bryant* (Hoboken, NY, 2005); Nance Irvine, *Molly Incognita: A Biography of Mary Reibey* (Sydney, 1983); Kay

16 這一點始終是主要的爭議；見 Gananath Obeyesekere, *The Apotheosis of Captain Cook: European Mythmaking in the Pacific* (Princeton, 1992); Marshall Sahlins, *Historical Metaphors and Mythical Realities* (Ann Arbor, 1981); Marshall Sahlins, *How "Natives" Think: About Captain Cook, for Example* (Chicago, 1995).

17 Sidney Mintz, *Sweetness and Power: The Place of Sugar in Modern History* (New York, 1985); Greg Dening, *Mr Bligh's Bad Language: Passion, Power and Theatre on the Bounty* (Cambridge, 1992).

第 11 章　眾神與刺穿天空之物

1 關於馬雷圖，見 Marjorie Crocombe, *Cannibals and Converts: Radical Change in the Cook Islands* (Suva, 1983), 5, 13; David Hanlon, "Converting Pasts and Presents," *Reflections on Histories of Missionary Enterprises in the Pacific*, www.hawaii.edu/cpis/files/Hanlon-Converting_Pasts.pdf

2 關於土著代表，見 Crocombe, *Cannibals and Converts*, 18–19; 以及 Doug Munro and Andrew Thornley (eds.), *The Covenant Makers: Islander Missionaries in the Pacific* (Suva, 1996); 以及 *Raeburn Lange, Island Ministers: Indigenous Leadership in Nineteenth Century Pacific Islands* (Canberra, 2005).

3 關於西班牙人與英格蘭的傳道會，見 Dodge, *Islands and Empires*, 85–9.

4 Ian Campbell, *Gone Native in Polynesia: Captivity Narratives and Experiences from the South Pacific* (Westport, 1998), 47–51.

5 Pomare and Nott in Howe, *Where the Waves Fall*, 90, 141.

6 土著代表的地位，見 Norman Etherington, *Missions and Empire* (New York, 2005), 139.

7 見 Crocombe, *Cannibals and Converts*, 12.

8 席歐維里見 Vanessa Smith, *Literary Culture and the Pacific: Nineteenth Century Textual Encounters* (Cambridge, 1998); 以及 Howe, *Where the Waves Fall*, 236; Garry W. Trompf (ed.), *The Gospel is Not Western: Black Theologies from the Southwest Pacific* (New York, 1987).

9 見 Crocombe, *Cannibals and Converts*, chs. 4–5, ms. sections 123–4.

10 關於塔烏恩加與疾病，見 Ron and Marjorie Crocombe, *Works of Ta'unga* (Honolulu, 1968); Smith, *Literary Culture and the Pacific*, 87.

11 關於塔烏恩加，見 Crocombe, *Works of Ta'unga*, 83; 以及 Marjorie Tuainekore Crocombe, *Polynesian Missions in Melanesia: From Samoa, Cook Islands and Tonga to Papua New Guinea and New Caledonia* (Suva, 1982).

12 Crocombe, *Works of Ta'unga*, 21–2; John Garrett, *To Live Among the Stars: Christian Origins in Oceania* (Suva, 1985).

13 艾雷卡納，見 Norman Etherington (ed.), *Missions and Empire* (Oxford, 2005), 139; Michael Goldsmith and Doug Munro, *The Accidental Missionary: Tales of Elekana* (Christchurch, NZ, 2002).

14 波阿特拉圖，見 Crocombe, *Polynesian Missions in Melanesia*, chs. 5, 7, 8; Etherington, *Missions and Empire*, 141; David Wetherell, "Pioneers and Patriarchs: Samoans in a Nonconformist Mission District in Papua, 1890–1917," *The Journal of Pacific History*, 15, 3 (July 1980).

Tropical Time (Richmond, Surrey, 2001); 以及 Deryck Scarr, *The History of the Pacific Islands: Kingdoms of the Reefs* (South Melbourne, 1990), 58; Thomas Suárez, *Early Mapping of the Pacific* (Singapore, 2004).

2 John Waiko, *A Short History of Papua New Guinea* (Oxford, 1993).

3 關於夏威夷社會，見 Patrick V. Kirch, *The Evolution of the Polynesian Chiefdoms* (Cambridge, 1984); 關於新幾內亞，見 Scarr, *Passages through Tropical Time*, 62.

4 William Dampier, *A New Voyage Around the World*, http://gutenberg.net.au/ebooks05/0500461h.html#ch5; 以及 Chapell, *Double Ghosts*, 27; Geraldine Barnes, "Curiosity, Wonder, and William Dampier's Painted Prince," *Journal for Early Modern Cultural Studies*, 6, 1 (2006), 31–50; Derek Howe (ed.), *Background to Discovery: Pacific Exploration from Dampier to Cook* (Berkeley and Los Angeles, 1990).

5 Stephen Fischer, *Island at the End of the World: The Turbulent History of Easter Island* (London, 2005); Jared Diamond, *Guns, Germs, and Steel: the Fates of Human Societies* (New York, 1997); P. V. Kirch, *The Growth and Collapse of Pacific Island Societies* (Honolulu, 2007); Terry Hunt and C. Lipo, "Ecological Catastrophe, Collapse, and the Myth of 'Ecocide' on Rapa Nui (Easter Island)," in P. A. McAnany and N. Yoffee (eds.), *Questioning Collapse: Human Resilience, Ecological Vulnerability, and the Aftermath of Empire* (Cambridge, 2009), 21–44.

6 Patrick V. Kirch and Roger Green, *Hawaiki: Ancestral Polynesia* (Cambridge, 2001); Robert W. Williamson, *Religion and Social Organization in Central Polynesia* (New York, [1937], 1977).

7 Dennis Kawaharada, "1992 Voyage: Sail to Ra'iatea," http://pvs.kcc.hawaii.edu/1992/raiatea.html

8 Rod Edmond, *Representing the South Pacific* (Cambridge, 1997); Vanessa Smith, *Literary Culture and the Pacific: Nineteenth Century Textual Encounters* (Cambridge, 1998), 87.

9 Michael Sturma, *South Sea Maidens: Western Fantasy and Sexual Politics in the South Pacific* (Westport, 2002); Harry Libersohn, *The Traveler's World: Europe to the Pacific* (Cambridge, MA, 2008), 28.

10 關於兩個世界在大溪地的相遇，見 Peter Brooks, "Gauguin's Tahitian Body," in Norma Broude and Mary Garrard (eds.), *The Expanding Discourse* (New York, 1992).

11 Anthony Pagden, *European Encounters with the New World: From Renaissance to Romanticism* (New Haven, 1993), 127–30; Dodge, *Islands and Beaches*, 42–3.

12 Glyndwr Williams (ed.), *Captain Cook: Explorations and Reassessments* (Suffolk, 2004); Nicholas Thomas, *Cook: The Extraordinary Voyages of Captain* Cook (New York, 2004).

13 Joan Druett, Tupaia: *Captain Cook's Polynesian Navigator* (Westport, 2010); Margarette Lincoln (ed.), *Science and Exploration in the Pacific: European Voyages to the Southern Oceans in the Eighteenth Century* (Suffolk, 1998).

14 Michelle Hetherington, *Cook and Omai: The Cult of the South Seas* (Canberra, 2001).

15 Atlasov and Dembei in David Schimmelpenninck van der Oye, *Russian Orientalism: Asia in the Russian Mind from Peter the Great to the Emigration* (New Haven, 2010), 37; Walter McDougall, *Let the Sea Make A Noise* (New York, 1993).

2 Dennis O. Flynn and Arturo Giráldez, "Born with a 'Silver Spoon': The Origin of World Trade in 1571," *Journal of World History*, 6 (Fall 1995), 201–21; "Cycles of Silver: Global Economic Unity through the Mid-Eighteenth Century," *Journal of World History*, 13 (Fall 2002), 391–427; *China and the Birth of Globalization in the 16th Century* (Burlington and London, 2010).

3 Floro L. Mercene, *Manila Men in the New World: Filipino Migration to Mexico and the Americas from the Sixteenth Century* (Honolulu, 2006); Schurz, *The Manila Galleon, 357–60*; 以及 O. D. Corpuz, *The Roots of the Filipino Nation* (Quezon City, 2005), 185–215; Robert Reed, *Colonial Manila: The Context of Hispanic Urbanism and Process of Morphogenesis* (Berkeley, 1978).

4 Robert Rogers, *Destiny's Landfall* (Honolulu, 1995), and Anne Perez Hattori, *Colonial Dis-Ease* (Honolulu, 2004).

5 Rogers, *Destiny's Landfall*, 70–1.

6 Rosina C. Iping, "The Astronomical Significance of Ancient Chamorro Cave Paintings," *Bulletin of the American Astronomical Society*, 31 (1999), 671; Deryck Scarr, *A History of the Pacific Islands: Passages through Tropical Time* (Richmond, Surrey, 2001), 58.

7 Crouchett, *Filipino Sailors in the New World*; Mercene, *Manila Men*.

8 Robert Jackson and Edward Castillo, *Indians, Franciscans, and Spanish Colonization: The Impact of the Mission System on California Indians* (Albuquerque, 1995).

9 Mercene, *Manila Men*, 6; Yen Le Espiritu, *Filipino American Lives* (Philadelphia, 1995).

10 Leslie Bauzon, Deficit Government: Mexico and the Philippine Situado, 1606–1804 (Tokyo, 1981); Spate, Spanish Lake, 106.

11 Schurz, *Manila Galleon*, 362–3, and 373–5.

12 Catarina de San Juan, in Tatiana Seijas, "The Portuguese Slave Trade to Spanish Manila," *Itinerario*, 32, 1 (2008), 19–37; 以及 Nora Jaffary (ed.), *Gender, Race, and Religion in the Colonization of the Americas* (Burlington, 2007); Nora Jaffary, *False Mystics: Deviant Orthodoxy in Colonial Mexico* (Nebraska, 2004).

13 Nicholas Tracy, *Manila Ransomed: The British Assault on Manila in the Seven Years War* (Exeter, 1995); Alan Frost, *The Global Reach of Empire: Britain's Maritime Expansion in the Indian and Pacific Oceans, 1764–1815* (Carlton, Victoria, 2003); Lauren Benton, *A Search for Sovereignty: Law and Geography in European Empires, 1400–1900* (London, 2010).

14 James Cloghessy, *The Royal Philippines Company* (Chicago, 1956); Norman Owen, *Prosperity Without Progress: Manila Hemp and Material Life in the Colonial Philippines* (Berkeley and Los Angeles, 1984).

15 Lewis Bealer, "Bouchard in the Islands of the Pacific," *Pacific Historical Review*, 4, 4 (1935), 328–42; John Charles Chasteen, *Americanos: Latin America's Struggle for Independence* (New York, 2008).

第 10 章　玻里尼西亞航海家與他們的樂園

1 與夏威夷擦身而過的事情，寫在 Deryck Scarr, *A History of the Pacific Islands: Passages through*

Power Projection in Seventeenth-Century Japan," unpublished PhD dissertation, Ohio State University (2006); George Elison (Jurgis Elisonas), *Deus Destroyed: The Image of Christianity in Early Modern Japan* (Cambridge, MA, 1973); Ivan Morris, *The Nobility of Failure: Tragic Heroes in the History of Japan* (New York, 1975).

15 Leonard Blussé and Willem Remmelink (eds.), *Deshima Diaries: Marginalia 1740–1800* (Tokyo, 2004), these citations, 19–21, 236, 245.

第 8 章　打家劫舍的東亞海盜

1 *Pirate descriptions: Stephen Turnbull, Pirates of the Far East 811–1639* (Botley, 2007); Gertrude L. Jacob, *The Rajah of Sarawak, An Account of Sir James Brooke* (London, 1876), 146.

2 見 Dian Murray, *Pirates of the South China Coast, 1790–1810* (Stanford, 1987), 9, 23, 24.

3 關於林阿鳳傳說，見 Cesar V. Callanta, *The Limahong Invasion* (Dagupan City, 1979); Chang-Hsing-lang, "The Real Limahong in Philippine History," *Yenching Journal of Chinese Studies*, 8 (1930), 1473–91.

4 Tonio Andrade, *How Taiwan Became Chinese: Dutch, Spanish, and Han Colonization in the Seventeenth Century* (New York, 2008), 8.

5 Zheng Zhilong in Andrade, *How Taiwan Became Chinese*, 12, 46.

6 Zheng Zhilong in Andrade, *How Taiwan Became Chinese*, 21–6.

7 Joan Druett, *She Captains: Heroines and Hellions of the Sea* (New York, 2000), 55–63; Robert Antony, *Like Froth Floating on the Sea: The World of Pirates and Seafarers in Late Imperial South China* (China Research Monograph, 2003).

8 Atsushi Ota, *Changes of Regime and Social Dynamics in West Java* (Leiden, 2006), 125–7; 以及 James Francis Warren, Iranun and Balangingi: Globalization, Maritime Raiding, and the Birth of Ethnicity (Singapore, 2000).

9 Warren, Iranun and Balangingi, 64; 見 J. F. Warren, *The Sulu Zone, 1768–1898* (Honolulu, 2007); 以及 Eric Tagliacozzo, *Secret Trades, Porous Borders: Smuggling and States along the Southeast Asian Frontier, 1865–1915* (New Haven, 2005).

10 Raffles, introduction to *Malay Annals Translated from the Malay Language by the Late Dr. John Leyeden* (London, 1821), ix. 並見 David Sopher, *The Sea Nomads: A Study of the Maritime Boat People of Southeast Asia* (Singapore, 1965); for comparative work, Adam Young, *Contemporary Maritime Piracy in Southeast Asia: History, Causes, and Remedies* (Singapore, 2007); Stefan Eklöf, *Pirates in Paradise: A Modern History of Southeast Asia's Maritime Marauders* (Copenhagen, 2006).

第 9 章　亞洲、美洲與加雷翁大帆船時代

1 Harry Kelsey, *Sir Francis Drake: The Queen's Pirate* (New Haven, 2000); William Lytle Schurz, The Manila Galleon (New York, 1939), 307–8; Peter Gerhard, *Pirates of the Pacific, 1575–1742* (Lincoln, NE, 1980); Kris E. Lane, *Pillaging the Empire: Piracy in the Americas, 1500–1750* (Armonk, 1998).

11 恩加提圖瑪塔歷史見 tdc.govt.nz/Tangata/Whenua/History; Anne Salmond, *Two Worlds: First Meetings Between Maori and Europeans, 1642–1772* (Honolulu, 1991); Anne Salmond, *Between Worlds: Early Meetings Between Maori and Europeans 1773–1815* (Honolulu, 1997).

第 7 章 武士、教士與大名

1 John Nelson, *A Year in the Life of a Shinto Shrine* (Seattle, 1996); Donald F. Lach, *Asia in the Making of Europe: The Century of Discovery* (Chicago, 1965).

2 K. W. Taylor and John K. Whitmore (eds.), *Essays Into Vietnamese Pasts* (Ithaca, 1995).

3 Jonathan Porter, *Macau, the Imaginary City: Culture and Society, 1557 to the Present* (Boulder, CO, 1996).

4 Olof Lidin, *Tanegashima: The Arrival of Europe in Japan* (Honolulu, 2002).

5 關於沙勿略的研究，見 Ikuo Higashibaba, *Christianity in Early Modern Japan: Kirishitian Belief and Practice* (Leiden, 2001), ch. 1.

6 Joseph Francis Moran, *The Japanese and the Jesuits: Alessandro Valignano in Sixteenth-Century Japan* (London, 1993); Po-chia Hsia, *The World of Catholic Renewal, 1540–1770* (Cambridge, 1998).

7 Po-chia Hsia, *The World of Catholic Renewal, 181–206*; J. S. A. Elisonas, "Nagasaki: The Early Years of an Early Modern Japanese City," in Liam Matthew Brockley (ed.), *Portuguese Colonial Cities in the Early Modern World* (Farnham and Burlington, 2008); Leonard Blussé , *Visible Cities: Canton, Nagasaki, and Batavia and the Coming of the Americans* (Cambridge, MA, 2008).

8 Stephen Vlastos, *Peasant Protests and Uprisings in Tokugawa Japan* (Berkeley and Los Angeles, 1990); John Whitney Hall (ed.), *The Cambridge History of Japan*, vol. iv, *Early Modern Japan* (Cambridge, 1991), 326–34.

9 James Bryant Lewis, *Frontier Contact between Choson Korea and Tokugawa Japan* (Abingdon, 2003); Jae-un Kang, *The Land of Scholars: Two Thousand Years of Korean Confucianism* (Paramus, 2003).

10 Samuel Hawley, *The Imjin War: Japan's Sixteenth-Century Invasion of Korea and the Attempt to Conquer China* (Berkeley, 2005); Robert Finlay, *The Pilgrim Art: Cultures of Porcelain in World History* (Berkeley and Los Angeles, 2010), 182–6.

11 Yoshi S. Kuno, *Japanese Expansion on the Asiatic Continent* (Berkeley, 1938), 308–12; Lyle W. Schurz, *The Manila Galleon, 1565–1815* (New York, 1959), 104–5.

12 關於古代琉球群島與 Ah Xiang，見 George Kerr, *Okinawa: The History of an Island People* (2000); Gregory Smits, *Visions of Ryukyu: Identity and Ideology in Early Modern Thought* (Honolulu, 1999).

13 Willem R. van Gulik (ed.), *In the Wake of the Liefde: Cultural Relations Between the Netherlands and Japan since 1600* (Amsterdam, 1986); C. R. Boxer, *The Christian Century in Japan, 1549–1650* (Berkeley, 1951), chs. 7–8; Stephen R. Turnbull, *The Kakure Kirishitan: A Study of their Development, Beliefs, and Rituals to the Present Day* (Surrey, 1998).

14 Matthew Keith, "The Logistics of Power: Tokugawa Response to the Shimabara Rebellion and

6 Dening, *Islands and Beaches*, 52–63; Spate, *Spanish Lake*, 44; Kirch, *Road of the Winds*, 236–65; Barry Rollett, "Voyaging and Interaction in Ancient East Polynesia," *Asian Perspectives*, 41, 2 (2002), 182–94.

7 Spate, *Spanish Lake*, 61, 136.

8 José Garanger, "Oral Traditions and Archaeology," in R. Blench and Matthew Spriggs (eds.), *Archaeology and Language: Theoretical and Methodological Orientations* (London, 1997); Kirch, *Road of the Winds*, 139.

第6章　海洋變局與香料群島

1 巨人樹的故事，*The Jakarta Post* (Jakarta, July 4, 1999).

2 Taylor, *Indonesia*, 131–3; Jack Turner, *Spice: The History of a Temptation* (New York, 2004).

3 Williard Anderson Hanna and Des Alwi, *Turbulent Times Past in Ternate and Tidore* (Ann Arbor [reprint], 2008), 90–5.

4 Ernst van Ween and Leonard Blussé (eds.), *Rivalry and Conflict: European Traders and Asian Trading Networks in the 16th and 17th Centuries* (Leiden, 2005); Thomas Suárez, *Early Mapping of Southeast Asia* (Singapore, 1999), 177–82; Taylor, *Indonesia*, 139–40; Robert Parthesius, *Dutch Ships in Tropical Waters: The Development of the Dutch East India Company (VOC) Shipping Networks in Asia, 1595–1660* (Amsterdam, 2010).

5 J. Redhead, *Utilization of Tropical Foods: Trees* (United Nations, 1989), 1–5; Richard Finn, *Nature's Chemicals: The Natural Products that Shaped Our World* (Oxford, 2010), 27–9.

6 Leonard Blussé , *Bitter Bonds: A Colonial Divorce Drama of the Seventeenth Century* (Princeton, 2002); Leonard Blussé , *Strange Company: Chinese Settlers, Mestizo Women, and the Dutch in VOC Batavia* (Dordrecht, 1988); Jean Gelman Taylor, *The Social World of Batavia: Europeans and Eurasians in Colonial Indonesia* (Madison, 2009); Ulbe Bosma and Remco Raben, *Being "Dutch" in the Indies: A History of Creolisation and Empire, 1500–1920* (Singapore, 2008), 33–65.

7 Gerrit J. Knaap, *Shallow Waters, Rising Tide* (Leiden, 1996), 1–2, 16; Gerrit J. Knapp and Heather Sutherland, *Monsoon Traders: Ships, Skippers, and Commodities in Eighteenth-Century Makassar* (Leiden, 2004); Els M. Jacobs, *Merchant in Asia: The Trade of the Dutch East India Company during the Eighteenth Century* (Leiden, 2006); Kerry Ward, *Networks of Empire: Forced Migration in the Dutch East India Company* (Cambridge, 2009).

8 J. C. Beaglehole, *The Exploration of the Pacific* (Stanford, 1968), 127–37; 以 及 Sir Peter H. Buck (Te Rangi Hiroa), *Explorers of the Pacific: European and American Discoveries in Polynesia* (Honolulu, 1953).

9 Vincent Lebot, Mark Merlin, and Lamont Lindstrom, *Kava – The Pacific Elixir: The Definitive Guide to its Ethnobotany, History, and Chemistry* (New Haven, 1997); 錯失機會的部分，Ronald Love, *Maritime Exploration in the Age of Discovery 1415–1800* (Westport, CT, 2006), 98.

10 James Belich, *Making People: A History of the New Zealanders from Polynesian Settlement to the End of the Nineteenth Century* (London, 1996), 恐鳥見 51–2.

2 A. J. R. Russell-Wood, *The Portuguese Empire: A World on the Move, 1415–1808* (Baltimore, 1998); Sanjay Subrahmanyam, *The Portuguese Empire in Asia, 1500–1700* (Longman, 1993); 以及 Corn, *The Scents of Eden*, 15; Taylor, *Indonesia*, 115–24; Baily W. Diffie, Boyd C. Shafer, and George D. Winius, *Foundations of the Portuguese Empire, 1415–1580* (Minneapolis, 1977), ch. 16.

3 Laurence Bergreen, *Over the Edge of the World: Magellan's Terrifying Circumnavigation of the Globe* (New York, 2003), 53; R. A. Skelton (ed.), Antonio Pigafetta, *Magellan's Voyage: A Narrative Account of the First Circumnavigation* (New Haven, 1969).

4 Charles E. Nowell, *Magellan's Voyage Around the World; Three Contemporary Accounts [by] Antonio Pigafetta, Maximilian of Transylvania [and] Gaspar Corre ˆ a* (Evanston, 1962).

5 Linda Newson, *Conquest and Pestilence in the Early Spanish Philippines* (Honolulu, 2009), ch. 7.

6 William Henry Scott, *Barangay: Sixteenth Century Philippine Culture and Society* (Quezon City, 1994); 以及 O. D. Corpuz, *The Roots of the Filipino Nation* (Quezon City, 2005), 15–20, 94.

7 Alfonso Felix Jr., *The Chinese in the Philippines, 1570–1770* (Manila, 1968); Andrew Wilson, *Ambition and Identity: Chinese Merchant Elites in Colonial Manila, 1880–1916* (Honolulu, 2004); Richard Chu, *Chinese and Chinese Mestizos of Manila: Family, Identity, and Culture, 1860s–1930s* (Brill, 2010).

8 Kudarat: Corpuz, *Roots*, 177–81; Michael O. Mastura, *Muslim Filipino Experience: Essays* (Ministry of Muslim Affairs, 1984).

第 5 章 島嶼相遇與西班牙內海

1 Elizabeth Reitz, C. Margaret Scarry, and Sylvia J. Scudder, *Case Studies in Environmental Archaeology* (New York, 2008); Lewis Spence, *Myths of Mexico and Peru* (Charleston, SC, [1913], 2008).

2 Oskar Spate, *The Spanish Lake* (Canberra, [1979], 2004), 87–110; 作為全球海洋現象的西班牙帝國，見 Carla Rahn Phillips, *The Treasure of the San José: Death at Sea in the War of the Spanish Succession* (Baltimore, 2007); Pablo E. Pérez-Mallaína (Carla Rahn Phillips, ed. and trans.), *Spain's Men of the Sea: The Daily Life of Crews on the Indies Fleets in the Sixteenth Century* (Baltimore, 1998); Carla Rahn Phillips, *Six Galleons for the King of Spain: Imperial Defense in the Early Seventeenth Century* (Baltimore, 1986); 以及 Antonio Barrera, *The Spanish American Empire and the Scientific Revolution* (Austin, 2006); Hugh Thomas, *Rivers of Gold: The Rise of the Spanish Empire from Columbus to Magellan* (New York, 2003).

3 Thor Heyerdahl, *Kon Tiki: Across the Pacific by Raft* (New York, [1950], 1990).

4 關於門達尼亞與基羅斯，見 Thomas Suárez, *Early Mapping of the Pacific* (Singapore, 2004), 74–6; Byron Heath, *Discovering the Great South Land* (New South Wales, 2005), 56–62; Mercedes Maroto Camino, *Producing the Pacific: Maps and Narratives of Spanish Exploration, 1567–1606* (New York, 2005), 34–6.

5 門多薩伯爵群島的敘述見 Greg Dening, *Islands and Beaches: Discourse on a Silent Land, Marquesas, 1774–1880* (Honolulu, 1980).

12 Kenneth Hall, Maritime *Trade and State Development in Early Southeast Asia* (Honolulu, 1985), chs. 4–5; Lynda Norene Shaffer, *Maritime Southeast Asia to 1500* (Armonk, 1996); Wolters, *Fall of Srivijaya*, 10–12.

13 R. Soekmono and Jacques Dumarcay, *Borobudur: A Prayer in Stone* (London, 1990).

14 M. C. Ricklefs, *A History of Modern Indonesia since 1200* (Stanford, 2001); Nicholas Tarling (ed.), *The Cambridge History of Southeast Asia*, vol. i, part 1 (Cambridge, 1992).

第3章　海峽、蘇丹與寶船艦隊

1 Wolters, Fall of Srivijaya, 108–27; Donald B. Freeman, *The Straits of Malacca: Gateway or Gauntlet?* (Quebec, 2003).

2 Leonard Andaya, *Leaves of the Same Tree: Trade and Ethnicity in the Straits of Melaka* (Honolulu, 2008); 以及 Charles Corn, *The Scents of Eden: A History of the Spice Trade* (New York, 1999).

3 關於阿拉伯人的航海，見 Jean Gelman Taylor, *Indonesia: Peoples and Histories* (New Haven, 2004), 72–3; George F. Hourani, *Arab Seafaring in the Indian Ocean in Ancient and Medieval Times* (Princeton, 1951); 以及 Markus P. M. Vink, "Indian Ocean Studies and the 'New Thalassology,'" *Journal of Global History*, 2, 1 (March 2007), 41–62.

4 Wen-Chin Ouyang, "Whose Story Is It? Sindbad the Sailor in Literature and Film," *Middle Eastern Literatures*, 7, 2 (July 2004), 133–47.

5 Hussin Mutalib, *Islam in Southeast Asia* (Singapore, 2008); Eric Tagliacozzo (ed.), *Southeast Asia and the Middle East: Islam, Movement, and the Longue Durée* (Singapore, 2009), chs. 2–4.

6 伊本・巴杜達的紀錄，見 *Travels in Asia and Africa, 1325–1354* (Abingdon, 2005), 272–3; Samuel Lee (ed.), *The Travels of Ibn Battuta* (New York, 2009), 211–15.

7 Anthony Reid, "Islamization and Christianization in Southeast Asia: The Critical Phase, 1550–1650," in Anthony Reid (ed.), *Southeast Asia in the Early Modern Era: Trade, Power, Belief* (Ithaca, 1993).

8 見 Yaneo Ishii (ed.), *The Junk Trade for Southeast Asia, 1674–1723* (Canberra, 1998); Louise Levathes, *When China Ruled the Seas* (New York, 1994); 以及 Samuel Wilson, The Emperor's Giraffe (Boulder, 1999); Tan Ta Sen and Dasheng Chen, *Cheng Ho [Zheng He] and Islam* (Singapore 2009).

9 馬來身分認同的當代再現，見 Rick Hosking, Susan Hosking, Washima Che Dan, and Noritah Omar (eds.), Reading the Malay World (Kent Town, Australia, 2010).

第4章　殖民地的征服與伊比利亞的野心

1 關於伊本・馬吉德與葡萄牙人的關係，見 Hourani, *Arab Seafaring in the Indian Ocean*; Tabish Khair, Martin Leer, Justin D. Edwards, and Hanna Ziadeh (eds.), *Other Routes: 1500 Years of African and Asian Travel Writing* (Oxford, 2006); 並見 K. N. Chaudhuri, *Asia Before Europe: Economy and Civilization of the Indian Ocean from the Rise of Islam to 1750* (Cambridge, 1990); Sugata Bose, *A Hundred Horizons: The Indian Ocean in the Age of Global Empire* (Cambridge, MA, 2006).

Oliver, *Polynesia in Early Historic Times* (Honolulu, 2002); Juniper Ellis, *Tattooing the World: Pacific Designs in Print and Skin* (New York, 2008).

14 K. R. Howe, *Where the Waves Fall* (Honolulu, 1984), 44–67; Patrick V. Kirch, *The Evolution of the Polynesian Chiefdoms* (Cambridge, 1984).

15 D'Arcy, *People of the Sea*, 27.

16 D'Arcy, *People of the Sea*, 75, 82, 120; 以及K. R. Howe, *The Quest for Origins: Who First Discovered and Settled the Pacific Islands?* (Honolulu, 2003).

17 關於「歡樂之星號」的故事，見 Ben Finney, *From Sea to Space* (Palmerston North and Honolulu, 1992); David Lewis, *We the Navigators: The Ancient Art of Landfaring in the Pacific* (Honolulu, 1994); Polynesian Voyaging Society website, http://pvs.kcc.hawaii.edu/

第 2 章　貿易環帶與潮汐帝國

1 Kirch, *The Road of the Winds*, 172; 以及 Glenn Petersen, *Traditional Micronesian Societies: Adaptation, Integration, and Political Organization* (Honolulu, 2009).

2 關於採集圈，見 D'Arcy, *People of the Sea*, 53; Petersen, *Traditional Micronesian Societies, 13*; 關於雅浦島石梯，見 Kirch, *Road of the Winds*, 193.

3 關於紹德雷爾的歷史，見 David Hanlon, *Upon a Stone Altar* (Honolulu, 1988).

4 John Fischer, Saul Riesenberg, and Marjorie Whiting (eds. and trans.), *The Book of Luelen* (Honolulu, 1977); Petersen, *Traditional Micronesian Societies*, 206–7.

5 通史見Edwin Ferdon, *Early Tonga as the Explorers Saw It, 1616–1810* (Tuscon, 1987); 以及 Shankar Aswani and Michael W. Graves, "The Tongan Maritime Expansion: A Case in the Evolutionary Ecology of Social Complexity," *Asian Perspectives: The Journal of Archaeology for Asia and the Pacific*, 37 (1998).

6 犧牲的故事，收錄於 Bott, *Tongan Society*, 93.

7 Penelope Schoeffel, "Rank, Gender and Politics in Ancient Samoa: The Genealogy of Salamasina o le Tafa'ifa," *Journal of Pacific History* 22 (1987), 3–4.

8 Leonard Andaya, *The World of Maluku* (Honolulu, 1993), 6; Herman C. Kemp, *Oral Traditions of Southeast Asia and Oceania: A Bibliography* (Jakarta, 2004); 以及 Lenore Manderson (ed.), *Shared Wealth and Symbol: Food, Culture, and Society in Oceania and Southeast Asia* (New York, 1986); Ian Glover and Peter Bellwood (eds.), *Southeast Asia: From Prehistory to History* (Abingdon, 2004).

9 見 Jeffrey McNeely and Paul Sochaczewski, *Soul of the Tiger: Searching for Nature's Answers in Southeast Asia* (Oxford, 1988); George Coedes, *The Indianized States of Southeast Asia* (Honolulu, 1968); Peter Bellwood, *Prehistory of the Indo-Malaysian Archipelago* (Honolulu, 1997).

10 Latika Lahiri, *Chinese Monks Who Went to India* (Delhi, 1986); Lynda Norene Shaffer, *Maritime Southeast Asia to 1500* (Armonk, 1996), ch. 3.

11 O. W. Wolters, *The Fall of Srivijaya in Malay History* (Ithaca, 1970), 97; O. W. Wolters, *Early Indonesian Commerce* (Ithaca, 1967); Nicholas Tarling (ed.), *The Cambridge History of Southeast Asia*, 2 vols. (Cambridge, 1992).

Pacific World: Lands, Peoples and History of the Pacific, 1500–1900, 17-volume set (London and Burlington, 2009).

6 "Ocean 'Supergyre' Link to Climate Regulator," www.csiro.au/news/ OceanSupergyre.html; 並見 Sabrina Speich, Bruno Blanke, Pedro de Vries, Sybren Drijfhout, Kristofer Döös, Alexandre Ganachaud, and Robert Marsh, "Tasman Leakage: A New Route in the Global Ocean Conveyor Belt," *Geophysical Research Letters*, 29, 10 (2002), 55/1–4.

第 1 章 無中心的文明

1 Albert Wendt, *Inside Us the Dead: Poems, 1961–1974* (Auckland, 1976); Patrick Vinton Kirch, *On the Road of the Winds* (Berkeley and Los Angeles, 2000).

2 Margaret Jolly, "Routes," and "Imagining Oceania: Indigenous and Foreign Representations of a Sea of Islands," *The Contemporary Pacific*, 19, 2 (2007), 508–45; 以及 Elizabeth Bott, *Tongan Society at the Time of Captain Cook's Visit* (Honolulu, 1982), 89; Paul D'Arcy, *The People of the Sea: Environment, Identity, and History in Oceania* (Honolulu, 2006).

3 參見 Patrick Nunn, *Vanished Islands and Hidden Continents of the Pacific* (Honolulu, 2008); Kirch, *Road of the Winds*; 以及 Donald Freeman, *The Pacific* (London and New York, 2010), 8–34 等研究。

4 見 Reed Wicander and James Monroe, *Historical Geology* (Belmont, 2003).

5 Peter Bellwood, "The Spread of Agriculture in Southeast Asia and Oceania," in *First Farmers: The Origins of Agricultural Societies* (Oxford, 2005).

6 Peter Bellwood, James Fox, and Darrell Tryon, *The Austronesians: Historical and Comparative Perspectives* (Canberra, 1995); James Fox and Clifford Sather (eds.), *Origins, Ancestors, and Alliance: Explorations in Austronesian Ethnography* (Canberra, 1996); 關於馬來世界，見 Jean Taylor, *Indonesia: Peoples and Histories* (New Haven, 2003), 14.

7 Kirch, *Road of the Winds*, 92; Andaya, "Oceans Unbounded," 677; 以及 A. D. Couper, *Sailors and Traders: A Maritime History of the Pacific Peoples* (Honolulu, 2008).

8 Joel Bonnemaison, *The Tree and the Canoe* (Honolulu, 1994).

9 Jerry Wayne Leach and Edmund Ronald Leach, *The Kula: New Perspectives On Massim Exchange* (Cambridge, 1983); Per Hage and Frank Harary, *Exchange in Oceania: A Graph Theoretic Analysis* (Oxford, 1991).

10 關於喇匹塔，見 Kirch, *Road of the Winds*, 85–116.

11 John Tunui, in Margo King Lenson (ed.), *Pacific Voices Talk Story*, vol. i (Vacaville, 2001).

12 J. Koji Lum, James K. McIntyre, Douglas L. Greger, Kirk W. Huffman, and Miguel G. Vilar, "Recent Southeast Asian domestication and Lapita dispersal of sacred male pseudohermaphroditic 'tuskers' and hairless pigs of Vanuatu," *Proceedings of the National Academy of Science*, 101, 24 (2004), 9167–72; Jonathan S. Friedman, *Genes Language, and Culture History in the Southwest Pacific* (New York, 2007).

13 Patrick V. Kirch and Roger Green, *Hawaiki: Ancestral Polynesia* (Cambridge, 2001); Douglas

注釋

Notes

導論 環抱海洋

1 阿莉西故事，收錄於 Pamela Stewart and Andrew Strathern (eds.), *Identity Work: Constructing Pacific Lives* (Pittsburgh, 2000); Vicki Luker and Brij V. Lal, *Telling Pacific Lives: Prisms of Process* (Canberra, 2008); Cathy A. Small, *Voyages: From Tongan Villages to American Suburbs* (Ithaca, NY, 1997); 以及 K. R. Howe, *Vaka Moana, Voyages of the Ancestors: The Discovery and Settlement of the Pacific* (Honolulu, 2007); George Kuwayama, *Chinese Ceramics in Colonial Mexico* (Los Angeles, 1997).

2 Matt K. Matsuda, "AHR Forum: The Pacific," *American Historical Review*, 111, 3 (June 2006).

3 Oskar Spate, "European invention," in *The Pacific Since Magellan (Canberra)*, vol. i, *The Spanish Lake* (1979), ix ; vol. ii, *Monopolists and Freebooters* (1983); vol. iii, *Paradise Lost and Found* (1989); 以及 Mark Borthwick, *Pacific Century: The Emergence of Modern Pacific Asia* (Boulder, 2007); Rob Wilson and Arif Dirlik (eds.), "Introduction," *Asia-Pacific as Space of Cultural Production*, (Durham, 1995); 關於定義，見 Brij V. Lal and Kate Fortune (eds.), *The Pacific Islands: An Encyclopedia* (Honolulu, 2000); Donald Denoon, Malama Meleisea, Stewart Firth, Jocelyn Linnekin, and Karen Nero, *The Cambridge History of the Pacific Islanders* (Cambridge, 1997); 關於歷史編纂，見 Matsuda, "AHR Forum: The Pacific," 與 John Mack, *The Sea: A Cultural History* (London, 2011).

4 Epeli Hau'ofa, "Our Sea of Islands," in *We Are the Ocean* (Honolulu, 2008), 27–40; 並見 Heather Sutherland, "Geography as Destiny? The Role of Water in Southeast Asian History," in Peter Boomgaard (ed.), *A World of Water: Rain, Rivers and Seas in Southeast Asian Histories* (Leiden, 2007), 27–70; Robert Borofsky (ed.), *Remembrance of Pacific Pasts* (Honolulu, 2000); Jerry Bentley (ed.), *Seascapes: Maritime Histories, Littoral Cultures, and Transoceanic Exchanges* (Honolulu, 2007); Richard Feinberg (ed.), *Seafaring in the Contemporary Pacific: Studies in Continuity and Change* (DeKalb, 2005). 關於「東南亞」，見 Barbara Andaya, *The Flaming Womb: Repositioning Women in Southeast Asia* (Honolulu, 2006).

5 Barbara Andaya, "Oceans Unbounded: Transversing Asia Across 'Area Studies,'" *The Journal of Asian Studies*, 65, 4 (November 2006), 669–90; Dennis O. Flynn and Arturo Giraldez (eds.), *The*

我們的海

一部人類共有的太平洋大歷史

我們的海：
一部人類共有的太平洋大歷史
馬特·松田（Matt K. Matsuda）著／馮奕達譯
初版／新北市／八旗文化出版／遠足文化發行／2022.11
譯自：Pacific Worlds: A History of Seas, Peoples, and Cultures
ISBN 978-626-7129-96-8（平裝）

一、文明史 二、區域研究 三、太平洋

712
111015831

作者 馬特·松田（Matt K. Matsuda）
譯者 馮奕達

主編 洪源鴻
責任編輯 柯雅云
行銷企劃總監 蔡慧華
行銷企劃專員 張意婷
封面設計 莊謹銘
內文排版 宸遠彩藝

社長 郭重興
發行人兼出版總監 曾大福
出版發行 八旗文化／遠足文化事業股份有限公司
地址 新北市新店區民權路 108-2 號 9 樓
電話 〇二～二二一八～一四一七
傳真 〇二～八六六七～一〇六五
客服專線 〇八〇〇～二二一～〇二九
信箱 gusa0601@gmail.com
臉書 facebook.com/gusapublishing
部落格 gusapublishing.blogspot.com
法律顧問 華洋法律事務所／蘇文生律師

印刷 前進彩藝有限公司
定價 六〇〇元整
出版日期 二〇二二年十一月（初版一刷）

ISBN 978-626-7129-96-8（平裝）